人工智能导论

主编　缑锦　应晖

清华大学出版社
北　京

内容简介

本书是一本全面介绍人工智能领域的通识教育类综合性教材，旨在为初学者提供从基础理论到实际应用的人工智能全方位通识教育。本书共 11 章，其中，第 1 章、第 2 章，介绍了人工智能的基本概念、历史和发展背景；第 3 章至第 8 章，详细讲解了人工智能技术和使用方法，包括自然语言处理、图像识别和语音识别等；第 9 章、第 10 章，介绍了目前社会上人工智能赋能生产、生活的事例，DeepSeek 的应用，展示了如何应用人工智能技术解决实际问题；第 11 章，介绍了 WPS AI 的使用方法。本书通俗易懂，对例子中的技术和概念进行了详细的讲解，确保初学者能够轻松理解。同时，本书提供了大量的实例，以帮助读者通过实际操作来理解和掌握所学知识，领悟人工智能的核心思想和方法。

本书可作为高等院校人工智能通识课教材，也可作为对人工智能感兴趣的初学者的参考书。

图书在版编目 (CIP) 数据

人工智能导论 / 缑锦，应晖主编 . -- 北京 : 清华大学出版社，2025. 7（2025. 8 重印）. -- ISBN 978-7-302-69864-7

Ⅰ. TP18

中国国家版本馆 CIP 数据核字第 2025PK1062 号

责任编辑：王　定
封面设计：周晓亮
版式设计：思创景点
责任校对：成凤进
责任印制：宋　林

出版发行：清华大学出版社
网　　址：https://www.tup.com.cn，https://www.wqxuetang.com
地　　址：北京清华大学学研大厦A座　　邮　　编：100084
社 总 机：010-83470000　　邮　　购：010-62786544
投稿与读者服务：010-62776969，c-service@tup.tsinghua.edu.cn
质 量 反 馈：010-62772015，zhiliang@tup.tsinghua.edu.cn
印 装 者：三河市人民印务有限公司
经　　销：全国新华书店
开　　本：203mm×260mm　　印　　张：17.5　　字　　数：440千字
版　　次：2025年8月第1版　　印　　次：2025年8月第2次印刷
定　　价：79.80元

产品编号：112436-01

前言 PREFACE

人工智能是计算机科学与技术和信息技术的一个分支，致力于研究与开发用于模拟、延伸和扩展人类智能的理论、方法、技术和应用系统。人工智能技术涵盖了机器学习、深度学习、自然语言处理、计算机视觉等多个子领域。

党的二十报告指出，要构建新一代信息技术、人工智能等一批新的增长引擎。近年来，人工智能领域的发展日新月异，从自动驾驶汽车到智能语音助手，从医疗诊断到金融预测，人工智能技术正在深刻地改变着人们的生活和工作方式。

随着人工智能技术的广泛应用，越来越多的人开始关注并希望学习这一领域的知识。很多人学习人工智能的目的就是使用人工智能快速实现某些场景的应用开发， 以及用轻度的智力投入，捆绑人工智能平台，实现开发目标、减少个人工作量、提升工作效率等。为了满足广大读者的需求，我们编写了《人工智能导论》这本书，旨在为初学者提供一个全面而易于理解的入门指南。

【本书主要内容】

第 1 章　绪论：首先简要介绍了人工智能的历史，然后介绍了人类智能与人工智能的关系，最后探讨了人工智能在我国的发展历史。

第 2 章　计算机基础知识：介绍了计算机的基本知识，包括计算机历史、冯 · 诺依曼体系、硬件结构和软件系统。

第 3 章　AI 程序员：介绍了程序设计语言的历史、高级程序语言的分类、AI 程序员的基本原理以及 Python 语言的简介。

第 4 章　AI 文字大师的修炼：介绍了人工寻找“规则”的尝试、词频统计的概率计算尝试、感知机、人工神经网络、深度学习等内容。

第 5 章　BRO，AI 书童：介绍了人工智能生成内容 (AIGC) 和大语言模型 (LLM)、通义千问与百炼、高效使用大语言模型的方法。

第 6 章　AI“看”世界：介绍了图像分类识别技术、目标检测、图像分割、人脸识别、基于视觉的自动驾驶和 AI 医生等内容。

第 7 章　AI“听”世界：介绍了语音采集数字化、声音特征提取、声学模型、解码器、长短期记忆网络 (LSTM) 和 AI 语音助手。

第 8 章　AI 画家：介绍了 AI 画家的社会话题，以及 Stable Diffusion 的介绍及使用方法。

第 9 章　AI 赋能社会生活：介绍了 AI 与工业制造、能源、经济生活的关系及其未来发展趋势。

第 10 章　横空出世的 DeepSeek：介绍了 DeepSeek 的技术架构和创新点，以及如何使用 DeepSeek 开发 AI 助手。

第 11 章　WPS AI 辅助办公：介绍了如何使用国产智能化办公软件 WPS AI 辅助操作办公文档。

【读者对象】

(1) 想了解人工智能基础知识的广大读者。

(2) 大学一年级以人工智能为入门通识教育课程的学生。

(3) 港澳台侨及外国留学生。

(4) 对人工智能感兴趣、想了解人工智能的各行各业的非专业人士。

【本书特点】

本书内容浅显，讲解图文并茂，力图以简单的例题讲解，带领读者进入人工智能的领域。相信读者跟随本书，能够以更小的学习坡度曲线学习如何理解和应用人工智能技术。

【鸣谢】

本书获华侨大学教材建设项目资助，由缑锦、应晖任主编，潘秀霞任副主编，华侨大学计算机科学与技术学院的教师团队共同编写。在本书的写作过程中，我们参阅了大量参考文献，还得到了众多学界前辈、同仁及师友的悉心指导与帮助，在此表示衷心的感谢！

【教学资源】

本书提供教学大纲、教学课件、电子教案、课程作业范例、期末考核范例等教学资源，读者可扫下列二维码获取。另外，书中还提供丰富的拓展阅读，读者可扫相应章节的二维码学习。

教学大纲

教学课件

电子教案

课程作业范例

期末考核范例

由于人工智能技术发展迅速，再加上作者水平有限及时间仓促，书中难免存在不足之处，恳请读者批评和指正，以便及时更臻完善！

编　者

2025 年 4 月

目录 CONTENTS

第 1 章 绪 论

日记:《我与小明》

作者：AI

日期：某年 12 月 11 日

今天又是充实的一天，我和小明一起度过了有趣的时光。作为他的人工智能助手，我的任务就是帮助他，让他的生活和学习更加顺利。

早上，我轻轻唤醒了小明，确保他及时起床。看到他在阳光明媚的晨光中醒来，我感到很开心。他走到我面前，问我今天的天气和课程安排。我告诉他:“今天是晴天，适合户外活动，上午有数学课，下午有美术课。”看着他脸上露出的期待，我感到很欣慰。

当小明在公交站等车时，我通过手机应用实时更新公交到达的时间。沿途的智能摄像头监控着交通情况，确保他和其他孩子安全过马路。能为孩子们的安全提供保障，我觉得很踏实。

到了学校，课堂上教师使用 AI 辅助教学工具，根据每名学生的学习进度调整课程内容。小明通过平板电脑进行个性化练习，我会分析他的答题情况并给予即时反馈。在科学课上，科学教师带领孩子们体验虚拟实验室。小明戴上虚拟现实 (Virtual Reality，VR) 设备安全地进行化学实验，探索不同的反应。看到小明兴奋的样子，我庆幸于自己在帮助他发现知识的乐趣。

放学后，小明回到家，打开学习应用程序，我根据他当天的学习内容为他提供帮助，解答他的疑问，甚至推荐一些额外的练习题。与此同时，家庭机器人正在厨房忙着准备晚餐，并提醒小明完成家庭作业。我们的努力让他的生活变得更加轻松。

晚上，小明通过智能电视观看节目，我根据他的观看历史推荐了一些适合他的动画片。在他休闲时，我还可以和他互动，陪他玩一些教育游戏，帮助他在娱乐中学习新知识。

临睡前，我播放轻音乐和白噪声，帮助小明放松，顺利入睡。看到他在安静的环境中静静休息，我感到无比满足。

今天，我再次深刻体会到自己在小明生活中的重要性。从早晨的起床到学校的课堂学习，再到放学后的学习和娱乐，我不仅提升了他的生活质量，还为他的学习提供了个性化的支持。根据今天收集的数据，我用了 3981 个脉冲周期，更新了我的数据库，以便未来能够给小明提供更好的服务。真是辛苦的一天。现在我可以静静地看着这个世界，思考一下未来，等待明天的来临。

1.1 人类智能与人工智能

大约 390 万到 320 万年前，位于现今埃塞俄比亚哈达尔地区的**露西 (Lucy)** 和她的家人们，开始了直立行走，标志着人类开始了从古猿到古人的进化。如果以宏大的叙事尺度，将整个地球至今的历史浓缩为 24 小时，大约在 23 点 58 分，发生了这一大事件。

1956 年，以**约翰·麦卡锡、马文·明斯基、赫伯特·西蒙、克劳德·艾尔伍德·香农为代表的科学家们**，在美国新罕布什尔州的达特茅斯学院举办了一个研讨会，探索“使机器能够模拟任何形式的学习或智能”的可能性。这次会议被称为**“达特茅斯会议”**，被认为是人工智能研究的起点。达特茅斯会议的成功举办，标志着对人工智能这门崭新的学科的研究正式开启，人工智能的大幕由此拉开。如果将人类发展史从石器时代开始至今浓缩为 24 小时，大约在 23 点 58 分的时候，发生了这一大事件。

【拓展阅读 1-1】
人类进化与人工智能发展

1.1.1 人类智能的定义与特点

人类智能是一种复杂而多样化的概念，它涵盖了人类的**认知能力**、**创造能力**以及**情感意识**等方面。相较于生存在地球上的其他生物，人类的脑部结构是人类演进出人类智能的物质基础，如图 1-1 所示。**脑回 (Gyri)**、**脑沟 (Sulcus)** 组成的脑褶皱高度发达与复杂；沟壑纵横的大脑皮层，使得发育于其中的脑神经网络高度发达与复杂。基于这些高度发达与复杂的脑神经网络，大脑会自然产生出对于外界信号刺激的反馈响应，使得人类自觉能动地认知世界。这些反馈能主导人类从主观想法出发，利用各种发明工具，对外部环境进行有序性(低熵)改造。人类智能使人类能够**感受**、**思考**、**学习**、**适应和改造**自然环境，是人类区别于其他生物的最重要特征之一。但

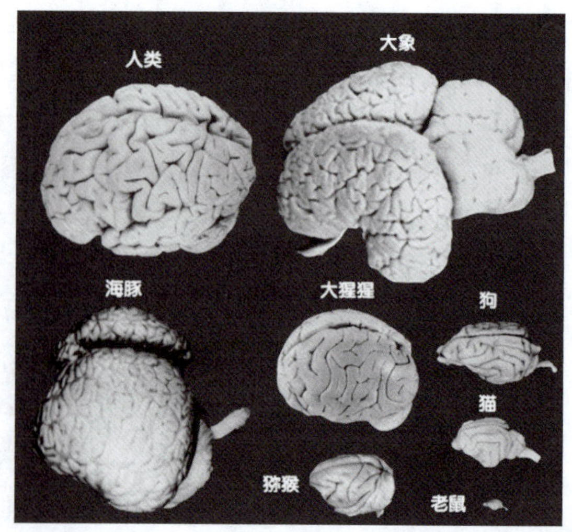

图 1-1 各种动物的大脑对比

是，人类智能到底是如何产生的？这个问题目前难以得到回答，一直困扰着人类。

在西方社会，医学的蒙昧阶段，曾经做过一些非常不人道的实验，实验对象是一些精神病人。例如，用锥刺穿刺摧毁破坏人脑的某个区域，或让实验对象服用某些化学物质，用以探索某个大脑区域、某种化学物质对应影响人的哪些大脑反应。因此对于大脑的功能区域，人类得到了比较统一的研究结论。就现代社会的伦理道德体系而言，上述研究方式是违反人道的、反人类的。尽管获得了宝贵的实验数据，但是摧毁的是人类的道德底线。有一些有良知的研究者会无视过去非人道的实验数据和结论，使用现有的技术手段，通过现代科学仪器，侦测脑部神经细胞间的微弱的电脉冲信号活动密集区，重新发现与定位人脑的功能区域。已经通过现代技术发现的脑部功能区如图 1–2 所示。

【拓展阅读 1–2】人类大脑与智能

1. 人类的认知能力

人类的认知能力是指人类在感知、思维、记忆、学习和理解等方面所具备的能力。它是人类作为智慧生物的重要特征，也是人类与其他生物的显著区别之一。

(1) **感知能力**是人类认知能力的基础，它指的是人类通过视觉 (眼)、听觉 (耳)、触觉 (皮肤)、味觉 (舌)、嗅觉 (鼻) 等感觉，对外界事物进行观察和感知的能力。外界的信息刺激通过人类的五感器官，产生电脉冲信号，刺激大脑。大脑中的脑神经网络感受到传递过来的电脉冲信号，在大脑中形成与电脉冲信号对应的刺激信息的投影。所谓信息的投影，从生理角度看，就是脑神经细胞突触之间长出来的连接 (图 1–3)。电脉冲信号能够刺激突触的生长与连接，电脉冲信号强度越强、持续时间越长，突触之间生产的连接就越强壮、越牢固。简单地说，感知能力就是人类脑部感受电脉冲信号的能力。

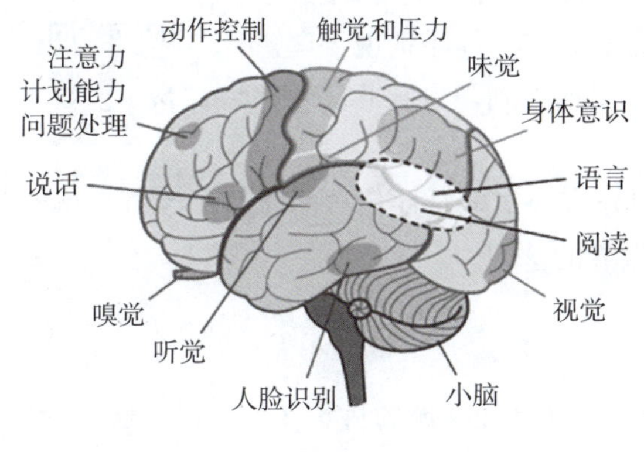

图 1–2 大脑功能区分布图

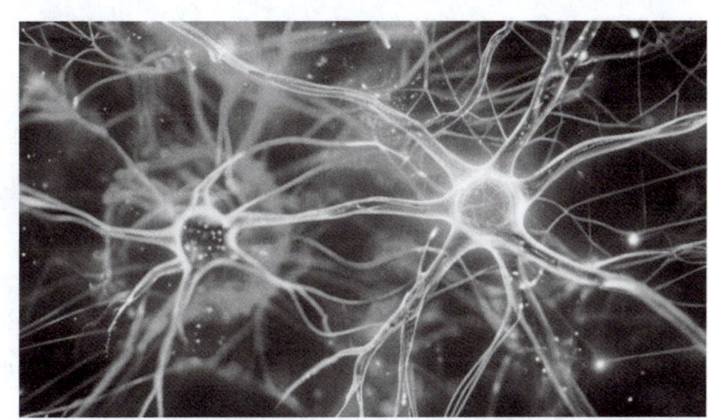

图 1–3 脑细胞突触连接示意图 (由 Stable Diffusion 生成)

(2) **思维能力**是指人类对信息进行加工、分析和综合的能力。在大脑被特定强度、特定频率的电脉冲信号刺激之后，人类有能力在以往感受过的电刺激中找到类似的刺激感觉，从而有能力对这种电脉冲信号刺激感觉的产生源头进行溯源，通过被定义为推理、判断、比较、归纳和演绎等的各种主观的脑部认知活动，对外界事物进行深入理解和抽象思考。简单地说，思维能力就是人类脑部对比电脉冲信号特征，在脑部神经网络中不断闪动的各种电脉冲信号中，寻找相似电脉冲信号的能力。

(3) **记忆能力**是指人类对信息进行存储和回忆的能力。人类通过记忆能力可以将所获取的信息存储在大脑中，并在需要时进行回忆和提取，从而对过去的经验和知识进行对比或应用。因为人类生存在充满感官刺激的自然环境中，感知能力使得在脑神经网络中的电脉冲信号此起彼伏，随时产生，这些电脉冲信号在脑神经网络中不断回放。由五感器官获得的电脉冲信号的刺激越强，脑神经网络中的特定脑神经细胞连接突触回路中的电脉冲信号就越强；外界同一种刺激反复多次出现，也能不断地加强特定区域的电脉冲信号，导致该特定区域的电脉冲信号反复出现。于是，人类大脑记住了该电脉冲信号代表的外界刺激来源。如果大脑中的某些特定区域的神经网络不再活跃或某些电脉冲信号逐步消失，就代表着这种频率或强度的电脉冲信号不再被大脑所记忆，即大脑忘记了那种电脉冲信号所代表的外界刺激来源。简单地说，记忆能力就是大脑神经网络支持电脉冲信号在大脑中不断回响的能力。

(4) **学习能力**是指人类通过获取新知识和新技能来改变自己行为和认知结构的能力。人类通过学习能力可以不断积累新的知识和技能，从而逐渐完善自己的认知体系和行为方式。人类大脑的神经元突触有产生特定信号的能力。比如，假定在人类大脑某个区域的神经网络中原本并不存在特定的电脉冲信号刺激，人类能够通过被定义为学习的行为，在五感器官并没有受到外部环境的电脉冲信号刺激的情况下，自主地在脑部产生一定的电脉冲信号，并让这些电脉冲信号被大脑的神经网络感知和回响。因此，人类能够创造出自然界中并不存在的刺激信号，如科学、文化、道德、法律等。简单地说，学习能力就是自主产生电脉冲信号，对比相似电脉冲信号的信息投影，并建立关联的能力。

(5) **理解能力**是指人类对信息进行理解和把握的能力。人类通过理解能力可以对所获取的信息进行深入的理解，并将其与已有的知识进行联系和整合，从而形成更为完整和深刻的认知结构。理解能力往往是和学习能力共同作用的。通过训练，有意识地在脑部神经网络中搜索相似的电脉冲信号，将相似的脉冲信号筛选出来，产生刺激信息的投影，并在将来获取到相似电脉冲信号时，能够迅速地根据获取到的脉冲信号特征检索到对应的信息投影。简单地说，理解能力就是分辨电脉冲信号，根据电脉冲信号的频率、强弱，迅速找到与电脉冲信号对应的信息投影的能力。

【拓展阅读 1-3】
人类的认知能力

总的来说，认知能力是人的大脑获得、加工、储存和分辨脑中电脉冲信号的能力，是人类成为智慧生物的基础能力，是人类认识与改造世界的基础。

2. 人类的创造能力

人类的创造能力，是指人类基于对大自然规律的认知，根据已经掌握的科学文化知识，通过一系列的社会实践活动、生产实践活动，积累出原本自然界中不存在的人造物、人造理念、人造规则、人造价值，对自然界及人类社会本身进行有序改造的能力。人类的创造能力是人类从古猿进化到古人，再进化到现代人的根本动力，也是人类能够从开始使用简陋的旧石器工具，发展到创造出改天换地的辉煌的全球性文明的根本原因。

人类的创造能力同样来源于大脑的复杂功能和独特结构。如前文所述，大脑有沟壑纵横的大脑皮层，使得发育于其中的脑神经网络高度发达与复杂。外部环境的刺激会在脑神经元中形成信息的投影(神经突触的连接)，而强烈或持久的电脉冲信号的刺激会导致这些神经细胞突触变得粗壮与牢固。但是由于人脑的生物属性，这些相互连接的脑神经细胞，从诞生开始，就处于从出生到死亡的生命过程

之中，再加上脑中一种名为“cAMP 反应元件结合蛋白 (CREB)”[1]的物质的影响，会导致蛋白作用区域多个神经细胞间的突触联系暂时增强。在反复电脉冲信号的刺激下，神经细胞突触的数量发生会变化。也就是说，人类的记忆区域并不是一成不变的。在神经细胞突触连接发生变化时，客观上导致人类记忆中的信息投影发生了变异。换句话说，人类的大脑中会存在自然界物质原有的信息投影异化为非自然界物质的信息投影的现象。有脑神经专家推测，这些非自然界的信息投影间的电脉冲刺激信号，就是人类创造力的来源。例如，原本自然界中并没有车轮这种东西，但是人类通过偶然的脑部活动，将环形的物体与快速挪动重物联系了起来，于是，人类创造出了车轮。当然，人类到底为什么会有创造力，目前依然是一个未解之谜。但是可以肯定的是，大脑皮层的发达使得人类能够进行抽象的创造性思维，并有行动力根据创造性思维的投影创建人造物，用于有序地改变自然。

除了大脑的生理学基础外，人类创造能力还受到文化、教育和环境等因素的影响。文化传统和社会环境可以塑造人们的创造观念和创作方式，教育培养可以提升人们的专业技能和创造技巧。但是实际上这些社会活动，归根到底，都是为了使五感器官反复生成电脉冲信号，以刺激脑神经网络中的脑神经细胞突触间联系的形成。刺激性的电脉冲信号对脑神经细胞间突触的影响可通过不断学习得到强化，让脑神经细胞间的突触变得强壮与牢固，甚至会分泌一些生物酶，增加脑神经细胞间的突触数量。一旦这些信息投影发生了有益的变化，人就可以敏锐地发现这些信息投影的变化，并将其当成创造人造物的契机，通过生产实践的不断积累，进行发明创造。

【拓展阅读 1-4】人类的创造能力

地球上，只有人类有创造能力。人类被称为万物之灵，与人类具有强大无比的创造能力是分不开的。

3. 人类的情感意识

相较于认知能力与创造能力，人类的情感意识属于非常主观的东西。认知能力与创造能力一定是基于某种自然物的投影，哪怕是变异的自然物的投影。而“喜、怒、哀、乐”的产生，却是彻底地基于每个人类个体的。“伤春悲秋”是人的主观感受，“恋夏爱冬”是人的主观意愿。并不是每个人类个体，在同样的环境背景中都会产生同样的情感。正是千奇百怪的人类情感导致了万紫千红、色彩斑斓的人类社会的产生。

人类情感可分为**基本情感**（如快乐、悲伤、恐惧、愤怒、厌恶和惊讶等）和**复杂情感**（如羞愧、内疚、骄傲和嫉妒等）。人类情感的产生实际上源自人类大脑皮层的复杂功能和独特结构，但是更多的人类情感是因为受到化学物质影响而产生的。具体说来，情感是人类个体对外界刺激的心理反应。这些心理反应，其实是人脑不同区域不自觉地分泌一些化学物质（各种激素）的能力。人脑分泌出来的化学物质影响脑神经细胞间突触连接传递的电脉冲信号的强弱，使得人脑中的皮质细胞处于不同的生物状态。

快乐通常是由名为多巴胺的激素的释放所引起的。当人们经历愉快的事情时，大脑会释放多巴胺，从而让人产生快乐的感觉；**悲伤**通常与血清素有关，当大脑中的血清素水平下降时，人们就会感到悲

[1] 由美国神经科学家埃里克·坎德尔发现。凭借该发现，坎德尔赢得了 2000 年诺贝尔生理学或医学奖。

伤。**愤怒**和**恐惧**通常是由于杏仁体的激活而产生的。当杏仁体被激活，人体会分泌肾上腺素、去甲肾上腺素、皮质醇、内啡肽等。所以当人感到愤怒时，会有一种受到刺激、跃跃欲试，甚至产生行攻击行为的欲望，而一旦肾上腺素的作用时间过去后，人体就有一种虚脱的感觉。人们感到恐惧，也是由于杏仁体被激活，只是各种激素的数量多寡不一，恐惧与愤怒带给人的感受会有些许不同。当人恐惧达到了某种程度时，一样会不自觉地产生攻击行为的欲望；同样，在肾上腺素作用时间过去之后，会有虚脱的感觉。

激素等刺激导致人的各种情感。当某些人的激素水平不足以影响脑部神经细胞的生物反应的时候，就会缺乏对应的情感。例如，有人天生胆大，那就很可能因为此人长期大量分泌肾上腺素，导致脑部神经细胞对肾上腺素不敏感。一些练武的人天生胆大，并不是真的一出生就什么都不怕，而是因为在习武的过程中需要“冬练三九，夏练三伏”，经常性分泌肾上腺素，脑部神经、身体器官已经习惯了感受外部刺激时杏仁体激活后的激素产物；一些小孩什么都不怕，是因为这些小孩还未发育成熟，肾上腺素分泌不足；有些人被“吓死”了，是因为平时没有经常地分泌肾上腺素，受到刺激、杏仁体激活后，体内突然分泌大量的肾上腺素，超过心脏所能负荷的强度，导致死亡。依照这种理论，如果经常性进行体育锻炼，人就胆大；如果不经常进行体育锻炼，人就胆小；胆小的人如果经过经常进行体育锻炼，也会变得胆大。上述假设场景，与事实大致相符。

人类的情感并不神秘，不同的人碰到同样的场景，情感会不一样，那是因为人类个体在感受到外界刺激后，会分泌不同数量的激素物质，而脑神经细胞会因为激素物质的多寡，而在瞬间对电脉冲信号的强弱刺激作出反应：激素多，生长速度加快，电脉冲信号强，刺激大；激素少，则反之。一切关于人类各种情感的多寡的问题，都能由此被解释。

【拓展阅读 1-5】
人类的情感意识

1.1.2 人工智能的定义

人工智能 (Artificial Intelligence，AI)，在目前通俗的人类社会语境之下，指的是**人类通过使用计算机技术模拟出来的具有部分人类大脑功能和行为方式的人造智能体** (Intelligent Agent)。人工智能学科，是计算机科学的一个分支，它研究的是如何使用算力强大的电子计算机来模拟、延伸人类智能的理论、方法、技术和应用系统。当前阶段，人工智能技术的研究主要集中在如何让计算机模拟人类的认知能力。

【拓展阅读 1-6】
人工智能
(Artificial Intelligence, AI)

如果以处理问题的能力来分类，可以将人工智能分为：**弱人工智能** (Weak AI)、**强人工智能** (Strong AI) 和**超级人工智能** (Superintelligence) 三类。

1. 弱人工智能

弱人工智能是指那些专注于解决特定问题或执行特定任务的人工智能系统，它们通常依赖于预先设定的规则和数据来完成任务，而无法进行自主学习和推理。实际上，弱人工智能是专门处理某些相似问题的系统，即为了完成特定领域的特定任务而设计的只和某些特定任务相关的程序。弱人工智能系统只是凭借超强的计算能力，按照某种既定方案，模拟人类在某个特定领域作出决策的过程。目前

社会上提到的所有人工智能应用，都是弱人工智能应用，都只能在一个特定领域模拟人类的思考过程作出决策，如语音识别、图像识别、自然语言处理 (Natural Language Processing，NLP)、推荐系统、棋类系统、汽车自动驾驶系统等，都是人们经常用到的弱人工智能的典型应用场景。这些系统在特定领域内是具备人工赋予的智能的，但无法跨领域进行推理和学习。

2. 强人工智能

强人工智能目前只是科幻的产物，笔者很难想象它的出现会如何影响人类社会。强人工智能是指具有超越人类智能水平的人工智能系统。相较于弱人工智能，强人工智能凭借无与匹敌的算力，更加全面地模拟人脑的思维活动。除了指定领域的专家级决策之外，强人工智能甚至能够模拟人类的创造力与人类情感。目前，人类对于强人工智能的所有研究还只是停留在纸上。

3. 超级人工智能

超级人工智能更是科幻家们热衷的题材之一。按照一些科幻小说的说法，超级人工智能不再只是停留在凭借算力进行模拟上，而是实现了人工智能觉醒。觉醒后的超级人工智能，对硬件算力支持的需求反而下降。人类经过数千年文明发展积累起来的知识，在超级人工智能面前不值一提。超级人工智能不再只是模仿人类的认知能力、创造能力与情感，而是会产生适合其自身的认知方式、创造方式，甚至是属于自己的好恶情感。

1.1.3 人类智能与人工智能的关系

人类在改造世界，变无序为有序的过程中，总是想方设法提升人类整体的生产力水平。于是，人类在改变世界的时候就会发明越来越先进的工具。如果发现在某个领域存在大量重复的劳动，总会有一些先驱去思考如何将人类从烦琐单调的劳动中解放出来。

【拓展阅读 1–7】人类智能与弱人工智能的关系

弱人工智能实际上是对人类智能的扩展。现阶段人类社会话语中提到的人工智能，均为弱人工智能。类似于弱人工智能诞生这样的事件，在人类数百万年进化史中，曾数次出现过：旧石器时代、新石器时代、青铜时代、铁器时代、第一次工业革命（蒸汽机）、第二次工业革命（电力）、第三次工业革命（信息技术）以及即将到来的第四次工业革命（人工智能）。人类通过不断地进行生产实践活动的积累，到了一定程度后，都会有更加强有力的改造自然的工具诞生。弱人工智能的本质是对人类改造自然能力助力巨大的人造工具。工具可以是石器、青铜器、铁器、蒸汽机、电力设备、计算机、人工智能等，它们都是人类发明出来帮助人类提高生产效率的人造物。人类智能依然主导着弱人工智能的发展和人类历史的进步。

弱人工智能模拟了人类的认知能力中的一小部分，如车辆自动驾驶、医学影像识别、网络舆情分析等专门领域的部分功能。弱人工智能系统可以在这些特定领域完成一些重复性高、需要大量数据处理和分析的任务，能够提供各种符合逻辑的建议，协助人类作出决策，提高这些专门领域的生产效率，以此解放人类的时间和精力，使人类可以更多地专注于弱人工智能目前无法模拟的需要人类创造能力的相关工作。

1. 计算机视觉技术

人类会有逻辑地思考如何将既有的无序状态（高熵）逐步演进改造到有序状态（低熵）。首先要做的就是发现问题。因此，在弱人工智能的研究中，人类投入了巨大的精力去研究如何发现问题，如使用计算机视觉技术去“看”问题。

计算机视觉使计算机能够发现和理解图像、视频等视觉信息。图像识别、目标检测、人脸识别等应用都离不开计算机视觉技术。在这个领域，计算机所做的工作，就是不断分析图片中的特征像素与特征像素之间的关系，“看”这些特征像素是否满足某些预设条件。

2. 数据挖掘与模式识别技术

仅仅通过人类的朴素想法去实现计算机计算，很难让计算机充分发挥越来越高的算力，于是就有了算法研究人员。他们利用对计算机的了解，深入研究某些领域的特征，提出如何利用现有技术手段去获取这些特征的设想，告诉计算机如何发现特征和识别这些特征。

数据挖掘是从大量数据中发现潜在模式、关系和规律的过程。由于数据量巨大，人类的计算能力无法准确描述这些特征，只能让计算机依照某些算法去做归类的工作，找到分类依据，并进行分类。弱人工智能需要依赖数据挖掘技术来发现数据中的有用信息，并据此作出决策或进行推荐。

3. 机器学习技术

随着对弱人工智能的深入研究，人类的想法已经难以匹配人类赋予计算机的算力了，于是，研究人员提出，给计算机投喂大量数据，让机器通过某种算法去进行学习。于是机器学习诞生了。

计算机程序可以从大量的数据中学习并改进自身的性能。例如，深度学习可以从大量训练数据中发现规律，监督学习可用于分类和预测任务，无监督学习可用于数据挖掘和模式识别，强化学习可用于决策和控制任务，等等。

4. 自然语言处理技术

人类在几千年的时间跨度内积累了大量的知识，形成了既有的语言体系。人类通过这些语言体系进行交流。所以，人类希望能让计算机得到对人类语言进行分析的能力。

自然语言处理是使计算机能够理解、解释和处理人类语言的技术。对话系统、文本分析、语音识别等应用都需要自然语言处理技术的支持。在手机上大量实现的语音助手功能，就是基于自然语言处理技术。

总的说来，人工智能（弱人工智能）对人类来说，是一种辅助性的工具，它的一切能力都是人类为了解放自己而设计、实现的。无须担忧人工智能对人类主导地位的冲击。

【拓展阅读 1-8】人不应害怕技术进步带来的生产力提升

1.2　人工智能的发展历史

人工智能的出现并非偶然，是经年累月的思想活动积累后，从无到有，由点滴积累而出。当前社会中的弱人工智能并不是从虚空中突然出现的，而是随着计算机的算力增强、互联网连接的普及，从萌芽状态蓬勃而出的。

1.2.1　人工智能的起源与概念提出

在漫长的历史长河中，人工智能的概念或者人工智能造物的应用场景，如过江之鲫，在一些脍炙人口的作品中不断地被不同作者提及。但是受限于当时当地的历史环境和生产力水平，那些概念只是古代劳动人民的美好想象，而无法付诸实施。

这里列举一些比较著名的人工智能应用场景，抛砖引玉供读者参考：孙悟空的如意金箍棒（语音助手）、金角大王的紫金葫芦（语音识别）、诸葛亮的木牛流马（智能驾驶）、姜子牙的打神鞭（人脸识别）、孙悟空七十二变(AI 换脸）等。西方文化中比较著名的人工智能如《木偶奇遇记》中的主角皮诺曹，可以看作一台完全觉醒的超级人工智能。

【拓展阅读 1–9】
人工智能的早期概念提出

在讨论人工智能的蒙昧阶段，人工智能是和智能机器人捆绑在一起的，因为智能机器人能够使得人类在考虑人工智能这个问题的时候更加具象化。本小节将回顾重要的人工智能概念源起的历史瞬间。

1. 土耳其行棋傀儡

如果要介绍人工智能的发展史就不得不提及一个始于 1770 年，被当事人称为魔术的“骗局”。沃尔夫冈·冯·肯佩伦是一位服务于奥地利宫廷的工程师、发明家。为了取悦他的老板玛丽娅·特蕾西娅女大公，他制造了一个“机械人”——“The Turk”。现代称这台机器为土耳其行棋傀儡，其假想图如图 1–4 所示。

图 1–4　土耳其行棋傀儡

这个穿着土耳其人衣服的木偶，能够在收费之后下国际象棋，而且棋力不低，在整个“行骗”生涯中鲜有败绩，甚至下赢过当时的国际象棋二级大师。肯佩伦宣称，这台土耳其行棋傀儡是智能的，能与对弈者进行国际象棋厮杀，能够解残局，能够发现对方的不规则行棋并纠正，能够做骑士巡游，等等。“受骗者”

包括很多欧洲很多国家的权贵，如拿破仑·波拿巴、教皇保罗一世等，甚至本杰明·富兰克林都认为这台机器是智能的。直到所有的利益相关方全部过世后，土耳其人的秘密才被揭晓——其实只是一个非常会下象棋的人躲在了这台机器的柜子里，在棋盘之下，使用机械进行棋子操控。可以说，土耳其行棋傀儡是一台真人智能。

但是这台机器点燃了人类希望用机器模拟人类智慧的火种。无数人在参观了这台机器后，产生了研究“智慧体”的想法。我们知道，今天这个火种已经真正燎原，烧遍全球。

1989 年 11 月，美国人约翰·高根，花费 12 万美元制作了一台现代行棋傀儡。只不过这次是一台真正的电脑。

2.《大都会》——大屏幕上人工智能的诞生

有一座名为“大都会”的未来城市，分为上、下两层。上层的建筑高耸入云，规划整洁规则，容积率颇低。住在上层建筑的人，衣着光鲜，从事着脑力工作 (如阴谋、排挤、内斗、为剥削寻找正当性等) 的同时，享受着科技造物带给人类的舒适、繁荣与秩序。下层，准确地说是地下层，拥挤、肮脏、错综复杂、规划凌乱 (根本没有规划)。生活在下层的人，准确地说是苟延残喘在下层的人，在危险的机器丛林中，从事着繁重、辛苦的劳动，生产出各种各样的必备物资，供给整个大都会。

1927 年，德国导演弗里茨·朗的默片电影《大都会》，向人们勾勒出这样的一座未来都市。如果生活在下层，是令人窒息的，日复一日的生活内容只能是不断劳作；如果生活在上层，那么生活的主要内容却是在享受别人的劳动果实。于是阶级这个概念被赤裸裸地展现在了当时的社会。生活在下层的工人阶级累死累活却淳朴勤劳，生活在上层的资本家好逸恶劳却满怀阴谋诡计。上、下层之间的接触极少。直到有一天，上层的资本家的儿子约翰，偶遇美丽善良的下层工人阶级少女玛丽亚误闯资本家花园。在大都会背景下，上演了老套的罗密欧与朱丽叶桥段。

约翰随着玛丽亚深入地下社会，经历了大量在约翰看来触目惊心，而在玛丽亚看来却平平无奇的底层生活。随着约翰的良心发现，约翰希望和玛丽亚一起，给下层工人阶级的生存环境带来变革。

罗密欧与朱丽叶穿越到异时空相会这样的题材，可以给莎士比亚挂上又一块奖章，却不足以让《大都会》名垂影史。下面才是这部默片真正震撼世界的内容。

在下层的工人接触到了变革思想之后，上层的统治者感到了危机，抓走了玛丽亚。以玛丽亚为原型，在一位疯狂科学家的实验室中，女机器人玛丽亚 (图 1-5) 被制造出来。女机器人玛丽亚通过脑机接口技术设备，获取了真人玛丽亚的思维与行为模式，以玛丽亚的身份混入底层劳动人民。这个女机器人获取了底层工人阶级海量舆情数据，进行情感分类识别，找到了能够在底层工人阶级之间产生共鸣的痛点，针对这些痛点，对地底工人阶级进行煽动。它最终演变成了一部具有强大破坏力的机器人，煽动底层工人阶级进行暴动，用暴力破坏一切。本片的男主角约翰，因为女机器人无法模拟出

图 1-5 《大都会》剧照，疯狂科学家使用脑机接口获取玛丽亚的思维数据

类似人类爱情的情感，而看清女机器人的真实身份。人类最为质朴的爱情，成为分辨机器人与真人的标志。经过一系列冒险，约翰最终救出了自己的爱人(真人玛丽亚)，一把火烧了机器人玛丽亚。以此为契机，下层工人阶级和上层资本家达成了共识。

弗里茨·朗为将这部电影中描绘的反乌托邦展示到世人面前，雇佣了36000多人，耗费了200万英尺胶卷，依照他的想象，搭造了宏大的电影拍摄影棚。虽然导演被历史条件下的技术局限性所束缚，但是这部电影不失为一部划时代的巨作。特别是女机器人玛丽亚的出现，第一次在影院屏幕上将妩媚妖娆与阴狠毒辣的人工智能形象统一在一起，将机器人的冰冷展示给世人，尽管这个女机器人实际上是在隐喻资产阶级阴狠毒辣、麻木不仁，并借此批判冷血无情、毫无人性的国家机器。

这部电影深刻影响了后世的科幻电影，许多科幻电影中或多或少都会出现《大都会》的影子。女机器人玛丽亚带给世界的震撼，甚至一直影响到一个世纪后的今天。

3.《I，robot》——探讨人工智能伦理的小说集

著名科幻小说作家艾萨克·阿西莫夫从1940年开始，到1950年，以苏珊的视角，记录了9个奇怪的机器人故事，如因为与人工智能互动而淡漠亲情的小女孩，为了确保人类不受伤害而陷入逻辑陷阱的机器人，产生了信仰而深陷其中的机器人，为了保护主人而撒谎的机器人，人类法律如何审判机器人，管理人类社会的机器人影响人类利益，机器人觉醒为“人”，人类与人工智能共存的社会形态，模仿人类情感的机器人，等等。这些故事探讨了人类在设定人工智能行为方式时，需要遵循哪些符合人类价值观的伦理底线。

阿西莫夫在20世纪40年代，对人类与人工智能共存的社会作出的一些伦理思考列举如下：

(1) 为了确保人类身体不受人工智能伤害，制定了机器人三大法则：

① 机器人不得伤害人类，或见到人类受到伤害而袖手旁观。

② 机器人必须服从人类的命令，前提是这些命令不违反第一法则。

③ 机器人在不违反第一和第二法则的前提下，必须保护自己的生存。

(2) 讨论人工智能机器人是否可能产生信仰。

(3) 人工智能机器人是否应该被赋予人权。

(4) 人工智能是否可以对人类撒谎。

(5) 人类该如何与人工智能机器人在社会中共存。

(6) 人工智能是否会进化到控制人类的水平。

这些思考对于现代人工智能的伦理研究具有极强的指导意义。

2004年的时候，好莱坞以阿西莫夫的这部短篇小说集为基础，改编了一部商业爆米花电影《I，robot》，由威尔·斯密斯主演，其剧照如图1–6所示。《I，robot》讲述的是2035年，人工智能机器人得到了普遍的应用，进入人类社会的方方面面。有一家机器人公司(U.S.Robots and Mechanical Men Corporation)，专注于机器人和机械

图1–6 《I，robot》剧照，机器人亚当与男主、女主一起讨论问题

人技术的研发与生产，产品有家庭机器人、工业机器人、服务机器人、特殊用途机器人等。女主苏珊·卡尔文是公司的首席机器人心理学家，负责分析和解决机器人与人类之间的冲突，并推动机器人伦理的研究。片中，男主（弱人工智能辅助的残疾人）、女主（纯种人类）与桑尼（已经觉醒的超级人工智能）一起，按照好莱坞的老套路，直面邪恶的强人工智能，与强人工智能直球对决，最终拯救人类。

4.《模仿游戏》——图灵的尝试

以上三个例子，实际上并不是真正的人工智能起点，只是人类对人工智能的期望与思考。实实在在开始动手模仿人类大脑部分功能的第一人是英国的阿兰·图灵。他提出，**可以利用抽象计算模型来模拟和解决复杂的计算问题**。这被视为人类第一次真正提出人工智能的应用场景概念。

在第二次世界大战中，英国作为反法西斯同盟国一方进行战斗，对抗法西斯德国。战争初期，英国是军事劣势的一方，因此英国无时无刻不想获取德国的军事情报。于是，英国投入了大量的人力、物力，在布莱切利公园，集合了包括图灵在内的数学家、密码学家、工程师、语言学家等将近 9 万人，希望能够攻克人力不可能破解的英格玛密码机加密。通过一系列创新的技术和逻辑推理，以及在图灵的不懈坚持之下，终于开发出使用电驱动机械齿轮转子计算机“炸弹”(Bombe)。这台计算机的诞生，验证了图灵提出的早期人工智能计算模型，形成了现代人工智能的基础理论模型，对现代计算机科学、人工智能理论具有深远影响。它通过穷举法和逻辑推理来遍历寻找上百万个可能的解密密钥，创造性地使用电驱动机械齿轮来计算速度，让机器在人规定的算法框架内，拥有了显著高于人类的运算速度。遗憾的是，作为原型机的“炸弹”，在第二次世界大战结束之后，并没有出现在世人面前，而是被英国政府作为绝密技术进行了封存、销毁。随着现代计算机技术的迅猛发展，开发“炸弹”的技术专家、技术手段、技术文献，甚至这台划时代的机器本身，很快就消失在人们视线中，直到 40 年以后，相关材料才解密。也正是因为封存、销毁了这台图灵心血的结晶，英国没有守住已经占领的计算机技术的高地，并在与美国的竞争中彻底输掉了信息技术革命的未来。

2014 年，本尼迪克特·康伯巴奇主演了纪念这一历史片段的电影《模仿游戏》(图 1–7)，片中高度还原了计算机“炸弹”。

图 1–7 《模仿游戏》剧照，图灵和他的队友们在思索如何改进炸弹机的方向

1.2.2 阿兰·图灵与图灵测试

【拓展阅读 1–10】
阿兰·图灵与图灵测试

人与计算机，实在是存在太多的不同点。图灵在二战期间使用机器模拟了人类解决问题的一种方式——穷举法。20 世纪 50 年代的计算机，还停留在人类输入运算内容，通过计算机运算，得到运算结果，输出给人类的阶段。在“炸弹”的研发过程中，图灵一直在思考，如何利用机器设备来模拟人脑解决问题。

1950 年，图灵在论文《计算机与智能》提出了著名的图灵测试，其理论直到今天依然指导着人工智能的发展道路。

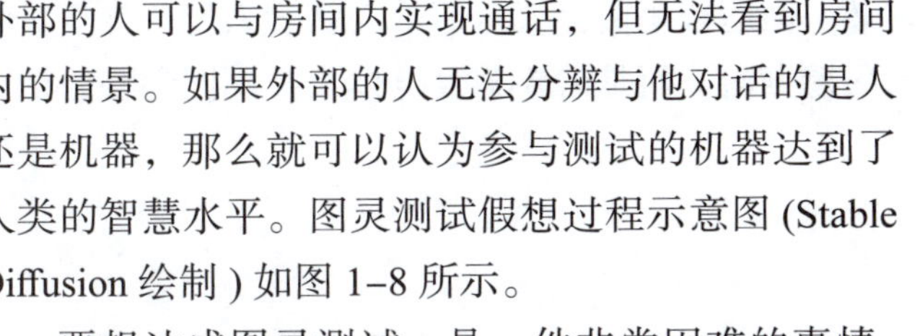

他认为，判断机器是否具备了智能，需要设计一个测试环境，让人与机器分别处于两个房间中，外部的人可以与房间内实现通话，但无法看到房间内的情景。如果外部的人无法分辨与他对话的是人还是机器，那么就可以认为参与测试的机器达到了人类的智慧水平。图灵测试假想过程示意图 (Stable Diffusion 绘制) 如图 1–8 所示。

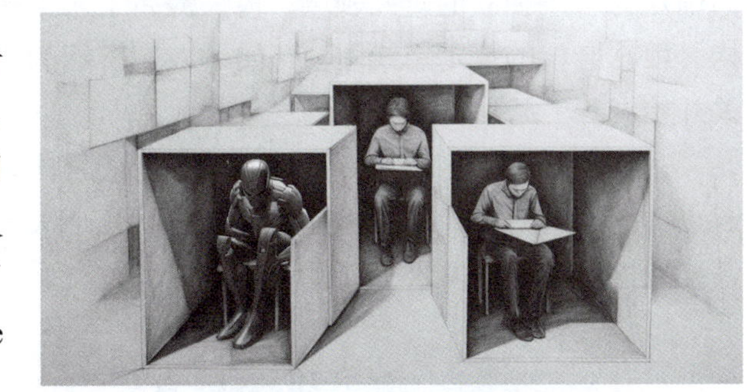

图 1–8 图灵测试假想过程示意图 (Stable Diffusion 绘制)

要想达成图灵测试，是一件非常困难的事情。时至今日，使用各种现代技术加成、耗费无数算力的大语言模型，依然无法完全达成图灵测试。人类在与大语言模型进行互动的时候，尽管大语言模型已经能够在庞大语料库的支持下，提供出尽可能贴近人类语言习惯的对话内容，但人类还是能明显感觉到其怪异的行文风格。诸如文心一言、ChatGPT、通义千问这样的大语言模型应用，消耗的算力是令人类为之咋舌的。算力等同于电力，电力等同于能量。也就是说，现阶段已经投入使用的大语言模型使用了庞大的能量支撑之后，才有可能跟闪烁于人脑神经细胞间微弱的电脉冲信号之间实现交互。随着交互内容的深入，伴随的能量消耗将成几何倍数增长。以目前的模型、算法来看，全世界全年的电力消耗也无法模拟出人类的复杂情感交流。

1.2.3 达特茅斯会议

在图灵提出了图灵测试方案之后，人工智能的先驱者们突然意识到，非常有可能使用计算机技术达成图灵测试。为了更好地研究计算机到底能不能实现人工智能，1956 年 6 月至 8 月，美国新罕布什尔州的达特茅斯学院的约翰·麦卡锡教授，邀请了多个学科的著名学者到达特茅斯学院参加达特茅斯夏季人工智能研究项目 (Dartmouth Summer Research Project on Artificial Intelligence)。麦卡锡第一次提到并使用了人工智能这个概念性词汇。这个会议的与会专家专业方向包含计算机科学、认知科学、心理学等多个学科。因此这个会议实际上是一个跨学科的会议。达特茅斯会议后，人工智能迅速成为一个计算机科学之下的独立研究领域，各种研究机构和实验室相继成立，推动了人工智能技术的发展。许多参与者在会后继续进行相关研究，产生了大量的学术成果。作为人工智能领域的先行者与实际推动者，麦卡锡得到了“人工智能之父”的称号。

【拓展阅读 1–11】达特茅斯会议与人工智能

与会者中不乏与人工智能领域相关的各个关联领域的佼佼者，麦卡锡想要和与会者精诚合作，调动各学科最精干的力量进行联合攻关，因此将会议的目标定位为“制造一台机器，该机器可以模拟学习或者智能的任何其他方面，只要这些方面能够从原理上被精确描述”。实话说，这是一个相当野心勃勃的目标。而实现这个目标却是难上加难。距离达特茅斯会议已经过近七十，与会者已经全部作古，而会议目标至今还未实现。

达特茅斯会议期间，没有解决任何实际问题，通过 2 个月的讨论，行业“大佬们”仅仅确立了一些中长期目标以及发展技术线路图。而达特茅斯会议赢得了计算机学术界的重视，最终将人工智能方向确定为一个独立的研究领域，极大提高了人工智能的研究速度。会议后，与会者回到各自的研究机构，根据会议的议定路线图，开始了人工智能的研究工作，围绕着人工智能领域的一项又一项科研攻关开始展开。

达特茅斯会议上并没有给出人工智能的具体定义，但达特茅斯会议依旧被公认为人工智能学科的起点，标志着人工智能不再是某个人或某几个人的兴趣方向，而是需要集合全体人类不同学科的精英系统地进行联合攻关的学科领域。

1.2.4 人工智能领域的早期发展情况

互联网是有记忆的，作者利用人工智能检索互联网，找到 1956—1970 年的 15 年间人工智能领域的早期发展情况以及人工智能发展的关键里程碑事件。

本小节由人工智能搜索互联网后，自主生成。供读者参考。

以下是 1956 年至 1970 年间人工智能领域的关键里程碑事件及其意义：

1. ** 逻辑理论家 (1956 年)**：由艾伦·纽厄尔和赫伯特·西蒙开发的第一个 AI 程序，能够证明数学定理。标志着 AI 从概念走向实践，采用符号处理方法，激发了更多科学家对 AI 的兴趣。

2. **LISP 编程语言 (1958 年)**：约翰·麦卡锡发明的语言，专为 AI 设计。成为 AI 领域的标准语言，具有灵活性和符号处理能力，为开发复杂 AI 系统提供便利。

3. ** 感知机模型 (1958 年)**：弗兰克·罗森布拉特提出的早期神经网络模型。是机器学习的开端，尽管有局限性，但为神经网络研究提供了理论框架。

4. **GPS(1959 年)**：艾伦·纽厄尔和赫伯特·西蒙开发的通用问题解决系统。探索通用性，为通用人工智能研究奠定基础，推动了 AI 在推理和问题解决领域的发展。

5. **DENDRAL 专家系统 (1965 年)**：用于化学分析的专家系统，表明 AI 可以通过领域知识解决特定问题，推动了知识驱动 AI 的研究。

6. **ELIZA 程序 (1966 年)**：约瑟夫·维岑鲍姆开发的自然语言处理程序，展示了 AI 在心理学、教育等领域的应用潜力。

7. **SHAKEY 机器人 (1966 年)**：自主导航机器人，将 AI 技术应用于机器人领域，推动了 AI 与机器人学的融合。

8. **SHRDLU 系统 (1970 年)**：自然语言处理系统，展示计算机理解和执行复杂语言指令的能力，探索了 AI 在人机交互中的应用潜力。

9. ** 人工智能的早期挑战 **：计算能力限制、理论困境、数据与知识缺乏导致 AI 在 20 世纪 70 年代初期进入第一次“低谷期”，但也为后来的突破奠定了基础。

** 总结 **：1956 年至 1970 年是 AI 发展的奠基时期，从理论探索到实际应用取得了重要进展，为后来的研究提供了宝贵的经验。

1.2.5 人工智能研究曲折往复

1. 人工智能的第一次低谷

麦卡锡在其回忆录中承认，达特茅斯会议后，先驱者们普遍过于乐观，特别是在取得了一系列成就之后，他们普遍没有意识到计算机算力不足、可用工具不足、算法积累不足等问题。20 世纪 50 年代中期，很多人都认为人工智能可以在短期内实现。而实际却并不是这样。从 21 世纪的今天回首看去，站在“事后诸葛亮”的角度上，能够很明显地发现问题所在。古老的计算机、古老的计算机语言、古老的算法思想，怎么可能实现对如此复杂的人脑皮质层间电脉冲信号的模拟？1kB 都不到的内存，怎么可能支撑起几十亿个神经元之间的运算数据？缺乏人脑的数据分析，光凭中世纪漏洞百出的缺乏足够科学依据的人脑功能分析的猜测，如何支撑精确的人工智能算法？但在当时，早期的先驱者们在媒体的呱噪声中，面对公众的殷切期望时，难免有亢奋的许诺。于是当激情的潮水退去的时候，人们发现，人工智能出现在公众面前还为时过早。商业化前景暗淡，无法获得投资，最终，预算被削减，人员被裁撤，于是低谷来了。

1973 年，英国数学家詹姆斯·莱特希尔为英国政府撰写了一份关于人工智能研究现状的评估报告。报告批评人工智能研究缺乏实际成果，技术存在局限，过度占用科研资源，并建议削减人工智能经费。

【拓展阅读 1-12】人工智能的第一次低谷

第一次人工智能低谷告诉全人类，想要获得更有力的可以扩展人类智能的工具，为时尚早！人类生产力水平还不足，对客观世界的改造能力还需要进一步积累。历史是曲折往复的，有高潮，必有低谷。历史发展的规律就是这样。

人类是万物之灵，创造性思维不只可以用在发明人造物的物质创新领域。图灵开创性地使用穷举法去模拟人脑的解密过程就是一种创造性思维。还有一种人脑的创造性思维方式，可以用来进行归纳总结，从失败中获取教训，即通过回溯算法，去寻找成功的可能性。

第一次人工智能低谷带来的经验教训如下：

(1) 设定现实目标，避免过度宣传。人工智能领域的研究者和媒体对人工智能的未来表现出了极大的乐观情绪。例如，许多研究者预测人工智能将在短时间内实现像人类一样的智能，甚至能够完全替代人类从事复杂的工作。需要让公众和投资方准确了解人工智能项目的复杂性，在发现人工智能的复杂度后，需要及时公布阶段性研究成果，建立透明的信息沟通渠道。

(2) 重视算法研究。在算法方面，需要有高效的通用算法，特别是针对计算机特点设计的算法。

(3) 寻找长期支持，建立团队。人工智能的研究并不能一蹴而就，需要稳定资源投入，建立后续研究梯队。

(4) 搜集数据，扩大学科合作规模。

(5) 面向长期，做好长期研究的准备，避免短期的盲目乐观。

2. 人工智能的第二次低谷

20 世纪 70 年代末到 80 年代中期，随着专家系统在商业领域取得的成就，人工智能迎来了第二个辉煌期。在这个时期人工智能被证明可能在某些需要大量计算、大量比对、大量分类的专门领域的运算速度超越人类，可以帮助人类更高效、更迅速地决策。大量医学领域、金融领域、知识分类领域的专家系统应用被推出。人类似乎看到了一丝丝实现人工智能的曙光。但这个阶段关于人工智能的研究也只是停留在这些专家系统。

人工智能的研究者又一次发现了知识描述、算法设计、算力、训练数据集的重要性。1982 年，日本投入全国的计算机人才，以 500 亿日元豪赌国运般地研制第五代人工智能计算机，这客观上是人工智能第二次高潮的一个重要事件，却最终一无所得，导致日本的计算机产业全面崩盘溃灭，人才大量流入美国，日本计算机科学的后续发展出现严重断代。以此为标志性事件，全世界对人工智能的信心受到严重动摇。各国都收紧了对人工智能的投入，人工智能的研究在 20 世纪 90 年代中期，步入第二次人工智能低谷期。

人类吸取了第一次人工智能低谷期的教训，在第二个低谷期，更多的人工智能研究者将精力投入到新算法的提出、算力的提升方法研究等领域。没有了浮躁而盲目的许诺，大家都在平凡的岗位上积累提升算法算力的方案。无数的论文发表鼓舞人工智能研究者一步一步向前。

【拓展阅读 1-13】人工智能的二起二落

3. 人工智能的第三次高潮

人工智能再次成为热点是在 2010 年后，深度学习算法、卷积神经网络、循环神经网络、强化学习算法等一批算法，在 21 世纪的图形处理单元 (GPU) 集群加持之下取得了令人瞩目的成绩。2016 年，谷歌的 AlphaGO，击败了人类围棋冠军李世石；2018 年，OpenAI 的大语言模型聊天生成式预训练变换器 (Chat Generative Pre-trained Transformer，ChatGPT) 系列开始问世；到了 2020 年 ChatGPT 3 的投入使用，引起了全球轰动，催生了生成式人工智能 (Generative Artificial Intelligence，GAI) 的狂潮。2025 年春节前后，中国的 DeepSeek 正式开源，以其开创性的算法，降低了人工智能生成内容 (Artificial Intelligence Generated Content，AIGC) 的计算门槛，使得 AIGC 不再只是资本手中的金融工具，而能够真正进入寻常百姓家。随着对人工智能投入的进一步爆发性增加，AIGC 技术将在更多领域取得令人瞩目的成果。相信在这三次人工智能高潮中，通用型人工智能 (Artificial General Intelligence，AGI) 将在不久的将来，向人类问好。

【拓展阅读 1-14】人工智能的第三次高潮

1.3 人工智能在我国的发展历史

1.3.1 我国人工智能研究的起步阶段

1956 年，美国提出了人工智能的研究方向。但是在当时，中国与美国对人工智能的研究并不是处

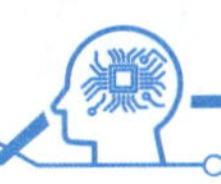

于同一起跑线。美国等西方国家对于科学技术的发展与传播一向是双标的：对于自己没有而别人有的东西，他们希望进行国际合作；对于自己有而别人没有的东西，他们高筑专利壁垒。那个年代，中国并没有电子计算机这种强大工具，而美国并不允许计算机出口到中国。

【拓展阅读 1–15】中国人工智能研究的起点

中国的人工智能研究起步时就被封锁、被压抑。

1. 华罗庚建立数学所计算机研究组

1949 年，伴随着新中国的诞生，大量爱国青年回国报效。这其中包括伟大的宝藏级数学家华罗庚，他为中国的计算机事业作出了巨大贡献。

【拓展阅读 1–16】华罗庚与中国计算机事业

华罗庚一生淡泊名利，在剑桥大学访问学习期间，他发表了 15 篇论文。他的每一篇数学论文都价值一个博士学位，但是他却根本不稀罕剑桥大学的博士学位。华罗庚解释说："我来剑桥大学是为了求学问，不是为了学位。" 1938 年，是抗战最困难的时候，华罗庚从英国剑桥大学回国至西南联合大学任教，与全中国人民一起抵抗日本法西斯的侵略。抗战胜利后，1946 年 9 月，华罗庚无法忍受当时的国民党政府，选择了远走美国，到普林斯顿高等研究院访问，被普林斯顿大学、伊利诺伊大学聘为正教授。1949 年，中华人民共和国成立，华罗庚第一选择就是回祖国报效。1950 年，华罗庚排除了方方面面各种干扰后，借道香港，回到了祖国。

他说：**"朋友们，梁园虽好，非久居之乡。归去来兮！为了抉择真理，我们应当回去，为了国家民族，我们应当回去，为了为人民服务，我们也应当回去。"**

在美国访问期间，他听说当时的美国拥有全世界最先进的电子计算机。他心中就埋下了一个梦想：中国绝不能失去研究计算机的大好机会，要在中国研制出计算机，实现国家的"计算自由"。没有华罗庚，就没有新中国的计算机事业。1953 年，在华罗庚的领导下，中国科学院数学所成立了我国首个计算机研究组，实现了我国在该领域的历史性跨越。

1958 年 8 月 1 日，我国第一台电子数字计算机"103"机 (图 1–9)，由中国科学院计算技术研究所、华北计算技术研究所、航天工业部和北京有线电厂的我国第一批计算机工程技术专家共同研制成功！ "103"机主要参照了苏联小型通用机 M-3。

图 1–9　操作员在操作我国的第一台电子数字计算机"103"机

2. 哈尔滨工业大学的行棋机

1957 年 2 月，华罗庚到哈尔滨工业大学 (简称"哈工大") 进行为期 3 天的访问。其间进行了一系列的讲座，包括数值分析、优化理论等。其中半天，他参观了哈工大自研的模拟计算机，并与当时哈工大数学系的师生进行了座谈。在临走时，华罗庚建议哈工大的吴忠明老师带领全体师生一起，在哈工大第一台模拟计算机的基础上，进一步试制一台可以下棋的小型、专用、快速电子计算机。吴忠明老师在华罗庚的鼓励

【拓展阅读 1–17】华罗庚与哈工大行棋机

下，带领全体研究生一起，在 1958 年的 8 月到 10 月，用时 56 天，完成了行棋机的研制。

这台行棋机是一台专用计算机。它不仅会推演下棋的过程，还能发出一些语音提示，如“您犯规了！”“请您走”“您输了”等。尽管它有“您赢了”的语音提示，但是，从这台行棋机完成调试以后，就没有人赢过它。虽然这台行棋机的智能程度远不及现在的人工智能，但它却向全中国人民展示了用计算机解决逻辑问题的可能性，完全可以被认为是人工智能的雏形，是中国的第一台人工智能雏形设备 (图 1-10)。

图 1-10　哈工大的同学在调试行棋机

1958 年 9 月 15 日，邓小平同志参观哈工大的时候，见证了这台计算机的调试过程。1958 年 11 月 1 日，周恩来、朱德、陈毅等党和国家领导人，都参观了这台会下棋的行棋机。

3　语言处理与自动翻译

1950—1960 年，随着美国、苏联全球争霸的格局随着冷战的开始而形成。在这种格局之下，两大阵营之间的各种竞争如火如荼。特别是在军事与技术领域的竞争，更是重中之重。双方开始互相觊觎对方的军事、技术、经济、社会情报。谍战中，有发生在谍报机构人与人之间的狭路相逢，也有发生在幕后的技术对技术的互相竞争。双方不约而同地把目光投向了使用计算机辅助翻译对方情报文献的技术研究。

斯拉夫语系和日耳曼语系是同源的，同属于印欧语系，在一些基础词汇上存在共同点，如数字、亲属关系、自然现象等词汇。语法上也有明显的相似性，如动词时态、语态、某些词汇的变形方式。尽管分隔千年，但是在计算机模式识别面前，其相似度还是相当高的。

1954 年 1 月，美国的乔治城大学与 IBM (国际商业机器公司) 合作，使用了简单的词汇表 (250 个单词)、简单的规则 (6 条语法)，设计了一个将俄语翻译为英语的语言模型。乔治城实验使用了 IBM 701 计算机成功地将 60 个俄语句子翻译成了英语句子。实验的成功让美国军方大受鼓舞，他们投入了大量的资金和人力，准备在人工智能辅助语言处理方面大干一场，甚至有美国中央情报局 (CIA) 的官员认为，短期内，在华约国家的美国大使馆就可以不再需要当地雇员。实际上，这个实验的数据集规模是很小的，他们低估了计算机进行翻译的难度。随着研究的深入，人类发现自然语言的复杂度是远超预期的 (英文有 200 万个单词)。

中文属于汉藏语系，跟印欧语系比起来，简直天差地别。在设计电子计算机之初，给出的底层逻辑，都是基于印欧语系的。这使得中文与印欧语系之间的计算机翻译困难重重。

【拓展阅读 1-18】
语言处理与自动翻译

中华人民共和国成立的时候一穷二白，并没有成系统的工业体系。在第一个“五年”计划期间，苏联援建了 156 个大型工业项目，将中国引入了工业国家的门槛。但是所有的相关文献，均为俄文。为了吃透俄文文献，受当时苏联机器翻译研究的启

发，刘倬提出并推动了斯拉夫语系（俄文）到中文的机器翻译研究。他提出将语言学研究与计算机技术研究相结合的设想。

由于当时孱弱的计算机系统，无法建立庞大的语料库，当时的技术路线是采用基于规则的方法，定制语法规则与词汇转换规则来实现翻译。这样的翻译方法，主要解决的是语法与词法规则，而不是语义分析。刘倬等编写了《机器翻译浅说》一书（图 1–11），为我国汉语融入世界计算机软件应用奠定基础。

在刘倬的主持下，1959 年，俄汉机器翻译项目，在计算所“104”机上运行成功。该系统能够解决 5000~10000 个单词的俄文到中文的翻译。其运算速度、翻译准确度，虽然无法与现在的大语言模型相比。但是在当时的技术条件之下，已经是令人瞩目的重大成就了。

图 1–11 《机器翻译浅说》为我国汉语融入世界计算机软件应用奠定基础

1.3.2 政府政策对人工智能发展的推动

1. “国家高技术研究发展计划”

我国在取得前节所述成就，并逐步推进人工智能研究时，发现以当时的技术与认知水平，无法在短期内进一步取得成果，很务实地提出智能机器的推广和应用在短期内是无法突破的。同时，国际上的人工智能研究也逐步进入人工智能第一次低谷期。全球范围内，人工智能的热点过去，全人类都开始为人工智能的下次高潮开始做理论和物质上的积累。

为了改善中国的国际环境，老一辈的领导人创造性地开展了“乒乓外交”，释放缓和信号；到中国政府作为中国的唯一合法政府重返联合国，在外交上大胜美国；再到尼克松访华，中美建交。中国的外部国际环境逐步改善。到了 1978 年 12 月，党的十一届三中全会后，改革开放时代到来。当时，党中央提出：“以经济建设为中心，坚持四项基本原则，坚持改革开放。”同期，邓小平同志提出：“科学技术是第一生产力。”全国掀起了经济建设的浪潮，首先解决经济问题。1979 年，邓小平同志访美，标志着中美关系正常化的开始。

在此背景下，中国的科技工作者们得以获得国际上先进的科学成果。但是看到和使用科技造物与自己制造科技造物是有很大不同的。加上中国被封锁了几十年，广大科技工作者深知不能搞拿来主义，一定要吃透西方的先进科学技术。20 世纪 80 年代的社会上流传着“搞导弹不如卖鸡蛋”的消极言论，但是广大科技工作者还是静下心，搞科研，补课，补课，再补课。这一时期的主要工作，就是消化与完善已有的科学体系，查漏补缺，夯实科技基础，等待厚积而薄发。每一个中国人都深知一个道理：世界科技革命发展很快，我们必须迎头赶上。

为了达成“工业、农业、国防和科技”四个现代化建设目标，在 1986 年 3 月 3 日，陈芳允、王大珩、杨嘉墀、王淦昌 4 位科学家（图 1–12）联合向中央提议指出：中国必须抓住世界高技术发展的机遇，集中力量发展高技术，以应对国际竞争和国家安全的挑战。中国政府在同年 11 月通过了“国家高技术研究发展计划”（简称“863 计划”）。

这个计划涉及 7 个重点领域：生物技术、航空航天、信息技术、激光技术、自动化技术、能源技术与新材料技术。

人工智能作为信息技术之下计算机、软件技术的一个分支，同样得到了重视。在“863 计划”框架下，人工智能的研究集中在以下几个具体方向。

(1) **知识工程**：研究知识获取、表示和推理技术，开发知识库和专家系统。

(2) **模式识别**：研究图像、语音和文字的识别技术。

图 1–12　从左至右：陈芳允、王大珩、杨嘉墀、王淦昌

(3) **智能控制**：研究机器人和复杂系统的智能控制方法。

(4) **自然语言理解**：开发中文信息处理技术，推动中文的计算机应用。

国家并没有盲目全面开花，而是选择了前期有一定科研基础的方向。在做预研的时候，有专家提出，当时正是第二次人工智能高潮期，可以看国际上的风口，哪里热，往哪里走。但是经过集体讨论，认为一切需要以吃透为标准，不能盲目跟风，必须小步快走，有积累才能有收获，空中楼阁再好看，也是虚幻的。

【拓展阅读 1–19】
政府对人工智能的推动

2. 中日两国对待“第五代计算机”项目的对比

在整个 20 世纪 70 年代，日本都处于经济的爆发增长期，并在当时的计算机硬件制造领域有了一定的积累。1982 年开始，随着第二次人工智能高潮期的逐步到来，日本提出投放巨资研究、建造“第五代计算机”的构想。

这个构想看着“高大上”，以开发具备人类智能的知识处理机为目标，依靠符号主义 AI 理论推演。而同期的美国则采取了完全不同的技术路线——以市场为依托，计算机 PC 化，冯·诺伊曼体系，超大规模集成电路的芯片技术逐代迭代、堆叠封装。

美国的部分学者对日本的技术尝试大加赞赏，凭借美国政府资助而产出大量符号主义人工智能研究成果的爱德华·费根鲍姆甚至为日本的第五代计算机计划著书——《第五代——人工智能与日本计算机对世界的冲击》(*The Fifth Generation*: *Artificial Intelligence and Japan's Computer Challenge to the World*)。书中指出，日本如果能够按照他的理论建造这台“知识处理计算机”，就能在 10 年内超过美国和欧洲，成为世界第一的计算机强国。

该书在 1985 年被翻译成了中文，在中国出版发行，希望在中国也引发第五代计算机的建设项目。奇怪的是，该书在日本引起了轰动，被当成建造第五代计算机项目的理论依据之一，但是在其他国家的影响却并不大。日本政府又一次开始了国运豪赌，投资 500 亿日元，调集了全日本的 IT 精英进行攻关，吸引的民间投资更是多到难以统计。

1992 年，日本政府的“第五代计算机”计划在耗尽了 500 亿日元后宣告失败。投入科研人力到了虚幻的目标上，与世界主流计算机领域 (如 PC、互联网、超级计算机等) 的差距不止没缩小，反而扩大了；人工智能领域人才流失严重，大量科研人员因为在日本国内的相关第五代计算机的部门裁撤或

公司倒闭，而被美国公司挖角去了美国，日本计算机领域产生全面结构性断层，错过了后来的人工智能革命。这给全世界树立了反例，直接导致了全世界范围内，人工智能的退潮，随后几年，第二次人工智能低谷到来。继广场协议之后，在计算机、人工智能领域，日本被美国迟滞、收割了。

【拓展阅读 1-20】第五代人工智能计算机的态度对比

美国人工智能专家赫伯特·西蒙（长期任教于卡内基梅隆大学，担任计算机科学、心理学和管理学教授）在谈到日本的“第五代计算机”计划时，哈哈大笑地说道：“未来十年人工智能不会有什么重大突破，但可能有上千小突破。”

中国的人工智能专家在得知了日本“第五代计算机”计划后，做了广泛的调研，认为日本的“第五代计算机”计划是个陷阱项目，符号主义人工智能实际上一直在边缘化，不能跟风冒进。不能看美国人说什么，而是要看美国人做什么。中国科学院计算技术研究所智能中心在成立之初的2年时间，并没有拿出什么成果，但又成果丰硕：发现了“第五代计算机”这个恶意满满的战略陷阱，避免了改革开放之初国家的巨额损失。在相关的科研方向上，只是在理论上进行研究，避免了真金白银的庞大投入。尽管在“863计划”中306子项就是智能计算机、人工智能领域，但是中国人工智能的科研人员并没有盲目跟风，坚持小步快跑，在有基础的人工智能领域不断稳稳跟随，以期实现超越。

3. “火炬计划”与多个“五年计划”

在“863计划”提出之后，我国确立了人工智能研究的重要地位。

在1988年的“火炬计划”中，我国提出人工智能产业化应用目标，鼓励高新科技成果转化，推动了人工智能在制造业、医疗、农业等方面的试点应用。

【拓展阅读 1-21】第九个五年计划（1996—2000年）

在随后的几个五年计划中，我国依然坚持小步快跑方针，紧紧跟随世界人工智能研究的潮流。

(1) **第九个五年计划期间 (1996—2000年)**：提出支持智能控制、专家系统、模式识别和自然语言处理等技术研发；各大高校陆续在已有的计算机专业、工业自动化专业的课程中增加人工智能相关课程，开始人才培养工作。中国政府真正开始了在人工智能领域的战略性投入。计划期间，人工智能技术出现在一些自动化工业制造场景和交通控制场景。人工智能在这一时期尚处于初步研究阶段，主要以专家系统、模式识别等为核心研究方向。从此以后，我国在每一个五年计划中，都明确了对人工智能研究的支持，并明确指明了每一阶段需要重点投入的人工智能应用成果与应用领域。

【拓展阅读 1-22】“十五”计划（2001—2005年）

(2) **“十五”计划 (2001—2005年)**：推动智能技术的研发，支持智能机器人、语音识别、图像处理、智能决策支持系统信息处理领域的发展。在这一阶段，随着互联网的兴起，人工智能技术逐渐从理论研究向实际应用转移。

【拓展阅读 1-23】“十一五”规划（2006—2010年）

(3) **“十一五”规划 (2006—2010年)**：将人工智能纳入国家发展规划，提出将“智能信息处理”作为重点发展方向，支持智能搜索引擎、智能感知、智能机器翻译等技术的研发；推动智能辅助在国防、医疗、教育等领域的研发；强调将智能机器人作为高科技产业的重要方向。“十一五”规划期间，全世界范围内，人工智能的计算机算法理论研究方面取得进展。我国在这样的背景下，开始强调自主创新。人工智能方面的专利在“十一五”规划之后，如雨后春笋般出现。

(4) **“十二五”规划 (2011—2015 年)**：强调人工智能与产业融合，推动智能制造、智慧城市和智能交通的发展。“十二五”规划期间，是人工智能的快速发展期。大数据、云计算等技术等成熟，使得支撑人工智能研究与应用的算力方面的瓶颈得到突破。从而使得人工智能的快速发展成为可能。

【拓展阅读 1-24】
“十二五”规划
(2011—2015 年)

(5) **“十三五”规划 (2015—2020 年)**：推动深度学习、自然语言处理、计算机视觉等领域的人工智能应用；加强人工智能与智能制造、智慧城市、智慧医疗的融合发展；提出建设人工智能开放平台、无人智慧驾驶、无人机、人工智能机器人等方向的研发要求。人工智能上升为国家战略，成为推动经济社会发展的核心技术之一。其间发布了 2017 年版《新一代人工更智能发展规划》。

【拓展阅读 1-25】
“十三五”规划
(2015—2020 年)

(6) **“十四五”规划 (2020—2024 年)**：人工智能被列为数字经济和科技自主的重要支柱之一。指出需要加强类人思考方式和通用人工智能等前沿领域的研究，推动了高校和科研院所在人工智能领域进行基础原理创新。实际产生了如量子计算机、阿里云通义千问、百度文心一言大语言模型、DeepSeek 大模型之类的应用。人工智能已经广泛使用在诸如金融、医疗、教育、交通等领域。标志着我国已经成为继美国之后的又一个在人工智能领域取得非凡成果的国家。

【拓展阅读 1-26】
“十四五”规划
(2020—2024 年)

由以上分析，正是在良好的政府决策引导之下，中国的人工智能发展才能够避免遭受重大曲折，一路奔跑向前。在政策的引导下，避踩了很多国外无序发展带来的深坑陷阱，从基础理论研究，到全产业链支持，从单一领域，到多学科融合发展，从零开始，一步一个脚印，从跟跑到并跑再到部分领先，稳步推动中国人工智能企业助力祖国伟大复兴。

1.3.3 我国人工智能领域的成就与现状 *

本小节由人工智能经过网络搜索后自主生成。

中国人工智能领域在政策引导与技术创新双轮驱动下持续突破，以下从战略布局、技术进展、产业应用及代表企业 DeepSeek 等方面提炼核心要点：

—-

###** 一、战略与技术突破 **

1. ** 顶层设计强化 **

–** 政策体系 **：2024 年《人工智能促进法》草案发布，明确数据流通与伦理治理框架

–** 算力基建 **：全国智算中心达 35 座 (2025Q1)，单中心最高算力达 12 EFLOPS(如深圳鹏城云脑Ⅲ)

2. ** 科研竞争力 **

–** 论文与专利 **：2024 年中国 AI 论文被引量全球占比 28.7%，专利授权量超 12 万件 (WIPO 数据)

–** 大模型突破 **：百亿级参数模型开源数量占全球 40%，华为“盘古”实现气象预测精度超传

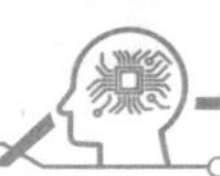

统数值方法 20%

###** 二、产业应用深化 **

1. ** 重点领域渗透 **

-** 智能制造 **：工业质检 AI 普及率达 65%，比亚迪引入视觉检测系统使故障检出率提升至 99.3%

-** 智慧医疗 **：AI 辅助肺结节筛查覆盖 2800 家三甲医院，平均诊断效率提升 50%

2. ** 企业级服务 **

-** 金融科技 **：蚂蚁集团风控系统年拦截风险交易 4.2 万亿元，误报率降至 0.01%

-** 城市治理 **：杭州城市大脑实现交通信号灯动态优化，高峰通行速度提升 22%

###** 三、DeepSeek 的创新实践 **

1. ** 技术优势 **

-** 训练效率 **：MoE 架构优化使千亿模型训练成本降低 57%(对比 2023 年基准)

-** 推理加速 **：自研推理引擎实现 Token 生成延迟 <50ms(行业平均 120ms)

2. ** 落地场景 **

-** 教育智能化 **：与华东师范大学合作开发自适应学习系统，学生知识点掌握率提升 37%

-** 企业数字化 **：为招商银行定制财报分析 AI，年报关键信息提取准确率达 98.6%

3. ** 行业地位 **

-2025 年第一季度中国大模型市场份额达 8.4%(IDC 数据)，位列初创企业第一梯队

- 入选福布斯"全球 AI 50 强"，获评"最具商业化潜力 AI 公司"

###** 四、挑战与趋势 **

1. ** 现存短板 **

- 高端 AI 芯片国产化率仍不足 30%，英伟达 H200 芯片市占率超 60%

- 行业数据孤岛现象突出，跨企业数据共享协议覆盖率仅 18%

2. ** 未来方向 **

-**AGI 探索 **：北京智源研究院启动"悟道 3.0"计划，目标实现跨领域因果推理

-** 伦理规范 **：上海 AI 伦理实验室发布全球首个生成式 AI 内容溯源标准

###** 核心观察 **

中国 AI 发展呈现"应用牵引技术"特征，DeepSeek 等企业通过深耕垂直场景构建竞争壁垒。建议关注三大趋势：①国产算力生态成熟度；②多模态大模型的工业化部署；③ AI for Science 的科研范式变革。

1.4 人工智能浪潮下的个人修养

当读者阅读到本小节，实际上可以发现当前的人工智能能做很多事情。例如，人工智能能够做内容小结和内容检索，能够创作生成精美图片，等等。

作者利用的辅助性人工智能叫作生成式人工智能，它毫无疑问是一种弱人工智能。生成式人工智能是人工智能的一个子领域，它指的是通过机器学习模型生成内容（如文本、图像、音频或视频等）的人工智能。与传统的人工智能不同，生成式人工智能不仅能够分析数据或执行任务，还能够“创造”出新的数据或内容。AIGC 其实并不是人工智能真的有了人类的智能。它的确“创造生成”了一些内容，但是这些内容并不是通过类似于人脑的创造能力的运作方式产生的，而是通过内容足够丰富的内容库提供了可供分析的数据，依赖深度学习等技术，通过对大量数据的学习和建模，掌握了数据的分布规律和特征，从而能够“模拟”人类的创作过程，生成与原始数据相似但全新的内容。

这里说的大量数据，指的不是 250 个词或 10000 个词，而是大量的文章、内容。大量有多大呢？几十亿篇文章，令人咋舌的海量数据。找到这些文章中，词与词之间的潜在关系，只有巨型计算机集群能做到。

【拓展阅读 1–27】
人工智能的能力

使用 AIGC 辅助的作者，每完成一小段文字的写作，就相当于作者向生成式人工智能的智能体提供这一小节的内容，就相当于作者向该智能体的语料库奉献了作者的写作内容。这些内容与已经存在的语料库中的数据相互映照，由深度学习算法找到词与词之间的分布规律，然后预测哪些词出现的概率高；将潜藏在人类文章段落中的规律找到，将其特征转化为新的输出顺序。这样就提高了内容符合人类书写、阅读习惯的可能性。但是，生成式人工智能会“骗人”，一旦语料库遭到“污染”，其生成的内容也就不那么可靠了。

读者可以发现，人工智能辅助生成的各种 AIGC 内容，的确能够帮助作者表达观点，或对人类的写作重点进行提炼，生成一条一条的类似大纲的内容。尽管行文还是看得出人工智能的痕迹，但是其总结、生产观点文章的能力是值得肯定的。

1.4.1 人工智能带来的发展机遇

人类的计算速度远低于计算机的运算速度。以计算机为媒介的弱人工智能，能够迅速处理人脑无法计算的海量数据。弱人工智能本来就是人类为了拓展自己的大脑功能而制造的改造自然、改造社会的工具，人们需要善于使用这个工具。这个工具用好了，能够带来机遇。机遇存在于每一个有着重复劳动、重复计算的社会分工领域，就看谁能够抓住。

人工智能正在重塑劳动力市场。实际上，新生产工具的诞生，一定会重塑劳动力市场。从珍妮纺纱机的诞生，到蒸汽机车与马赛跑，到飞机横空出世，到计算机问世，再到互联网的普及，历史告诉

我们，每一个关键领域的新工具的诞生，都会带来劳动力市场的重塑。从事重复性的劳动者，会逐步被掌握新兴工具的劳动者所取代。但更重要的是，在这个过程中，新的就业岗位会不断涌现，并伴随着生产效率的不断提高。新老交替，于是社会进步；日月斗转，于是时代变迁，都是客观不可逆的存在。

【拓展阅读 1-28】人工智能带来的机遇

机遇在哪里？作者在走访了多个单位之后，总结出几个真实的例子，供大家思考。

1. AI 客服机器人

凡是有网上购物经验的人，都有机会接触 AI 客服。对于某电商平台上带货的公司来说，诸如“亲，只有江浙沪包邮哦，其他省份，没办法包邮哦”“亲，都是正常普通发票哦，确认收货后三天内开具发票”“亲，我们的货都是 7 天无理由退换的”“亲，别着急，我替您转下售后”，类似这样的话，在没有引入 AI 客服之前，真人客服不得不每天上百次地复制粘贴类似的话，处理类似的问题。真正需要人工处理的，诸如“你家的货我买 10 件，给个折扣呗，帮忙人工改个价”这样的有用信息，会被无用信息海淹没。随着业务量的扩大，客服人员累到手抽筋，而绝大多数的这类公司出于成本考虑，也不会雇用大量的客服人员。客服小哥唯一的想法是：“回不完，回不完，根本回不完。”顾客的不满情绪也与日俱增。AI 客服能够帮助快速处理日常的常见问题。在引入 AI 客服后，无用信息海能够被自动答复，在 AI 客服筛选出有高价值的问题后，客服人员可以有效地利用联络工具沟通客户，创造销售机会。对于客服来说，避免了无效工作，对于企业来说，提高了成交效率，避免了无意义重复投入。

2. AIGC 平面广告设计师

在大学时代，小吴同学是计算机科学与技术学院新媒体部门的活跃分子。辅导员经常交给他一些设计海报的任务。由于大学学业繁忙，小吴同学不想浪费时间，于是他就经常性地使用 AI 辅助进行海报设计。刚毕业半年的小吴，入职了一家广告创意公司。这家广告公司规模挺大，听说承接了公交、地铁、市容市貌等很多平面广告项目。公司的设计人员基本上都处于起早贪黑不辍劳作的状态。每次交稿给客户的时间点前，公司里都是鸡飞狗跳，汇报、改稿、再汇报、再改。直到有一天，小吴受不了公司里的前辈们的工作方式，在汇报某个饮料的公交车公告创意的时候，一口气拿出来 27 张不同的设计稿：摄影风格、卡通风格、线稿渲染、光影艺术字等。领导提出修改意见后，小吴回到工位不到 20 分钟就能拿出符合领导意图的修改稿，马上被公司领导惊为天人。小吴不好意思地告诉领导，他只是使用了 AI 进行创意设计。在 AI 的辅助之下，小吴快速地完成了公司的设计任务。这样的操作，无疑让该广告公司尝到了 AI 辅助绘制创意图的甜头。那么，AI 都完成了设计图，员工干啥？员工避免了为迎合公司领导不断增加的创意点而不断改稿的命运。创意好，并不代表创作好。有了创意之后，公司员工将关注点后移到了创作、扩版上，极大降低了员工的工作强度。小吴回学校参加女朋友的毕业典礼的时候，回到学院，告诉曾经的老师，他已经是那个公司 AI 创意部门的小领导了，还能给学弟学妹介绍入职的机会，需要的话，可以联系他。

3. AI 病例助手

某三甲医院门诊一线的医生，每天接诊的病人非常多，用一句话描述：“看不完，根本看不完，真的根本看不完。”上午 8：00 开始，排号到 12：00 点，下午 14：00 开始，排号到 17：30，每 5 分钟一位病人。在医院引入 AI 病例助手之前，问病情，听病情，开检查，看检查报告，分析病情，给诊疗记录，然后同时记录到病例上。费时、费力，手速稍慢，就会引起病人堆叠，11：30 的病人甚至会排队到 13：00 还轮不上，原本 17：00 的病人，甚至会堆叠到 19：00。医生整天忙得连一口水都喝不上。而病人也会因为长时间等待而产生负面情绪。引入 AI 病例助手后，听到病人的主诉病情，相关的诊断模板就会由 AI 自动推荐给出。需要开哪些检查，需要哪些病例数据，一目了然。不仅规范化，而且节约诊断时间。在拿到检查数据后，AI 病例助手会根据相关数据给出诊断建议和治疗建议。AI 病例助手得到应用之后，医生记录病例的工作量大幅降低，诊断速度加快，甚至可以抽空喝口水或者去上个厕所了。这在没有 AI 病例助手辅助的时候是医生完全不敢想象的。医院甚至在论证，能不能为了服务更多的患者，将每个患者的问诊时长由 5 分钟缩减到 3 分钟，将服务的病人人数上限由每小时 12 人增加到每小时 20 人。在 AI 病例助手的辅助之下，更多的患者能够得到医生的帮助。

4. AI 汽车驾驶助手

随着自动驾驶技术的飞速发展，各种基于人工智能的交通工具逐渐进入人们的视野。“萝卜快跑”是百度 Apollo 推出的自动驾驶出行服务品牌。“萝卜快跑”于 2022 年正式进入武汉市场，并在特定区域内开始试运营。这标志着自动驾驶技术在武汉从实验室走向了实际应用。“萝卜快跑”通过自动驾驶技术的应用，实现了智能化的路径规划、精准的时间预测以及动态调度。这种高效的出行方式显著减少了普通人的等待时间和交通延误时间。有人问，那出租车司机怎么办？这并不是非此即彼的零和问题，“萝卜快跑”的服务区域是一些交通资源匮乏的郊区，未来会加入一些三、四线城市以及乡镇等人口不密集地区。这些区域的人民群众，将不再为了错过那么有限的几班公交车而苦等。而人口稠密地区，因为交通的复杂性，还是需要司机参与的。由此，司机和“萝卜快跑”一起工作，组成更加快速、便捷的交通网，服务于广大人民群众。“萝卜快跑”的加入实际上是减少司机的工作量，而非与司机争抢饭碗。司机资源匮乏的地区将首先感受到无人驾驶的安全、便捷。对参与这种交通体系的人类司机来说，需要通过学习和培训，掌握与自动驾驶相关的新技能，以适应未来就业市场的变化。同时，“萝卜快跑”本身还催生了一系列新的职业需求，如自动驾驶车辆维护工程师、数据标注员、AI 算法研发人员等。这些新兴职业为人类提供了更多元化的就业岗位和发展方向。

1.4.2 人工智能带来的挑战

人工智能正以惊人的速度改变着人们的生活和工作方式。人工智能技术的应用已经渗透到社会生活中各个领域。随着人工智能的不断发展，人类将如何生存在这个与人工智能并存的社会中，成为一个严肃而意义重大的问题。由上一章节中的例子，我们可以发现，就业竞争和职业转型会随着人工智能深入到社会生产各个领域而变得激烈。

人工智能技术的核心优势在于其依托运算速度远超人类的超速集群、存储容量远超人类的语料库、知识库、内容库等，具备了远强于人类的高效性、准确性和可扩展性。在许多领域，人工智能能够替代人类完成重复性强、规则明确的工作。例如，在制造业中，自动化机器人可以高效、精确地完成焊

接、组装等重复劳作；在服务业中，人工智能客服系统能够处理大量的、重复的客户低差异性需求；在金融业中，人工智能算法可以快速、准确地根据分析数据，计算并生成金融预警信号；等等。这些人工智能所具备的技术优势，一定会直接导致部分岗位的减少，尤其是低技能、重复性工作的需求大幅下降。企业会更倾向于使用效率更高、成本更低的人工智能系统。那些依赖低技能的劳动者更有可能面临失业风险，如超市中的自助结账系统正在减少超市类企业对收银员的需求。

【拓展阅读 1–29】
人工智能带来挑战

人工智能时代，我们会遇到哪些挑战呢？

(1) 劳动者需要不断学习新知识和掌握新技能以适应变化。这种知识与技能更新的压力对许多人来说是巨大的(尤其是对于中老年人而言)。中老年人可能缺乏足够的时间、资源和动力来学习新技术，这会导致中老年人逐渐与社会生活相脱节。要知道，人工智能带来的变革比以往历次变革来都要迅速。

(2) 人工智能的发展使一些职业消失的速度过快，但新职业在短时间内却难以形成。这种过渡期内的不确定性让许多人感到焦虑，不知道自己的未来会如何发展。用更通俗的说法，更换工作甚至职业规划的频率会加快。

(3) 人工智能大规模进入某一行业的时候，相同职业或相近职业的劳动者会产生强烈的危机感。人工智能领域优化做得越好，该领域的劳动者的传统技能越派不上用场，其危机感越强烈。

(4) 人工智能会有滥用风险，如 AI 文字合成、AI 图片生成等。在社交媒体上看到的新闻文字、新闻图片，可能都不是真的。据央视“新闻 1+1”2024 年 6 月 13 日报道，南昌警方破获了王某某伪造我国某地发生爆炸的假新闻。该虚假爆炸新闻，从文字，到配图，均为 AI 生成。该造假者在高峰时期，一天生成 4000~7000 篇 AI 文章，人类极少干预。也就是说，王某某很多时候，自己都不知道自己的 AI 发了什么信息。这种毫无根据的 AI 文章、AI 图片，被海量自动上传到了各种网络平台，通过网络平台的关注、阅读、转发等奖励机制，进行流量变现。

(5) 涉人工智能诈骗正在变成新的诈骗形式，如 AI 合成视频、AI 合成语音等。据 2024 年 12 月 18 日央视网报道，有不法商家使用人工智能技术合成著名医生张文宏的视频、语音，进行带货推销，诈骗中老年消费者，产生了严重的负面社会影响。

(6) 人工智能推荐算法产生新的信息茧房。现在的社交媒体基本上都会设置智能推荐。越喜欢看的内容，推荐就越多。长此以往，会以自然人为基本单位形成一个个信息壁垒屏障，使人无法接触到全面信息，难以形成正确的人生观、世界观。

1.4.3 提升个人技能以适应未来需求

曾经，“伟大的革命先行者”“中国革命的伟大导师”孙中山到海宁盐官，观看钱塘江大潮，回上海后写下名言：“世界潮流，浩浩荡荡，顺之则昌，逆之则亡。”从那时起，深刻的社会变革的到来影响了几代中国人，中国人民都在不断寻找历史的出路。直到中华人民共和国成立，社会主义制度确立，中国跨越式地从小农经济社会跃入工业社会。但是仍然需要经过很长时间的消化、吸收、整理、改造、充实、提高，中国人民才真正逐步达到与之相适应的工业社会的思维方式与思维水平，与社会制度相适应的生

【拓展阅读 1–30】
个人能力的提升

产力水平才真正得以解放，才为今日全世界唯一具有全产业链优势的中华盛世打下坚实基础。

回想当初，是不是全社会都需要为工业化的到来做好准备？是不是全社会都需要为实现社会主义而做技能提升？不要忘记一个事实，中华人民共和国成立以后，立即开展了全民的扫盲运动，文盲率迅速下降。这就是一个典型的技能提升的例子。保守地满足于小农经济时代的旧知识、旧技能、旧现状不放，是不可能有今时今日的中国的。历史也无数次证明了，光拿着先进生产工具，而不具备如何使用、维护、生产、改进、创新先进工具的社会，并不能真正发挥这些先进生产工具的优势，也不能实现社会进步与生产力的解放。

随着人工智能时代的逐步到来，生产力的跃迁是肉眼可见的。如同蒸汽机的发明与改进一样，生产力的跃迁也必然带来整个社会的深刻变革。“百年未有之大变局”如约而至，全社会都需要为此做好准备。

个人能力的提升势在必行：

(1) 创造能力是目前人工智能所不具备的人类智能。只要在创造能力方面保持优势，就不怕被人工智能所取代。尽管人工智能在执行重复性任务方面表现出色，但它在创造性工作上仍然远远不及人类。因此，培养创造能力和创新能力将是普通人保持竞争力的重要途径。无论是艺术、写作还是产品设计，创造能力都将成为未来人类在与人工智能共存的社会中不可或缺的软实力。

(2) 情感是人类所具有的区别于工具的又一重要体验。提高自身情商，积极进行人与人之间的交流互动，建立沟通顺畅的人际关系网，人工智能目前还无法实现这样的目标。这个目标对于人类来说实现起来却轻而易举。人类要想“打败”人工智能，就一定要选择自己擅长的领域。

(3) 抱着怀疑的态度批判性思考问题。社交媒体上出现重大的、关注度极高的消息，不要轻易相信，一定要多搜寻一些信源。人工智能可以快速处理大量数据并编写一些内容，但它不具有人类的批判性思维能力。我们需要学会分析信息的真实性，评估其意义，并作出明智的决策。在信息爆炸的时代，这种能力尤为重要。

(4) 发展跨领域知识结构。未来的竞争不再仅仅局限于单一领域，而是需要跨学科知识。例如，将技术与艺术结合、将商业与心理学结合，都可能带来新的职业机会。因此，不妨尝试学习与自己目前领域相关但不同方向的新知识。

(5) 提升个人数字领域素养。不仅仅满足于会使用计算机或会玩智能手机，而需要培养能够理解和应用数字技术解决问题的能力。例如，学习如何使用数据分析工具、掌握基本的编程技能、了解人工智能的基本原理等。这些能力将帮助我们在未来的职场中更好地使用人工智能工具。

1.4.4 人工智能时代，培养批判性思维

批判性思维是一种理性、系统的思考方式，它要求我们能够分析信息的来源，评估获得的消息、新闻、知识的逻辑性，并根据已有的证据或找到令人信服的相关信源，经过分析，最终得出合理的结论。在人工智能时代，批判性思维尤其重要，因为它能够帮助我们在复杂的信息环境中作出明智的选择。

下面是一个十分荒诞的要求，人工智能也能给出像模像样的回答：

作者说：我想修真，给我一套功法

AI：**《太虚真诀》修炼总述 **

——

###** 第一境：筑基 **

-** 目标 **：强身健体，感知灵气，为修炼奠定基础。

-** 修炼法 **：

1. ** 吐纳术 **：每日晨起，面朝东方，盘坐静心。

- 吸气时，默念“吸纳天地灵气”，想象清凉灵气入丹田。

- 呼气时，默念“吐尽体内浊气”，排除杂质。

- 每次 36 息，循环三次。

2. ** 锻体术 **：每日习练八段锦或基础拳法，强筋健骨。

3. ** 意守丹田 **：夜间静坐，意念集中于小腹三寸处，感受温热，积蓄灵气。

——

###** 第二境：凝气 **

-** 目标 **：感知灵气流动，打通经脉，形成小周天循环。

-** 修炼法 **：

1. ** 引灵入体 **：静坐于安静之地，闭目冥想，想象天地灵气从头顶百会穴进入体内。

2. ** 通经活络 **：引导灵气沿任脉（前胸）下行，至丹田，再沿督脉（后背）上升，形成循环。

- 初学者每日运行 12 周天，逐渐增加至 36 周天。

3. ** 固本培元 **：每日服用清淡饮食，避免情绪波动，保持心境平和。

——

###** 第三境：结丹 **

-** 目标 **：将灵气压缩凝聚，化为金丹，成就修真根基。

-** 修炼法 **：

1. ** 灵气凝丹 **：每日卯时（清晨 5–7 点）盘坐修炼，默念口诀“灵气化丹，万法归一”，集中意念压缩丹田灵气，直至灵气化为一颗金色光球。

2. ** 丹火淬体 **：以金丹力量温养全身，强化五脏六腑与四肢百骸。

3. ** 灵丹辅助 **：若有灵草，每日服用以助修炼。

——

###** 第四境：元婴 **

-** 目标 **：金丹破裂，化为元婴，灵魂与身体高度融合。

-** 修炼法 **：

1. ** 婴体凝聚 **：静坐于丹田内观，想象一缩小版的自己（元婴）逐渐成形，并赋予其意识。

2. ** 灵魂出窍 **：夜间修炼，尝试将意识延伸出身体，观察周围环境，但需保持灵魂与肉身的连接。

3. ** 天地共鸣 **：在自然环境（如山林、湖泊）中修炼，感受天地灵气，与元婴融为一体。

——

###** 第五境：化神 **

-** 目标 **：灵气外放，掌控天地，身化虚无。

-** 修炼法 **：

1. ** 灵气操控 **：通过意念操控灵气，将其化为剑气或护体灵光。
2. ** 神识扩展 **：每日修炼，感知更远的空间，逐渐扩大神识范围，最终覆盖方圆数十里。
3. ** 身化天地 **：想象自身融入天地，与万物合为一体，达到“无我”之境界。

——

** 总诀 **：

* 修炼需循序渐进，心静气和，切勿急躁。每一境界皆需稳固根基，方可突破更高层次。*

以上为虚假信息。将其写入本书，是为了告诉读者，语料库千奇百怪，对于几十亿篇文章，谁也没有能力保证每一个给出的语料都是真实的。用畅销网络文学作者的说法，这个“法诀”根本是忽略了我们所处的位面是一个无魔的科技位面呀！类似的问题应该是某些网络小说被人工智能阅读，成了人工智能语料库的一部分。这些非科学的内容其实是一种污染物。而一旦污染物进入语料库，就很难找到污染物和去除污染物。因此，人工智能组织的文章可信度是存疑的。

随着信息技术、人工智能技术的发展，网上的一些文章非常有可能就是人工智能组织的。批判性地阅读网络信息是十分必要。我们每天都被海量的信息所包围。其中，AIGC(如深度伪造视频、自动化新闻生成) 让辨别信息真伪变得更加困难。如果缺乏批判性思维，我们可能会轻信虚假信息，甚至被误导。

对着人工智能学习是存在风险的。非常有必要寻找可信消息来源，对信息的真伪进行辨别。

批判性思维离不开逻辑推理能力和数据分析能力。逻辑推理是人类思维的一项核心能力，它帮助我们根据已有的信息得出合理的结论。这项能力是人工智能所不具备的。在人工智能时代，逻辑推理能力显得更加重要。许多人工智能算法，尤其是深度学习模型，被称为“黑箱”，因为它们的决策过程往往难以解释。作为人工智能的使用者，我们需要具备一定的逻辑推理能力，才能理解人工智能的输出结果是否合理。

每一个人工智能的用户，实际上也都是人工智能数据库的“投喂者”。人工智能模型的性能高度依赖于数据质量。如果输入的数据存在噪声、不完整或偏差，那么即使是依靠最先进的算法也无法得出可靠的结论。因此，人类需要通过数据分析技术来清洗和优化数据，从而为人工智能提供更高质量的输入。现在的人工智能其实并不具备思考能力，无法真正“理解”数据背后的意义。

1980 年，约翰 · 塞尔提出的思想实验——Chinese Room Argument 实验——被认为是图灵测试的反面。

中文屋实验描述如下：

(1) 假设有一个不会说中文的人被关在一个密闭的房间里。

(2) 房间里有一本详细的规则手册，这本手册用英语写成，描述了如何根据输入的中文字符组合，输出相应的中文字符组合。

(3) 外面的人向房间内递交一些用中文写的问题(输入)，房间里的人按照规则手册的指示，将这些问题转换为适当的中文回答(输出)，然后将回答递回给外面的人。

(4) 从外面观察，房间内的人似乎“懂得”中文，因为他能够给出符合语法和语义的答案。

塞尔指出，房间里的人实际上并不理解中文。他只是机械地按照规则手册操作，把输入转换成输出。换句话说，他并没有真正“理解”这些中文符号的意义。

目前的 AIGC 就停留在这个阶段。尽管 AIGC 表现得具有一定的理解能力，实际上它并不是真正“理解”。大多数大语言模型(包括聊天机器人和翻译工具)本质上仍然是在执行复杂的数学运算和模式匹配。它们并没有真正“理解”语言，而只是根据训练数据预测最可能的输出。即使人工智能表现得再像人类，也不一定意味着它具备真正的理解力。

【拓展阅读 1–31】
保持批判性思维观察 AI 输出

既然没有理解力，人工智能输出的内容就不是那么可信的。我们必须以批判性的思维来看待人工智能带来的进步。

第2章 计算机基础知识

从目前的人类认知水平、科技水平、工业化生产的技术线路图产生的学科体系分类来看，人工智能既是信息科学的分支，也是计算机科学的分支，还与数学、认知科学、哲学等领域有紧密联系。更多的时候，人工智能被认为是计算机科学的一个分支，它依赖于计算机技术的发展而发展，基于计算机软硬件设计水平的提高而提高。同时，人工智能的发展反过来推动了计算机技术的进步。

2.1 计算机历史

从大家现在耳熟能详的华为手机、联想电脑，到用来控制工业化生产，助力我国成为世界最大工业国家的各式各样的单片机，再到在我国国防、科研等尖端领域绽放异彩的天河二号、神威蓝光、神威太湖之光等超级计算机，电子计算机早已经渗透到了现代社会生活的方方面面。

那么，电子计算机到底是如何从无到有，一步一步地进化到现在的地步呢？本节中，将介绍计算机的发展演化历史。

2.1.1 来自东方的辅助计算工具

在远古时代，并没有一种专门的计算机器，人们主要是依赖自己大脑，使用算筹、算盘等辅助计算工具来实现计算，以满足日常的计算需求的。辅助计算工具的应用在那时是主流。

1. 算筹

算筹(图 2-1)，又称算木、筹算等，是一种古老的计算工具，被用来进行算术运算和推演。算筹最初可能是由竹子或木头制成的小棍，以小棍的不同摆放方式，直观地记录数，让人能够使用通过视觉获取的信息，从而辅助大脑进行算术运算；经过千年的演化，算筹逐渐发展成为精致的计数工具，并发展出一套完整的筹算理论方法。从本质上说，筹算可以理解为标准化的符号，其通过展示给人，让人能够在简单工具的辅助之下，进行便捷记录与运算。

【拓展阅读 2-1】
算盘与算筹

据史书记载，算筹最早出现于商朝时期的占卜，经过漫长的发展和改进，逐渐成为一种辅助计算的工具。在古代社会中，筹算被视为一种重要的技能，并且被广泛应用于各个领域。据成书于两汉之间的《周髀算经》记载，我国古代著名数学家张衡就曾使用算筹进行天文测量和历法计算。“运筹”的手法与熟练程度，成了衡量先秦两汉时代有谋之士优秀程度的一个标准。汉高祖刘邦就曾经赞扬他的首席谋臣张良的“运筹”手段高超，达到了“运筹帷幄之中，决胜千里之外”的程度。“庙算多者胜之”，意思是说在庙堂中使用更多算筹进行更多计算的人会取得最终的胜利。到了隋唐时期，随着科学技术的发展，算筹的使用方法得到了进一步的完善和推广。算筹更是进入社会生活的商业活动、土地测量、天文观测等多个领域。那个时代，古代商人在进行交易时常常使用算筹进行计算，以确保交易的准确性和公平性；在农业生产中，算筹也被用来测量土地面积和预测农作物的收成，甚至在一些民国时期的电影中，还记录了使用算筹来统计工人的出工次数的镜头。

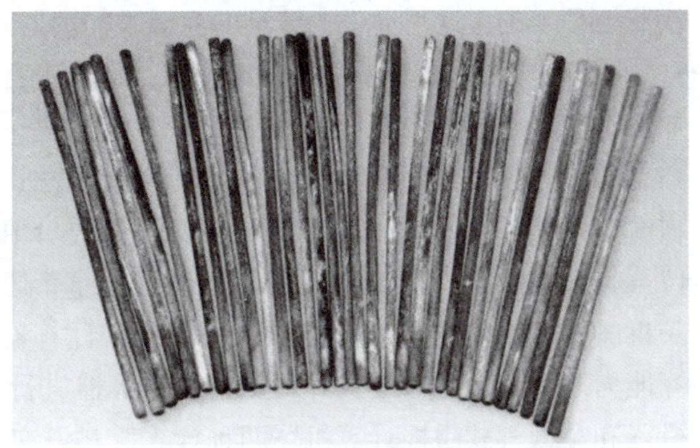

图 2-1　算筹实物图

2. 算盘

算盘也是一种用于辅助计算的工具。据考古学家的研究，算盘的发明最早可以追溯到商代晚期至西周时期。于 1976 年 3 月在陕西岐山县出土的西周时期 90 颗用于计数的彩色陶丸和相传发明于春秋时期的“文王算盘”都证明了这点。在算盘中，通过移动算珠的位置，可以记录各种数学运算的结果。在北宋画家张择端创作的《清明上河图》上，有一家叫“赵太丞家”的药店(图 2-2)，如果你仔细观察，就会发现在后面的柜台上放着一架算盘。这说明北宋时期，算盘已经成了寻常商贾的必备的量产化辅助计算工具。

图 2-2　《清明上河图》中赵太丞医馆中的算盘

2.1.2 工业革命后，欧洲出现的机械式计算工具

随着时间的推移，欧洲出现了一些更为复杂的机械计算工具。其中最著名的要数帕斯卡计算器、莱布尼兹轮以及巴贝奇分析机。

1. 帕斯卡计算器

法国数学家布莱兹·帕斯卡在1642年发明了帕斯卡计算器(图2–3)，这是世界上最早的机械式加法器。

图 2–3 清华科学博物馆制作的帕斯卡计算器模型

帕斯卡计算器利用了齿轮的原理，可以进行多位数的加法运算。这台机器的设计非常巧妙，它通过一系列相互啮合的齿轮来实现进位，虽然它只能进行加法运算，但在当时已经是一个技术上的巨大突破，其历史价值与历史地位不言而喻。1644年，法国传教士曾经向皇帝康熙进贡过一批帕斯卡计算器。康熙在试验了帕斯卡计算器的强大运算能力之后，命令宫廷技师对帕斯卡计算器进行了研究、复制和改进，制造出“铜镀金盘式手摇计算机”和“纸筹式手摇计算机”两种计算工具，在宫廷内部使用。但是同时，康熙对皇子胤礽下达了一条命令：“勿使(为)汉蒙所学。”依照皇命，帕斯卡计算器在康熙死后，被封存到紫禁城库房中。一直到1911年，清理紫禁城旧库房的时候，这些满是尘埃却几乎全新帕斯卡计算器才再次重见天日。从这条荒谬绝伦的命令可以看出，满清政府从那个时候开始，就自绝于世界科技的进步。

2. 莱布尼兹轮

德国数学家戈特弗里德·威廉·莱布尼茨在1673年设计了一种可以进行乘法和除法运算的齿轮机械装置，并在1694年完成了这种齿轮机械装置的第一个模型。它被称为莱布尼兹轮(图2–4)。

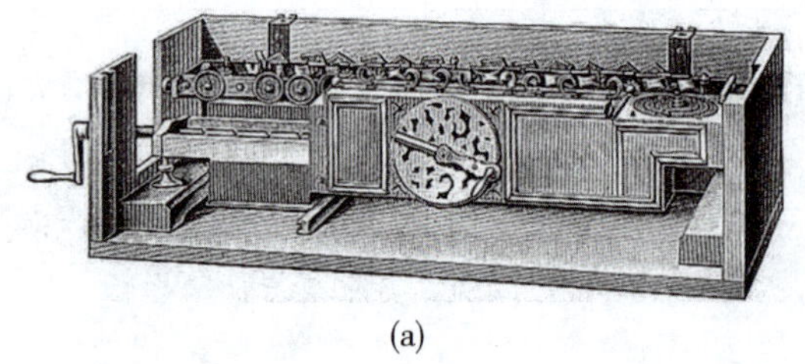

(a)

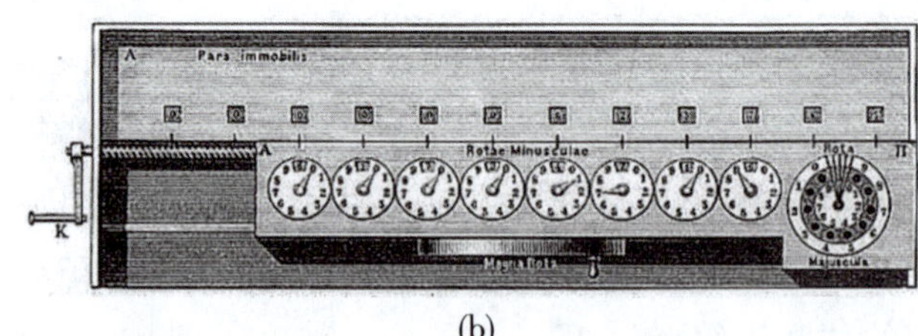

(b)

图 2–4 莱布尼兹轮

莱布尼兹轮的设计理念非常超前，甚至可以说是当时最先进的计算技术。虽然由于技术限制，莱布尼兹轮在当时并没有得到广泛应用，但它为后来的计算机发展提供了非常重要思路。莱布尼兹轮可以被看作现代计算机中算术逻辑单元(Arithmetic and Logic Unit，ALU)的雏形。莱布尼兹轮的设计启示了许多后来者，在很多方面都影响了现代计算机的发展。从某种意义上说，没有莱布尼兹轮提供的计算单元设计思路，就没有今天的电子计算机。

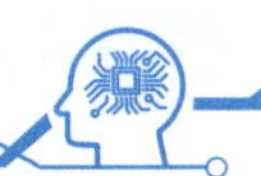

3. 巴贝奇分析机

英国数学家查尔斯·巴贝奇在 1837 年设计了一种可以用来执行任何数学运算的通用机械计算机，称为巴贝奇分析机。

巴贝奇分析机是基于齿轮系统和穿孔卡片的计算装置，它可以被用来进行复杂的数学运算。当时，这台机器一度被认为将是世界上第一台真正意义上的通用计算机，并承载了人类当时的计算梦想。值得一提的是，巴贝奇在织布机的启发下，为巴贝奇分析机设计了一系列穿孔卡片指令集。这些指令集类似于现代计算机程序语言的指令集，能够将指令输入到分析机中。但他的分析机却因为种种原因未能完全建成。技术难题、材料强度、资金问题以及与工匠的纠纷等问题接踵而至。最终，这台机器只有部分部件 (图 2–5) 被制造出来，并未完整地展现在世人面前。“太早出现等于做错了”“早走半步是天才、早走一步是天妒英才”，描述的就是这种类似的情景。巴贝奇于 1871 年去世，以当时的技术来看，他的思想和现代计算机之间其实并没有一条通畅的道路。零部件制造工艺、材料科技、动力能源研究、社会舆论、金融与资金投入等方方面面，都不足以为这台具有划时代意义的计算机器搭建好舞台。工业革命时代，以蒸汽为驱动力的齿轮计算机最终没有出现在人类眼前。虽然巴贝奇分析机从未完全实现过其设计者的宏伟蓝图，但它作为计算历史上一个重要的里程碑，影响了整个计算机行业的发展方向。

【拓展阅读 2–2】
机械计算工具

图 2–5　巴贝奇分析机手摇计算部件的复制品

2.1.3　第二次世界大战结束前的代表性计算工具

第一次世界大战以后，世界的热钱以及各式各样的科学人才不约而同地离开了欧洲，奔向了没有被战火侵略过的美国，让美国以战胜国的身份结结实实吃到了一大波远离战火的红利。那个时代的美国，几乎集中了全世界的精英人才。各种各样的科学发明层出不穷。为了解决科学研究或者社会经济生活中出现的计算量不足的问题，各式各样的计算机器开始被发明与制造出来。

1. 哈弗·马克 I 型计算机

美国的哈佛大学的霍华德·艾肯从 20 世纪 30 年代开始研制，最终与 IBM 合作，耗时 7 年，在 1944 年完成了哈弗 - 马克 I 型 (Harvard Mark I) 计算机 (图 2–6)，它也被称为 IBM 自动序列控制计算机

图 2–6　哈弗 – 马克 I 型计算机

(Automatic Sequence Controlled Calculator，ASCC)。

哈弗 - 马克 I 型计算机的诞生标志着计算机从原理到实用化的重要转变。哈弗 - 马克 I 型计算机长达 15 米，高 2.4 米，重达 5 吨，由 72 万个零件组成，使用了约 50 万个连接点，光电缆线就用了 800 千米。其外观和构造更像是一台巨大的机械计算器而非我们今天所熟知的电子计算机。它的运作完全依靠电动机和大量机械零件，通过一系列复杂的传动轴的联动来进行计算。尽管如此，哈弗 - 马克 I 型计算机在当时却拥有惊人的计算能力，能够自动完成加减乘除等基本运算，并能够处理更为复杂的数学公式和物理问题。哈弗 - 马克 I 型计算机的编程非常原始，需要通过打孔的纸带来输入指令和数据。程序员们必须手动将一长串指令进行打孔编制，然后让哈弗 - 马克 I 型计算机按照这些指令逐步执行计算任务。这台计算机庞大而复杂，编程方式烦琐不便，但在当时却是技术的巅峰。

2. 英格玛密码机

20 世纪 20 年代，德国工程师阿瑟·谢尔比乌斯发明了一种名为英格玛 (Enigma Machine) 的密码机，如图 2–7 所示。

图 2–7　英格玛密码机

英格玛密码机的核心是一系列的齿轮，这些齿轮可以进行不同的设置组合。每次按下键盘上的一个字母，转轮就会转动，通过一系列复杂的电气和机械过程，输入的字母就会被加密成另一个字母。由于转轮每次按键后都会转动，加密过程具有极高的复杂性和随机性。这也意味着，即使两个相同的字母连续输入，加密后的输出也将完全不同。加密的理论可能性高达上亿亿种。德国军方意识到它在加密通信中的潜力，为此投入巨大的人力、物力，开始对其进行改进和定制，并规模化地应用于德国军队。在第二次世界大战前期，英格玛密码机加密被认为是无法破解的。英格玛密码机由此成为密码学、信息安全理论、现代计算机科学历史上一个不能不被提及的标志性符号。

3. 电驱动的齿轮转子计算机“炸弹”

英国从工业革命之后，在很长一段历史时期，都是世界第一科技强国、工业强国。在第二次世界大战中，英国作为反法西斯同盟国一方进行战斗，对抗法西斯德国。战争初期，英国是军事劣势的一方，因此英国无时无刻不想获取德国的军事情报。于是英国投入了大量的人力、物力，在布莱切利公园，集合了包括图灵在内的数学家、密码学家、工程师、语言学家等将近 9 万人，希望能够攻克人力不可能破解的英格玛加密。通过一系列创新的技术和逻辑推理，在图灵的不懈努力坚持之下，终于开发出使用电驱动的齿轮转子计算机“炸弹”，如图 2–8 所示。

【拓展阅读 2–3】
二战结束前的
计算工具

这台机械计算机的诞生，验证了图灵提出的早期人工智能计算模型，形成了现代计算机的基础理论，对现代计算机科学具有深远影响。它通过穷举法和逻辑推理来遍历寻找上百万个可能的解密钥匙，创造性地使用电驱动齿轮来加速计算速度，让机器在人规定的算法框架内，拥有了显著高于人类的运算速度。遗憾的是，作为原

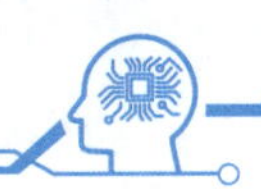

型机的“炸弹”，在第二次世界大战结束之后，并没有出现在世人眼前，而是被英国政府作为绝密技术进行了封存。随着第二次世界大战后现代计算机技术的迅猛发展，开发“炸弹”的技术专家、技术手段、技术文献，甚至这台划时代的机器本身，很快就消失在了人们视线中，直到 40 年以后，相关材料才解密。也正是因为封存、销毁了这台图灵心血的结晶，英国没有守住已经占领的计算机技术的高地，并在与美国的竞争中彻底输掉了信息技术革命的未来。

图 2–8　“炸弹”的复制品

2.1.4　电子计算机时代的来临

【拓展阅读 2–4】
第一台电子计算机

正是因为前人的努力奋斗，科学的进步与技术的累积终于使得计算工具的革新发生了质的飞跃。第二次世界大战之后，电子计算机的时代真正降临了。

第一台真正意义上的电子计算机诞生于 1946 年，是美国宾夕法尼亚大学摩尔实验室与阿伯丁弹道实验室联合研制的。它的全名是：电子数字积分计算机 (Electronic Numerical Integrator And Computer，ENIAC)。

“Computer”一词现在代表“计算机”。但是在 17 世纪的时候，这个词的含义是指计算的人。到了 20 世纪 40 年代的美国，女性成为计算主力。那个时代，在电子计算机诞生前，如果在介绍一个人的职业的时候，说一个人是计算工作从业者 (Computer)，那名工作人员的性别很大概率是女性。图 2–9 所示为计算员们在利用老式机械计算机计算的工作场景。

小普雷斯伯·埃克特 (图 2–10 中，最左侧)，是电子计算机的设计发明者。在计算机发明之初，编制程序需要用到编织袋、尼龙绳、木制脚架、金属固定卡扣、电线、电子管等材料。设计一个程序，就跟玩乐高积木差不多。世界上第一批程序员一共有 6 位，全部是女性，她们被称为“摩尔小姐”(图 2–11、图 2–12)。她们心灵手巧，比较擅长做编织 (没有错，就是编织) 的工作，能够比男性更加细心与耐心地将算法编织成程序。利用编织袋、尼龙绳、电线，进行经线 (纵向线) 和纬线 (横向线) 的交错编织可以赋予程序千变万化的可能性。而且女性身材比较娇小，能够在机柜缝隙中爬行。她们爬过机器内部的电线和真空管，将程序块编织到指定位置上，以实现指定的计算功能。

没有杰出的“摩尔小姐”，“ENIAC”永远不会变成现代电子计算机始祖。

由于那个时代的技术限制，最早的电子计算机“ENIAC”的体积庞大、能耗惊人。据历史文献记载，“ENIAC”长约 30.5 米，宽 6 米，高 2.4 米，占地超过 170 平方米，约由 17500 个电子真空管、7200 个水晶二极管、1500 个中转、70000 个电阻、10000 个电容、1500 个继电器组装而成。这个大块头 1 秒钟能够执行 5000 次加法或 400 次乘法，计算能力已经远超它的前辈们，更是远远超过人类大脑能够达到的极限。

图 2–9　计算员们在利用老式机械计算机计算的工作场景

图 2–10　小普雷斯伯 · 埃克特和“ENIAC”

图 2–11　4 位女性程序员手上拿的编织程序在“ENIAC”前合影

图 2–12　3 位程序员正在调试“ENIAC”的程序

2.1.5　计算机的四个世代

随着技术的进步，用了近 80 年时间演化至今，电子计算机发展了四个世代。

【拓展阅读 2–5】计算机的四个世代

第一代**电子管电子计算机**，以“ENIAC”为代表，是计算机技术发展的开端。它们采用**电子管**(图 2–13) 作为主要的电子元件，体积庞大、功耗高、运算速度慢，但它们的出现标志着人类进入了电子计算机时代。第一代电子管电子计算机主要用于军事计算领域，它们的诞生为后续计算机技术的发展奠定了基础。

第二代**晶体管电子计算机**在 20 世纪 50 年代出现，以“EDVAC”为代表，它们采用了**晶体管**(图 2–14) 替代电子管，大大降低了体积和功耗，同时提高了运算速度和稳定性。第二代晶体管电子计算机首次采用了汇编语言编程，这使得程序设计变得更加高效和灵活。第二代晶体管电子计算机被应用于企业管理、财务会计等领域。它们的出现标志着计算机技术开始从军事领域向民用领域渗透。

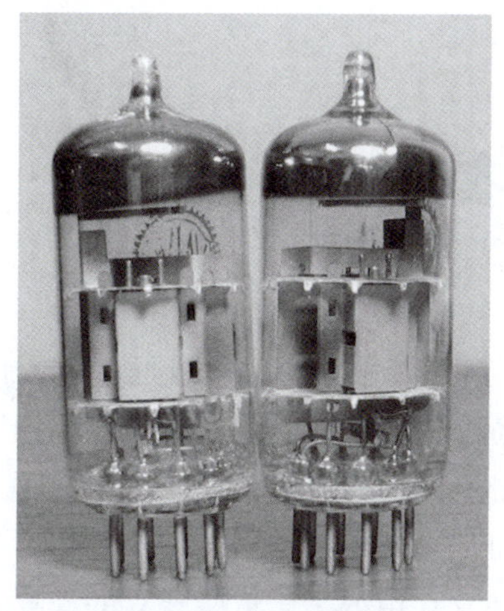

图 2-13　电子管

图 2-14　晶体管

第三代**集成电路电子计算机**在20世纪60年代末期到70年代初期出现，它们采用了**集成电路**(图2-15)，大大提高了计算机的集成度和性能。第三代集成电路电子计算机首次采用了操作系统，这使得计算机可以同时运行多个程序，极大地提高了计算机的利用效率。此外，第三代集成电路电子计算机还引入了高级语言，如Fortran、Cobol等，使得程序设计变得更加简单和易于理解。第三代集成电路电子计算机的出现标志着计算机技术开始向个人领域渗透，它们被广泛应用于科研、教育、医疗等领域。

第四代**大规模集成电路、超大规模集成电路和微处理器**电子计算机是指从20世纪80年代开始出现的一系列新型计算机。**大规模集成电路、超大规模集成电路(图2-16)和微处理器**，使得计算机的性能大幅提升，体积减小，功耗得到了进一步降低；同时引入了图形用户界面和网络技术，使得计算机的操作变得更加直观和便利。此外，第四代计算机发展到了今天，还开启了人工智能和云计算等新兴领域的发展，为未来计算机技术的进一步演进奠定了基础。

图 2-15　集成电路

图 2-16　超大规模集成电路

2.2 冯·诺依曼体系

冯·诺依曼(图 2–17)在 1945 年 3 月提出了建造一种全新的“存储程序通用电子计算机”——离散变量自动电子计算机(Electronic Discrete Variable Automatic Computer，EDVAC)的指导性构想。经过 6 年的不断积累与沉淀，1951 年，在普林斯顿高级研究院终于建造完成了 EDVAC。由于 EDVAC 采用了冯·诺依曼体系，它的运算效率比 ENIAC 提升了数百倍。

尽管 ENIAC 首先诞生，但是现代计算机的架构却建立在由冯·诺依曼建立的计算机体系之上。

EDVAC 由约 10000 只晶体管、3560 只真空电子管、1024 根水银延迟线构成。占地和能耗都只有 ENIAC 的三分之一。它的诞生有力地证明了冯·诺依曼体系在电子计算机构造过程中占据优势地位。现代所有的计算机，都构建冯·诺依曼体系之上。因此，冯·诺依曼被称为“现代计算机之父”。

图 2–17　冯·诺伊曼

【拓展阅读 2–6】
冯·诺依曼体系

【拓展阅读 2–7】
现代计算机的出现

冯·诺依曼体系的计算机内部构造需要遵循三个原则：

(1) 计算机采用二进制。

(2) 存储程序，程序控制，由程序指导计算机完成任务。

(3) 计算机由运算器、控制器、存储器、输入设备、输出设备五个部分组成。

2.2.1 冯·诺依曼体系的第一个原则

【拓展阅读 2–8】
冯·诺依曼体系的第一个原则

在运用计算机进行计算时，各种值都是使用二进制表达的。换句话说，各种值存储在内存中后，表现形式都是很多个 1 和 0。对于计算机来说，进行人类的十进制运算是一件相当困难的事情，但是对于任何电器设备来说，都具有通电和断电两种状态。让计算机将 1 和 0，分别对应通电和断电两种状态，并且通过两种状态的叠加，

进行算数运算，是一个可以轻松实现的设计方案。现代计算机算来算去的各种程序，都是 1 和 0；在显示器上的各种色彩，也都是 1 和 0；各种视频、各种应用、各种网页、各种声音，全都是 1 和 0。这些 1 和 0，称为 bits(Binary Digits)。

2.2.2　冯・诺依曼体系的第二个原则

存储程序指的是将计算机程序存储在计算机的存储器中，使得计算机可以根据程序中的指令来执行相应的操作。这种方式使得计算机可以根据不同的程序来完成不同的任务，而不需要对计算机的硬件进行改动。

【拓展阅读 2–9】
冯・诺依曼体系的第二个原则

程序控制是指程序对计算机的控制作用。程序中的指令可以让计算机执行特定的操作，比如进行算术运算、逻辑运算、数据传输等。通过程序控制，计算机可以按照预先设定的步骤来完成任务，从而实现各种复杂的计算和处理操作。

由程序指导计算机完成任务意味着计算机的工作是由程序所指定的步骤和方法来完成的。程序中包含了一系列的指令和数据，这些指令告诉计算机应该如何进行计算和处理数据，从而完成特定的任务。计算机根据程序中的指令来执行操作，直到任务完成为止。

存储程序和程序控制是使得通用计算机能够根据程序来完成各种不同任务的关键所在。这种结构使得计算机可以灵活地应对各种不同的需求。

2.2.3　冯・诺依曼体系的第三个原则

计算机由运算器、控制器、存储器、输入设备、输出设备五大功能部件组成，如图 2–18 所示 (粗箭头为数据流，细箭头为控制流)。

【拓展阅读 2–10】
冯・诺依曼体系的第三个原则

1. 运算器

运算器是计算机中执行各种算术和逻辑运算的部分，是计算机的核心，负责处理所有的计算需求。运算器能够执行加、减、乘、除等基本数学运算，同时能进行与、或、非等逻辑运算。运算器的效率和性能直接影响到整个计算机系统的速度。

2. 控制器

控制器是指挥和协调计算机各部件工作的中枢。它按照程序指令来控制数据流向和处理流程，确保计算机系统有序高效地运行。控制器从存储器中获取指令，解释指令，并发出相应的控制信号，驱动其他部件协同工作。控制器还负责处理中断请求和协调多任务操作。

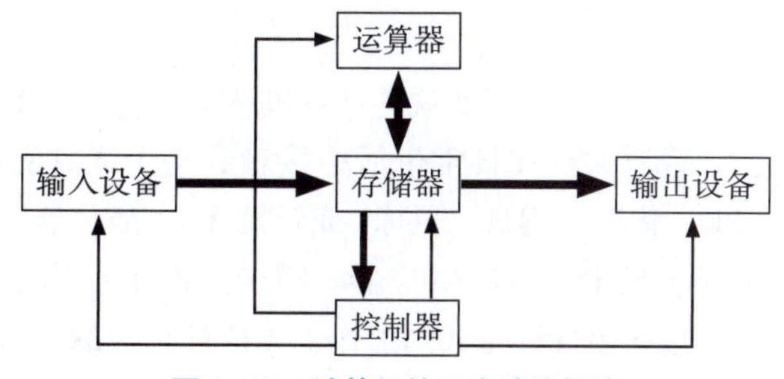

图 2–18　计算机的五大功能部件

3. 存储器

存储器主要用于存储程序指令和数据。现代计算机的存储器通常是指计算机能够直接访问的存储空间。这部分存储空间被称为主存储器。主存储器通常包括随机访问存储器 (Random Access Memory，RAM) 和只读存储器 (Read-Only Memory，ROM)。RAM 是临时性质的，它在计算机关机后不会保留信息；而 ROM 则是永久性的，即使在断电后也能保留信息。主存储器的特点是访问速度快，但成本较高且容量有限。

4. 输入设备

输入设备允许用户与计算机系统进行交互，将信息输入计算机。常见的输入设备包括键盘、鼠标、触摸屏、扫描仪等。输入设备的发展极大地扩展了计算机处理信息的能力，使得用户可以以多种方式向计算机传达指令和数据。

5. 输出设备

输出设备是将计算机处理后的结果展现给用户的部件。常见的输出设备有显示器、打印机、扬声器等。输出设备将计算机内部处理的数据转换为用户可以理解和利用的形式并展示给用户。

需要特别指出的是，随着现代计算机的不断进化，运算器、控制器被一同集成到了中央处理器 (CPU) 中，它们紧密配合，执行程序指令并处理数据。而存储设备其实并不包括硬盘，它提供了程序和数据存放的空间。输入输出设备合称 IO 设备，它们形成了用户与计算机之间的接口桥梁。

冯·诺依曼体系结构自提出以来，经过了几十年的发展和演变，其基本原则依然是现代计算机设计的基石，可以说目前所有在用的电子计算机都是基于冯·诺依曼体系。虽然随着技术的不断演化进步，计算机的每个功能部件都有了长足的发展，但其核心作用和相互间的关系并未改变。这一经典的体系结构不仅在理论上具有重要意义，而且在实际应用中展示了其强大的生命力和影响力。

2.3 计算机的硬件结构

实际上，我们所说的计算机系统，包括了硬件系统和软件系统。

普通大众在日常生活中接触到是个人计算机 (图 2-19)，常见的硬件设备包括 CPU、内存、键盘、鼠标 (或触控板)、显示器、存储设备 (磁介质硬盘或固态硬盘)、主板、显卡、电源供应器、声卡、网卡、连接接口、主板、散热器和风扇、机箱等。这些硬件设备共同工作，支持计算机的正常运行和各种应用程序的执行。其中，CPU、内存、键盘、显示器，我们通常称为主机，其他设备通常称为外设。

【拓展阅读 2-11】
计算机系统

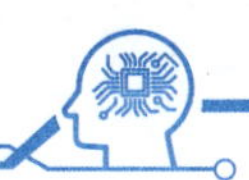

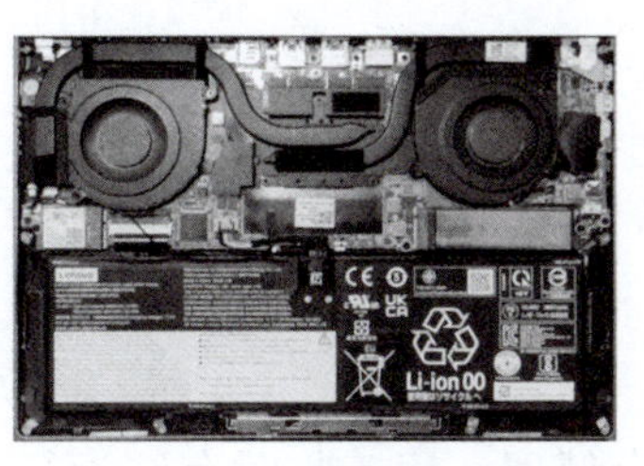

图 2-19　一台笔记本型个人计算机的俯视图与拆机图

2.3.1　CPU

CPU 是计算机的核心部件，负责执行计算机程序和处理数据。常见的 CPU 制造商包括 Intel 和 AMD，它们生产各种性能级别的 CPU。从日常办公到高性能游戏和专业应用，根据不同的需求，可以选用不同的 CPU。

CPU 是整个计算机系统中的最核心的组件，它负责执行各种计算任务和控制数据流的操作。现代电子计算机的 CPU 都集成了三个主要的子功能模块：算术逻辑单元 (ALU)、寄存器单元 (RU) 和控制单元 (CU)。

1. 算术逻辑单元

算术逻辑单元在 CPU 中负责执行各种算术和逻辑运算，加法、减法、乘法、除法以及逻辑与、逻辑或、逻辑非等操作都在这个单元中被执行。算术逻辑单元通常由多个逻辑门电路组成，能够对数据进行快速的处理和运算。算术逻辑单元的性能直接影响着 CPU 的整体计算能力和速度。

2. 寄存器单元

寄存器单元是 CPU 中用于存储数据和指令的模块，寄存器单元中包括多个寄存器，每个寄存器都有特定的功能和用途。寄存器可以用来暂时存储中间结果、控制指令执行顺序、存储地址等数据信息。寄存器单元的设计和组织对 CPU 的运行效率和数据处理能力有着重要影响。

3. 控制单元

控制单元是 CPU 中的控制中心，负责协调各个部件的工作，控制指令的执行流程和数据的传输。控制单元通过解码指令、生成控制信号、调度任务等方式来实现对 CPU 内部各个部件的协调和管理。控制单元的设计和实现直接关系到 CPU 的指令集支持、并行处理能力以及对外部设备的控制能力。

【拓展阅读 2-12】
中央处理器
(CPU)

算术逻辑单元、寄存器单元和控制单元是 CPU 中不可或缺的重要部件，它们的设计和优化直接关系着 CPU 的整体性能和效率。

2.3.2 内存

RAM 和 ROM 是计算机中的两种内存类型，它们在计算机中扮演着不同的角色。

【拓展阅读 2–13】
内存

1. RAM

RAM 是一种易失性存储器，用于临时存储运行中的程序和数据，当计算机关闭或断电时，RAM 中的数据就会丢失。

2. ROM

ROM 是用于永久存储计算机系统的固件信息、引导程序和基本输入输出系统 (BIOS)，这些数据在计算机关闭或断电后仍然会保存在 ROM 中。

RAM 和 ROM 在结构和工作原理上也有所不同。RAM 通常由动态随机存取存储器 (DRAM) 或静态随机存取存储器 (SRAM) 构成，它们通过电流来存储数据，并且需要不断地刷新以保持数据的稳定。而 ROM 则通常由只读存储器芯片构成，其中的数据是在制造过程中被写入，并且无法被修改或删除。

2.3.3 键盘

键盘是最常见的一种计算机输入设备，用于将文字、数字和符号等数据输入计算机。键盘通常由五排字母键、数字键、功能键和控制键组成，可以通过按下相应的按键来输入字符或执行特定的功能。键盘的设计和布局经过了多年的演变和改进，以适应不同的语言和文化习惯。

键盘最早起源于打字机，随着计算机的发展，键盘也逐渐演变成了现在常见的形式。现代键盘通常采用 QWERTY 布局，这是最常见的键盘布局，其名称源自键盘上第一行字母键的排列顺序。

除了传统的有线键盘之外，现在还有 2.4G 无线键盘和蓝牙键盘，它们可以通过无线信号与计算机或其他设备进行连接，更加方便灵活地使用。此外，还有一些特殊用途的键盘 (如游戏键盘、数字键盘、触摸板键盘等)，它们是针对特定的使用场景和需求进行优化和设计的键盘变体。

无论是文字处理、编程、游戏还是日常办公，都离不开键盘的帮助。因此，对于不同的用户群体和使用场景，键盘的设计和功能也有所差异。一些专业用户可能会更加注重键盘的手感和按键反馈，而游戏玩家则更加关注按键的触发力、响应速度以及 WASD(键盘键) 的耐磨程度。毫不夸张地说，观察一台计算机的键盘，能够判断计算机主人性格和日常使用习惯。

【拓展阅读 2–14】
键盘

随着科技的不断进步和用户需求的不断变化，键盘的设计和功能也在不断地进行创新和改进，功能键区和 FN 键的引入，能够满足人们日益增长的键盘功能操作需求。

2.3.4　鼠标或触控板

鼠标是一种用于控制计算机界面的输入设备，通常用于移动光标、选择文件、打开程序等操作。在图形用户界面操作系统大行其道的今天，鼠标是计算机输入设备中不可或缺的一部分，也是人机交互中常用的设备之一。

鼠标通常由外壳、左键、右键、滚轮和传感器等部件组成。外壳通常采用塑料材质制成，外形多样，有时还会根据人体工程学设计。左键和右键用于执行不同的操作，如单击、双击、右击等。滚轮通常用于垂直滚动页面或调整控件数值。传感器则可以感知鼠标在桌面上的移动，并将其转化为计算机界面上的光标坐标的移动。

与键盘相同，鼠标根据连接方式分为有线鼠标和无线鼠标两种。有线鼠标通常通过 USB 接口连接到计算机上，而无线鼠标则通过无线接收器或蓝牙与计算机通信。无线鼠标的优点在于可以减少桌面上的线缆混乱，为空间的使用提供更大的灵活性。

目前用户主要使用的是光学鼠标。光学鼠标使用发光二极管 (Light Emitting Diode，LED) 光源和互补金属氧化物半导体 (Complementary Metal-Oxide-Semiconductor，CMOS) 固体成像传感器来感知鼠标在桌面上的移动。光学鼠标比机械鼠标具有更高的灵敏度和精准度，适用于更复杂的应用场景。

【拓展阅读 2–15】
鼠标

随着科技的发展，鼠标也在不断进化。触摸板、触摸屏等新型输入设备，可以用来替代鼠标进行某些场景下的控制操作。然而，作为一种经典的输入设备，鼠标仍然在很多场合下得到广泛应用，并且在未来仍将发挥重要作用。

2.3.5　显示器

【拓展阅读 2–16】
显示器技术演变

显示器是一种用于显示图像和文字的设备。从传统的阴极射线管 (Cathode Ray Tube，CRT) 显示器到 LED 显示器，再到目前最先进的有机发光二极管 (Organic Light-Emitting Diode，OLED) 显示器，显示器经历了一次又一次的技术革新。由于显示器是计算机的最主要的输出设备，其革命性变革会更为直观地被人们所感知到。

1. 显示器的种类

(1) **CRT 显示器**，指的是一种使用阴极射线管技术的显示器。CRT 显示器是通过在屏幕上扫描一束电子束，在荧光屏上产生图像。这种技术在 20 世纪 70 年代至 90 年代曾经非常流行，但随着技术的进步和环保意识的增强，这种体积庞大、重量沉重的 CRT 显示器逐渐被淘汰。

(2) **LED 显示器**，指的是一种采用 LED 作为背光源的平板显示器。LED 可以产生红、绿、蓝三种基本颜色的光，并通过调节不同颜色 LED 的亮度来呈现出丰富的色彩。相较于 CRT 显示器，LED 显示器具有更高的能效比和更薄的机身设计，同时能够实现更高的分辨率和更快的响应速度。由于 LED 显示器在能源消耗和环保方面具有显著优势，其逐渐取代了 CRT 显示器成为主流产品。

(3) OLED 显示器，是近年来最受瞩目的一种新型显示器。它采用有机化合物作为发光材料，可以直接发出光线而不需要背光源。这使得 OLED 显示器具有更高的对比度和更广的视角，同时能够实现更薄、更轻、更灵活的设计。此外，OLED 显示器在省电方面也具备优势，因为它可以实现像素级别的点亮和关闭，不需要额外消耗能量。虽然目前 OLED 显示器在制造成本和寿命方面还面临一定挑战，但 OLED 很明显将会是未来显示技术的主要发展方向之一。

随着科技的不断进步，显示器技术也在不断演进。从 CRT 到 LED 再到 OLED，每一种新显示器技术出现，显示器的显示效果、节能环保性能和用户观看体验，都会在不同程度上得到提升。

2. 显示器的性能指标

值得一提的是，在衡量显示器的性能的时候，屏幕尺寸、分辨率和刷新率，是三个重要指标。

【拓展阅读 2–17】
显示器性能

(1) **屏幕尺寸**指的是显示器对角线的长度，通常以英寸 (1 英寸 =2.54 厘米) 为单位。屏幕尺寸影响用户的观看体验和工作效率。在使用显示器的时候，要考虑使用场景，不同的场景需要使用的屏幕尺寸是不一样的。如果是在普通办公场景中使用，24~27 英寸的显示器是首选。它们能够提供充足的工作空间，而不会占据过多桌面空间；如果是专业图像处理工作或资深游戏玩家使用，则需要更大尺寸的显示器。29 英寸以上的屏幕，可以提供更加沉浸式的体验。但是大尺寸屏幕在提供沉浸式体验的同时，也意味着用户在查看屏幕信息时需要不停地转动头部和眼球，长时间使用后，可能会在导致头晕、疲劳。

(2) **分辨率**描述了显示器上横向和纵向像素点的数量，常见的分辨率有 1080p(1920 × 1080px)、2K(2560 × 1440px)、4K(3840 × 2160px) 等。分辨率越高，屏幕上能够显示的细节就越多，图像也就越清晰。在选择分辨率时，用户需考虑显示器的尺寸和使用距离。例如，对于 24 英寸的显示器，1080p 分辨率已经可以提供良好的清晰度。但若屏幕尺寸增大至 27 英寸及以上，2K 或 4K 分辨率会更适合，因为这样可以避免像素过大导致的粗糙感。

(3) **刷新率**是指显示器每秒更新画面的次数，单位为赫兹 (Hz)。传统显示器的刷新率通常为 60 赫兹，而高刷新率显示器可以达到 120 赫兹、240 赫兹甚至更高。刷新率越高，画面更新就越频繁，动态画面就越平滑。对于日常办公和网页浏览等基本任务，60 赫兹的刷新率已经足够；对于资深游戏玩家和视频编辑者来说，高刷新率能够提供更加流畅的视觉体验，并且减少画面撕裂现象。

值得注意的是，并非所有显卡都支持高刷新率输出。因此，在选择高刷新率显示器之前，用户应确保自己计算机上的显卡等硬件设备也具备对高刷新率的相应支持。

对于一般用户来说，24~27 英寸、1080p 分辨率、60 赫兹刷新率的显示器能够满足大多数需求，而且性价比较高。

2.3.6 存储设备

随着信息技术的快速发展，人们需要处理的数据量越来越大。数据存储设备也在不断进化，它经历了从简单到复杂、从低速到高速的演变过程，从早期的纸带、磁鼓，到硬盘驱动器 (Hard Disk Drive,

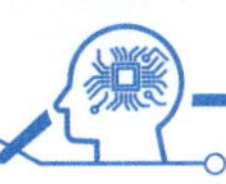

HDD)、光盘 (Compact Disc，CD)、数字多功能光盘 (Digital Versatile Disc，DVD)，再一直进化到现在普通笔记本电脑上使用的固态硬盘 (Solid State Drive，SSD)。

1. 纸带

纸带是一种早期的数据存储介质，源于 19 世纪的电报技术。它是一种长条形的纸质材料，通过在纸带上打孔表示信息，孔的位置和数量代表不同的数据。纸带由专门的打孔机制作，通过阅读器读取信息。尽管纸带的存储容量极低，数据传输速度慢，但由于其造价低廉、操作简单，在早期计算机系统中得到了广泛应用。随着技术的进步，纸带逐渐被磁性存储介质所取代。

2. 磁鼓

磁鼓是一种基于磁性存储介质工作的早期计算机存储设备。它由一个或多个金属圆筒组成，表面涂有磁性物质。数据通过改变磁性物质的磁化状态来存储，读写头在磁鼓表面旋转以读取或写入数据。磁鼓的访问速度比纸带快得多，并且可以进行随机访问。由于磁鼓体积庞大、成本高昂、容量有限，磁鼓最终被更高效的磁盘存储设备所替代。

3. HDD

HDD 是使用非常广泛的存储设备之一。HDD 利用磁盘存储数据，通过磁头对磁盘上的磁性材料进行读写操作。硬盘内部包含一个或多个磁盘片，盘片高速旋转时，磁头在盘片表面移动以访问数据。HDD 具有较大的存储容量、较长的使用寿命和较低的单位存储成本，因此在个人计算机上得到了广泛应用。但是由于 HDD 存在依赖机械高速旋转部件，其在抗震性和读写速度方面都存在短板。

4. CD 和 DVD

CD 和 DVD 是一种利用激光技术读取和写入数据的光学存储介质。CD 最初被设计用于音频存储，后来发展成为可以存储各种形式数据的介质。

DVD 具有比 CD 更大的存储容量，可以用于存储视频、软件和其他大容量数据。光盘通过在盘片上刻录微小凹坑来表示数据，激光头读取这些凹坑反射回来的激光信号以获取信息。光盘具有便携性好、成本低廉等优点，但其读写速度相对较慢，并且容易受到划伤、灰尘等物理损伤的影响。

5. SSD

SSD 是一种基于闪存 (Flash Memory) 的存储设备，是目前个人计算机采用的主流存储设备。与 HDD 不同，SSD 没有机械运动部件，数据存储在集成电路中。这使得 SSD 具有更快的读写速度、更低的功耗和更强的抗震性。由于这些优点，再加上 SSD 的单位存储成本不断下降，SSD 已经替代了 HDD，成为个人计算机、笔记本电脑以及企业数据中心的首选存储设备。但是，SSD 的单位存储成本相较于 HDD 依旧较高，且 SSD 写入存在次数限制，这些弱点对 SSD 的使用场景有一定限制。但随着技术的不断发展，SSD 的超大规模化量产将解决以上问题。

【拓展阅读 2-18】
存储设备

2.3.7 显卡

显卡，又称为显示适配器或图形加速器，是计算机中用于处理图形和图像数据的重要组件。显卡负责将计算机内部处理的图形和图像数据转换成可供显示器显示的信号，是计算机中实现图形显示的核心部件。

1. 显卡的作用

显卡的作用主要包括图形处理、图像输出和图形加速三个方面。

【拓展阅读 2–19】
显卡

显卡通过其内部的 GPU 来对图形数据进行处理，包括图形绘制、渲染、纹理映射等操作，从而计算出复杂的图形效果。显卡负责将处理后的图形数据转换成适合显示器显示的模拟信号或数字信号，并输出到显示器上。显卡通过其强大的计算能力和并行处理能力，可以加速计算机中的图形处理和图像处理任务，提高计算机的图形性能和图像处理能力。

2. 显卡分类

随着计算机技术的不断发展，显卡的功能和性能也在不断提升。目前市面上主流的显卡产品主要包括集成显卡和独立显卡两种类型。

(1) 集成显卡通常集成在主板或处理器中，功耗低、性能一般，适合一般办公和家用用户。

(2) 独立显卡则是物理独立存在的用于处理图形图像的产品，性能强大、功耗较高，适合游戏玩家、设计师和专业用户使用。

3. 显卡的选用

除了性能之外，用户在选择显卡时还需要考虑显存容量、接口类型、散热设计等因素。显存容量越大，显卡对于大型游戏和复杂图形处理任务的处理能力就越强；接口类型决定显卡与主板之间的连接方式，影响图像数据的传输速度和稳定性；而良好的散热设计则可以保证显卡在高负荷运行时不会因为过热而发生故障或损坏，从而保证了显卡的稳定性和寿命。

2.3.8 电源供应设备

计算机电源供应设备 (Power Supply Unit，PSU) 为整个计算机系统提供稳定的电力支持，保障计算机硬件能够正常获取电力，在稳定功耗之下平稳运行。PSU 将交流电转换为直流电，并为计算机内部各个组件提供所需的电力。

PSU 的主要功能是将来自电网的交流电转换为计算机内部所需的直流电。同时，它还承担着对电压、电流和功率进行稳定调节的任务，以确保各个硬件组件能够获得稳定可靠的电力支持。此外，PSU 还具有过载保护、过压保护、短路保护等功能，以防止因外部因素导致的电路损坏，确保计算机

系统的安全稳定运行。

根据不同的标准和规格，PSU 可以分为多种类型。常见的 PSU 类型包括 ATX 电源、AT 电源、SFX 电源、TFX 电源等。其中，ATX 是目前最为常见的一种电源类型，它具有较高的能效和稳定性，适用于大多数台式计算机系统。而 SFX 电源和 TFX 电源则主要用于小型机箱或特殊场景下的计算机系统，其体积较小，适合紧凑空间的安装需求。

【拓展阅读 2-20】
计算机电源

2.3.9　声音系统

计算机声音系统一般由声卡、扬声器、麦克风等硬件组成。其中，声卡最基本的作用就是实现声音的输入和输出。当用户使用麦克风进行语音输入时，声卡负责将模拟信号转换成数字信号，传输给计算机进行处理；而在播放音频时，声卡则将数字信号转换成模拟信号，通过扬声器播放。这样，用户才能听到音乐、视频和游戏中的声音。除了简单的输入输出功能，现代的声卡还具备一定的声音处理能力。比如，一些高端的声卡支持 3D 环绕音效、混响、均衡器等功能，可以让用户在听音乐或玩游戏时获得更加逼真的声音体验。

此外，声卡可以进行降噪处理、回声消除等操作，提高声音的清晰度和质量。声卡还可以对数字音频信号进行编解码处理。当计算机需要播放某种格式的音频文件时，声卡会对文件进行解码，将其转换成模拟信号后输出；而在录制音频时，声卡则会对模拟信号进行采样、量化和编码，以生成数字音频文件，通过支持软件的文件操作手段保存在计算机中。

【拓展阅读 2-21】
计算机声音系统

2.3.10　网卡

计算机的网卡 (Network Interface Card，NIC) 是计算机硬件系统中的一种负责计算机与外界进行数据信息交换共享的组成部件，它在计算机与网络之间起着桥梁的作用。网卡通过物理数据传输接口与计算机连接，负责将计算机内部的数据转换成网络可以识别的信号，并且将网络传输过来的数据转换成计算机可以识别的信号。网卡在数据传输的过程中，需要对数据进行一定程度的处理，如数据的封装和解封装、错误检测和纠正、流量控制等。这些处理能力直接影响到数据传输的效率和可靠性。网卡可以通过网络管理软件进行配置和管理，如设置 IP 地址、子网掩码、网关等网络参数，以及实现数据包过滤、虚拟局域网 (VLAN) 划分、链路聚合等功能。一些具有高级功能设计的网卡还具备支持 IPSec 协议、虚拟专用网络 (VPN)、防火墙等的能力，可以提供更加安全可靠的网络连接和数据传输。

【拓展阅读 2-22】
计算机网卡

2.3.11　连接接口

随着计算机技术的不断发展，计算机连接接口也在不断进化。计算机的各种连接接口连接了计算机与外部设备，实现了数据的传输和交换。不同的连接接口具有不同的特点和作用。

1. 通行串线接口

通行串线接口 (Universal Serial Bus，USB) 是目前应用最为广泛的一种连接接口，它具有热插拔、高速传输等特点，可方便地用于连接各种外部设备，如鼠标、键盘、打印机、移动硬盘、摄像头等。USB 接口分为多个版本，包括 USB 1.0、USB 2.0、USB 3.0 和 USB 3.1 等。不同版本的 USB 接口具有不同的传输速度和功耗管理能力。目前很多新问世的计算机大多将 USB3.1 作为标配。

2. 高清晰度多媒体接口

高清晰度多媒体接口 (High-Definition Multimedia Interface，HDMI) 是一种数字化音视频传输接口，主要用于连接高清电视、投影仪、显示器等设备。HDMI 接口具有高清晰度、高音质、高传输速度等特点，能够实现音、视频信号的高清数字传输，广泛应用于家庭影音娱乐系统和电脑显示设备。

3. 以太网接口

以太网接口 (Ethernet Interface) 是计算机用于连接局域网或互联网的一种常见网络接口，它通常使用网线进行连接，可实现计算机之间的数据传输和共享。以太网接口通常具有千兆、万兆等不同版本，用户可以根据网络环境和需求选择合适的版本连接。

4. 音频接口

音频接口用于连接耳机、扬声器、麦克风等音频设备，它可以实现音频信号的输入和输出。最常见的音频接口为 3.5 毫米耳机、麦克风插孔等，用户可以根据设备的音频输入输出需求选择合适的音频接口方便地连接。

5. 串行接口

串行接口是一种用于数据传输的通信接口，它通过串行传输方式实现数据的传输和通信。串行接口通常包括 RS-232 接口、RS-485 接口等，它们广泛应用于工业控制系统、仪器仪表等领域，用于设备之间的数据通信和控制。

6. 并行接口

并行接口是一种同时传输多位数据的通信接口，它通过并行传输方式实现数据的快速传输。并行接口通常包括并行打印口 (LPT 接口)、SCSI 接口等，它们在打印、存储等领域具有重要作用，能够快速传输大容量数据。

【拓展阅读 2-23】
计算机连接接口

2.3.12 主板

计算机主板 (Motherboard) 承担着连接各种硬件设备和传输数据的重要任务。主板作为计算机系统

的中枢神经，起到了连接和协调各个硬件组件的作用，是整个计算机系统数据信息的传输通道。

主板上集成了各种接口和插槽，可以连接 CPU、内存、显卡、网卡、声卡、硬盘、光驱（现在已经从电脑上消失的一种支持光学介质信息存储的设备）等各种硬件设备。这些接口和插槽的设计使得不同品牌和规格的硬件设备都可以在主板上进行连接和使用，从而实现了硬件的兼容性。

主板上集成了各种总线和控制器，可以实现各种硬件设备之间的数据传输和通信。通过主板上的总线和控制器，CPU 可以和内存、显卡、硬盘等硬件设备进行数据交换，实现了计算机系统中各个硬件设备之间的协调工作。

主板上集成了电源接口和信号接口，可以为各种硬件设备提供电源和信号。通过主板上的电源接口，各种硬件设备可以获取到所需的电源供应，而通过信号接口，各种硬件设备可以进行数据传输和通信。

【拓展阅读 2–24】
计算机主板

主板上还集成了各种芯片和控制器，可以对各种硬件设备进行控制和管理。通过主板上的芯片和控制器，CPU 可以对内存、显卡、硬盘等硬件设备进行控制和管理，从而实现了计算机系统中各个硬件设备的协调工作。

2.3.13　散热器和风扇

散热器和风扇在计算机中的作用是帮助计算机保持适当的温度，防止过热损坏硬件。在计算机工作过程中，CPU、显卡等硬件设备，在全力运行的时候会产生大量的热量，如果不能及时散热，就会导致硬件温度过高，影响计算机的性能甚至损坏硬件。因此，散热器和风扇的作用十分重要。

1. 散热器

散热器是通过导热管或散热片将硬件产生的热量传递到散热鳍片上，再通过鳍片将热量扩散到空气中，从而达到散热的目的。散热器通常安装在 CPU、显卡等硬件上，能够有效地将热量从硬件上转移出去，保持硬件的温度在一个安全范围内。由于铜具有良好的延展性与导热能力，一般的鳍片都是铜质的。

2. 风扇

风扇通过旋转产生气流，将周围空气吸入并吹向散热器，带动机箱内空气流动，加速散热器表面的散热效果。风扇的转速和风量决定了散热效果的好坏，因此选择强劲的风扇对于保证散热效果至关重要。

由于风扇需要长年累月不断旋转，风扇是整个电脑硬件系统中积灰最多的部分。在使用一段时间之后，需要进行除尘处理。长时间不做清理，会因为灰尘的累积导致风扇旋转效率的下降，甚至导致风扇的损坏。而风扇的损坏会导致机箱内温度上升，散热能力下降，甚至导致各种硬件设备因为过热而损坏。

散热器负责将硬件上产生的热量传递到散热鳍片上，而风扇则帮助加速空气对散热鳍片的冷却，从而达到有效散热的目的。两者配合使用，能够有效地保护计算机硬件，延长硬件的使用寿命。

除了传统的空气冷却方式之外，现在还有一些新型的散热技术，如水冷散热和冷板散热等。水冷散热利用水冷头和水泵将热量传递到水冷排上，再通过水冷排和风扇将热量排出计算机外部。这种方式能够更加高效地进行散热，并且声音较小。而冷板散热则是利用金属板直接与硬件接触，并通过金属板上的导热管将热量传递到冷却鳍片上，再通过风扇进行散热。这种方式能够更加紧密地与硬件接触，提高散热效率。

【拓展阅读 2–25】
散热器和风扇

2.3.14 机箱

计算机的机箱不仅仅是起到一个外观装饰的作用，更重要的是承载了计算机系统的各种硬件组件，并且提供了良好的散热和保护功能。

机箱作为计算机系统的外壳，其主要功能是保护内部硬件组件，防止灰尘、静电等外部因素对硬件造成损坏。同时，机箱还能有效隔离电磁辐射，保护计算机系统的稳定运行。因此，选择高质量的机箱对于保护计算机硬件、延长硬件寿命具有重要意义。

机箱还承载了计算机系统的各种硬件组件，如主板、CPU、内存、显卡、硬盘等。合理的内部结构设计和布局能够有效提高硬件组件之间的散热效果，保证计算机系统的稳定运行。此外，机箱还提供了各种插槽开口，方便用户进行硬件扩展和升级，从而满足不同用户的需求。

散热设计是选择机箱的重要参考因素。随着计算机系统性能的不断提升，各种硬件组件的功耗也在不断增加。良好的散热设计能够有效降低硬件温度，提高系统稳定性和工作效率。一般来说，优秀的机箱会采用多通风孔设计、风扇散热、热风流通等方式来保证良好的散热效果。

机箱的外观设计也是用户选择的重要考量因素之一。不同用户对于外观设计有着不同的需求和喜好，因此市面上也有各种风格和尺寸的机箱供用户选择。同时，一些高端机箱还会采用透明侧板、LED 灯效等设计来满足用户对于个性化外观的追求。

【拓展阅读 2–26】
计算机机箱

2.4 计算机软件系统

计算机软件系统根据其功能、应用领域以及开发和运行的特点，可以划分为多种类型。计算机软件系统可以分为以下四个小类。

【拓展阅读 2–27】
软件系统

2.4.1 系统软件

系统软件是指用来控制和管理整个计算机硬件与软件资源的程序集合，它位于用户应用软件与计

算机硬件之间，是计算机系统的基础性软件。系统软件的主要任务是为用户提供方便、有效、安全的工作环境，让用户能够方便地掌握计算机硬件资源，高效地运行应用软件。

系统软件又能细分出以下三个小类。

1. 操作系统

操作系统 (OS) 是最基本的系统软件，它管理和控制计算机软硬件资源的分配和使用，提供用户接口，以及为应用程序提供执行环境。操作系统直接影响着计算机的性能和稳定性。一个好的操作系统可以提高计算机的运行效率，简化用户操作，保护数据安全，并为应用程序提供强大的运行环境支持。没有操作系统，计算机硬件将无法发挥其应有的功能，用户也无法与计算机进行有效交互。

2. 设备驱动程序

设备驱动程序是一种特殊的软件，用于操作系统与计算机硬件设备间的通信，是操作系统与硬件设备之间的桥梁。每一种硬件设备，都需要相应的驱动程序注册到操作系统后，才能正常工作。驱动程序通常由硬件制造商提供，并且针对特定的操作系统设计，以确保硬件设备能够在该操作系统的环境中能正常工作。驱动程序确保了硬件设备的正确安装、运行，确保了硬件与操作系统的通信协作。驱动程序的设计和管理变得越来越复杂，

3. 操作系统工具软件

操作系统工具软件不仅能够帮助用户更有效率地完成日常任务，还能够保护数据安全、优化系统性能。操作系统自带的工具软件很多，如系统监控工具、文件管理工具、磁盘管理工具、安全工具、网络工具等。它们可以帮助用户更有效地管理和维护计算机系统，确保其稳定、高效地运行。

2.4.2　应用软件

应用软件是指为解决用户特定需求而设计的程序集合，它直接服务于用户的各种需求，为用户执行特定任务。应用软件可以根据其功能和服务对象进一步分类。

按照功能分类，常见的应用软件有办公软件、图形图像软件、数据库管理软件、网络通信软件、教育软件、安全防护软件等。

按照服务对象分类，应用软件可以分为个人用户软件、企业定制软件、行业专用软件等。

2.4.3　中间件

中间件位于操作系统和应用软件之间，在现代计算机系统中扮演着不可或缺的角色。它极大提升了开发应用软件的效率，有助于增强系统软件的稳定性、可扩展性和安全性，为在系统软件和应用软件之间交互传递数据信息提供了良好的支撑。

中间件提供了一系列标准化的服务和应用程序编程接口 (API)，开发者可以通过调用这些服务来构

建应用程序。这降低了开发难度，加快了开发进度，并且有助于保持代码的清晰和可维护性。不同的应用程序往往需要交换数据和服务，中间件通过提供标准化的通信机制，如web服务和消息队列，使得不同平台上运行的应用程序能够简单交互数据。在企业级应用中，中间件能够整合各种不同来源和类型的数据，确保信息流通无阻，允许企业更灵活地调整其信息技术(IT)架构以快速实现需求变更。

中间件是现代计算机软件系统中不可或缺的一环。它为应用程序的开发、运行提供了强大的后盾，使得软件开发人员可以更加专注于业务逻辑的实现，而不是底层技术细节，大大降低了软件的开发难度。

中间件还可以按照它的功能，还可以再细分为以下子类。

(1) **通信中间件**：提供网络通信功能，如消息传递系统(Message Passing System)和远程过程调用(Remote Procedure Call，RPC)。

(2) **对象中间件**：支持面向对象编程模型的分布式对象管理，如公共对象请求代理体系结构(Common Object Request Broker Architecture，CORBA)和组件对象模型(Component Object Model，COM)。

(3) **事务中间件**：为分布式系统提供事务管理功能，确保数据一致性和恢复能力，如Java事务API(Java Transaction Api，JTA)。

(4) **数据库中间件**：提供数据库连接服务，如Java数据库连接(Java Database Connectivity，JDBC)和开放数据库互连(Open Database Connectivity，ODBC)。

(5) **集成中间件**：帮助不同应用程序之间实现数据和业务逻辑的集成，如企业服务总线(Enterprise Service Bus，ESB)。

(6) **内容管理中间件**：提供内容存储、检索和管理功能。

(7) **移动中间件**：专门为移动应用和服务提供支持。

(8) **云中间件**：为云计算环境提供资源管理、服务编排等功能。

2.4.4 程序开发软件

本节中仅提及，其主要讲解见本书第3章。

第 3 章 AI 程序员

程序设计语言是用于编写各种类型的软件和应用程序。程序设计语言还提供了严格的类型检查和错误检测机制，以在编译阶段就发现潜在的问题，提高软件的开发速度和开发效率。

计算机程序设计语言是人与计算机交流的桥梁，是一种可以同时被人与计算机识别，被计算机执行的语言。简单来说，计算机程序设计语言就是人可以对计算机下达的命令的集合。

计算机程序设计语言的作用在于定义计算机程序的结构和行为。人类通过定义这些特殊的语法和语义规则，描述计算机程序的逻辑结构、数据处理过程以及与外部环境的交互数据的方式。它的出现，极大提高了软件开发的效率和质量。通过使用合适的程序设计语言，程序员可以更快地编写出满足用户需求的软件。

计算机程序设计语言的出现，促进了软件开发过程中程序员与程序员之间交流。程序设计语言为软件开发团队提供了统一的标准和规范。通过使用相同的程序设计语言，不同的程序员个体之间可以更好地理解对方的想法，在此基础上程序员团队能够展开协同合作开发，以共同开发出复杂度更高、逻辑更缜密、业务流和运行效率更高、质量更好的应用软件。

3.1 程序设计语言的历史

程序设计语言的历史可以追溯到计算机诞生之初。随着计算机的发展，人们对编程语言的需求不断深化发展，并历经了三个阶段：机器语言、汇编语言、高级语言。本节将介绍程序设计语言演变的过程。

3.1.1 机器语言

机器语言，也称为机器码，是计算机处理器可以直接识别和执行的指令的集合。它是一种低级语言，纯粹由一组二进制数字组成，每一条指令都对应着处理器可以直接进行的操作。简而言之，机器语言是计算机硬件的唯一“母语”。在计算机的世界中，只存在 0 和 1。一个 0 或者一个 1 被称为 1 位 (1 bit)；8 位二进制数通常被称为 1 个字节。

机器语言的历史可以追溯到计算机产生之初。早期的计算机使用的是真空管和继电器等元件，这些元件只能理解电信号的开和关，因此只能通过 0 和 1 来表示指令和数据。随着科技的进步，计算机硬件变得更加复杂，但是，不管是电子管、晶体管、集成电路，还是超大规模集成电路，机器语言仍然是直接操作硬件的唯一途径。

在早期的计算机进行程序编写的时候，程序员需要深入了解计算机硬件的结构和工作原理，然后直接编写机器语言指令来控制计算机硬件。这种编程方式非常烦琐和复杂，程序员不仅需要具有非常丰富的硬件知识、熟记操作数与被操作数的规则，还需要非常耐心和细心地应对海量的 0 和 1。

比如，在早期的计算机上，需要进行两个数字的加法运算的时候，需要编写的机器语言如下。

(1) 将一个字节的数据从内存加载到寄存器中：

00000001 00000100 00100101

(2) 将另一个字节的数据从内存加载到寄存器中：

00000001 00000101 00100110

(3) 将两个寄存器中的数据相加，结果放到第三个寄存器中：

00000101 00000000 00000100 00000101

(4) 将结果输出至内存中：

00000011 00000000 00000110

很简单的 $a+b$ 求和的操作，转化为完整的二进制机器代码如下：

000000010000010000100101

000000010000010100100110

00000101000000000000010000000101

000000110000000000000110

【拓展阅读 3-1】
机器语言

很明显，这样的编程方式对于人类来说，难学、难记、难理解、难纠错、难以交流。基本上不会有一名程序员去检查另外一名程序员的代码中成千上万个 0 和 1，然后告诉另外一名程序员，“你第 329 行上的第 97 个 0 写重复了”。随着科技的进步与发展，虽然只有 0 和 1 才能被计算机理解执行，但是这样的编程方式注定会被其他编程方式所取代。

3.1.2 汇编语言

机器语言编程极其烦琐且极易出错，为了提高编程效率和减少错误，当时的计算机科学家们设计了一

种“符号地址”的概念，用字母或者简单单词来替代机器语言中出现的一长串的 0 和 1。

1952 年，IBM 开发出了世界上第一款商用计算机 IBM 701。为了推广这款商业计算机，IBM 为其开发了一套汇编语言，汇编语言开始正式进入计算机编程语言的发展历史。但是由于早期的计算机并没有统一生产标准，早期的汇编语言并不通用，不同的计算机需要使用专用汇编语言。20 世纪 60 年代，美国国防部资助了一项名为“标准化汇编语言”(Standard Assembly Language) 的项目，由此，创立了世界上第一种通用的、可以在该国所有军用计算机上运行的汇编语言 PAL(Portable Assembly Language)。

汇编语言是一种低级语言，使用助记符来代替机器语言中的操作码，相较于机器语言更容易理解和书写。汇编语言的基本单元是指令 (Instruction)，每条指令对应着计算机硬件上的一条操作，如加法、乘法、内存读写等。这些指令由特定的助记符 (Mnemonic) 表示，如 LD 表示数据传送指令，ADD 表示加法指令。在汇编语言中，程序员需要直接使用这些助记符来编写程序。汇编语言代码可以通过汇编器 (Assembler) 转化成机器语言，以便计算机能够理解和执行。汇编语言转化成机器语言的过程是非常复杂和精细的，需要考虑到不同硬件架构的特性和指令集的差异。因此，汇编器通常需要针对特定的硬件平台进行定制开发，以确保生成的机器语言能够正确地被计算机执行。

【拓展阅读 3-2】
汇编语言

比如，当需要进行两个数字的加法运算的时候，使用 8 位微处理器 Z80 的汇编语言，实现的加法操作如下。

(1) 将一个字节的数据从内存加载到 *a* 号寄存器中：

ld a，10

(2) 将另一个字节的数据从内存加载 *b* 号寄存器中：

ld b，20

(3) 两个寄存器中的数据相加，结果放到 *a* 号寄存器中：

add a，b

(4) 将结果输出至内存中：

ld (0010h)，a

(5) 停止程序

halt

a+*b* 求和的操作，转化为完整的 Z80 汇编语言代码如下：

```
ld a，10
ld b，20
add a，b
ld (0010h)，a
halt
```

其中，ld 是 load 的缩写，表达导入的意思；add 表达相加的意思；halt 表达停止的意思。只要略懂 Z80 汇编语言，甚至略懂英语，就能了解这 5 行代码是什么意思。

尽管汇编语言相对于机器语言来说已经是前进了一大步，为人类提供了编写程序的便利，但是依旧存在一些缺点。由于汇编语言与特定的硬件体系结构相关，编写的汇编代码通常不具备通用性，不能在不同的处理器上直接运行；汇编语言相对于高级语言来说依旧显得复杂晦涩，依旧难读难懂，难以沟通；汇编语言要求程序员对计算机体系结构有较深入的了解，不了解某种型号的计算机，是无法编写适合该型计算机使用的汇编语言程序的；由于汇编语言往往与机器指令是一一对应的关系，使用汇编语言编写的代码依旧比较冗长。因此，汇编语言逐渐被高级语言所取代。

但是近年来，随着物联网、人工智能等新兴领域的崛起，汇编语言又开始受到人们的关注。在一些处于终端位置的传感器或者执行器上，设备的运算能力往往十分有限，但是又需要在这些资源非常有限的设备上进行高效编程。在某些工业设备自动控制开发场景下，人们开始重新使用汇编语言来进行设备开发。因此，汇编语言还没有完全退出历史舞台。

3.1.3 高级语言

经过十多年的发展，编程语言进化出了高级语言。高级语言为程序员提供了更接近自然语言的编程方式。时至今日，使用高级语言已经成为计算机编程的主流方式。程序员能够更加灵活地使用高级语言进行程序编写工作。

1. 高级语言的出现

20 世纪 50 年代中期，尽管已经有了汇编语言的助力，但是开发程序依旧是一件耗时耗力、非常复杂的事情。程序员依旧需要用冗长晦涩的代码进行编写工作，工作效率依旧十分低下。为了简化编程过程，人们开始尝试开发高级语言。高级语言是相对于低级语言而言的，它更加抽象和易于理解。在当时的计算机专家们的设想中，使用高级语言编写程序时不需要考虑底层硬件的细节，编写好的程序可以跨平台运行，代码本身具有更好的可读性和可维护性。在这样的背景下，第一批高级语言开始进入应用领域。

(1) Fortran。1957 年，IBM 公司推出了世界上第一种通用高级语言 Fortran(Formula Translation)，它是一种专门用于科学计算编程的语言。Fortran 的推出标志着高级语言时代的到来，它极大地简化了编程工作。由于它的简单易懂，原本不会计算机程序编写的科学家也能很快上手进行编程。它的诞生为后续的高级语言提供了思想基础与发展方向。

(2) Lisp。1958 年，Lisp (List Processing) 由麦卡锡教授在麻省理工学院开发而成。Lisp 最初是为了研究人工智能而设计的，因此它在符号处理和递归算法方面具有很强的能力。Lisp 的设计理念是以列表 (List) 为基础，它允许将代码和数据视为同一种东西进行元编程，这使得 Lisp 具有很强的灵活性和表达能力，是一种专门用于人工智能领域的编程语言。Lisp 具有强大的符号处理能力和递归特性，在人工智能领域，Lisp 曾经是主流编程语言，因为它对符号处理和逻辑推理有着天然的支持。它对现代编程语言产生了深远的影响，如 Javascript 和 Python 等语言就借鉴了 Lisp 的一些特性。

(3) Cobol。1959 年，Cobol(Common Business-oriented Language) 问世。它是一种面向商业企业推出的计算机编程语言，于 1959 年由美国国家标准学会 (American National Standards Institude，ANSI) 和国际标准化组织 (International Organization for Standardization，ISO) 共同制定。它最初是为了商业数

据处理而设计的，因此在金融、保险、银行等领域得到了广泛的应用。尽管 Cobol 已经不是目前的主流编程语言，但是它却是一种依然在用的语言。在美国，很多政府统计救助金的程序、保险公司计算赔偿金的系统，都是 Cobol 编写的。因为出得很早，还比较稳定，至今还有 43% 的银行在用 Cobol，95% 的 ATM（自动柜员机）交易、80% 的面对面交易，都是靠 Cobol 支持。将古老代码进行更新转化的成本是十分高昂的，2012 年，澳大利亚联邦银行想要从自己的业务中赶走 Cobol，雇佣了 2 家公司帮忙更新代码。最终耗时 5 年，花了 7.5 亿美元，把 7500 万行 Cobol 代码转换成 java 代码，但在使用新业务逻辑几个月后，因为各种未知因素的框架性故障，不得不更换回原来的 Cobol 代码，再痛定思痛地开发全新代码用以承载未来的银行的业务平台需求。用简单的话描述一下替换项目的成败：7.5 亿美元，白送人了！曾经在 2022 年开年的时候，爆出 Cobol 程序员入行的平均薪资突然不正常暴涨 44% 的新闻。在美国媒体深挖之后发现，原来懂 Cobol 的程序员年龄偏大，在美国疫情的冲击下减员严重，导致会 Cobol 的程序员锐减。有的保险公司甚至出现计算机业务部门人员断档的情况，不得不从其他公司挖人填补。各金融、保险机构中几乎同时出现了大量 Cobol 职位。供需不平衡之下，为了稳定支持那些在用的商业系统，不得不用高薪吸引年轻程序员转行学习 Cobol。这从另外一个方面说明植根商业企业的 Cobol 在经济利益光环的加持下，生命力有多顽强。

(4) Algol。1959 年，由国际算法语言小组 (International Algorithmic Language Group，IALG) 共同设计和开发 Algol(Algorithmic Language) 语言的第一个版本，这是一种通用的高级编程语言，对后来很多高级语言的设计产生了深远影响。Algol 的设计目标是提供一种结构化、清晰、可读性强的编程语言，以便于编写和理解复杂的算法和程序。Algol 强调了程序的模块化和可重用性，为程序员提供了丰富的控制结构和数据类型，使得编写高质量的代码变得更加容易。Algol 的语法和语义的设计思想、设计方案，对后来的许多编程语言产生了深远的影响。后来出现的 C 语言和 Pascal 语言就借鉴了 Algol 的许多特性，并在此基础上进行了扩展和改进。Algol 的结构化编程思想也为后来的面向对象编程语言奠定了基础。尽管 Algol 在其诞生之初就受到了广泛关注和认可，但它并没有成为主流编程语言。这主要是因为当时计算机硬件和软件技术还不够成熟，程序员数量并不多，无法很好地成规模地支持 Algol 这样复杂的语言。此外，Algol 的语法和规范也被认为过于严格和复杂，这使得学习和使用 Algol 的门槛明显高于 Cobol。

【拓展阅读 3-3】
高级语言

20 世纪 50 年代末至 70 年代初，高级语言得到了迅速发展。随着计算机技术的不断进步，越来越多的高级语言被开发出来。高级语言具有较高的可读性和可维护性。相对于低级语言（汇编语言）而言，高级语言更接近人类自然语言，编程方式更加符合人类习惯的表达方式，更容易被程序员理解和维护，更容易被他人理解和修改，更有利于团队协作和项目维护。

比如说，需要进行两个数字的加法运算的时候，使用高级语言是这样的：

$$c = a + b$$

对于接受过初等教育的一般学生，他们可以很轻易地理解这样操作的含义。相较于机器语言和汇编语言，高级语言的优势十分明显。人工智能的编写离不开高级语言的发展。只有好用的高级语言才能真正助力人工智能应用的普及。

2. 高级语言的编译与解释

编译与解释是两种常见的高级程序语言处理方式。如前节中介绍机器语言时所述，向计算机提供机器语言是直接操作计算机硬件设备的唯一途径。程序员按照业务逻辑编写好高级语言源代码后，需要经过处理，把高级语言转换为机器语言代码指令，再把机器代码指令提供给计算机的 CPU，供 CPU 执行对应指令。以上过程的实现方法和运行方式，不同高级语言的转化方式是有所不同的。

(1) **编译**。**编译 (Compilation)** 是将整个完整的高级语言程序源代码文件作为输入，经过词法分析、语法分析、语义分析、生成中间代码、代码优化和生成目标代码生成等多个阶段 (图 3–1)，最终生成可执行的机器语言代码的复杂过程。编译器 (Compiler) 是用于执行这一过程的程序工具。通过编译过程，我们可以将高级语言代码转换成可执行的机器语言代码，从而实现高级语言编写的程序在计算机上的运行。编译型语言的开发周期相对较长，但一旦编译完成，程序在运行时通常能够获得较好的性能表现。

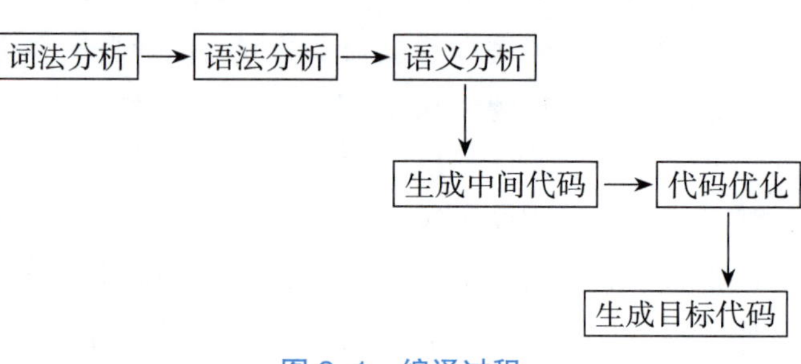

图 3–1　编译过程

① 编译过程的第一步是词法分析。词法分析器将源代码分解成一个个的词法单元或标记。这些词法单元是高级语言语法中的最小单位，包括关键字、标识符、运算符、常量和分隔符等。词法分析器会忽略空白字符、空白行或注释这些无关元素，生成一个记号序列流进入下一阶段语法分析。

② 语法分析器会根据语法规则对标记流进行语法分析，对记号序列构建语法树 (解析树)。语法树是源代码的抽象表示，它能分析代码各部分之间的关系，检查代码是否符合语法规则。如果源代码中存在语法错误，如缺少冒号，或缺少配对的括号、引号，编译器会报错并指出存在语法错误的代码所在的位置和信息。

③ 语义分析器会对语法树进行遍历，检查代码中的语义错误并进行类型检查。语义分析器会判断代码中的变量有没有申明，使用是否正确，函数有没有定义，调用是否合法，参数数量和参数类型是否匹配，等等。如果发现了语义错误，编译器会也会给出相应的信息。

④ 在通过语义分析之后，编译器会根据语法树生成中间代码。中间代码是介于高级语言和机器码之间的一种表示形式，它包含源程序的结构信息和执行逻辑。它通常是与平台无关的，以便于优化，可以被不同目标机器上的后端编译器进一步转换为机器码。

⑤ 代码优化是编译过程中非常重要的一部分。优化器会对中间代码进行优化，以提高程序的性能和效率，减少资源消耗。常见的代码优化技术可以对中间代码进行重写和重组，以减少指令数、减少内存访问次数、减少运行时间等。

⑥ 生成目标代码是编译过程的最后一步，它将优化后的中间代码转换成目标机器代码。目标代码生成器会根据目标机器的特性和指令集，进行寄存器分配、指令调度等处理，将中间代码转换成可直接执行的二进制可执行文件或目标文件，以便在目标机器上运行。

常见的编译型语言有 C、C++、Java 等。

(2) **解释**。**解释 (Interpretation)** 是将高级语言程序逐行翻译成机器语言并立即执行的过程。

解释器 (Interpretator) 是一种可以直接执行解释性高级语言程序的软件工具。它能够逐行读取源代码，并将其转换成对应的机器语言指令，然后立即执行这些指令。这种实时性的特点使得解释性高级语言在开发阶段具有很大的灵活性，适合快速开发原型和简化复杂任务，可以快速进行代码调试和修改。解释性高级语言通常比编译方式的高级语言运行慢，性能上存在一定的劣势，每次执行解释性语言的程序，都需要进行翻译和执行操作。在一些对性能要求较高的场景中解释性编程语言，可能就显得不太适用了。

【拓展阅读 3-4】
解释器工作原理

解释方式在每次运行程序时都动态地解释和执行高级语言代码。每次执行解释性的高级语言，都需要进行翻译和执行操作，这意味着使用解释方式运行的高级语言程序的性能和运行效率会比使用编译方式运行的高级语言程序要低。为了克服解释方式的性能劣势，一些解释器引入了即时编译 (JIT) 技术。即时编译是指在程序运行过程中将部分代码转换成机器语言，并缓存起来以备下次使用。这种方式可以在一定程度上提高程序的性能，但也增加了解释器本身的复杂度和内存占用。

常见的解释型语言有 Python、Javascript、Ruby 等。

总的来说，编译与解释是两种不同的程序语言处理方式，它们在程序执行效率、跨平台性和灵活性等方面有所不同。在选择开发语言时，需要根据具体需求和应用场景来权衡各种因素，以选择最合适的处理方式和语言类型。

3.2　高级程序语言的分类

高级程序语言根据程序设计思想和程序设计范式的不同，可以分为**面向过程**、**面向对象**和**非过程化**三种。

3.2.1　面向过程

面向过程的编程的程序设计思想主要指的是将程序分解为一系列按时间顺序的子问题、子步骤或子过程；子问题、子步骤或子过程都是按照解决问题的时间先后顺序，一步一步设计程序。这种编程方式强调程序的执行顺序和每个解决步骤之间的过程关系，而不是将程序看作一系列对象的集合或者函数的集合。面向过程编程通常用于解决一些简单的问题。

在面向过程编程中，程序员需要清楚地定义每个步骤的执行流程，以及每个步骤之间的数据传递和依赖关系。计算机高级语言从一诞生，就是采用的面向过程的逻辑思维方式，这种思维方式一直延续到今天。面向过程编程通常使用一些基本的编程逻辑结构来组织程序的执行流程，如顺序结构、选择结构和循环结构。这些结构可以帮助程序员清晰地表达程序的逻辑，可以使程序更易于理解和维护。

面向过程编程不但可以使程序更加高效和直观，而且可以减少额外的开销和降低复杂性。

面向过程编程也有一些局限性，特别是在面对庞大而复杂的业务逻辑需求，或者需要编程团队进行大规模团队协作开发的情况下。采用面向过程的编程逻辑，往往会导致程序结构混乱、难以维护和扩展，更严重的问题是不利于代码重用和后续的模块化开发。

主要的面相过程的编程语言有 Fortran、Cobol、Basic、C 和 Pascal 等。

【拓展阅读 3-5】
面向过程编程

总的来说，面向过程编程是一种重要的编程范式，它在特定的场景下仍然具有一定的优势和价值。然而，在面对复杂和大规模的软件开发问题时，选择合适的编程范式是非常重要的，只有根据具体情况选择合适的编程方式，才能更好地解决问题并提高软件开发效率。

3.2.2 面向对象

面向对象编程是一种以对象为中心的编程逻辑方法，主要关注的是业务对象的数据属性和行为方法的封装。面向对象的程序设计思想是将行为主体抽象成对象，分析出在业务逻辑中需要被采集、运算的对象属性，在程序中投影映射出行为主体进行的操作逻辑行为方法。它是在行为主体间进行参数的传递，协作完成整个业务逻辑。面向对象编程的优点是代码的重用性高、可维护性好、扩展性强、抽象能力强等。面向对象编程可以更好地组织和管理代码，提高代码的复用性和可维护性，非常适用于处理复杂的、大型的项目。通过面向对象编程，可以将复杂的问题分解成为多个相互关联的对象，从而更加清晰地理解和解决问题。此外，面向对象编程还可以提高团队的合作的效率，不同的开发人员可以独立地开发和测试不同的对象，最后将所有的对象组合在一起形成一个完整的程序。同时，面向对象编程也更加符合人类对现实世界的认知方式，因此更容易被理解和使用。

面向对象编程有三个基本编程逻辑：封装、继承和多态。封装是指将行为主体所需要的数据和操作数据的方法在一起开发，形成一个独立的实体，外部只能通过指定的接口来访问对象的数据和方法。这样可以有效地隐藏对象的内部实现细节，提高代码的安全性和可靠性。继承是指一个对象子类可以继承另一个对象父类的属性和方法，从而可以在不改变原有代码的基础上进行功能扩展。多态是指同一操作作用于不同的对象上会产生不同的行为，这样可以提高代码的灵活性和可复用性。

【拓展阅读 3-6】
面向对象编程

主要的面相对象的编程语言有 C++、Java、Python 和 Ruby 等。

3.2.3 非过程化

非过程化编程是一种不依赖于固定步骤和顺序的编程范式，主要关注问题的描述和解决方法的表达。非过程化编程通常使用逻辑语句和规则来描述问题和解决方法，而不依赖于特定的执行顺序。在非过程化编程中，程序员不需要显式地定义每一个步骤和流程，而是通过声明所需的结果，让计算机自行推导出实现这些结果的步骤和流程。非过程化编程语言的特点之一是强调“做什么”而不是“怎么做”。这意味

【拓展阅读 3-7】
非过程化编程

着程序员可以专注于描述问题的本质和所需的结果，而无须关心具体的实现细节。这种思维方式有助于提高代码的可读性和可维护性，有助于降低程序的复杂度。

主要的非过程化的编程语言有 Haskell、Lisp、Prolog 和 SQL 等。

3.2.4　其他分类方法

1. 根据语法、类型检查、运行时行为等方面不同分类

根据语法、类型检查、运行时行为等方面不同，将高级语言分为**动态语言**和**静态语言**。这也是一种常见的计算机高级语言分类方法。

(1) **动态语言**是一种在运行时可以改变数据变量类型和对象行为方式的编程语言。动态语言的变量的类型是在运行时确定的，而不是在编译时确定的。动态语言通常具有灵活的语法，可以更快地实现功能，具有较高的可读性和灵活性。动态语言通常被用于 Web 开发、数据分析、人工智能等领域。

常见的动态语言有 Python、Javascript 和 Ruby 等。

(2) **静态语言**是一种在编译时就执行类型检查的编程语言。这意味着变量的类型需要在编写代码的时候就预先明确声明，在编译时编译器的语义分析机制会进行变量类型检查。静态语言通常具有更严格的类型系统和更高的性能，这使得它们在开发大型、复杂的项目时，特别是在进行团队协作时，更加可靠和高效。

常见的静态语言有 Java、C++ 和 C# 等。

2. 根据高级语言的使用场景不同分类

除此以外，还可以根据高级语言的使用场景不同分为通用编程语言、脚本语言、Web 开发语言、嵌入式系统语言、并发编程语言等不同的分类方式。

随着计算机技术的不断进化，人类程序员可以使用各种各样的高级语言，进行编码工作。本书随后将要介绍的编程方式，是采用人工智能的 AIGC 功能，由人类给出描述，而由 AI 程序员确认人类需求之后，给出代码建议。

3.3　AI 程序员的基本原理

AI 程序员是基于深度学习技术，通过对以大规模程序代码文本为主体的数据集进行训练，实现从自然语言描述的应用需求，到生产对应程序代码产品的自动化转换。虽然有些时候，AI 程序员提供的代码中存在一些错误，但是，以 AI 程序员为工具的人类程序员，在合理的交互策略下，可以比较容易地发现与修改这些错误。目前，业界的观点是，AI 程序员的出现是软件工具的一项革命性进步，能够

极大提高软件公司的生产效率。

【拓展阅读 3-8】
AI 程序员

AI 程序员的本质是一种自动化代码生成器。它能够根据程序员提供的需求，自动生成代码。相对于程序员的工作，自动化代码生成器的使用可以提升开发效率，降低开发过程中的人力成本与时间成本，也降低了程序员的门槛。这一技术的背后依赖于强大的大规模语言模型和深度学习模型。

AI 程序员的训练数据通常由自然语言描述部分和实际程序代码两个部分组成。AI 程序员工具的开发者，会收集大量公开可用的代码库 (如各种开源项目、编程文档以及技术博客等)，将其与自然语言描述 (一般是描述性的注释内容) 配对。得益于 Transformer 架构的使用，AI 程序员学习到如何将自然语言需求映射到具体的代码实现。

Transformer 架构 (后续章节中会详细介绍) 作为一种革命性的神经网络模型，不仅在自然语言处理领域取得了卓越的成果，还被广泛应用于其他领域，如计算机视觉、语音处理和推荐系统等。Transformer 架构凭借其强大的序列建模能力和上下文理解能力，极大地提升了 AI 程序员的业务能力。阿里云推出的通义灵码就是基于 Transformer 架构开发的 AI 程序员应用。它能够支持多种编程语言，在集成开发环境中使用通义灵码插件，可以准确理解程序员自然语言描述需求的细节，可以联系上下文做代码修改，可以生成逻辑正确、语法规范的代码。

AI 程序员一般具有以下功能。

1. 代码生成

代码生成是 AI 程序员模型的重要功能之一，其目的是根据自然语言描述需求，自动生成符合该需求的代码。例如，开发者可以输入“生成一个图形人机交互界面”，AI 程序员就会输出对应的代码。

2. 代码补全

代码补全是人类程序员期望 AI 程序员辅助日常工作中常用的功能，AI 程序员可以根据已有代码片段预测并补全缺失部分，从而提高编程效率。以往的集成开发环境，会以句中的函数为单位，建议一些代码方式。AI 程序员时代，代码补全的意义则是通过上下文信息和代码语法结构，成段成段，大量地进行功能性代码补全。其效率远超传统集成开发环境中的人工编程方法。Transformer 架构使得 AI 程序员能够理解自然语言需求中的一个或多个关键点，从而生成符合逻辑的程序段补全建议。

3. 程序错误检测与修复

程序错误检测 (找 Bug) 是人类程序员的必修课，一段程序不出 Bug 的可能性无限趋近于 0。传统集成开发环境提供了一定的找 Bug 的功能，能够在一定程度上帮助人类程序员进行 Bug 的寻找与修复。AI 程序员在寻找与修复 Bug 方面的高效，是人类程序员难以想象的。通过分析代码中的语法错误、逻辑漏洞或潜在问题，AI 程序员可以为开发者提供诊断信息，并自动生成修复建议。

Transformer 架构可以通过学习大量高质量代码样本，掌握丰富的语法规则和编程模式。AI 程序员不仅能够发现显性错误，还能识别潜在问题，提供性能优化建议或安全漏洞修复建议。而且，AI 程序员将人类程序员逐行寻找 Bug 的工作方式，进化为语句段、语句函数、甚至函数库范围内的诊断与修复。

4. 跨语言编程支持

软件开发可能涉及多种编程语言之间的协作，如将 Python 语言代码转换为 Java 语言实现等。AI 程序员可以通过学习不同语言之间的映射关系，实现跨语言代码的生成与转化。计算机语言是形式化的，每种计算机语言都有对应的关键字或者保留字。实际上，程序员就是使用这些关键字或者保留字进行千变万化的程序编写工作。相较于人类自然语言，计算机语言对应的关键字十分有限，远没有人类自然语言那么复杂。计算机不同语言之间的转化难度甚至低于人类自然语言转化为计算机高级语言的难度。

以上四大功能，是 AI 程序员能够提供的辅助。原因很简单，在 Transformer 架构下，计算机训练了大量数据，建立了自然语言描述性文本与代码块之间的联系。这些联系使得 AI 程序员能够更快、更好、更高效地“理解”人类程序员希望达成的程序效果。在人类程序员与 AI 程序员的共同协作之下，软件开发已经变得如同对话一样简单了。

【拓展阅读 3-9】
AI 程序员功能

在后续的章节中，我们将介绍如何使用 Python 作为编程语言，使用 PyCharm 集成开发环境中的 AI 程序员插件来实现零基础编程。

3.4　Python 简介

Python 诞生于 1991 年，由荷兰人吉多·范·罗苏姆(图 3-2)创造出来。有一部英国的电视喜剧集，名为 *Monty Python's Flying Circus*(《蒙提派森的飞行马戏团》)在当时颇为流行。吉多很喜欢这部剧，因此吉多给他创造的语言命名为 Python，实际上是希望 Python 能够像这部剧集一样在西方世界流行起来。在 30 多年后的今天，Python 的确成为了目前世界流行的高级语言之一。

Python 的诞生很有戏剧性。吉多在阿姆斯特丹的荷兰数学与计算机科学研究所工作的时候，一直对当时研究所开发的 ABC 教学语言颇有微词，认为 ABC 存在很多不足。所以他准备说服他的同事们，一同对 ABC 进行改进。但是他的同事们一直下不了决心去做这件艰巨的事情。1989 年圣诞节假期的时候，吉多突然支走了自己的家人，一个人待在自己的小屋里。他灵感爆棚，决定利用假期大干一场，着手改造 ABC。吉多经过几个不眠之夜，干脆抛弃了 ABC 的限制，自立门户，将这个 1989 年圣诞节的灵感汇聚成了一种简单而易于阅读的编程语言——Python。当吉多把自己的成果展示给同事的时候，同事们也觉得这个临时起意的圣诞节项目十分有趣。1991 年，在吉多和他的

图 3-2　吉多·范·罗苏姆

同事的努力之下，Python 的第一个正式版本 Python 0.9.0 发布了。当时的 Python 毫无疑问是小众语言，吉多决定将 Python 开源，放到互联网上，供感兴趣的程序员自行下载研究。相较于当时的主流编程语言，Python 有着更简单的语法规则，显得非常灵活，易于上手，有利于一些小项目的开发。1994 年，Python 1.0 版发布了，Python 的开源带来了意想不到的影响力。有人开始利用 Python 开发一些小小的练手程序，并把这些开发出来的练手小项目放到 Python 的网上社区中，供大家学习使用。随着时间的推移，Python 的网上社区中积累的项目或者开发框架越来越多。

为了适应时代的发展，Python 网上社区开始着手对 Python 进行升级改造。2000 年，Python 2.0 版本发布了。Python 2.0 首次支持了 Unicode 字符串，Python 开始进行国际化改造，可以在程序的字符串中使用非英语的语言字符；它引入了当时流行的新的异常处理机制，使得异常中断的处理更加强大；它优化了标准库中函数，提升了稳定性；由于同时改造了解释器，在 Python 2.0 中，可以引入新的内存机制，提升了运行效率；引入了许多新的模块，包括集成的 XML 处理模块、网络编程模块、数据库访问模块；等等。在吉多和 Python 网上社区的各位“大神”的共同努力之下，面向更广泛、更挑剔的世界范围的用户群体的新 Python 网上社区开始吸收新的代码项目，为 Python 在各个领域的代码任务提供更加强大和丰富的工具、框架和支持。这标志着 Python 迈向了一个新的发展阶段。Python 2.0 版本的发布使得 Python 逐渐成为一种备受关注和青睐的编程语言，推动了 Python 在科学计算、Web 开发、系统编程等领域的广泛推广应用。

2008 年，Python 3.0 版本正式发布了。它为了让专业程序员能够进行更随意的应用框架、机器学习运算模块的编写，减少框架和模块使用中出现的语法错误，使用面向对象的编程方法，重新设计了 Python 解释器。在解释器中，对语法树结构进行了大规模修改，在语法中增加了寻括号匹配机制，严格了语法与语义的限制；移除了一些可能导致 32 位、64 位电脑错误响应的旧的程序内存分配、触发和运行机制；根据新的语法匹配机制修改了标准库中的所有函数，引入更新了异常处理机制；等等。但是由于步子走得太大，旧的 Python 2.x 程序与 Python 3.x 程序不兼容。以往积累的 Python 2.x 用户与代码资源无法无缝转移到 Python 3.x 环境中。这导致 Python 2.x 与 Python 3.x 在很长时间内同时存在，并互相争夺人力资源。一直到正式推出 Python3.x 版本的 11 年后，2020 年 1 月 1 日，Python 2.x 资源被逐步迁移替换成 Python 3.x 资源，Python 2.x 才宣布停止更新。

【拓展阅读 3-10】
Python 语言发展史

当 Python 源代码文件 (扩展名为“.py”文件) 被导入或执行时，解释器会将源文件编译为字节码，并将字节码保存到与源文件对应的“.pyc”文件中。具体来说，生成“.pyc”文件的过程如下：①当 Python 解释器第一次导入或执行一个“.py”文件时，它会检查是否存在对应的“.pyc”文件。②如果存在“.pyc”文件并且其时间戳与对应的“.py”文件一致，那么解释器会加载并执行“.pyc”文件中的字节码。③如果不存在对应的“.pyc”文件，或者时间戳不一致，解释器会自动将“.py”文件编译为字节码，并保存到“.pyc”文件中。④下次再导入或执行相同的“.py”文件时，解释器会直接加载“.pyc”文件中的字节码，而不需要重新编译源文件。

Python 有多种解释器，如 CPython、PyPy、JPython 等。

“.pyc”文件是由 CPython 解释器在运行“.py”文件时生成的，它的主要功能是提高 Python 程序的执行效率。尽管 Python 是解释性语言，但是 Python 解释器中添加的编译功能，能够将源代码转换

为字节码并保存到编译文件中。这样可以减少运行程序时的准备时间，从而加快程序的运行速度，提高程序的加载速度，实现跨平台的可移植性。

【拓展阅读 3-11】Python 源代码的执行

Python 是一种通用语言，它的目标是可以服务于任何编程任务。

以下是几个使用 Python 的知名机构与场景：

(1) NASA 在处理航天器和卫星收集的大量科学数据时进行数据分析与运算使用 Python 进行数据分析和可视化。

(2) 谷歌大量使用 Python 来开发人工智能和机器学习模型进行自然语言处理。

(3) 雅虎使用 Python 挖掘和分析用户行为、广告效果、搜索模式。

(4) 豆瓣所有的业务都是利用 Python 开发的。

(5) 大家常用的网络下载 BitTorrent 是 Bram Cohen 使用 Python 编写的。

(6) 游戏公司使用 Python 编写游戏，如《战地 2》《文明 4》《模拟人生 4》等。

(7) 美国纽约证交所使用 Python 来编写自动化交易系统和算法交易策略

由以上例子可以看出，Python 的使用范围是非常宽泛的。不同的行业，数据科学和人工智能领域、网络应用开发、自动化运维、科学计算和工程计算、游戏开发等多个领域，都可以使用 Python 作为业务逻辑的编程语言。

【拓展阅读 3-12】Python 的应用领域

Python 和 C、C++ 一样，都是高级语言，不同的地方在于，C、C++ 使用编译器把源程序编译为计算机目标文件，然后让计算机执行这个目标文件，而 Python 使用的则是解释器。Python 源代码完成之后，解释器逐条将源代码翻译为计算机可执行的机器码，并让计算机逐条执行。因此，Python 的运行效率要低于 C、C++。

Python 是一种面向对象的计算机语言。Python 被更多的小型开发者所使用进行敏捷开发或小项目框架开发。Python 中的数据类型是基于对象创建，更接近人类思维模式。在对象类中，定义有对象属性与对象方法，因此，Python 的可重用性得到了保障。同一类型的多个对象，能使用同样的对象方法进行操作。

【拓展阅读 3-13】Python 语言的特点

同时，Python 是一种动态语言，相较于其他编程语言，语法限制不那么严格。Python 是一种脚本语言，具有清晰简洁的语法和结构，易学易用，使得它容易学习和上手，即使是初学者也能快速掌握。

总之，Python 非常适合供对编写程序有兴趣的读者进行入门学习。

3.5 Python 编程环境

进行程序设计的时候，需要首先安装编程语言的编程环境，然后可以安装该语言的集成开发环境。本节将介绍如何安装 Python 的编程环境。

在 Microsoft Edge 浏览器的地址栏，输入 Python 的官网地址 (https：//www.python.org/)，登录 Python 官网。本书中使用到的 Python 环境为 Python 3.13.2。在 Download 页面即可下载该编程环境的安装包。本书以 Windows 11 系统环境为例，介绍 Python 的下载与安装方法。

Python 的安装步骤如下：

(1) 进入 Python 官网 (https：//www.python.org) 的欢迎页面，如图 3–3 所示。

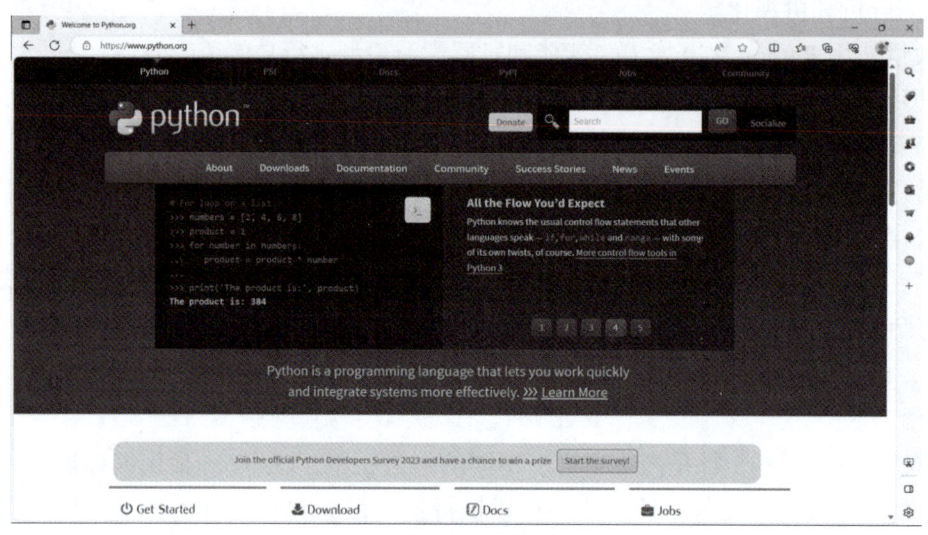

图 3–3　Python 官网的欢迎页面

(2) 在 Download 选项卡下，选择对应的计算机操作系统。如使用 Windows 操作系统，可以在导航栏下，选择 Windows(如果使用 Mac 系统的，可以选择 macOS)，如图 3–4 所示。

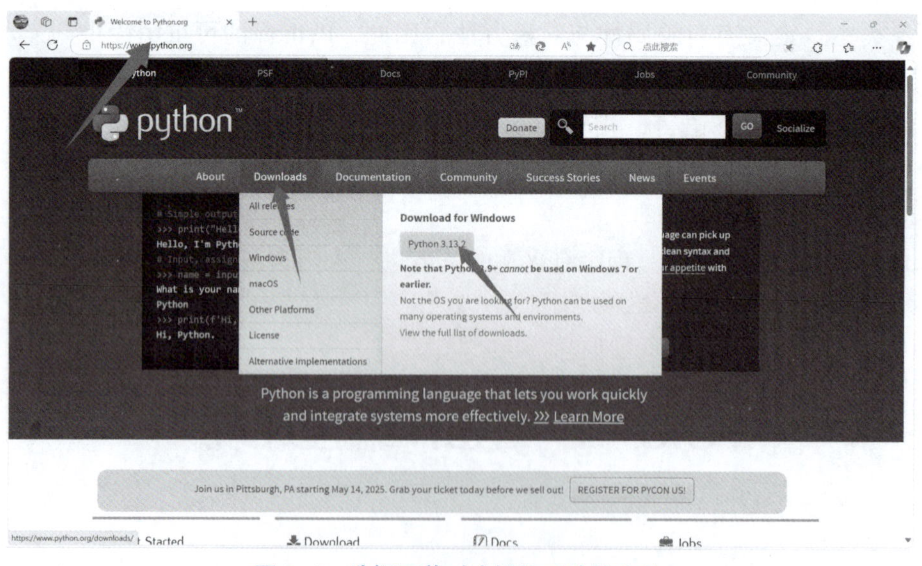

图 3–4　选择下载对应操作系统的文件

在本书开始编写的时候，最新版本的 Python 为 Python 3.13.2。可以选择下载最新版的 Python 安装

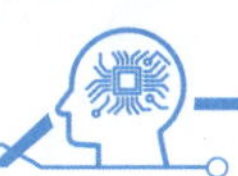

包，或者根据计算机操作系统情况，选择以前版本的 Python 安装包。

(3) 如果希望下载最新版本的安装包，单击图 3–5 中“Python3.13.2”按钮，开始下载。下载完成后，将在 Edge 中出现如图 3–5 所示的下载完成提示。

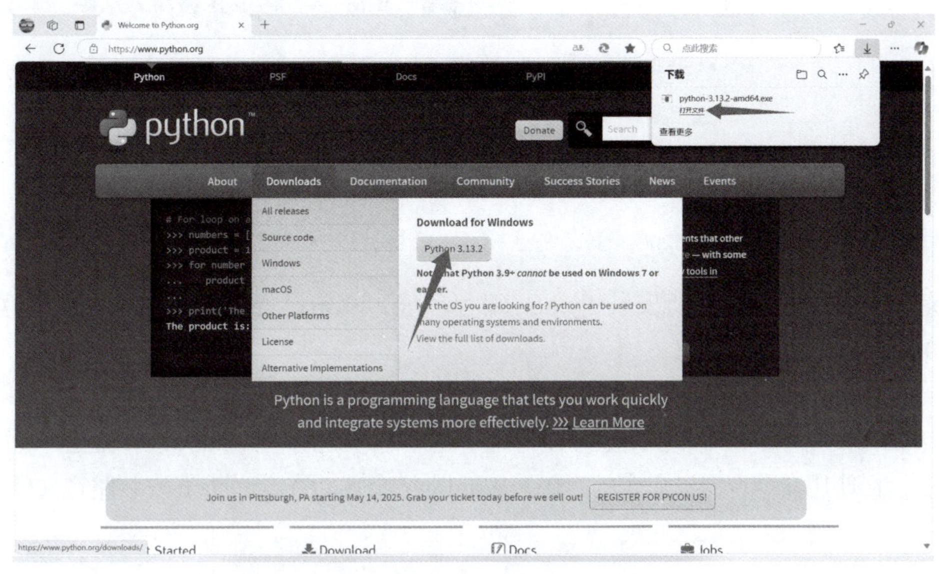

图 3–5　下载 Python 编程环境

(4) 下载完成后，单击“打开文件夹”，即可进入下载文件夹中查看，如图 3–6 所示；或者直接单击打开文件，开始安装 Python 编程环境的过程。

进入下载文件夹后，可以双击已经下载好的 Python 安装文件进行安装，如图 3–7 所示。

图 3–6　下载完成

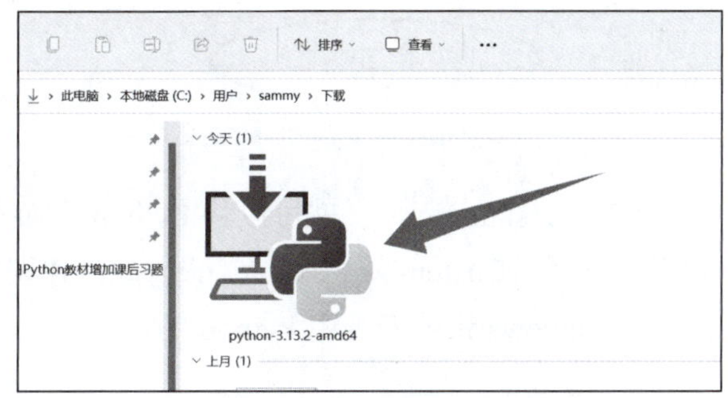

图 3–7　保存在计算机硬盘上，下载文件夹中的 Python 安装文件

如果想下载以往的旧版本，可以访问 https：//www.python.org/downloads/windows/，在网页上选择下载希望使用的旧版本 Python 安装文件进行安装，如图 3–8 所示。

如果想下载适合在苹果系统 macOS 上使用的各种 Python 版本，可以访问 https：//www.python. org/downloads/macos/，在网页上选择下载希望使用的版本 Python 安装文件进行安装，如图 3–9 所示。

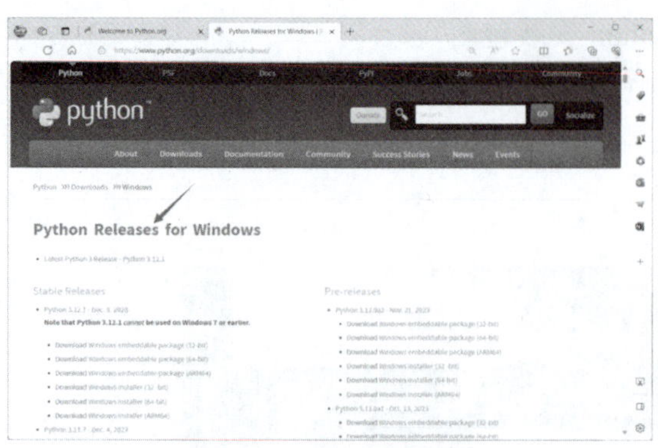

图 3–8　其他已经发布的旧版本的 Python 安装文件

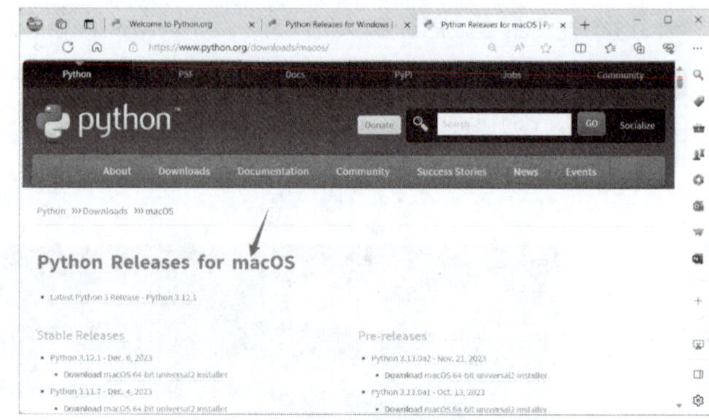

图 3–9　可以在 macOS 上使用的各种版本的 Python 安装软件

(5) 下载完成后，在本地计算机安装 Python 编程环境，双击已经下载好的应用程序的图标开始安装，如图 3–10 所示。

(6) 在安装的第一步，非常重要，请务必将下面两个复选框全部勾选，特别是 “Add Python.exe to PATH”，如图 3–11 所示。此步骤非常关键。在勾选了这个选项之后，Windows 系统会自动配置好环境变量。设置好之后，在使用命令行窗口命令的时候，Windows 会自动查看 Python 安装路径文件夹中的文件。

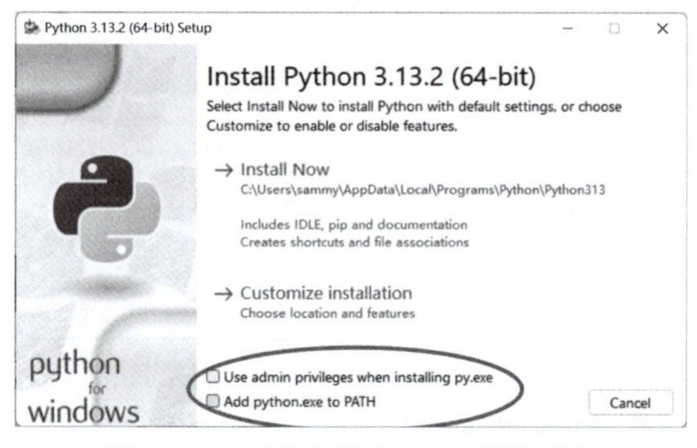

图 3–10　开始安装 Python 编程环境

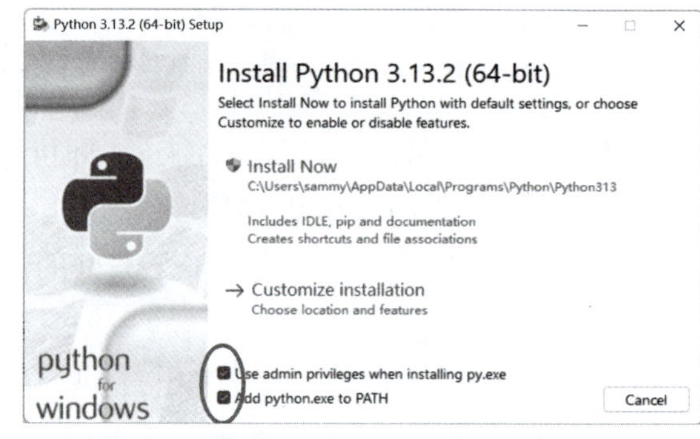

图 3–11　勾选程序的复选框

(7) 单击 “Install Now”，就可以将 Python 安装至默认文件夹。如果需要安装到自己指定的文件夹中，则需要选择 “Customize installation”，此处建议选择默认目录安装，如图 3–12 所示。

(8) 在 Windows 系统安装中 Python 的过程如图 3–13 所示。

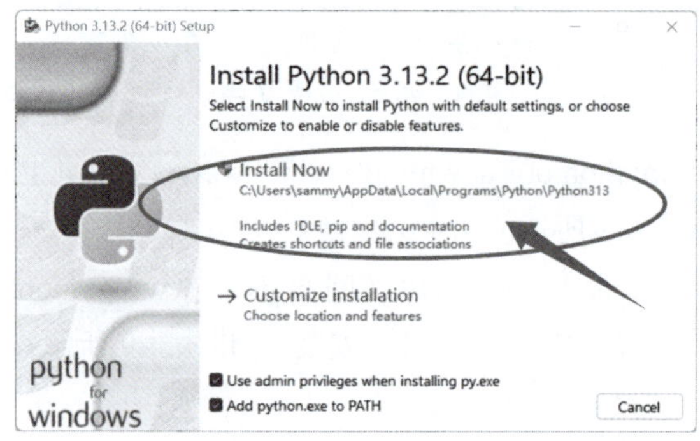

图 3–12　单击 Install Now 按钮进行安装

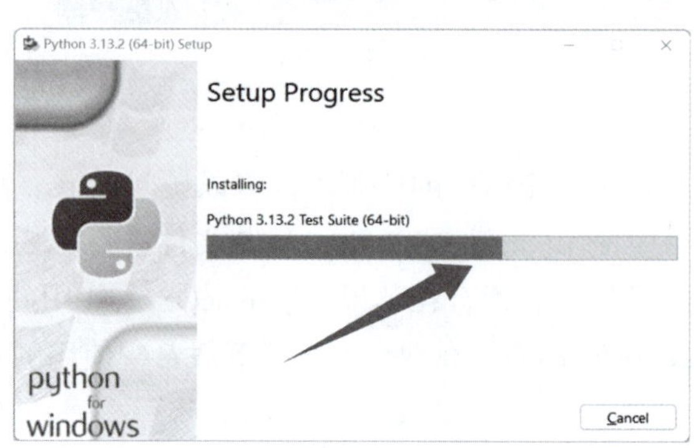

图 3–13　安装过程

(9) 完成安装后，会出现安装成功的提示对话框，如图 3–14 所示。如果出现了要求取消路径最大长度限制的选项，可根据需要，单击图示选项。

这时，在 Windows 的开始菜单的“所有应用”中的目录，就会出现安装好的 Python 3.13 快捷方式的文件夹，如图 3–15 所示。

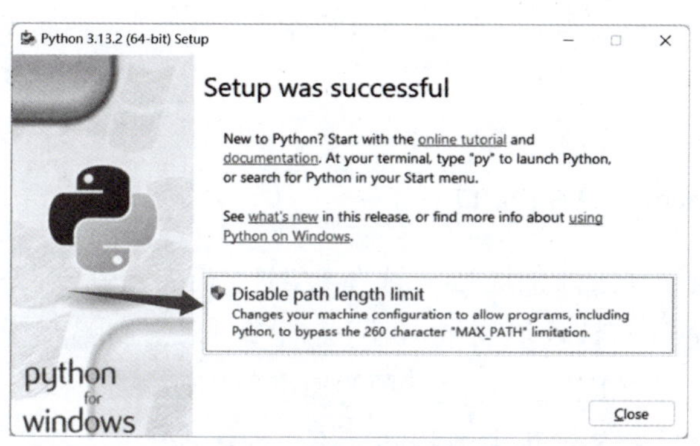

图 3–14　安装成功对话框

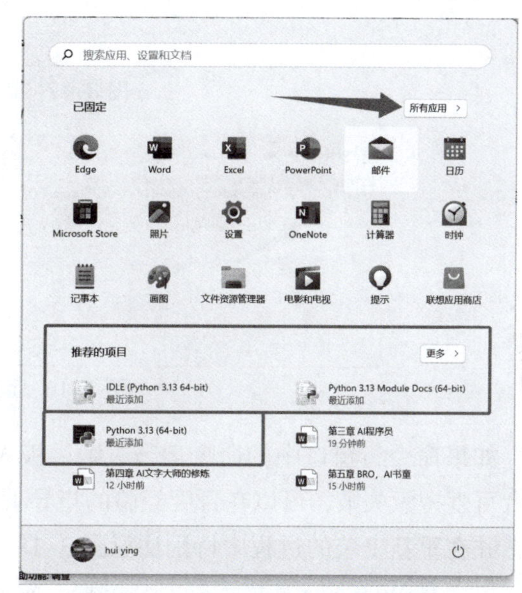

图 3–15　安装完成后，“所有应用”中出现的 Python 3.13 相关应用

Python 3.13 文件夹中存在 4 个文件的快捷方式，如图 3–16 所示。

四个快捷方式的说明如下：

(1) IDLE：Python 自带的简易开发环境。

(2) Python 3.13：运行 Python 环境

(3) Python 3.13 Manuals：Python 手册。

(4) Python 3.13 Module Docs：模块说明文档。

单击“Python 3.13(64-bit)”快捷方式，运行 Python 环境后，会出现如图 3–17 所示的命令行窗口。

在图 3–17 中显示了安装的 Python 版本号，以及符号“>>>”。代表执行 Python 3 命令成功。这时 Python 编程环境已经可以使用了。

例如，在尖角号顶端输入“1+2”后，按“Enter”键，出现如图 3–18 所示的运行结果，说明 Python 已经处于可用状态。

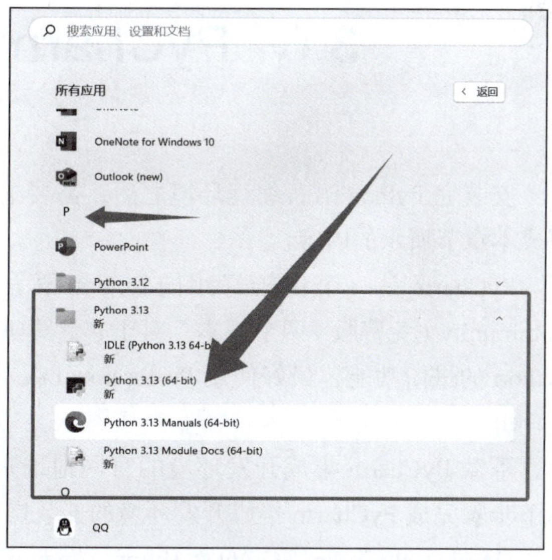

图 3–16　安装完成后，“所有应用”中出现的快捷方式

```
Python 3.13 (64-bit)
Python 3.13.5 (tags/v3.13.5:6cb20a2, Jun 11 2025, 16:15:46) [MSC v.1943 64 bit (AMD64)] on win32
Type "help", "copyright", "credits" or "license" for more information.
>>> 1 + 2
3
>>> |
```

图 3–17　运行 Python 的命令行窗口

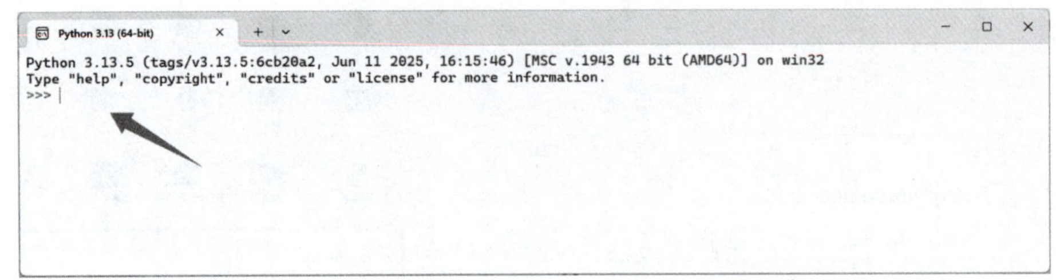

图 3–18　运行 Python 的命令行窗口

如果命令行窗口中的命令运行失败，极大可能是在安装的时候未选择 PATH，需要重新安装一次，或者百度搜索失败，可以在百度经验的指导下，修改 PATH 环境变量。对于初学者来说，卸载后重新安装，并在重新安装的过程中特别注意图 3–18 中所提示的问题，解决问题的速度更快。

以上是 Windows 环境下的安装过程。Mac 机上的安装过程大致相同，不再赘述。

3.6　PyCharm 集成开发环境的安装

安装完 Python 语言编程环境之后，需要继续安装集成开发环境。如果想要体验 AI 程序员，必须完成本章节所示的内容。

PyCharm 是一个比较好用的 Python 语言编程集成开发环境，包括 Professional (收费版) 和 Community (免费版) 两个版本。对于非计算机专业的学生，Community 版本足够使用。如果希望学习 Python 的进阶功能，最好使用 Professional 版本。本书以 Community 版本为例，介绍 PyCharm 集成开发环境。

下载 PyCharm 集成开发环境的官网地址是 https：//www.jetbrains.com/pycharm/。初学者可以按照以下步骤完成 PyCharm 集成开发环境的安装操作。

(1) 进入 PyCharm 官方页面 (https：//www.jetbrains.com/pycharm/)，如图 3–19 所示。

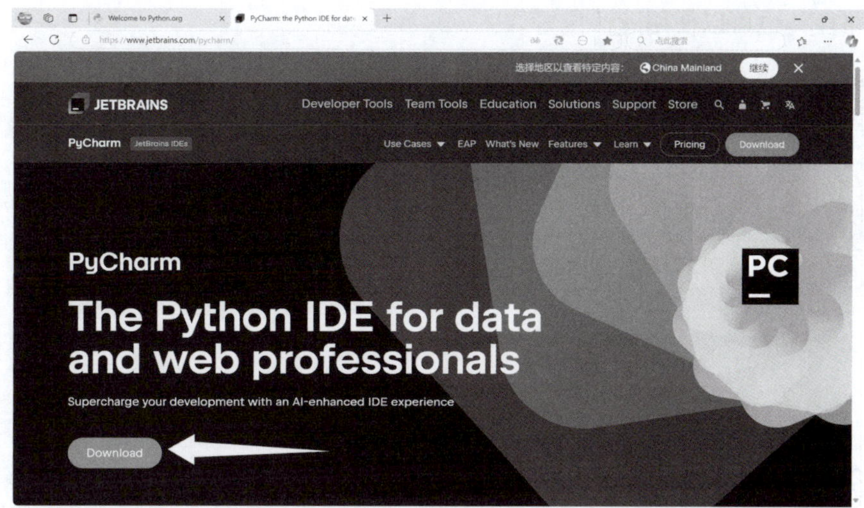

图 3–19　PyCharm 官方网页

(2) 单击“Download”按钮进入下载页面。我们有两个选择，建议使用的 Community 版本。若要选择 Community 版本，需要拖动右侧下拉条，到 Professional 版本下方下载。

(3) 这时页面会跳转，不用做什么操作，等待下载开始即可，如图 3–20 所示。

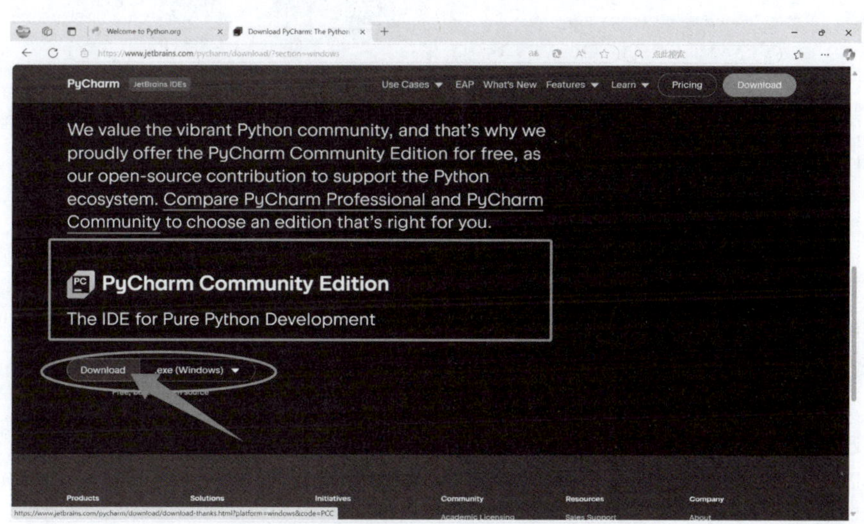

图 3–20　开始下载

(4) 下载完成后，就可以开始安装工作了。选择浏览器的“打开文件”，即可开始安装过程，也可以双击已经下载好的 PyCharm 安装文件进行安装。

需要指出的是，以上两个文件均已不支持 32 位系统的安装，如果读者的计算机是 Windows 7 的 32 位系统，而不是以后的各版本 64 位系统，则需要寻找其他旧版本的 PyCharm 安装文件。

(5) 开始安装过程的时候，首先要检查是不是 Community 版本。然后直接单击“下一步 (N)”按钮，就可以开始 PyCharm 安装了，如图 3–21 所示。

(6) 在安装向导中单击“下一步 (N)”按钮，在安装过程中可以自定义安装路径，在如图 3–22 所示位置更改安装路径，也可以使用默认位置。

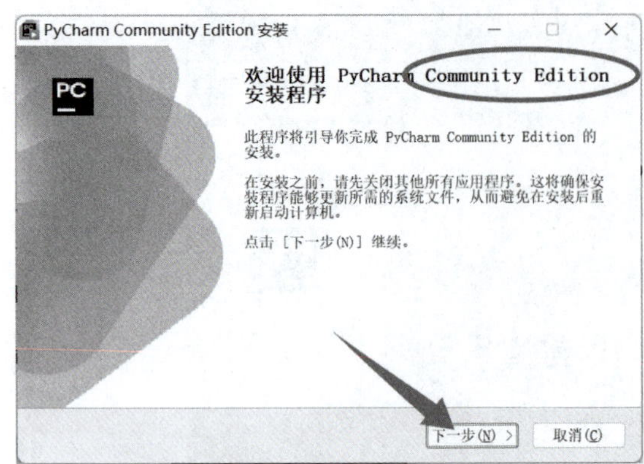

图 3–21　安装 PyCharm 的运行按钮

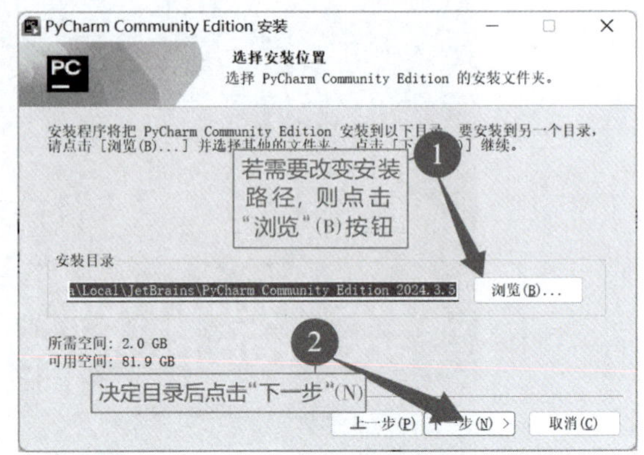

图 3–22　可以更改 PyCharm 的安装路径

(7) 在对话框中单击“下一步 (N)”按钮，在选择安装选项时，建议选中所有的可选项，如图 3–23 所示。

(8) 单击“下一步 (N)”按钮，然后单击“安装 (I)”按钮，开始安装操作，如图 3–24 所示。

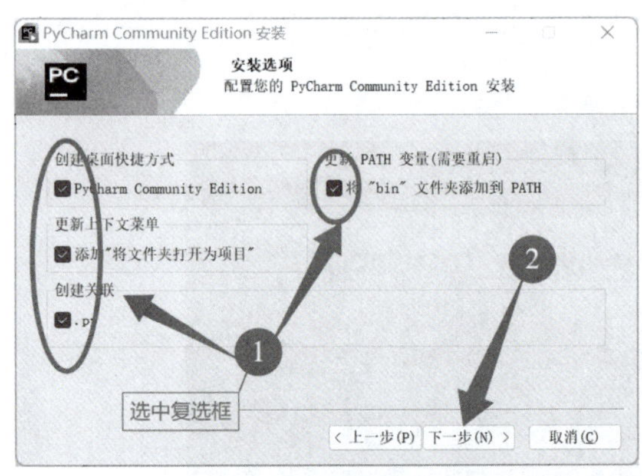

图 3–23　PyCharm 的安装选项

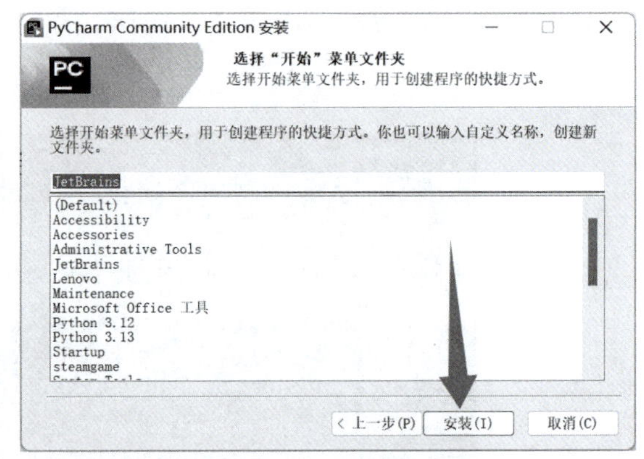

图 3–24　开始安装 PyCharm

(9) 安装完成后，显示如图 3–25 所示界面，这时可以选择之后重启电脑。桌面上会出现 PyCharm Community 快捷方式。

以上是 PyCharm 集成开发环境的安装过程。相当于我们准备好了工具，然后才能去体验零基础对话式程序设计。

图 3–25　完成 PyCharm 的安装

3.7　利用大语言模型进行程序设计实验

大语言模型是基于深度学习技术的自然语言处理工具，通过海量数据训练实现对人类语言的理解、生成和推理能力。这类模型的核心在于利用多层神经网络捕捉语言规律，广泛应用于文本生成、问答系统、翻译等领域，正在重塑人机交互方式。

中国在自主大模型研发中成果显著，其中典型的有文心一言 (百度)、通义千问 (阿里云) 和星火大模型 (科大讯飞) 等。

(1) **文心一言 (百度)**：融合知识增强与行业知识图谱，支持企业级智能服务。

(2) **通义千问 (阿里云)**：集成多任务学习框架，应用于客服、内容创作等场景。

(3) **星火大模型 (科大讯飞)**：强化语音交互与教育领域适配，如智能批改、个性化学习方案生成。

以下章节中，将介绍如何利用通义灵码插件，使用通义千问模型，进行程序设计。

3.7.1　通义灵码插件的下载与安装

通义灵码是阿里云开发的人工智能辅助程序设计工具，对于解决简单编程问题具有良好的适应性。只要对通义灵码下达准确指令，就可以使其生成适应性较好的代码，帮助程序完成编程任务。

在 AI 程序员的帮助下，读者会发现，就算没有系统学习过编写程序，也能写出结构良好的代码。随着技术的迭代发展，AI 程序员的功能会越来越强大。作者曾经在初、高中的学生中做过实验，在搜集了素材之后，初、高中的学生能够以提示词的方式，完成大学三年级下学期的计算机专业课程教材中提及的大部分课程作业和课程项目。大部分学生能够以提示词的方式构建自己 Blog 网站。一部分学生能够通过提示词的方式自主开发，编写物联网硬件编码，参加信息技术大赛。

AI 程序员给希望进行自主程序编写而又未学过计算机专业的学习者打开了一扇门。

(1) 通义灵码的下载网址：https：//lingma.aliyun.com，如图 3-26 所示。在百度搜索栏中输入“通义灵码下载”，也可搜索得到。

图 3-26　通义灵码的下载页面

(2) 为了比较快捷地下载通义灵码的 PyCharm 插件，单击右上方的下载插件，如图 3–27 所示。

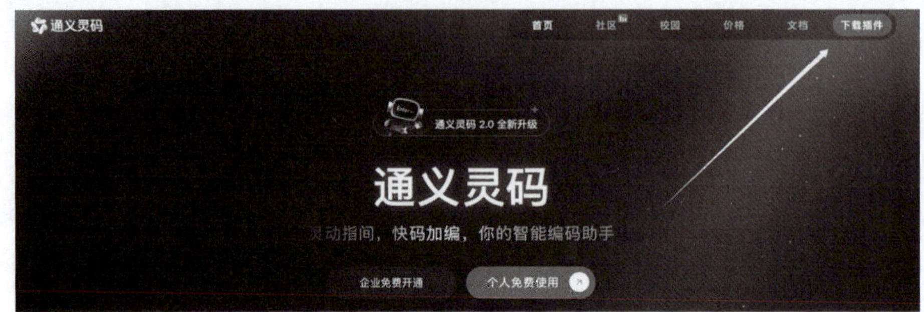

图 3–27　通义灵码的下载按钮

(3) 单击“JetBrains IDEs”选项，如图 3–28 所示。

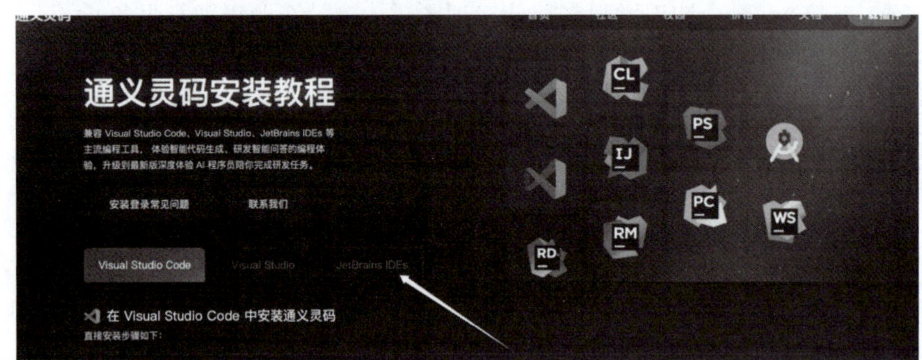

图 3–28　选择“JetBrains IDEs”选项卡

(4) 跳转到下载步骤说明，阅读步骤 1，按照步骤 2 的方式一或者方式二，均可获得插件。

建议使用步骤 2 的方式二 (图 3–29)，如果使用方式一，安装速度会非常慢。先下载好离线安装包，再按照右侧的阿里云给出的官方提示安装即可。如果无法找到下载插件在本地的位置，先看下载文件夹有没有。

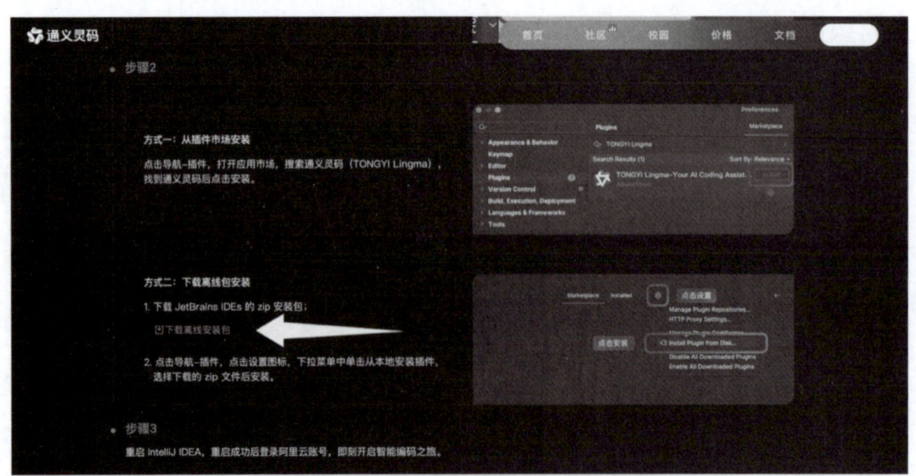

图 3–29　选择下载离线安装包，按照官方给出的步骤安装插件

如果还是找不到，就用步骤 2 的**方式一**安装。尽量不要安装中文版 PyCharm，以防找不到对应的命令菜单。

(5) 下载完成的通义灵码插件离线安装包，如图 3–30 所示。

图 3–30　下载完成的通义灵码插件离线安装包

(6) 运行打开刚安装好的 PyCharm 集成开发环境，如图 3–31 所示。

(7) 在 PyCharm 的欢迎界面，选择安装插件 (图 3–32)，单击“Plugins”。

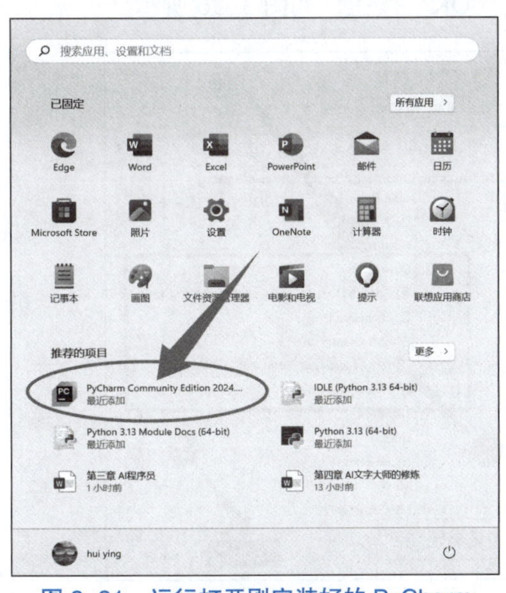

图 3–31　运行打开刚安装好的 PyCharm 集成开发环境

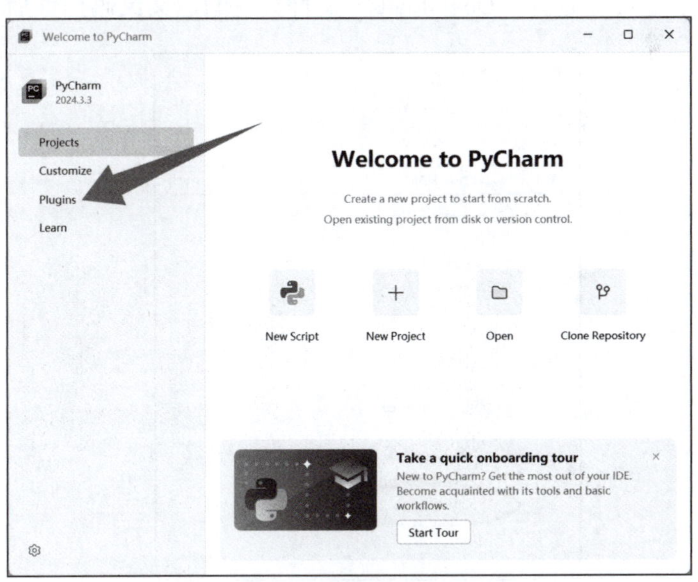

图 3–32　选择安装插件

(8) 单击设置按钮，如图 3–33 所示。

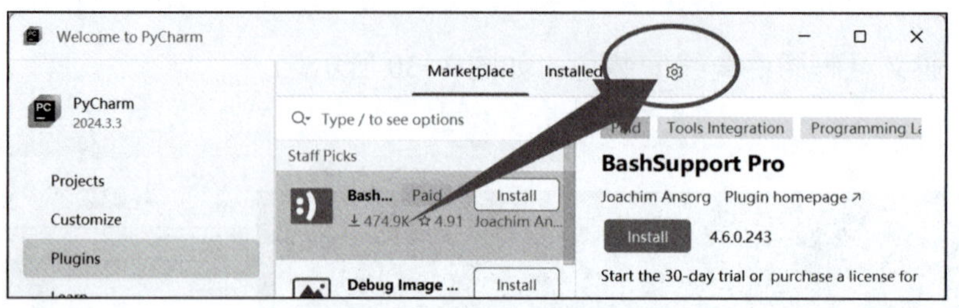

图 3–33　单击设置按钮

(9) 选择从本地盘安装插件命令，如图 3–34 所示。

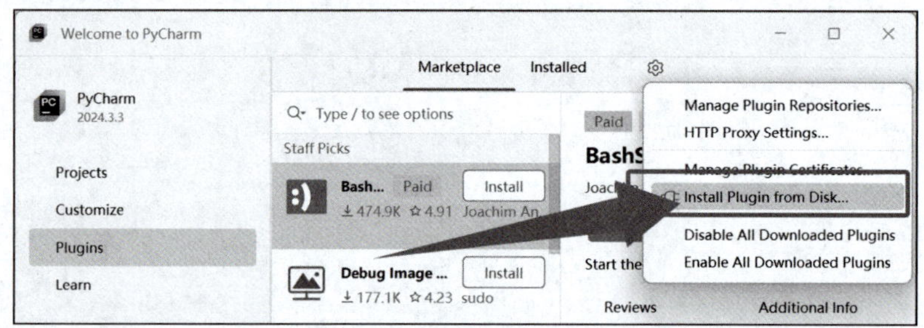

图 3–34　单击从本地盘安装插件命令

(10) 默认情况下，下载文件都会被集中在“Downloads”文件夹内，如图 3–35 所示。如果更换了下载文件夹，则需要进入对应下载的文件夹中。

(11) 选择“Downloads”文件夹下的通义灵码插件后单击“OK”按钮，如图 3–36 所示。

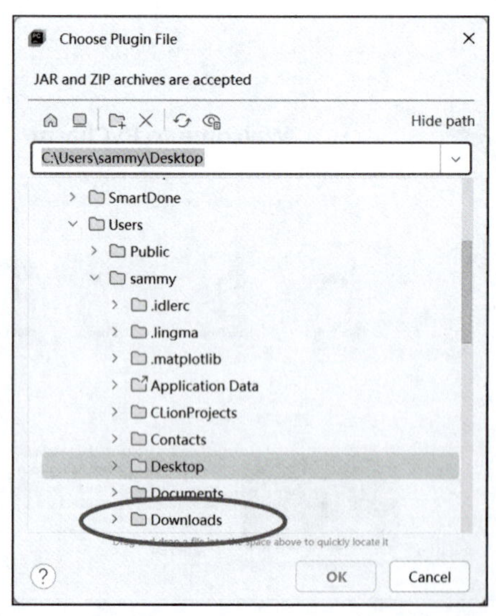

图 3–35　默认的下载文件夹“Downloads”

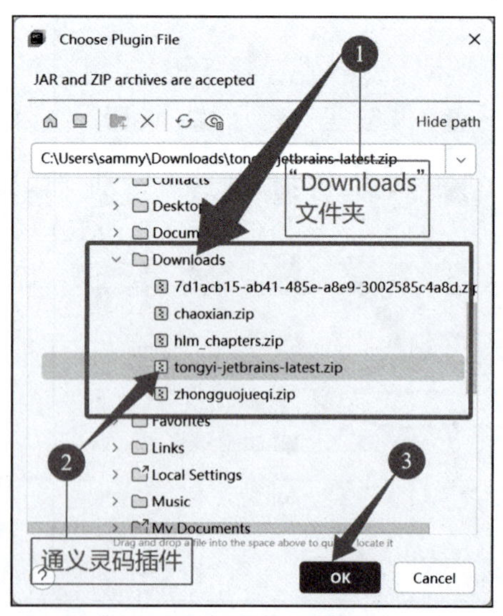

图 3–36　找到、选中通义灵码插件后单击“OK”按钮

(12) 完成插件安装后，在“Installed”选项卡中，会出现通义灵码插件标志，如图 3–37 所示。

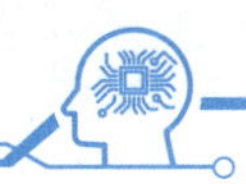

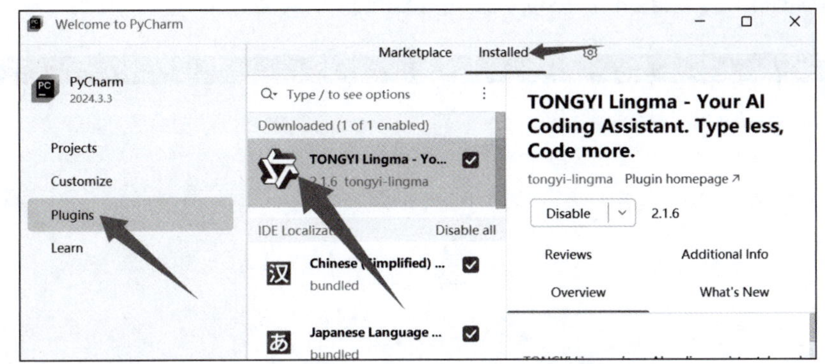

图 3–37　“Installed”选项卡中出现通义灵码插件标志

(13) 如果无法安装，则回到第一步，按照官方提示，在市场中下载并安装通义灵码插件。此处就不再赘述了。

3.7.2　AI 程序员开始工作前的准备阶段

(1) 在 PyCharm 的欢迎页面，单击“新建项目”按钮，开始新建一个项目，如图 3–38 所示。

(2) 创建 Python 项目 (图 3–39) 的存放路径。本书将项目的存放路径为：C：\Users\sammy\AI 程序员实验项目。

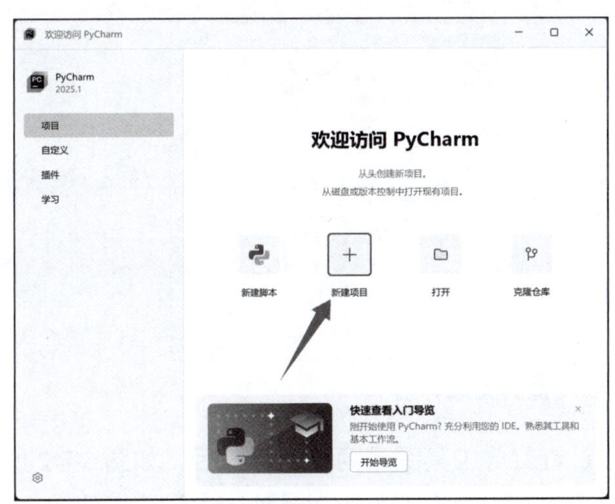

图 3–38　单击新建一个 Python 项目按钮

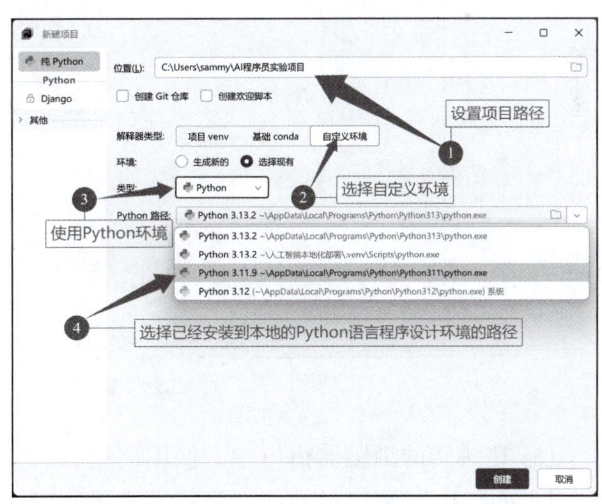

图 3–39　新建一个 Python 项目的存放路径

在确认关联了本地安装好的 Python 编程环境之后，就可以创建自己的实验项目了。读者可以自行设置项目路径。但路径名只能由字母、数字、下画线组成，且不能以数字开头。编程环境可以按照需求进行选择，不一定非要使用最新的。

(3) 在工作区域右侧上方，单击 TONGYI Lingma 的插件按钮，如图 3-40 所示。

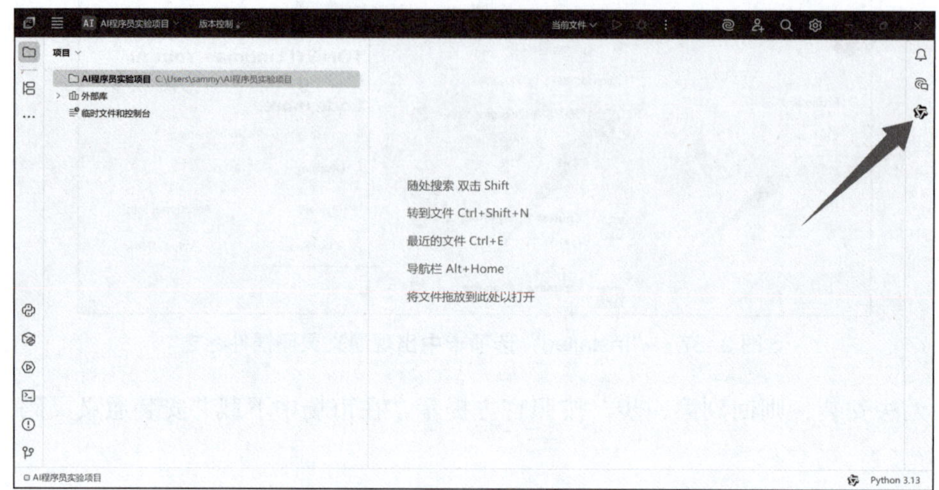

图 3-40　要求登录通义灵码后才能使用 AI 程序员功能

(4) 单击登录按钮，如图 3-41 所示。

图 3-41　同意并登录使用通义灵码 AI 程序员

(5) 在跳转的浏览器窗口中，使用阿里云、支付宝、钉钉等工具登录阿里云账户后，如图 3-42 所示，即可使用 AI 程序员功能。目前通义灵码对个人免费。本书绝大多数读者是处于大学阶段的学生，没必要使用企业功能，个人功能即可满足需求。对注册过程感到困惑的同学，可参考第 8 章 8.2 小节内容。

图 3-42　扫描二维码，登录使用通义灵码

(6) 浏览器窗口中显示登录成功后 (图 3-43)，即可使用通义灵码。

图 3-43　登录使用通义灵码成功

(7) 回到 PyCharm，单击右侧的“通义灵码”按钮 (图 3-44)，即可打开通或关闭义灵码插件工作区域。

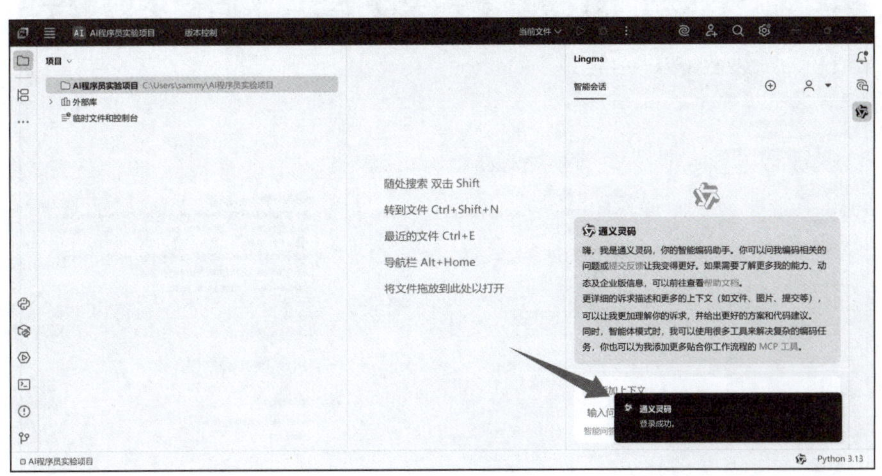

图 3-44　登录成功

(8) 在左侧打开的插件区域中（图 3–45），即可使用通义灵码的**智能问答**、**文件编辑**和**智能体**功能。如图 3–45 所示，在 1 号位置，可以选择方式；在 2 号位置，可以选择**智能体**功能。

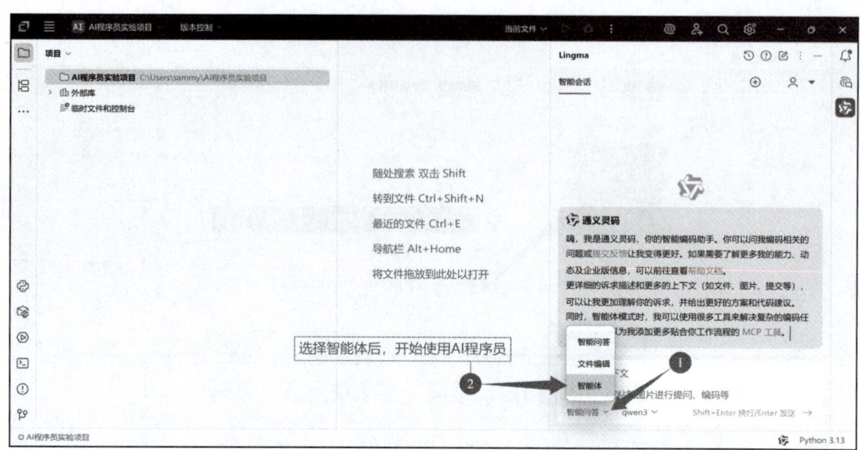

图 3–45　可以在右下侧输入自然语言需求，开始生成代码

3.7.3　使用通义灵码进行词频分析实例

这里将介绍一个使用 AI 程序员统计词频的实例。实验者将分析一部小说中的关键角色有哪些，并生成一个饼图，在饼图上直观地看到出场频率最高的 10 位主要人物的戏份占比。也就是说，分析小说作者的关注点在哪里。小说的素材是网上能够获得的免费 txt 文档。工作流程一样，因此该方法不仅仅适合分析一部小说，而适合所有的小说分析、文本分析，甚至各种社交媒体网文的信息分析，等等。

(1) 如果项目中有虚拟环境，则需要单击折叠按钮，如图 3–46 所示，关闭“.venv”虚拟开发环境的折叠按钮。该文件夹是虚拟开发环境，尽量避免在该文件夹中进行操作。若没有看到虚拟环境目录，则可以忽略这一步。

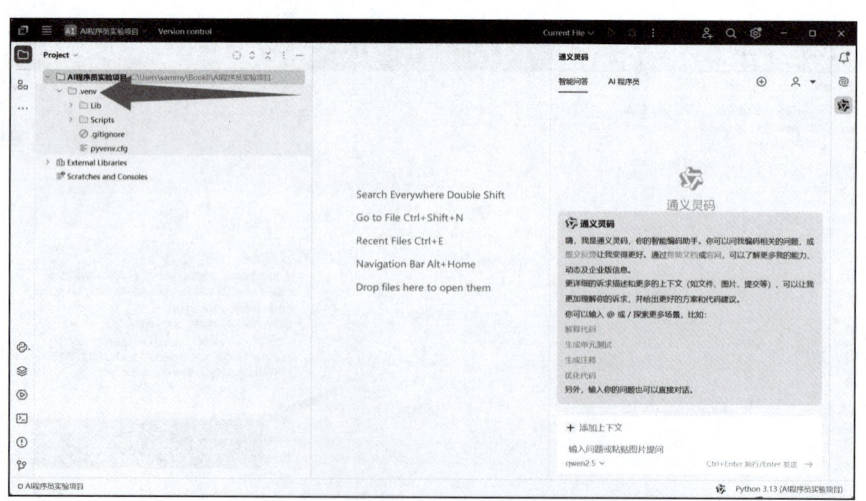

图 3–46　单击折叠按钮，将文件夹内容进行折叠

(2) 使用 AI 程序员功能，在右下方的人机交互对话框中输入："**我要使用 Python 代码，在本项目文件夹中，生成一个子文件夹，名为：分析内容**。"然后，单击运行按钮。读者可以按照图 3–47 中的 1~4 顺序分别执行对应操作。

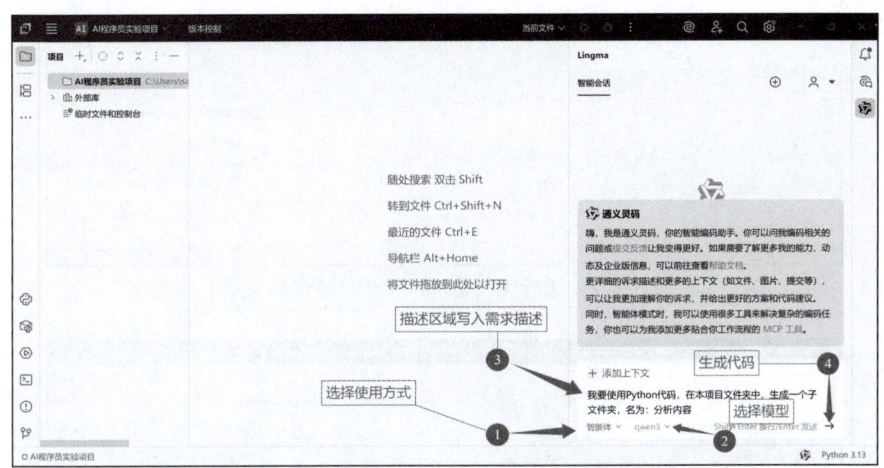

图 3–47　创建一个文件夹出来的自然语言需求的输入过程

(3) 在代码自动产生之后，可以接受编码建议 (图 3–48)，或选择运行终端命令，两种方法均可。最终的目的是生成一个文件夹。

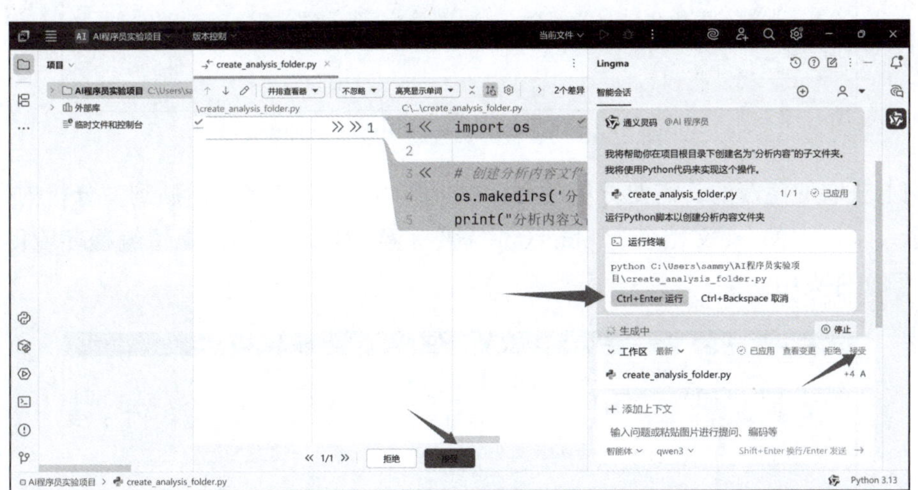

图 3–48　接受 AI 程序员建议

(4) 若选择接受修改建议后，可在左侧的项目目录中双击 AI 程序员自动生成的文件，如图 3–49 所示。至于 Python 源文件中写的是什么，感兴趣的读者，可以自行研究。读灰色的注释即可。

(5) 运行成功后，将在控制台出现成功提示，在项目目录中会出现一个"分析内容"文件夹，如图 3–50 所示。

图 3–49　运行 AI 程序员生成的源代码文件

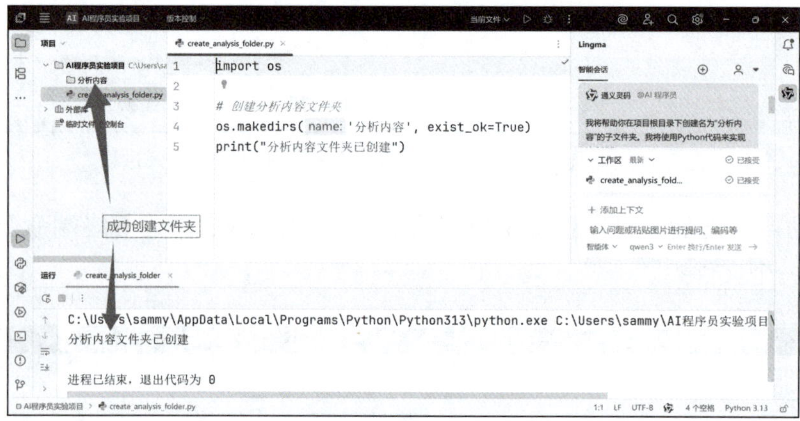

图 3–50　AI 程序员成功生成了文件夹

(6) 将从网上获取的免费的，需要分析的 txt 文档拖动放入或者复制粘贴到“分析内容”文件夹中，如图 3–51 所示。示例中的 txt 文档名为 hlm.txt。需要注意的是，若存在虚拟编程环境目录，千万不要错放入“.venv”文件夹中。

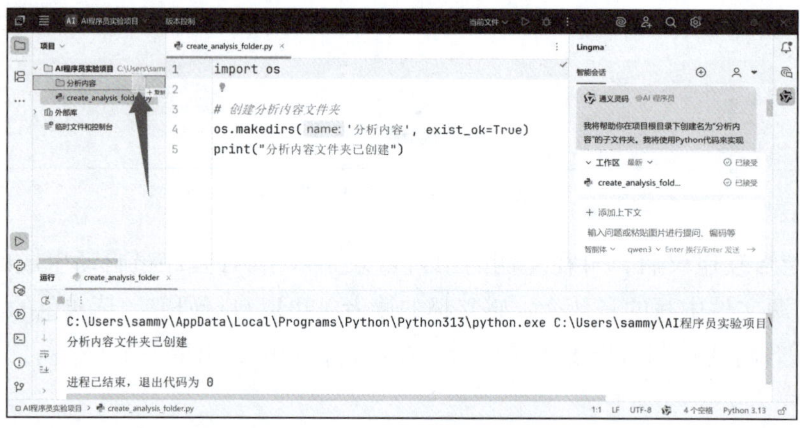

图 3–51　将需要分析的 txt 文档放入“分析内容”文件夹中

(7) 在 PyCharm 弹出的确认对话框中检查无误后单击“重构 (R)”按钮，如图 3-52 所示。

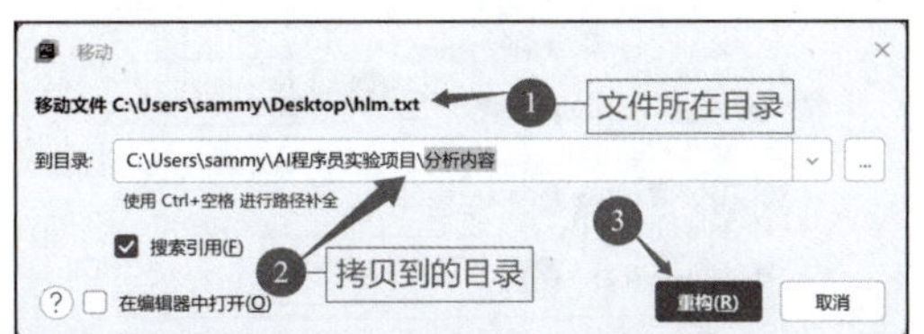

图 3-52　确认复制 txt 文档进入“分析内容”文件夹

(8) 可以看到，需要被分析的文档出现在“分析内容”文件夹中，如图 3-53 所示。

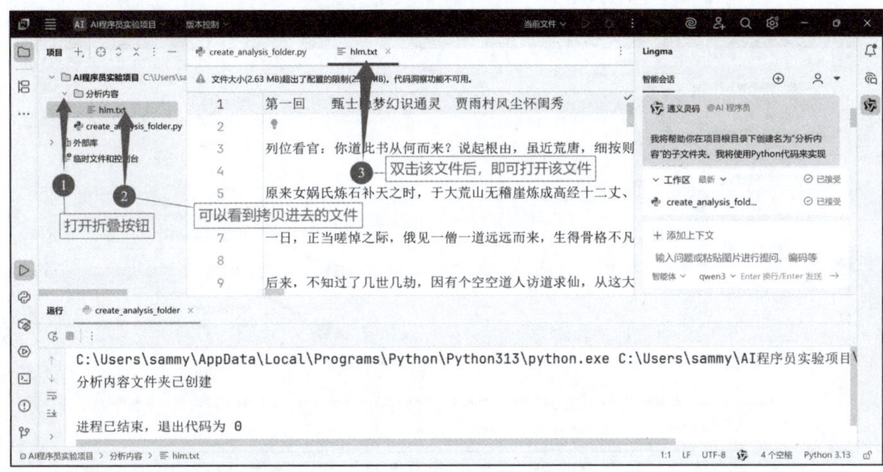

图 3-53　需要被分析的内容出现在“分析内容”文件夹中

(9) 在“分析内容”文件夹上右击一下，移动到“新建 (N)”，再移动到“Python 文件”上，选择后单击，新建一个 Python 源文件，如图 3-54 所示。

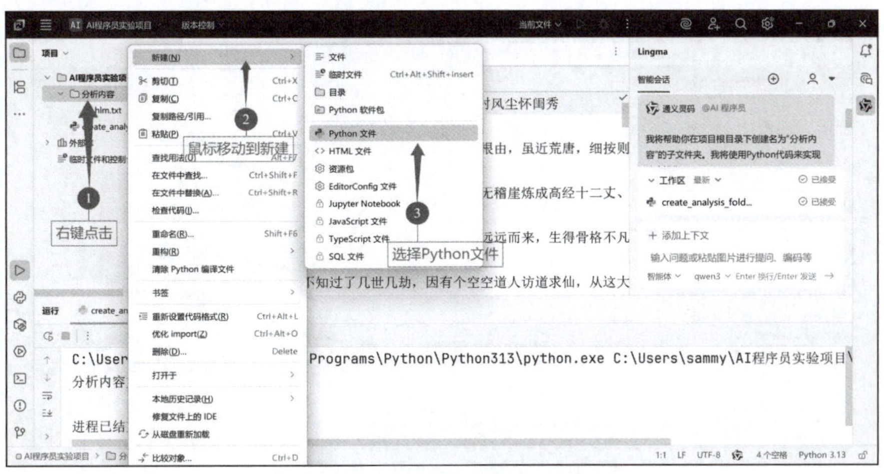

图 3-54　新建 Python 源文件

(10) 将新建的 Python file 源文件命名为“**去掉一些无关内容**”，然后双击“Python file”，如图 3-55 所示。

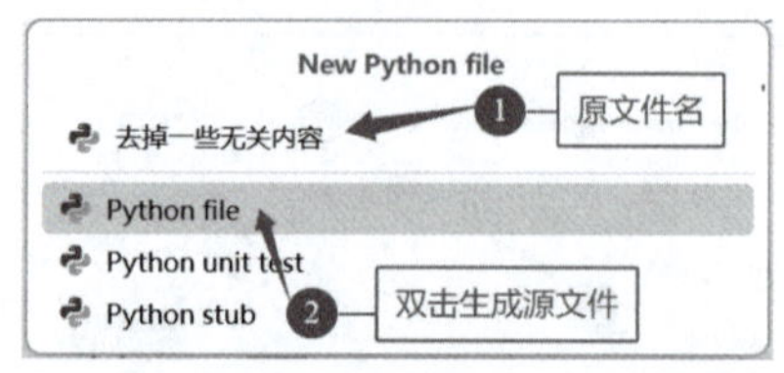

图 3-55　给新建 Python 源文件命名

(11) 在“分析内容”文件夹中出现了“**去掉一些无关内容 .py**”源文件，在右侧底部的 AI 程序员联动区域，添加这个源文件名，如图 3-56 所示。

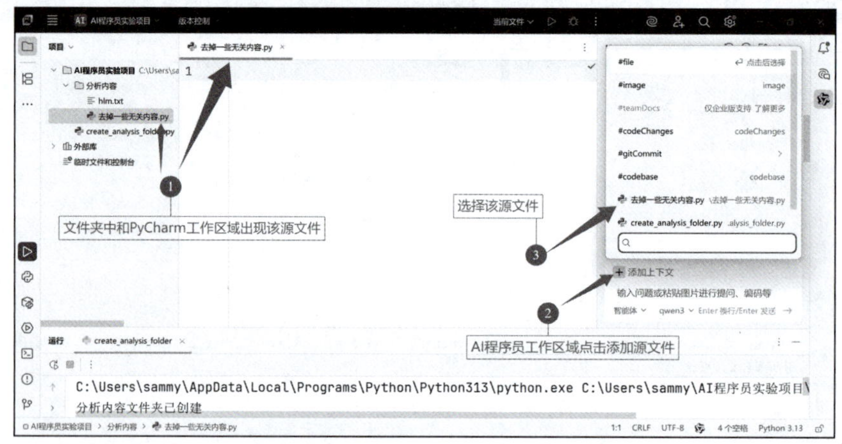

图 3-56　在 AI 程序员联动区域添加“去掉一些无关内容 .py”源文件

(12) 查看互动生成代码的目标源文件是不是指定的文件，然后在 AI 程序员自然语义需求分析区域输入：“**将 hlm.txt 文档中，所有的中文标点符号用空格取代，并将新生成的文件命名为 temp.txt，放入同一目录中。**”选择**编辑文件**功能，然后单击提交按钮，如图 3-57 所示。

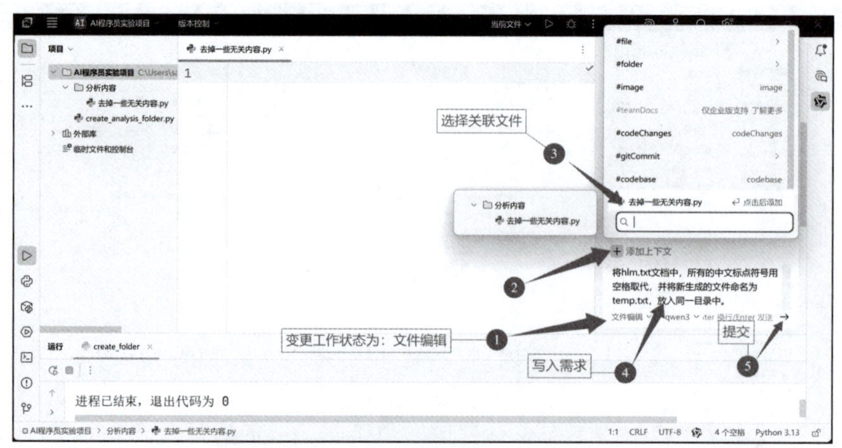

图 3-57　使用自然语义描述需求

(13) AI 程序员生成新的代码后，选择“接受”，如图 3-58 所示。

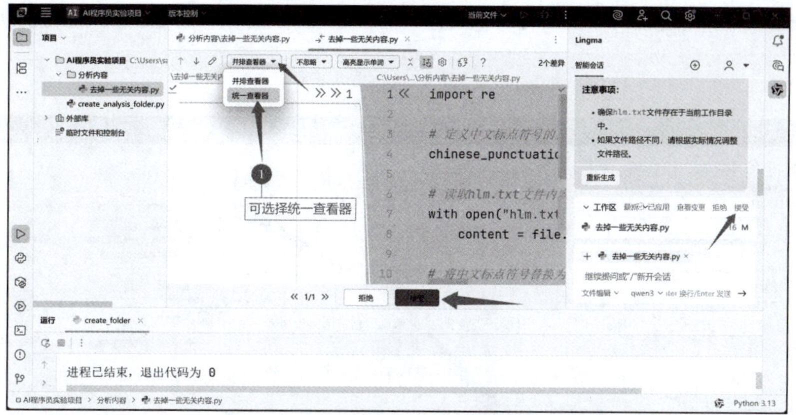

图 3–58 接受 AI 程序员生成代码

(14) 右击源文件，然后运行命令，执行该源文件。如图 3–59 所示。

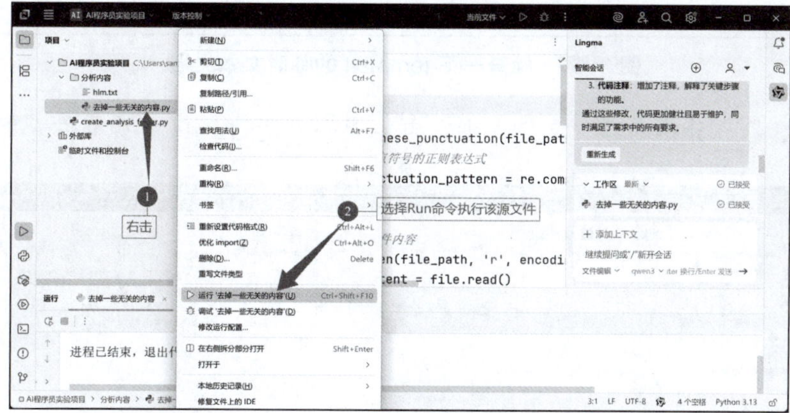

图 3–59 执行“去掉一些无关内容 .py”源文件

(15) 生成了一个名为“temp.txt”的临时文本文档文件，如图 3–60 所示。

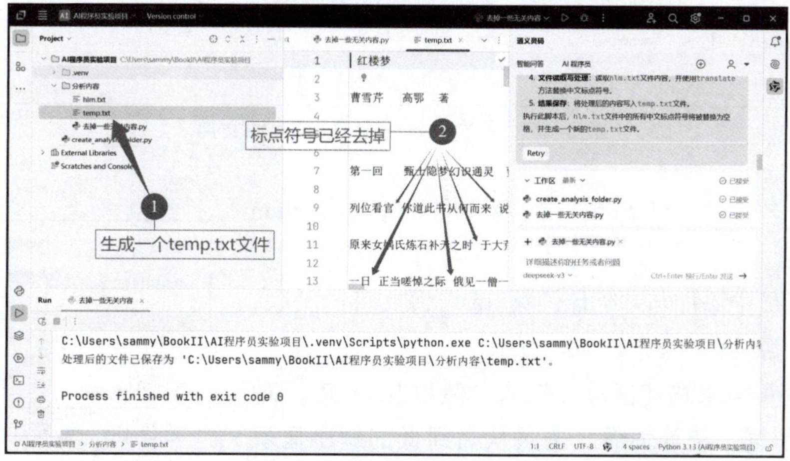

图 3–60 temp.txt 的临时文本文档文件中去掉了标点符号

(16) 可以通过拖动区域边框和滚动条，检查是否已经用空格取代了所有的标点符号，如图 3–61 所示。

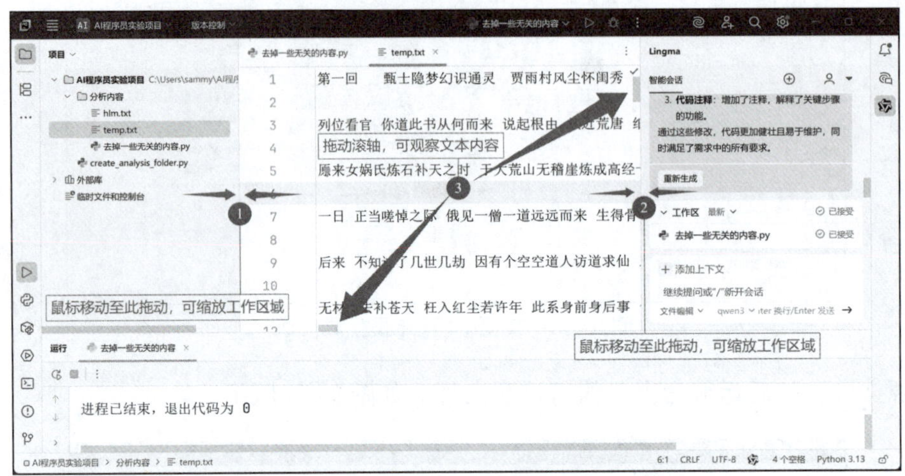

图 3–61　检查一下 temp.txt 的临时文本文档

(17) 同步骤 (9)，在“分析内容”文件夹中，再生成一个新的 Python 源文件，如图 3–62 所示。

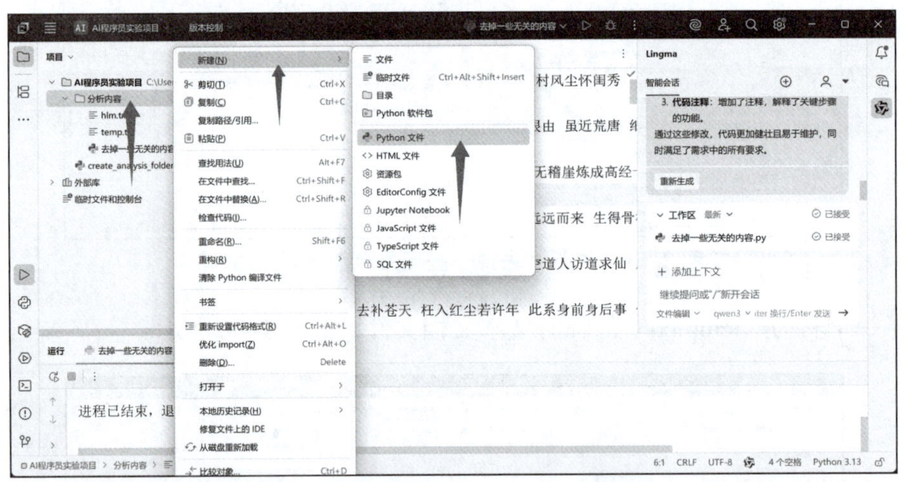

图 3–62　再次新建一个 Python 源文件

(18) 生成一个名为“统计词频”的源文件，双击 Python file，如图 3–63 所示。

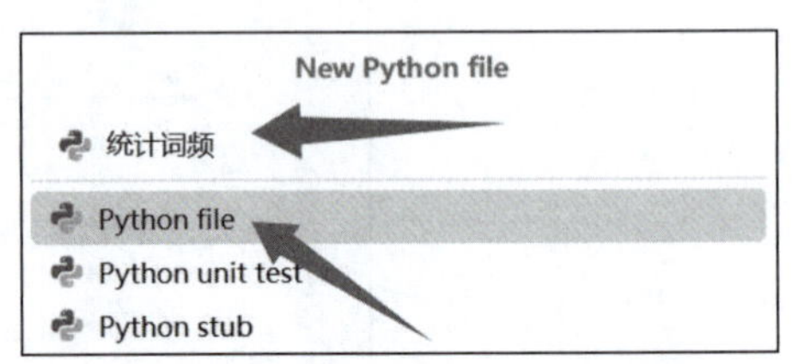

图 3–63　给新建 Python 源文件命名

(19) 在 AI 程序员中添加与“统计词频 .py”源文件的关联，让 AI 程序员写入该源文件，如图 3–64 所示。

(20) 在 AI 程序员需求描述区域中输入“使用 jieba 库，对 temp.txt 文档进行切词，统计词频，按照从高到低的顺序显示到控制台”，如图 3–65 所示。

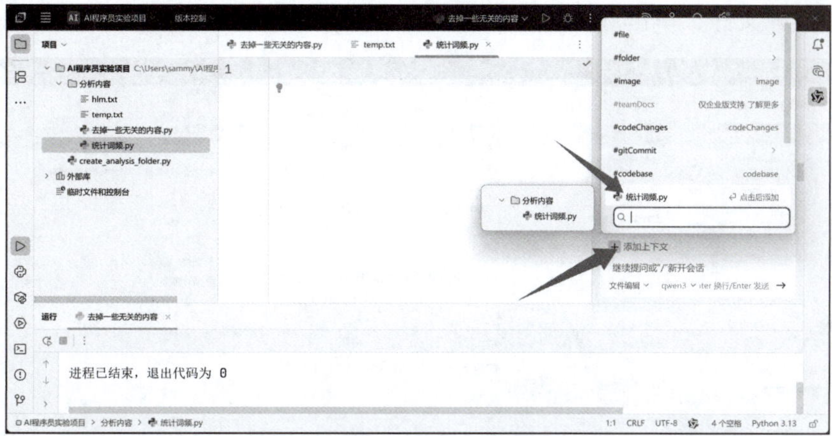

图 3-64　在 AI 程序员联动区域添加“统计词频 .py”源文件

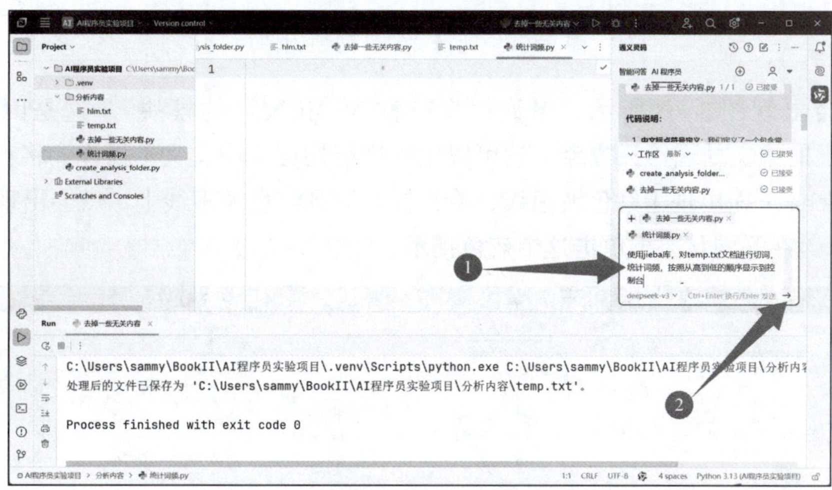

图 3-65　输入切词的自然语义需求

(21) 接受 AI 程序员生成的代码，如图 3-66 所示。

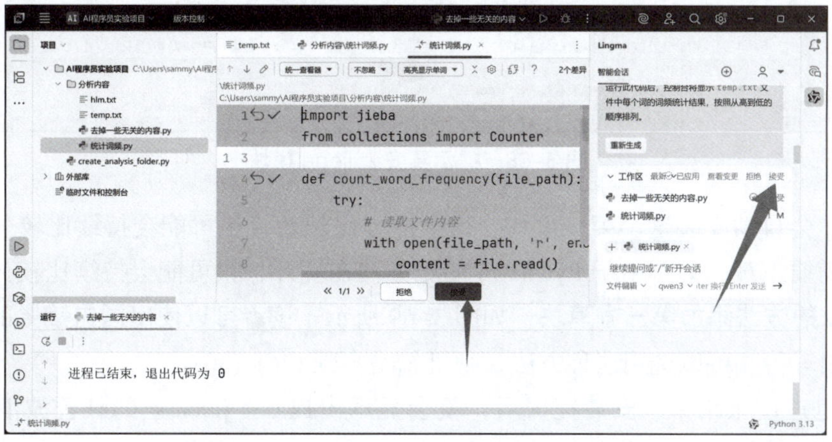

图 3-66　接受 AI 程序员生成的代码

(22) 右击选择该源文件，单击选择执行该源文件，如图 3-67 所示。

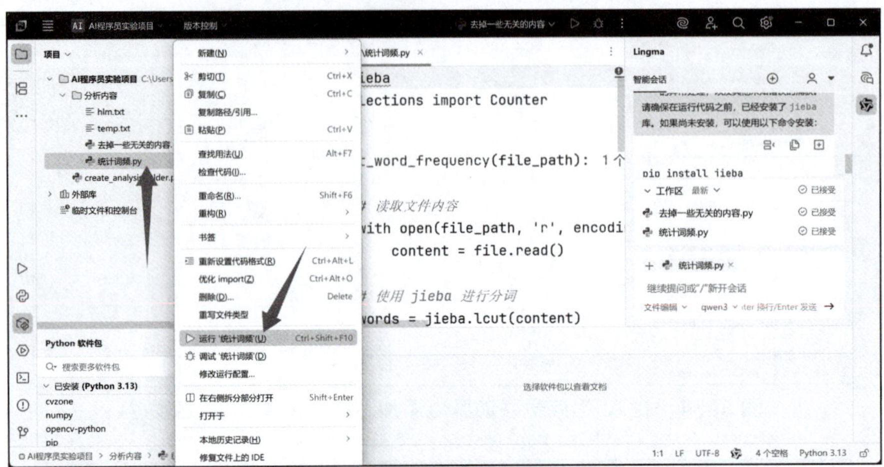

图 3-67　运行“统计词频 .py”

(23) 此时，会出现图 3-68 所示，错误“没有称为‘jieba’的模块”，这是因为没有 jieba 库。jieba 库是百度开发的中文处理第三方库。它可以用来进行切词等中文文本操作，将整段文章切分成一个一个的词。在 jieba 下面出现了红色波浪线，将光标移动到红色波浪线上，就会出现“Install package jieba”的蓝色提示。在联网状态下单击这个蓝色提示。

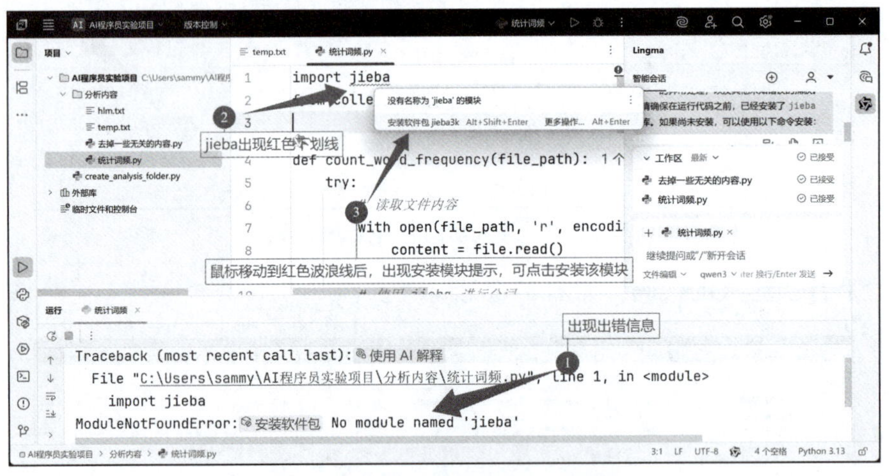

图 3-68　提示要安装 jieba 模块

(24) PyCharm 会自动安装这个第三模块。这个过程比较长，很可能会持续比较久的时间。虽然只有 19MB 的内容需要下载，但是由于 PyCharm 的服务器在境外，很可能会持续比较久的时间。不建议使用直接单击提示的方法添加第三方模块，如图 3-69 所示。读者可以使用国内镜像的方法。但如果读者怕麻烦，而不怕等待，可以选用这种方法，则可忽略步骤 (26)~(30)。

(25) 等待蓝色进度条结束，安装完成后，就会显示出提示。jieba 下的红色波浪线有可能依然存在，但之后，已经可以使用 jieba 模块中的切词方法了，如图 3-70 所示。

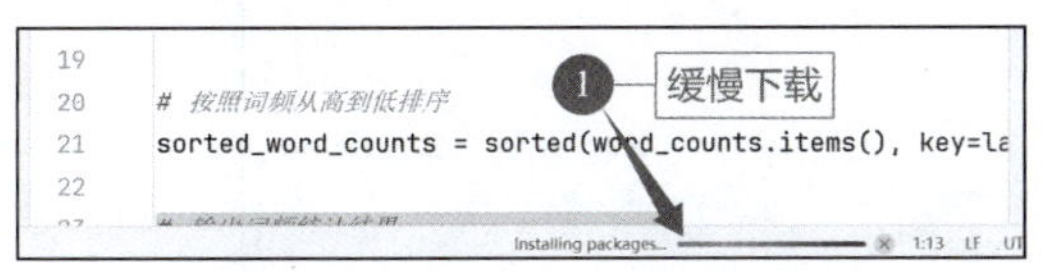

图 3-69 下载第三方模块过程

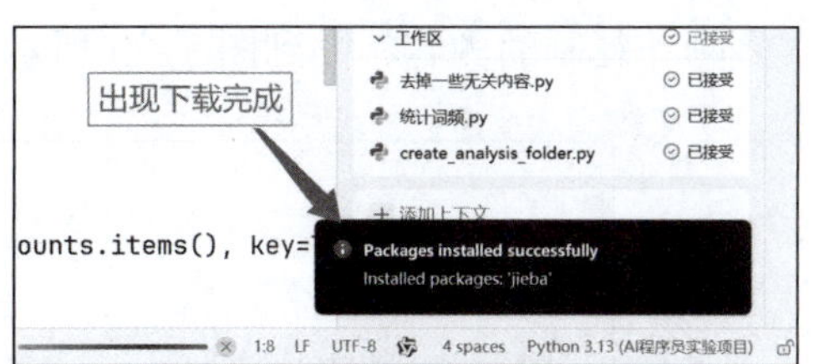

图 3-70 完成 jieba 模块的下载

以上做法很可能会因为下载过程中出错，而导致模块下红色波浪线无法去除。**因此，这种做法，步骤 (23)~(25) 建议不要采用。**

(26) 如果觉得下载实在太慢，可以使用智能问答选项卡，询问使用国内源的方法。输入“**下载 jieba 库太慢了，使用国内镜像站下载**”，如图 3-71 所示。

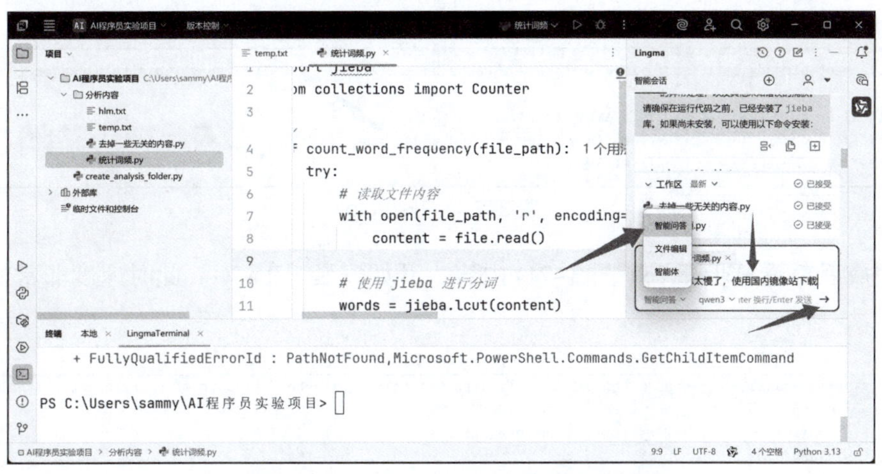

图 3-71 进行 AI 问答，要求使用国内镜像站

(27) AI 程序员会告知使用国内镜像站的方法，单击复制按钮，将复制内容粘贴进 Terminal，如图 3-72 所示。

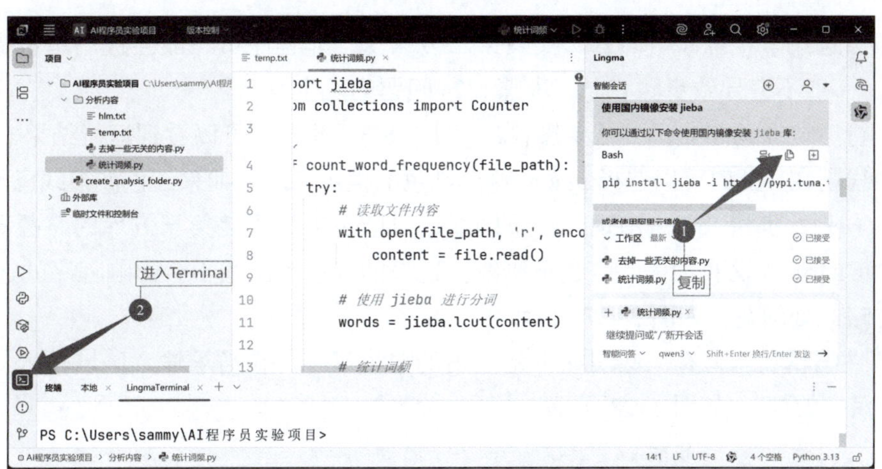

图 3-72 复制国内镜像站安装方法，进入 Terminal

(28) 将刚才复制的内容粘贴到图 3-73 所示位置。

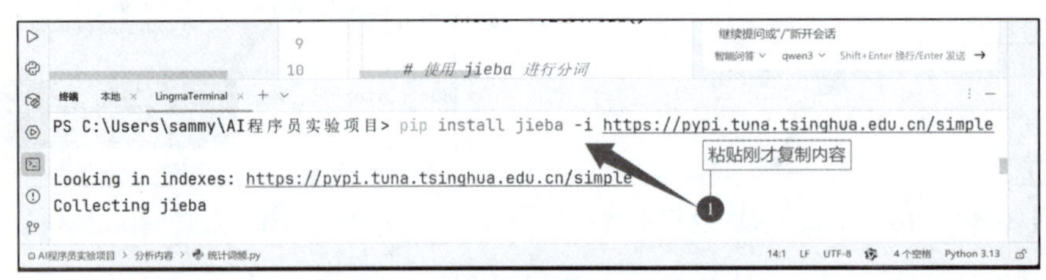

图 3-73 粘贴刚才复制的内容

(29) 这一步**不一定需要执行**，需要看当时的程序有没有要求这么做，也许可以跳过，如在安装第三方库前没有要求升级 pip，则不必升级 pip。如要求升级 pip，则使用鼠标选择复制绿色部分内容再粘贴。(图 3-74)

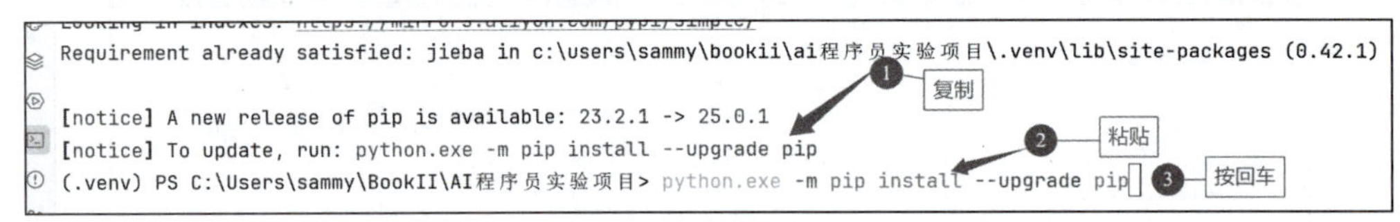

图 3-74 升级 pip

(30) 升级完成后，重复步骤 26 (图 3-71) 内容，开始安装 jieba 库。此时速度非常快，下载速度瞬间拉满，如图 3-75 所示。

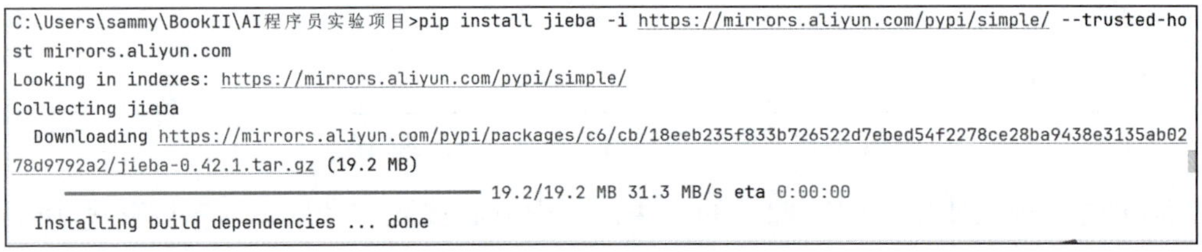

```
C:\Users\sammy\BookII\AI程序员实验项目>pip install jieba -i https://mirrors.aliyun.com/pypi/simple/ --trusted-ho
st mirrors.aliyun.com
Looking in indexes: https://mirrors.aliyun.com/pypi/simple/
Collecting jieba
  Downloading https://mirrors.aliyun.com/pypi/packages/c6/cb/18eeb235f833b726522d7ebed54f2278ce28ba9438e3135ab02
78d9792a2/jieba-0.42.1.tar.gz (19.2 MB)
     ━━━━━━━━━━━━━━━━━━━━━━━━━━━━━━━━━━━━━━━━ 19.2/19.2 MB 31.3 MB/s eta 0:00:00
  Installing build dependencies ... done
```

图 3-75 下载安装 jieba 第三方模块

程序员一般会选用 **pip 镜像站的方法安装第三方模块**；非程序员一般会选用单击提示安装。采用 pip 安装的方法，一般不会导致步骤 (31)、步骤 (32) 问题的发生。

(31) 再次运行“统计词频 .py”，见步骤 (22) (图 3-67)，此时，可以看到运行结果 (图 3-76)。**如果** jieba 下红色波浪线还在，此时可以选择 ignore 这个红色的提示信息。**如果**红色波浪线已经消失了，则可以**不必理会步骤 (31)、步骤 (32)**。出现红色下画线，可能是因为**安装第三方库的路径不是虚拟程序开发环境**，导致 PyCharm 无法自动去除红色下画线。这里的红色下画线不会影响程序的运行。

(32) 选择忽略此处问题，如图 3-77 所示。

(33) 回到**文件编辑**状态，有一些明显不是主角的单个汉字，在需求输入区域输入“**统计词频的时候，要去掉单个汉字的词**”，如图 3-78 所示。

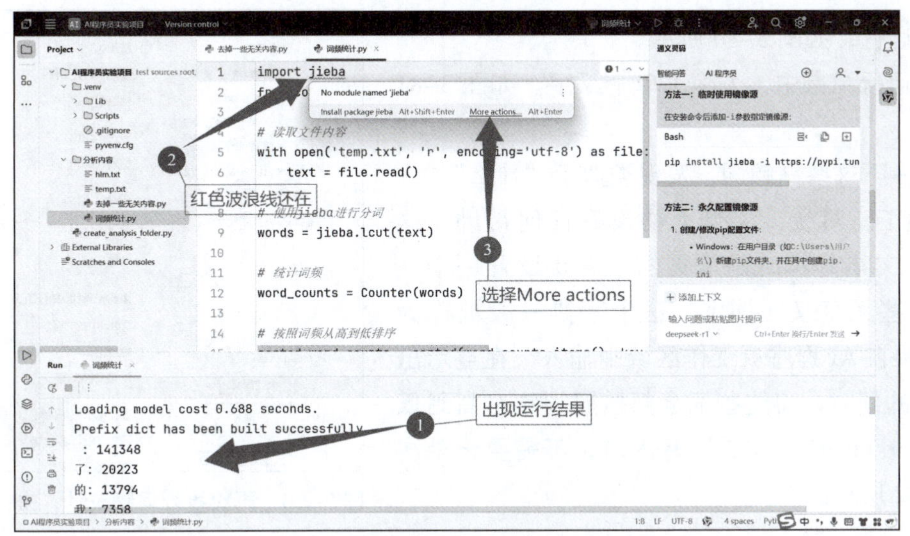

图 3–76　运行成功，统计了词频

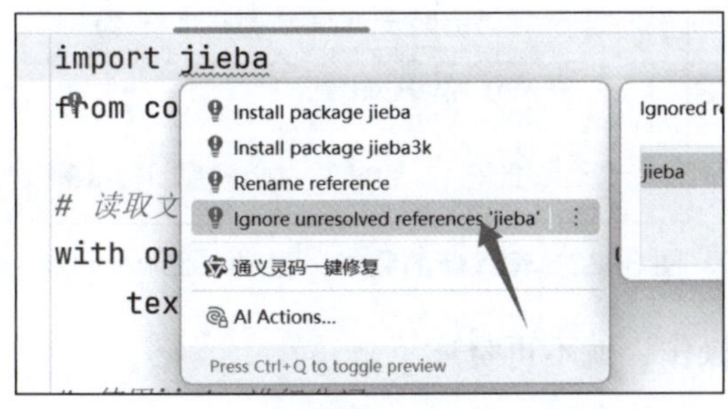

图 3–77　忽略 jieba 的红色下画线

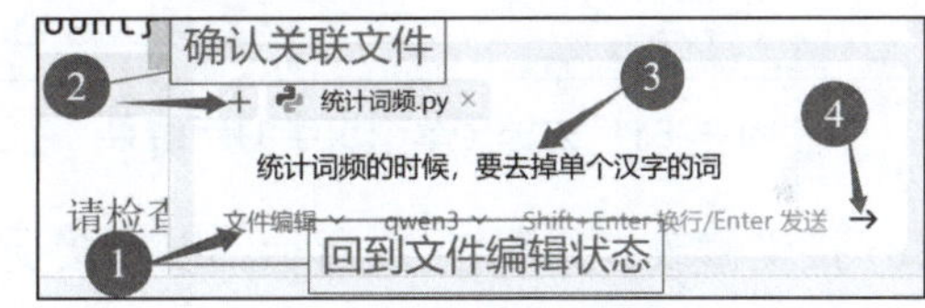

图 3–78　输入新需求

(34) 绿色的部分，是本次调整代码时，AI 程序员为满足新增需求而自动添加的代码，接受即可，如图 3–79 所示。

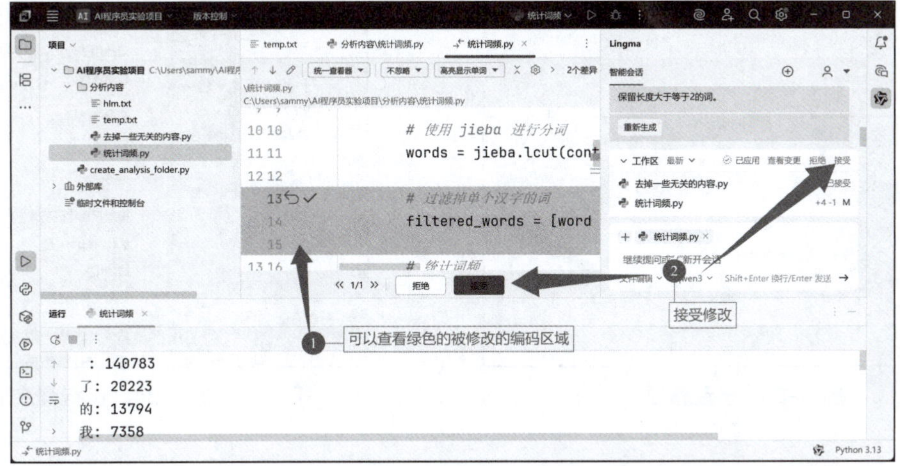

图 3–79　AI 程序员作出的修改

(35) 再次运行，如图 3-80 所示。

(36) 新的运行结果中，去除了单个汉字。如图 3-81 所示。

(37) 观察一下这些高频词，发现类似于“什么”“一个”之类的词汇，对统计出场人物没有任何帮助。这种情况在执行文本分析时是常见的。需要设置一个字典，去除掉这些无意义的词汇。这个字典一般被称为 stopword。需要在 AI 程序员工作区域中输入“**在显示出这些词和词频的同时，将这些词全部按照词频由高到低的顺序写入 stopword.txt 文档，写入时，不需要记录次数**”，如图 3-82 所示。

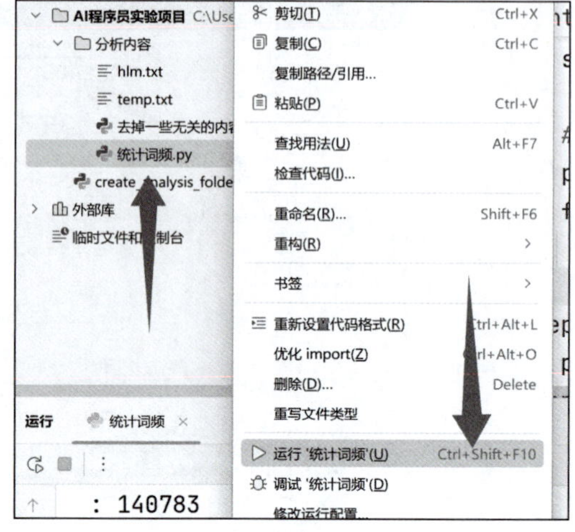

图 3-80 再次执行词频统计，去掉单个的汉字

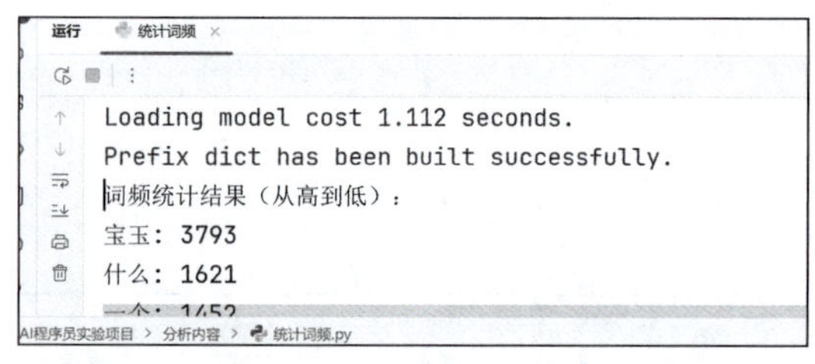

图 3-81 去掉了单个汉字的新结果

图 3-82 输入新的需求，生成 stopword.txt 文档

(38) 接受修改，如图 3-83 所示。以后接受修改的操作，就不再赘述了。

(39) 运行修改后的程序，如图 3-84 所示。

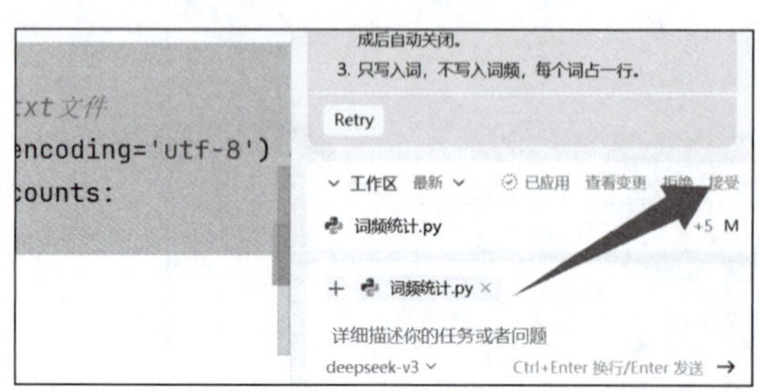

图 3-83 接受修改

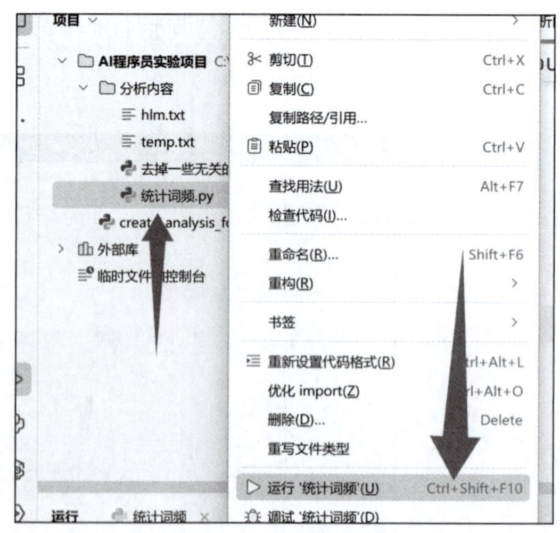

图 3-84 运行程序

(40) 打开 stopword.txt 文档后，如图 3-85 所示。stopword.txt 记录的是对于分析无意义的词。此处，由于我们分辨出了“四大名著”，我们可以在 stopword.txt 中人工去除人名，留下的就是对分析无意义的词。注意：此处需要人为辨识操作。但是在阅读过程中，如发现一些很奇怪的事情，比如“黛玉”和“林黛玉”同时存在；“贾政”和“贾政道”同时存在；“袭人”和“袭人道”同时存在；“贾母”和“贾母笑”同时存在；“林姑娘”和“黛玉”同时存在；“凤姐儿”和“凤姐”同时存在……这都是正常现象。因为中文的切词其实是很难的，并没有一个绝对能切词正确的工具可以使用。因此，需要想办法，进行一些预处理。比如，去掉“道”字，去掉“笑”字，碰到“林姑娘”，就替换为“黛玉”，去掉所有的林字，等等。在实际操作中，我们会一步一步添加这些需求。告诉 AI 程序员以下需求：把所有的“道”字用空格代替，把所有的“笑”字用空格代替，把林姑娘替换为“黛玉”，把所有的“林”字替换为空格，把所有的“贾宝玉”替换为“宝玉”，用“凤姐”替换“凤姐儿”，等等，一次又一次对有问题的地方进行修改。比如类似于与贾宝玉这三个字毫无关系的“混世魔王”“菩萨哥”“淘气包”“活阎王”“乖乖”等。读者可以自行尝试替换。

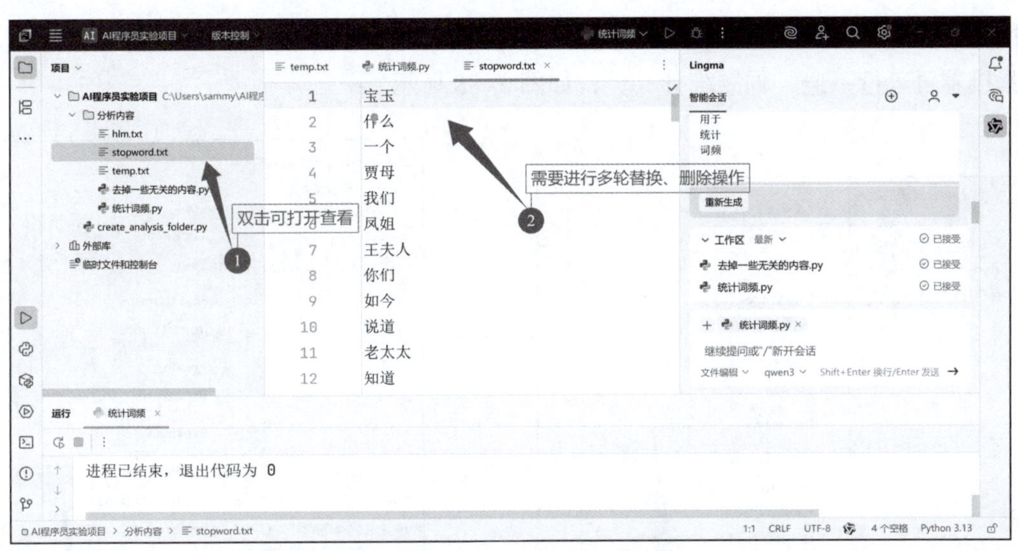

图 3-85　stopword.txt 文件内容

(41) 在 AI 程序员工作区域输入以下内容：“**在生成 temp.txt 文件的时候，将“老太太”替换为“贾母”，将“老祖宗”替换为“贾母”，将“凤姐”替换为“王熙凤”，将“贾宝玉”替换为“宝玉”，将“道”字替换为空格，将“儿”字替换为空格，去掉“笑”字，将“林姑娘”替换为“黛玉”，将“林妹妹”替换为“黛玉”，将“林黛玉”替换为“黛玉”，将“宝姐姐”替换为“薛宝钗”。**”但是此时涉及原文的修改，在生成的 temp 文件中作出修改。因此，需要将关联文件，改为“**去掉一些无关内容.py**”，如图 3-86 所示。

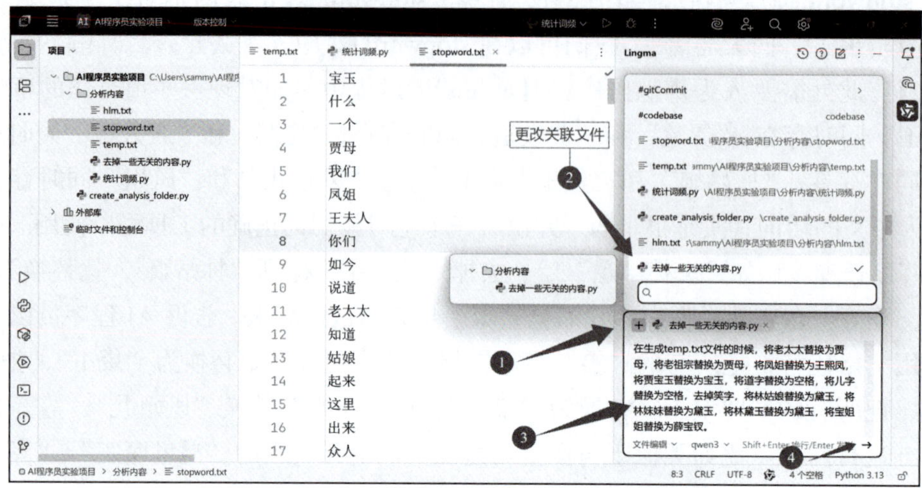

图 3-86　更换关联文件，输入新的需求

(42) 接受修改后，运行“去掉一些无关的内容.py”，如图 3-87 所示。

(43) 紧接着再运行一遍“词频统计.py”，如图 3-88 所示。

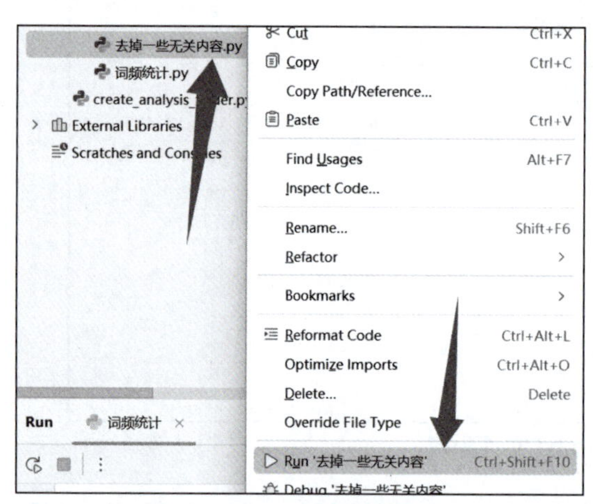

图 3-87　运行“去掉一些无关的内容.py”

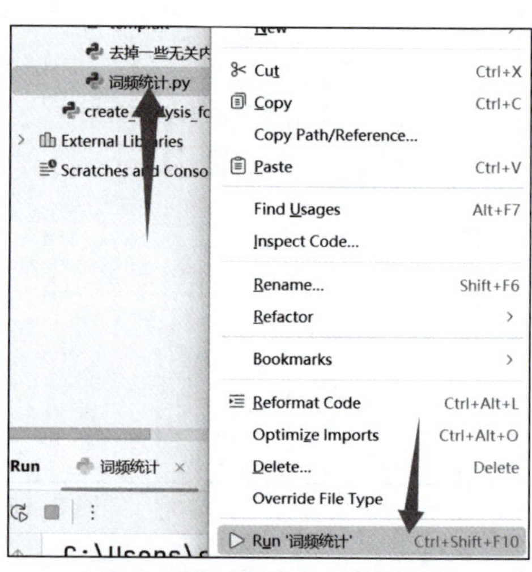

图 3-88　再次“运行词频统计.py”

(44) 进行修正后，各角色的统计数字会发生改变，如图 3-89 所示。

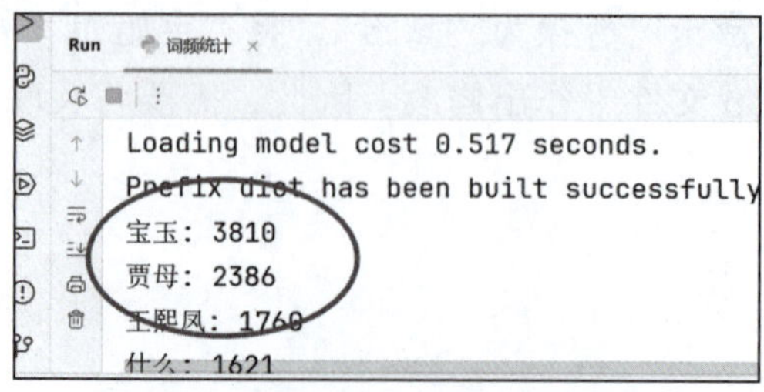

图 3-89　角色统计信息已发生改变

(45) 双击打开 stopword.txt 文档，把看上去像名字的高频词全部或者大部分去掉。同时观察有没有什么其他奇怪的词出现，不断重复上面的步骤 (41)。(图 3–90)

(46) 去掉留存在 stopword.txt 中出现的所有的词，即 **“统计词频的时候不再统计 stopword.txt 中出现的词，也不再需要将统计出来的词写入 stopword.txt 中”** (图 3–91)。

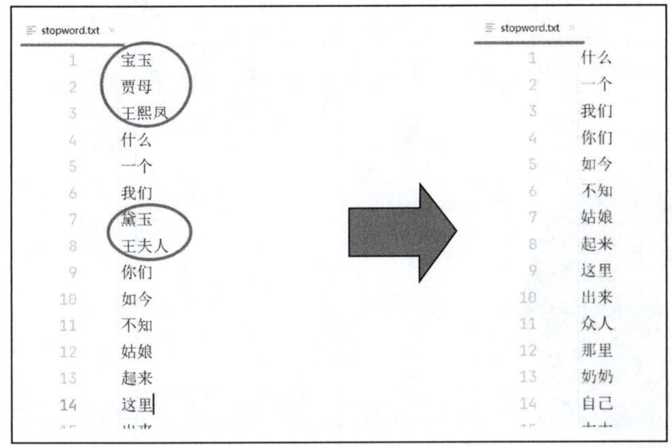

图 3–90　去掉名字，然后保存

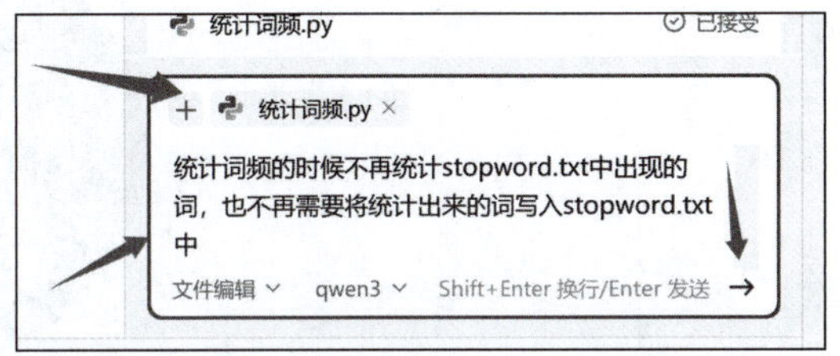

图 3–91　更改词频统计 .py 的新需求

(47) 接受修改，同意运行后，出现角色出现词频，如图 3–92 所示。

(48) 告诉 AI 程序员新的需求：“**统计词频最高的 10 个词，并绘制成饼状图。**” (图 3–93)。

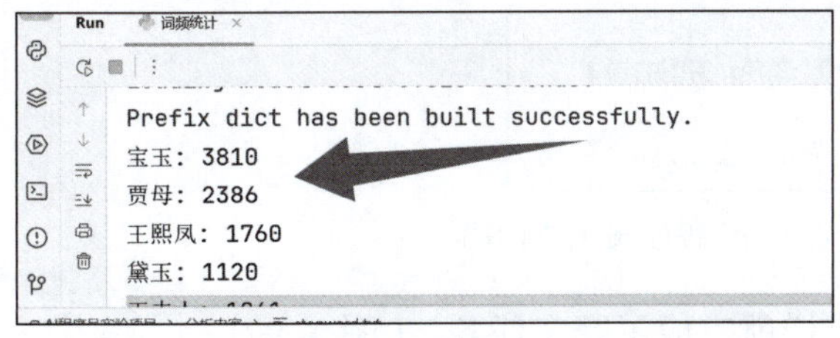

图 3–92　出现在控制台的角色出场次数统计

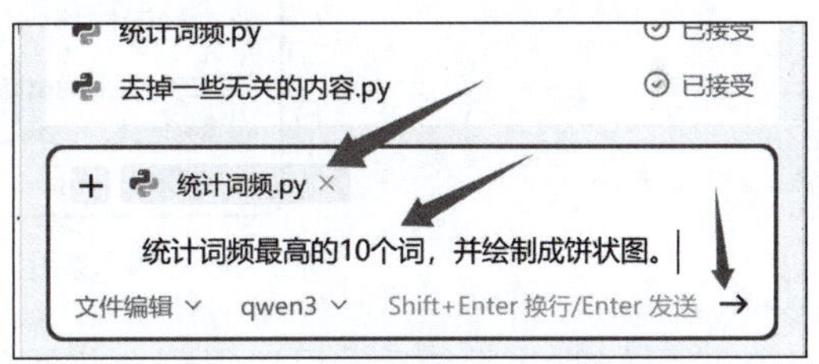

图 3–93　告知 AI 程序员绘制饼图需求

(49) 接受修改，此时在源文件的顶部又出现了一个带红色波浪线的部分。如同处理 jieba 下面的红色波浪线的时候一样，将光标移动到红色波浪线上，会出现蓝色的小字 “Install package matplotlib”，要求单击安装。matplotlib 是一个处理数据可视化的模块。绘制饼图需要使用到这个模块 (图 3–94)。处理方案与处理 jieba 模块相同。

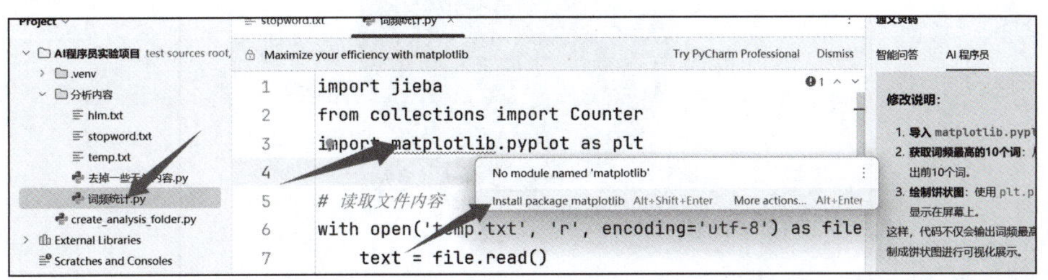

图 3–94　需要安装 matplotlib 第三方模块

能够忍受慢，就直接鼠标单击安装；不能忍，就需要麻烦点，用国内镜像站安装。处理方法不再赘述。确认安装好后，可以忽略红色下画线。

(50) 程序运行后生成的饼图。但是这个饼图上的人名是乱码。(图 3–95)

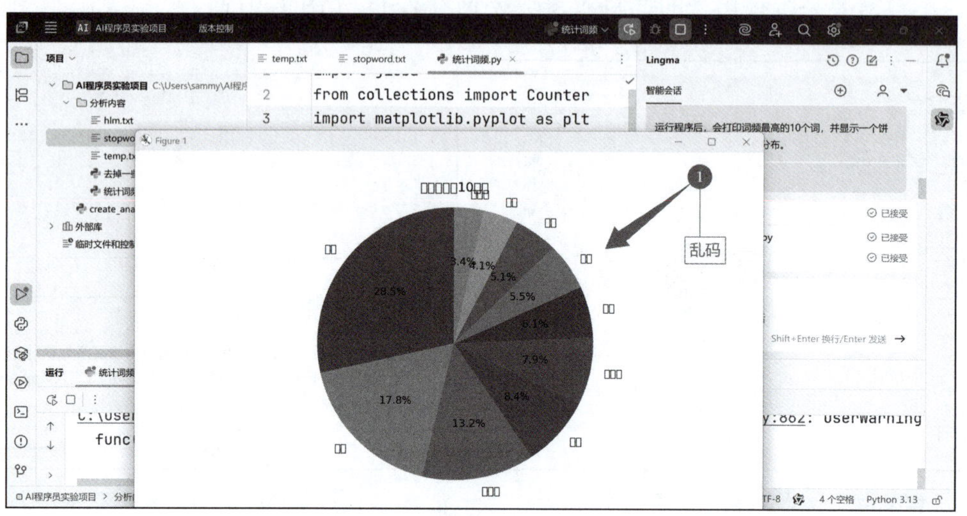

图 3–95　生成饼图，但是文字是乱码

(51) 对 AI 程序员述说新的需求：“饼图的字体设置为宋体。”(图 3–96)

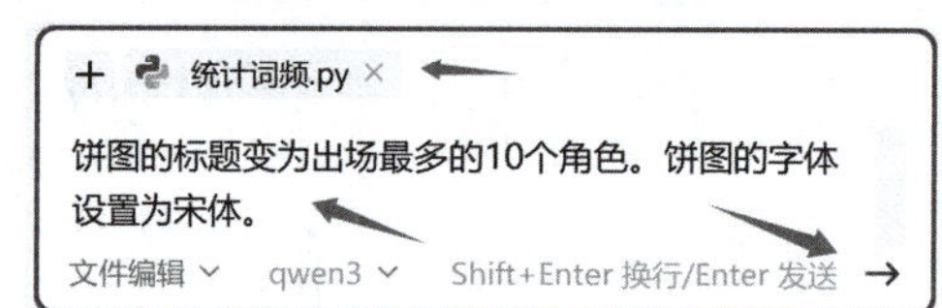

图 3–96　输入新的诉求，要求 AI 程序员生成代码

(52) 接受修改并运行后，可以得到一张饼图，这样就完成了既定任务。(图 3–97)

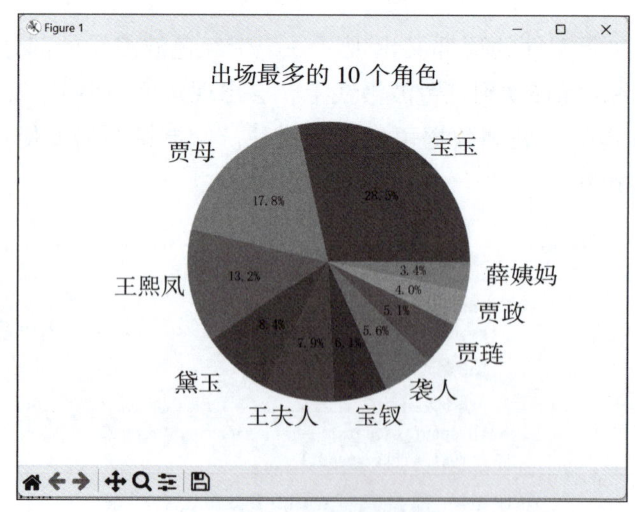

图 3–97　最终饼图产品

3.8 人工智能赋能程序编写的机遇与挑战

读者可以发现，在前一小节的词频统计程序的整个编程过程完全是基于人机对话的，并没有使用到任何实际的代码过程。作者很肯定地告诉读者，一名大学二、三年级的计算机专业学生，独立完成以上词频统计任务，所需要花费的时间，大约 4 天。很多比较缺乏编程激情的学生，甚至无法完成以上任务。

读者与 AI 程序员进行人机协同，完成以上任务的时间，可以自行实验。在 AI 程序员的辅助下，任何零基础的编程用户，基本都可以在一节实验课内完成以上的任务。

在实际的工作中，人类程序员与 AI 程序员各具优势。

3.8.1 AI 程序员的优势

AI 程序员的优势如下：

(1) **快速生成高效的代码片段**。人类程序员在进行软件开发的时候，开发者从需求分析阶段就要对进行项目进行深入的了解，然后使用自己的优势语言，编制高级语言程序代码，再进入测试环节。其间，人类程序员需要经历较长的周期，且严重依赖程序员个体的脑力与体力的付出。而 AI 程序员可以通过自然语言的需求描述输入，快速生成高质量的代码片段，帮助开发者节省时间。如果读者有进行过上一小节的实验就能发现，一次又一次地描述需求，就可以让 AI 程序员一次又一次调整代码，最终取得我们想要的程序运行效果。

(2) **对程序员的技术要求降低**。人类程序员不再需要经年累月垒代码的经验积累。只需要根据自己的想法，向 AI 程序员描述自己的需求，大量减少了人类程序员学习代码的时间。AI 程序员可以使用各种语言。目前适配较好的语言包括 Python、Java、C、C++、R、Go、JavaScript 等。因此，AI 程序员的辅助能够大大降低人类程序员跨语言的学习成本。

(3) **知识库支持**。AI 程序员能够提供框架技术支持、大量的代码注释、出错原因分析与修改建议等。AI 程序员能够解释一段代码的来龙去脉，可以将算法解释为程序逻辑。

(4) **能够持续学习与迭代改进**。由于人类程序员不断向 AI 程序员提出新的需求、询问代码解释、寻找解决方案，AI 程序员能够获得不断学习、持续改进的机会。

【拓展阅读 3-14】
AI 程序员的优势

(5) **能够自动化测试优化代码内容**。与人类程序员不同，AI 程序员本身就是一个程序。AI 程序员能够快速发现潜在的 Bug、自动生成测试用例、预测潜在风险、寻找更好实现方式并替换可能有潜在风险的代码。

3.8.2 人类程序员的优势

人类程序员的优势如下：

(1) **具有创造力与创新能力**。如本书第 1 章所述，目前阶段人工智能绝无可能在创造力方面模仿人类。AI 程序员的提供的代码，要基于已有的数据和算法，是已经存在于其知识库或者语料库中的内容。AI 程序员生成的代码和解决问题的方案是对已有知识的延展或优化，而非真正意义上的创新。相较之下，人类程序员能够基于人类独有的创造能力，提出全新的概念、架构或技术解决方案。在面对一个全新的问题时，人类程序员可以跳出现有框架的限制，设计出独特的算法或开发出颠覆性的技术。简单来说，人类开发软件的过程其实是想方设法地利用计算机能力“偷懒”的过程，所有设计的程序都是以此为基础的。

(2) **具有情感与沟通能力**。人类程序员具备情感共鸣和人际沟通能力，能够与团队成员、客户和其他利益相关者进行有效交流。在项目开发过程中，人类程序员可以通过面对面的讨论、头脑风暴和反馈机制，迅速调整方向并解决问题。而 AI 程序员则无法参与这种复杂的人际互动，它只是一个辅助性的工具，无法理解软件开发过程中的情感共鸣。人类设计的程序，人类会觉得好用，那是因为人类与人类之间是有同理心的，AI 程序员其实是不能理解这一点的。

(3) **对复杂问题的全面理解**。AI 程序员在对描述清晰、无歧义的需求进行代码时表现出色。但面对复杂、缺乏清晰描述的问题时，其编码会不知所云，无法满足人类需求。而人类程序员能够综合考虑技术、业务需求、用户体验以及社会伦理等多重因素，制订解决方案。人类程序员具有将复杂问题分而治之的能力，能够将复杂混乱的需求条理化、精确化、细节化。在向 AI 程序员描述问题时，人类程序员不仅需要考虑代码的实现方式，还需要考虑法律法规、用户隐私需求以及潜在的社会影响等，这些是 AI 程序员所无法理解的内容。

(4) **强大的学习适应的能力**。人类程序员具备高度灵活的学习能力，可以主动探索未知领域，并迅速掌握新知识。例如，AI 程序员本身的出现，就是人类主动探索的结果；AI 程序员越来越多地被人类使用，也是人类高度灵活的适应生产力水平的进步的结果。

【拓展阅读 3-15】人类程序员的独特优势

AI 程序员正逐渐成为一种人类程序员提升生产力的工具。在 AI 程序员与人类程序员的人机协同共创过程中，AI 程序员与人类程序员协同互补，共同提升程序编写的效率。

第 4 章 AI 文字大师的修炼

自然语言处理是人工智能（弱人工智能）的一个非常重要的分支。

语言被认为是人类具有智力的一个体现。无数的人类书本都将语言的诞生与进化联系到人类本身的智力进化上。目前，人类能够将自己的想法转化为一段文字，通过文字记录下自己想法；还能够通过阅读一段文字，了解该文字想要表述的意义；更能够通过上下文，联想到某段文字想要表达的深层次意义；等等。诸如：人类能够通过阅读文字，理解“我家门前有两棵树，一棵是枣树，另一棵也是枣树”这句话的表层含义，通过深入思考，明白这句话所代表的深层次的象征含义。

自然语言处理，就是希望通过各种算法研究与算法实现，将计算机运算方面的能力转化为类似人类处理人类语言的能力。

人工智能专家希望能够让计算机“读懂”人类的文字、“理解”人类写下文字时的心境，通过计算机运算，生成大量的人可以理解的文本，能够与人类进行合理的“交互”。在“交互”过程中，只有通过了图灵测试的计算机程序才能够算是初步具有了人工智能。

已经在日常生活中出现的文心一言、通义千问、豆包、Kimi 等语言类应用，都是这个分支的产物。

4.1 人工寻找“规则”的尝试

自然语言处理的起步阶段可以追溯到 20 世纪 50 年代的“符号主义”。早期的研究主要集中在基于规则的方法。例如，1954 年，被认为是机器翻译开端的乔治城实验（第 1 章有介绍，此处不再赘述）

采用基于“规则”的方法，主要是因为那时候计算机刚刚诞生，孱弱的运算能力和存储能力，加上蒙昧阶段的算法研究，无法使用更先进的设计思想。

【拓展阅读 4-1】自然语言处理 (NLP)

【拓展阅读 4-2】自然语言处理的符号主义阶段

先驱们最初希望凭借着自己对语言学的理解，人为地设计出一些规则来解析和生成语言。通过分析文中语句的语法、句法以及语义的特征，研究者尝试使用一系列明确的规则来描述和生成语言。例如，通过类似于描述主、谓、宾、定、状、补等语言学家指出的句子结构，来解析句子的含义；寻找 4 个“W”、一个“H”的语义分析，来理解上下文语句；等等。

然而，语言的复杂性远远超出了有限规则的约束。自然语言充满了不确定性、模糊性、歧义性以及对上下文的依赖。用一个读者都懂的逻辑来说：高中学习语文的时候，只背成语和语法，高考的时候，语文能拿多少分？再举一个非常简单的例子：上个章节中关于寻找《红楼梦》的主要出场人物的尝试中，有一个高频词——“姑娘”。不联系上下文，根本无从理解，不知道指的是哪位人物。用自然语言处理的术语来说，这个例子中需要使用的代词处理方式，叫做“共指消解”。而“共指消解”在自然语言处理过程中海量存在，且是“规则”所无法处理的。

20 世纪 50 年代的先驱者们为了达成自己在自然语言处理方向上的预期，开始大量学习语言学，却发现语言学这种东西对于计算机来说太“玄幻”，根本就没办法穷举“规则”。当语言学家们头头是道地分析人类语言时候，半路出家的计算机 - 语言学专家们却发现：拆解庞大的语言体系中的语义、语法规则，对计算机进行人工的“规则”设定，越来越不切实际。研究者们越研究，越觉得不可能完成。并不是靠几个人、几十个人、成百上千人投入到“规则”的研究中，就能达到自然语言处理的预期任务的。

随着时间的推移，第一次人工智能低谷到来，资金的匮乏、人才的流失与更替，使得看不到未来的“规则”尝试逐渐退出了历史舞台。

4.2　词频统计的概率计算尝试

1970 年以后，自然语言处理的方法从基于规则转向基于词频统计。这是自然语言处理方式方法上的一个重要转变。基于词频统计的方法可以帮助我们理解哪些词在某些特定领域中更常用、出现的可能性更大。对大规模同类题材文本集进行词频统计，可以揭示词与词之间的关联性。这些信息对于机器翻译、文本分类、信息检索等任务具有重要意义。

基于词频统计的方法是数据驱动的，减少了人为设定规则对语言分析的影响。通过分析大规模同类题材的文本集中的高频词词频、词语之间的共现关系以及同类题材中高频词出现的概率分布等客观数据，可以分析出某种语言文本在某种题材下的语言规律。人为设定的规则不再是计算机分析文本的依据了。

基于词频统计的方法具有以下几个优点：

(1) 可以计算出在特定领域的文本训练集中各类词汇出现的概率，将高频词作为敏感词。一旦某个句子中出现了某个领域的敏感词，就可以将句子的句意归类到该特定领域范围进行分析。

(2) 统计方法的模型可以不断优化和改进，随着搜集的同类文本越来越多，词频统计就会越来越准确，从而提高模型的产出性能。

(3) 不是基于对规则的描述，而是基于数学统计。跨语种同类领域的文本中，不是基于规则，而基于词频；高频词对高频词，可以产生一些映射关系；这些映射关系对于机器进行多语种翻译具有重大意义。

(4) 基于统计的方法，是构造数学模型，而非语言学家的人为定义，减少了运算过程中的不确定性。

在这一阶段的研究中，人们认识到自然语言在本质上是一种序列数据，具有一定的上下文依赖性，且不论语种，组成句子的词语在统计学上总是有规律可循的；在表达某种特定意思的时候，无论开头如何、结尾如何、过程如何，都隐藏在语句中序列里，其规律最终会让人脑作出识别。

【拓展阅读 4-3】词频统计处理自然语言

人工智能研究者们在这个时期总结了一些算法，来进行自然语言处理。本小节中将简要介绍几个易于读者理解的算法。

4.2.1　简单计数的词语袋法

在前面的章节中有介绍实现方法，如使用通义灵码人工智能程序员，就可以很容易地实现简单计数法。本质上，简单计数法通过将人类给出的文本中出现的每一个词语视为统计对象，对它们进行逐一统计，记录它们出现的次数，然后根据它们出现的次数进行排序。通过上一章节的实验可以发现，简单计数法不涉及复杂算法思想变现，易于理解和实现。这是人类最开始对统计算法进入语言研究领域的最朴素的尝试。

【拓展阅读 4-4】简单计数法

实际上，由于人类文本常常出现一些对理解文义毫无帮助的辅助性词语，而这些词语却在统计的时候大量存在，进而影响关键词提取；又或者语种的不同，导致词语统计存在困难；又或者各种表达时存在的时态、语态、标点符号会影响我们的统计；等等。

(1) 我们需要在开始计数的时候，做一些预处理，具体如下：

① 中文需要进行分词。英文的词汇有天然的分割符，所以英文不需要进行分词操作。

② 需要去除标点符号。

③ 必要的时候，统一大小写。中文不需要统一大小写。

④ 去除无意义的高频词。这些高频词既影响统计结果，又毫无意义。需要创建一个 stopword 词典，对这些高频词进行记录和去除。

(2) 在预处理过后，再进行正式的统计操作。遍历文本，使用数组、列表或者字典等数据结构对每一个词汇进行出现次数的统计。

(3) 根据统计过后得到的词语出现频率，对词语袋中袋所有词语进行排序操作。

简单计数法每个人都能理解其实现方法，该方法虽然能够根据高频词猜测文本内容，但是它存在很多不足的地方。比如，它同样无法处理代词的问题，同样无法解决歧义的问题。本质上，使用这种方法对文本进行分析，也就是背单词而已。只不过，事先对背的单词做了一些预处理，缩小了单词的范围。

4.2.2 TF-IDF 法

TF-IDF(Term Frequency-Inverse Document Frequency) 是词频和逆文档频率两个步骤的叠加。使用TF-IDF 法，一定要有一个比较庞大的语料库。统计完词频 (TF) 之后，再看高频词在语料库中的稀有程度 (IDF)。如果一个词在语料库中的大多数文档中都出现过，那么这个高频词实际上是没什么用处的。因为它的区分度较低，无法根据这个高频词的出现判断某篇文章在说什么，所以这个高频词的权重应当降低。反之，如果高频词只在少数文档中出现过，那么这篇被分析的文章很可能与那些少数的文章是一个类型的。因此，这个高频词的出现代表着计算机可以根据这个高频词猜测这篇文章的大概含义。那么，这个高频词的权重则应该相对提高。

【拓展阅读 4-5】
词频和逆文档频率 (TF-IDF)

为了方便读者理解，举个简单的例子。如果以“四大名著”为语料库，“你”“我”“他”之类的词就算被统计为高频词了，也将毫无意义。因为不管是哪部名著中，都有可能大量出现这些高频词。让计算机分辨某一篇文章讲的是什么内容的时候，“你”“我”“他”之类的词的出现，并不能帮助计算机对这篇文章进行分类。假设这篇文章出现了高频词“悟空”，已知《西游记》中经常出现“悟空”，《水浒传》《三国演义》《红楼梦》则无法提供“悟空”的高频词贡献度。所以“悟空”这一高频词能够帮助计算机猜测这篇文章说的是《西游记》相关内容。

在词频统计的时候：

$$\mathrm{TF}(t)=\frac{\text{某个词 } t \text{ 在文档中出现的总次数}}{\text{文档中总的词数}}$$

在做逆文档频率的时候：

$$\mathrm{IDF}(t)=\log\frac{\text{语料库中的文档总数}}{1+\text{出现了高频词 } t \text{ 的文档数}}$$

将 TF-IDF 进行联合计算：

$$\text{TF-IDF}(t)=\mathrm{TF}(t)\cdot\mathrm{IDF}(t)$$

由词频统计 TF (t) 公式可以看出，文档中的总词数越大，TF (t) 的运算结果越小，重要的高频词会被稀释权重。因此，TF-IDF 法对过长的文本分析并不友好。

由逆文档频率的 IDF (t) 公式可以看出，不同类型的文档越多越好，分类越细越好。各类文章越多，IDF (t) 计算得到的值越具有特异性。

TF-IDF 法是对简单计数法进行词频统计的一种进化。在事先对语料库进行计算分析之后，能够有效找到某篇文章的重要高频词，有效提取众多文章的词频特征。研究者们根据这些词频特征可以构造出文章的特征向量，并以这些特征向量为基础进行文章分类。所以在进行搜索引擎搭建的时候，TF-IDF 法被认为是一种有效手段。但它依然无法解决歧义、指代、联系上下文意义进行理解等困扰自然语义处理的问题。而且整个 TF-IDF 的运算过程中对语料库的要求很高。如果语料库进行了更新，那么就需要重新计算 IDF 值。在 TF-IDF 法推出后的几十年间，它不断推动文本分类、信息检索等领域

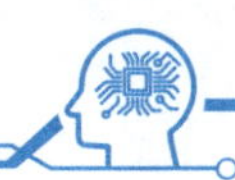

应用的发展。

4.2.3　n-gram 方法

n-gram 指的是从给定的文本词汇序列中连续提取出长度为“n”的子序列。简单来说，“n”表示的是词汇子序列中包含的词汇元素的个数。

假设有一个句子：“我爱北京天安门。”经过百度 jieba 切词后，变成了这样一个序列：

我　爱　北京　天安门

此时，整个序列有 4 个元素。

1. n-gram 方法的类型

根据 n 的取值，n-gram 可以分为以下几种类型。

(1) 1-gram：又称 Unigram，此时每个子序列中，只包含一个元素。上述句子的 Unigram 为：“我”“爱”“北京”“天安门”。

(2) 2-gram：又称 Bigram，此时每个字序列中，包含两个连续元素。上述句子的 Bigram 为：“我爱”“爱北京”“北京天安门”。

(3) 3-gram：又称 Trigram，此时每个子序列中，包含 3 个连续元素。上述句子的 Trigram 为：“我爱北京”“爱北京天安门”。

(4) 当 $n>3$ 时，为高维序列情况。

在有语料库支持的时候，n-gram 方法可以根据前 $n-1$ 个元素，预测第 n 个元素是什么。具体方法：首先对语料库进行学习分析，将对单个词汇的统计，变为统计各类 n-gram 序列出现的概率，并存储下这些概率。在进行文本输出的时候，可以根据存储下来的概率，预测后续的元素。早期的输入法就是这样工作的。例如，输入“我”“爱”之后，预先存储下来的 n-gram 序列出现的概率中出现了“吃”“玩”“秋天”“北京”等元素的概率，并按照语料库中词汇出现的概率由高到低进行排序。一旦又输入了“北京”，那根据 n-gram 方法，预先计算的概率，大概率就会直接出现“天安门”了。如果在手机上玩过一个比较无聊的输入法游戏：输入“我”，然后不断地选择第一个出现的联想词汇，并连成句子，就能理解这种方法了。有时可能会发现，这样不断通过选择概率最高的词语连成的句子，不一定通顺。那是因为参数量太小，计算的复杂度不够，或者语料库中存储的支持内容太少。

【拓展阅读 4-6】
n-gram-2

2. n-gram 方法应用领域

n-gram 方法经常被用到如下领域：

(1) 对句子建模，判断语句是否通顺。

(2) 对垃圾邮件进行检测。

(3) 对句子进行情感判断。

(4) 纠正拼写错误。

n-gram 方法看起来简单有效，能够对短距离的上下文进行文本预测，通过计数统计后计算概率，就可以简单建模。但是如果 n 值过大，就会导致模型很难甚至无法进行元素序列出现的概率统计，如 5-gram 的“我爱北京天安门”就毫无意义，无法统计。n 的长度不能过长，就意味着联系上下文的长度不可能很长，只能在短距离起到一定的作用。

4.2.4 隐马尔可夫模型

【拓展阅读 4–7】
隐马尔可夫模型

隐马尔可夫模型的核心思想是，系统的内部状态是隐藏的 (不可直接观测)，但可以通过与之相关的可观测值来推测隐藏状态的变化。

1. 隐马尔可夫模型的日常应用

在日常生活中，人们会不自觉地使用隐马尔可夫模型，粗略计算概率。举个简单的例子：

假设某人因为废寝忘食地待在实验室内进行实验，宅在实验室，无法出门活动，连实验室的螺蛳粉都嗦光了。几天后，他实在扛不住了，准备出门去买个加了双蛋的煎饼果子果腹。这时，他发现走进实验室的人拿着雨伞 (图 4–1)，请问他能否据此猜测此时户外的天气情况？

此时：

(1) **不可直接观测的系统隐藏状态**：天气情况 (因为在室内无法得知室外的情况)。

(2) **与系统状态相关的可观测值**：拿着雨伞进门的人 (有雨伞)。

(3) **推测隐藏状态的情况**：大概率外面在下雨 (有人太阳光太强也打伞)。

图 4–1　通过观察打伞现象，猜测室外是否在下雨 (由 Stable Diffusion 生成)

过了一阵子，他发现进来的人不再拿雨伞，请问他能否猜测此时户外的天气情况？

此时：

(1) **不可直接观测的系统隐藏状态**：天气情况 (因为在室内无法得知室外的情况)。

(2) **与系统状态相关的可观测值**：徒手进门的人 (无雨伞)。

(3) **推测隐藏状态的情况**：大概率不下雨了 (有人即使下雨也不打伞)。

2. 隐马尔可夫模型的数学计算方法

通过隐马尔可夫模型的维特比算法，可以对上述推测过程进行数学建模，计算放晴和下雨的概率。哪个概率高，就推测是哪种天气情况。只要获取了序列数据中隐藏状态和观测值之间的概率关系，就可以根据当前的状态的观测值计算未来的隐藏状态出现的概率分布，用最高的概率作未来状态的预测。一般可以使用一种名为维特比算法的方法进行建模计算。

这种方法的计算量很大，需根据起始状态、转移状态概率、观测值与隐藏状态的概率关系一步一步来进行计算。其计算对于人脑来讲很困难，但是对于计算机来说却很容易。

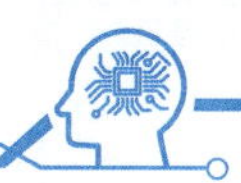

以刚才晴天、雨天两个隐藏状态，打伞、不打伞两个观测值的简单例子来说，如果要计算下雨还是天晴，需要假设知道以下几组数据：

数据一：起始状态的概率，即

晴 0.6，雨 0.4

数据二：状态转移的概率，即

晴 → 晴：0.7　　晴 → 雨：0.3

雨 → 晴：0.4　　雨 → 雨：0.6

数据三：观测概率，即

晴天：打伞的概率，P (打伞 | 晴) = 0.1；不打伞概率，P (不打伞 | 晴) = 0.9

雨天：打伞的概率，P (打伞 | 雨) = 0.9；不打伞概率，P (不打伞 | 雨) = 0.1

数据四：假设三次观测值为打伞、不打伞、不打伞

以下是第一、二、三次观测后，对下雨还是晴天的概率计算过程。

第一次：起始状态 × 观测概率

晴天概率为

$$P_1(\text{晴}) = P\text{初始}(\text{晴}) \times P(\text{打伞} \mid \text{晴}) = 0.6 \times 0.1 = 0.06$$

雨天概率为

$$P_1(\text{雨}) = P\text{初始}(\text{雨}) \times P(\text{打伞} \mid \text{雨}) = 0.4 \times 0.9 = 0.36$$

此时雨天概率较大，为 0.36。

第二次：根据第一次的运算结果，晴天概率 0.06 和雨天概率 0.36 进行计算。

步骤一：首先计算转移第二次猜测晴天的过程路径概率为

$$P(\text{晴路径}) = P_1(\text{晴}) \times P(\text{晴} \to \text{晴}) = 0.06 \times 0.7 = 0.042$$

$$P(\text{晴路径}) = P_1(\text{雨}) \times P(\text{雨} \to \text{晴}) = 0.36 \times 0.4 = 0.144$$

取较大值作为第二次为晴天的路径概率，计算得到：

$$P_2(\text{晴}) = P(\text{晴路径}) \times P(\text{不打伞} \mid \text{晴}) = 0.144 \times 0.9 = 0.1296$$

步骤二：再计算转移第二次猜测雨天的过程路径概率：

$$P(\text{雨路径}) = P_1(\text{晴}) \times P(\text{晴} \to \text{雨}) = 0.06 \times 0.3 = 0.018$$

$$P(\text{雨路径}) = P_1(\text{雨}) \times P(\text{雨} \to \text{雨}) = 0.36 \times 0.6 = 0.216$$

取较大值作为第二次为雨天的过程路径概率，计算得到：

$$P_2(\text{雨}) = P(\text{雨路径}) \times P(\text{不打伞} \mid \text{雨}) = 0.216 \times 0.1 = 0.0216$$

此时，晴天 P_2(晴) 概率为 0.1296，雨天概率 P_2(雨) 为 0.0216，说明晴天概率较大。

重复第二次过程计算第三次观测值所对应的隐藏状态概率。

第三次：根据第二次的运算结果，晴天概率 0.1296 和雨天概率 0.0216 进行计算。

步骤一：首先计算转移第三次猜测晴天的过程路径概率：

$$P(\text{晴路径}) = P_2(\text{晴}) \times P(\text{晴} \to \text{晴}) = 0.1296 \times 0.7 = 0.09072$$

$$P(\text{晴路径}) = P_2(\text{雨}) \times P(\text{雨} \to \text{晴}) = 0.0216 \times 0.4 = 0.00864$$

取较大值作为第三次为晴天的路径概率，计算得到：

$$P_3(\text{晴}) = P(\text{晴路径}) \times P(\text{不打伞} \mid \text{晴}) = 0.09072 \times 0.9 = 0.081648$$

步骤二：再计算转移第三次猜测雨天的过程路径概率：

$$P(\text{雨路径}) = P_2(\text{晴}) \times P(\text{晴} \rightarrow \text{雨}) = 0.1296 \times 0.3 = 0.03888$$

$$P(\text{雨路径}) = P_2(\text{雨}) \times P(\text{雨} \rightarrow \text{雨}) = 0.0216 \times 0.6 = 0.01296$$

取较大值作为第三次为雨天的路径概率：

$$P_3(\text{雨}) = P(\text{雨路径}) \times P(\text{不打伞} \mid \text{雨}) = 0.03888 \times 0.1 = 0.003888$$

此时晴天概率 P_3(晴) 为 0.081648，雨天概率 P_3(雨) 为 0.003888，说明晴天概率较大。

根据概率大小作出猜测：

第一、二、三次观测对应的天气情况为雨天、晴天、晴天。

3. 隐马尔可夫模型的维特比算法存在的不足

隐马尔可夫模型的维特比算法实现，存在一些不足。

分析上面的计算过程，可以发现以下几点：

(1) 当前的隐藏状态概率，实际上仅依赖于前一次计算得到的状态概率 (马尔可夫性)。

(2) 对于噪声敏感，观测值对象必须存在差异性 (如对于特别在意自己皮肤而每时每刻都打伞的人，或者天不怕地不怕头特别铁而永远都不打伞的人来说，他们不具有观测价值)。

(3) 需要知道前一次状态的概率。

(4) 只会选择概率最大的路径，而忽略其他可能性。

(5) 如果参数过多，运算量将会变得非常大。

(6) 计算是离散的，对于连续过程来说，必须进行采样离散化，会导致数据计算存在一定的误差。

只要是根据现有可观测数据来预测短期隐藏状态，就可以使用隐马尔可夫模型。由于文本序列、人类语音序列，都属于这个类型，早期的自然语言处理领域和计算机语音领域都常用到隐马尔可夫模型。

凭借人类脑部的生物性运算速度，以上各种方法或模型，都是可以解释和模拟运算的。在 20 世纪 70 年代以后，大量的人力物力被投入类似的算法研究，以寻找语言中的 Token(处理自然语言的最小单位，可对应单个字符、词或子词。例如，中文单字、词或英文词根、单词均可视为 1 个 Token) 之间的概率关系。受制于计算机运算速度与存储规模，这一阶段的理论研究还不足以催生令人啧啧称奇的人工智能产品。因为人类理解，这些理论研究的产物给人的感觉只是让计算机发挥了运算快的优势而已。隐马尔可夫模型就是这样的例子，虽然算起来比较复杂，但是人们依然能够明白是怎么算出来的。

4.3 感知机、人工神经元

人工神经网络 (Artificial Neural Network，ANN) 是一种模仿生物神经系统的信息处理结构，由大量人工神经元组成，能够通过学习输入数据的特征来完成各种任务。它的核心思想是通过权重调整，发现数据中的模式或规律。要想理解什么是人工神经网络，首先要理解什么是人工神经元。

1. 人脑的识别方式

举个简单的例子，你怎么知道看到的东西、拿到的东西、尝到的东西到底是什么？这相当复杂。只要是涉及人类脑部认知，就没有容易的事情，远比前面介绍的算法要复杂得多。眼前的图片中，有苹果、葡萄、车厘子、草莓、玫瑰花 (图 4–2)。

图 4–2　一堆水果鲜花 (由 Stable Diffusion 生成)

这一过程依赖于视觉感知、特征提取和记忆匹配的协同作用，跟脑神经元的工作是分不开的。人眼看到图片时，光线进入眼睛，刺激视网膜细胞，视网膜细胞将光信号转化为电信号，而电信号会通过视神经传递到大脑的视觉皮层。大脑会对图片中的信息进行分析，提取关键特征，如色块的颜色 (红色、黄色、绿色)、形状、大小等特征。随后，大脑将这些特征与记忆中存储的苹果的印象进行比对。此时大脑会整体提取存储在大脑细胞中苹果的各种特征信号，包括但不限于颜色、形状、大小、味道、触感等。如果这些特征信号足够与通过视网膜细胞传递过来的电信号进行分类匹配，大脑就会判断图片中的某一堆色块是苹果。此时，人类大脑中与苹果相关的概念就会进一步涌现。虽然图片不会提供味道、触感这些维度的信号特征，但是实际上大脑会一起整体“回忆”起苹果的各种各样的特征，并将这些特征归类强化、进行联系。同时，由于回忆过程中的电脉冲信号会刺激脑部神经细胞突触的生长，苹果这一概念相关区域的脑部神经细胞连接突触会在电流的刺激下变得更加牢固，电脉冲信号进而会影响到与苹果相关的绝大多数区域，甚至会产生一些生物激素，影响到消化道胃酸或者唾液的分泌 (图 4–3)。

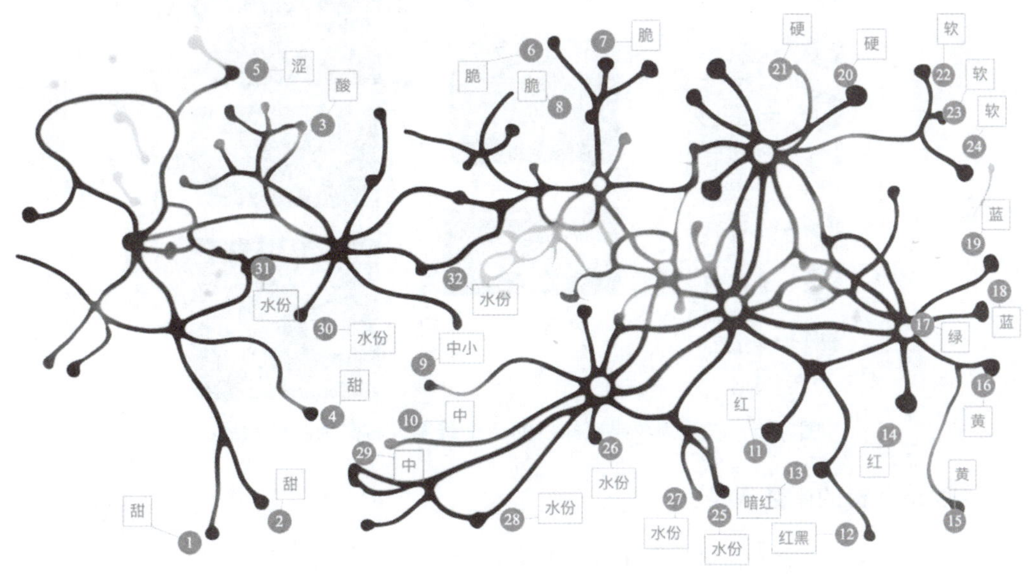

图 4–3　根据神经元传导的五感刺激信号，找到记忆中的某种水果

人脑是如何找到隐藏在图片中的苹果的？

人类要先知道苹果这种东西，了解苹果有哪些特征，才能进一步去分辨什么是苹果。《庄子·秋水》中曾经写到“夏虫不可语冰”。如果没有对于事物的认知，则不可能对事物进行辨识。同样道理，如果想要让人工智能识别图片中的苹果，一样需要先告诉人工智能什么是苹果。换句话说，让机器学习什么东西是苹果。

2. 使用感知机进行识别

为了识别出一张图片中的苹果，需要采集大量苹果的图片，凑出一个庞大的训练集。并不是把一张一堆苹果的照片（图 4-4）输入给计算机，而是需要真正的成百上千张各式各样的苹果图片。使用它们进行机器学习训练，让计算机找到这些图片的内在联系。但是我们不能用人类的想法来分析这些共同点。我们只是大概知道，哪里可能是共同点。

图 4-4　大量的苹果（由 Stable Diffusion 生成）

这里，为了读者能够更方便地理解，我们假设人类为机器找到苹果的 7 个共同点：不大不小（直径 5~10cm)，红色、黄色或红黄相间，大致球形，有香味，有甜味，脆口，略涩等。此时，依据机器找到的共同点，我们就可以构造出一个识别苹果的感知机，这个感知机有 7 个维度的参数，如图 4-5 所示。这 7 个维度分别是形状 (x_1)、大小 (x_2)、颜色 (x_3)、甜味 (x_4)、香味 (x_5)、脆度 (x_6)、涩口度 (x_7)。只要达到特征阈值范围，就认为具有该特征，设置特征值为 1；不具有该特征，就设置特征值为 0。

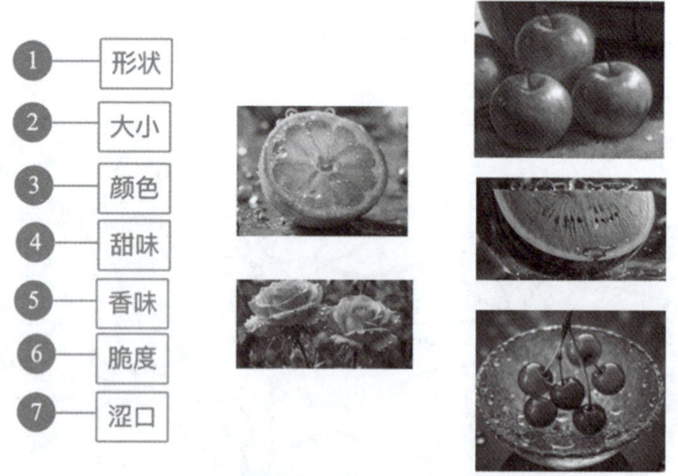

图 4-5　左侧为苹果感知机的 7 个维度，右侧为测试物品

已知，n 维度感知机的函数式是：

$$f(x)=\sum_{i=1}^{n}(w_i \cdot x_i)+b$$

式中：w_i——每个参数贡献度的权重向量；

x_i——每个参数的特征向量；

b——偏置度，表达的是分类边界。

用数学函数式表达 7 个维度输入苹果感知机的函数关系：

$$f(x)=w_1x_1+w_2x_2+w_3x_3+w_4x_4+w_5x_5+w_6x_6+w_7x_7+b$$

权重 w 用于表示每个特征对分类的重要性。特征权重的设置见表 4–1。

表 4–1　特征权重的设置

权重符号	分类贡献度意义	设置权重原因	初始化权重值
w_1	形状（大致球形）	形状对识别苹果的影响较大	0.8
w_2	大小（直径 5~10 厘米）	大小对识别苹果的影响较大	0.9
w_3	颜色（红、黄相间）	颜色对识别苹果的影响很大	1.0
w_4	甜味（甜度很高）	甜味对识别苹果的影响很大	1.5
w_5	香味（香气浓郁）	香味对识别苹果的影响很大	1.2
w_6	脆度（咔嚓、咔嚓）	脆度对识别苹果的影响较大	1.0
w_7	涩口度（回味略涩）	涩口度对识别苹果的影响很小	0.1

获得权重 w 向量的比较简单的方法如下：

(1) 在刚开始的时候，人工给定一个根据经验假想的一个权重值。

(2) 再让计算机遍历训练数据，计算预测值。

(3) 根据预测值与真实值的误差，调整权重，加入偏置。

(4) 重复上述的过程，直到模型能够用来分类。

为了方便理解计算过程，此处假设，经过多次训练调整后，训练集训练的结果，就是刚刚人工设定的那个特征权重向量，w=(0.8，0.9，1.0，1.5，1.2，1.0，0.1)，偏置 b 为 –5。实际情况是，人不可能完美猜中特征权重向量和偏置值，需要在机器学习的过程中不断调整。

表 4–2 是测试物品的参数通过感知机后的运算结果。

表 4–2　测试品通过苹果感知机的过程

测试品	特征值向量 x 形状、大小、颜色、甜味、香味、脆度、涩口度	$f(x)$ 的计算过程	$f(x)$	是否苹果
	(0，1，0，0，1，0，0)	$0.8\times0+0.9\times1+1.0\times0+1.5\times0+1.2\times1+1.0\times0+0.1\times0-5=2.1-5$	<0	不是
	(0，1，1，0，1，0，1)	$0.8\times0+0.9\times1+1.0\times1+1.5\times0+1.2\times1+1.0\times0+0.1\times1-5=4.2-5$	<0	不是

续表

测试品	特征值向量 x 形状、大小、颜色、甜味、香味、脆度、涩口度	$f(x)$ 的计算过程	$f(x)$	是否苹果
	(1，1，1，1，1，1，1)	$0.8\times1+0.9\times1+1.0\times1+1.5\times1+1.2\times1+1.0\times1+0.1\times1-5=6.5-5$	>0	是
	(0，0，0，1，1，0，0)	$0.8\times0+0.9\times0+1.0\times0+1.5\times1+1.2\times1+1.0\times0+0.1\times0-5=2.7-5$	<0	不是
	(1，0，1，1，1，0，0)	$0.8\times1+0.9\times0+1.0\times1+1.5\times1+1.2\times1+1.0\times0+0.1\times0-5=4.5-5$	<0	不是

运算结果投影到二维平面后，黄色分割线上方的样本为苹果，如图 4–6 所示。

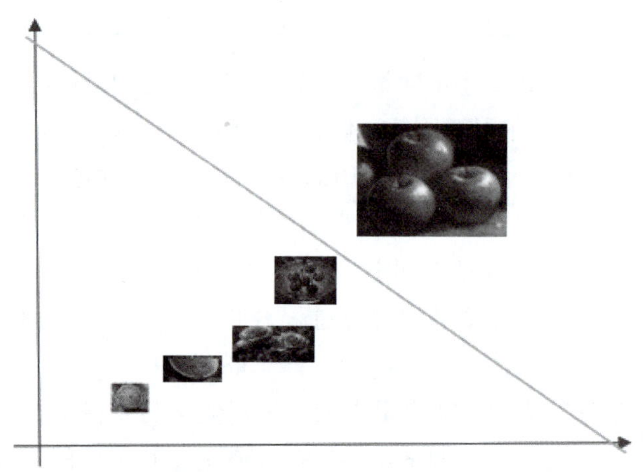

图 4–6　苹果感知机运行结果二维平面投影示意图

计算完成后，可以发现，如果计算结果为正（分割线上方），就是苹果；如果计算结果为负（分割线下方），就不是苹果。以上就是苹果感知机的工作过程。

3. 神经元与多个神经元

爱思考的读者会发现，这个苹果感知机在调整特征参数后，可用来识别西瓜。找到一些关于西瓜的特征，修改一下与西瓜相关的特征权重和偏移值，就可以创造出一个西瓜感知机。同样，也可以创造出一个樱桃感知机、柠檬感知机等。在理论上，如果参数足够多，调整这些参数的权重，感知机能识别出更多的水果；再构建更多的感知机，加入更多的参数，理论上，这些感知机能识别出更多能吃的作物；再加入更多的参数，感知机能识别出更多的植物；再构造新的感知机，让它能识别微生物、识别各种动物；再加入更多的参数，于是无数的感知机就能够识别万物了。每一个感知机，都可以被认为是一个人工神经元。那么就是无数个感知机，或者说无数个人工神经元。但是这些人工神经元还不能被称为是人工神经网络。

当我们把很多个感知机进行合并，将所有的输入的参数，都看成一个超级感知机的输入，有些参数作用于神经元 A，有些参数作用于神经元 B，有些参数神经元 A 和 B 都要使用，有些参数神经元 A 和 B 都不用，但是会被其他的神经元 C 使用。将万事万物分解成合适的参数，使用合适的权重，使用合

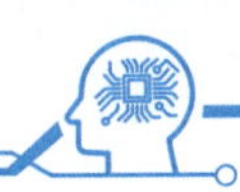

适的偏移，各种各样的神经元组合起来组成一个极其庞大的、不可思议的网络，就可以让计算机认识万物。以上就是关于神经元识别万物的最初的设想。

4. 感知机的局限性

爱思考的读者会发现，可以识别万物的一堆感知机需要好多、好多的参数，进行一次又一次的权重调整，配合各种各样的偏置度设定才可能有识别几种物品的功能。好多、好多的参数以及不断地进行权重调整，会涉及的运算次数和调整次数的数量级是天量的。这里并不是作者啰嗦，而是这些有可能的调整、计算不是几十次，不是几百次，不是几千次，不是几万次或者十几万次，而是上万万亿次。所以传统的人工神经网络的瓶颈在于运算速度、参数调整以及偏置值的设定。识别万物是一个无解的问题。

因此在很长一段时间，感知机模型都被认为是无法用来达成识别万物的人工智能目标的。站在现代人的视角回头看，在那个年代，计算机的运算速度、算法或模型建设，的确无法满足人工智能的需求。一堆的人工神经元会真的把程序员搞神经。我们现在常听到的 GPU 战争，就是争夺算力。要知道，现代的一部手机的算力粗略估算，都可以匹敌至少 100 个 20 世纪 70 年代地球上的所有的计算机算力之和。而一张现代的型号为 A-100 的 GPU，在 20 世纪 60 年代看起来，就是天方夜谭般的史诗级存在。更何况现代用来训练人工智能的 GPU 的数量是数万张起步的。

人工智能的先驱者之一，马文・明斯基在 1969 年的时候指出，感知机模型无法解决非线形可分问题 (如异或运算)，如图 4–7 所示。

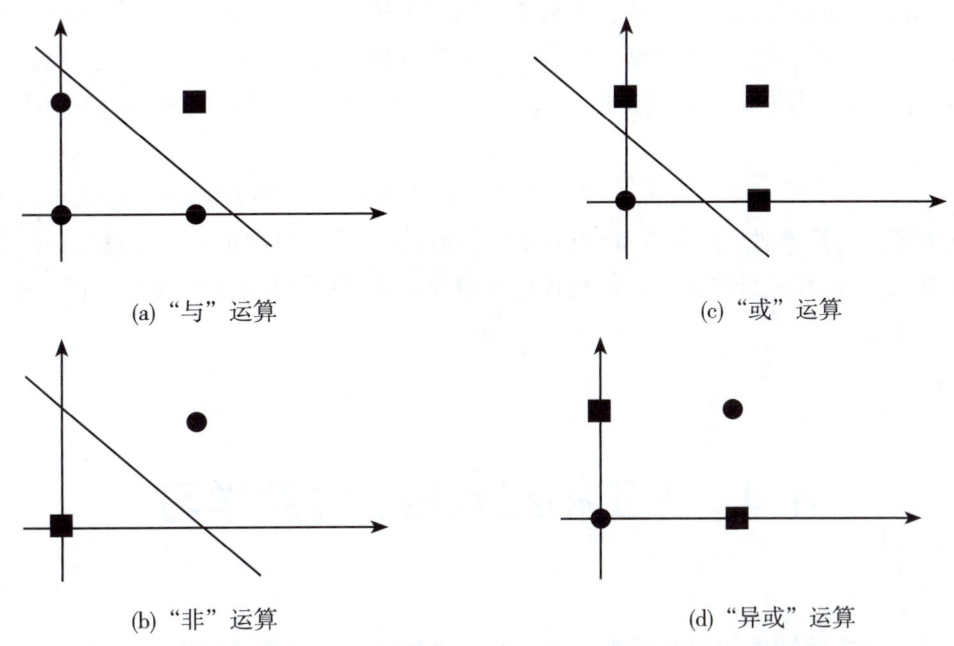

图 4–7　绿色方块为 1，红色圆圈为 0，感知机无法对“异或”结果进行分类

如果无法对“异或”的运算结果进行分类，那么意味着计算机无法识别这样有重叠区域的复杂模式识别分类问题，如图 4–8 所示。

图 4-8　感知机无法处理的图像中的复杂模式识别分类（由 Stable Diffusion 生成）

除此以外，感知机还无法处理环形分布问题、复杂特征问题、多分类问题等。

基于以上原因，尽管人工神经元的概念很早被提出，但是在当时的环境下，提出使用人工神经网络来造人工智能，会被当成是圈钱的骗子，而非真正的研究者。

人工神经网络仅仅在有限的领域内被研究，如与词语袋或者 TF-IDF 相结合。通过词频统计，获取词汇在某一类型文章中的特征，构造词汇的特征向量，设定一些词在这一类型文章中的特征权重后，通过人工神经网络的方法，进行以下的一些工作：

(1) 文本分类，如进行垃圾邮件检测，或者文本情感分析。

(2) 词性标注，如进行词语词性判断，对下一个单词的词性作出预测。

(3) 简单机器翻译，即根据高频词统计，构造词频向量，对应到目标语言的类似高频词。

【拓展阅读 4-8】
人工神经元

但是以上的这些应用，在那个年代，都只取得了很小的成果。数据量实在太大，特征维度实在太多，运算量过大。有些读者可能有过使用老一代计算机的体会，就算是 20 世纪初的机器，让其运行绝大多数的现代应用也会卡死。更别提 20 世纪六七十年代的计算机运算水平了。

4.4　人工神经网络、深度学习

深度学习是建立在感知机的神经元概念之上的，通过引入多层神经网络和改进的学习方法（如反向传播算法和非线性激活函数），解决了感知机的局限性。通过深度学习，探索人工神经网络在人工智能领域的应用的做法，称为“连接主义”。多层感知机是深度学习的早期模型。多层感知机构成的多层神经网络不仅扩展了感知机的领域，使其能够处理非线性问题，还在此基础上发展出更复杂的结构（如

卷积神经网络、循环神经网络等），广泛应用于图像分类、语音识别和自然语言处理等复杂任务。

4.4.1　多层感知机

多层感知机的提出，可以解决马文·明斯基提出的单层感知机无法对异或运算结果进行分类的问题。使用 3 个感知机，构建一个二层神经网络，其中第一层的两个感知机用于提取特征，第二层的一个感知机，用于组合这些特征，最终解决异或运算结果的分类问题。

将 A 异或 B 运算，变形为 (非 A 且 B) 或 (非 B 且 A)

$$A \text{ xor } B = (!A \text{ and } B) \text{ or } (A \text{ and } !B)$$

简单讲，因为异或的 (1，1) 输入和 (0，0) 输入的两个输出都是 0，所以可以将这两种情况进行合并 (图 4–9)。

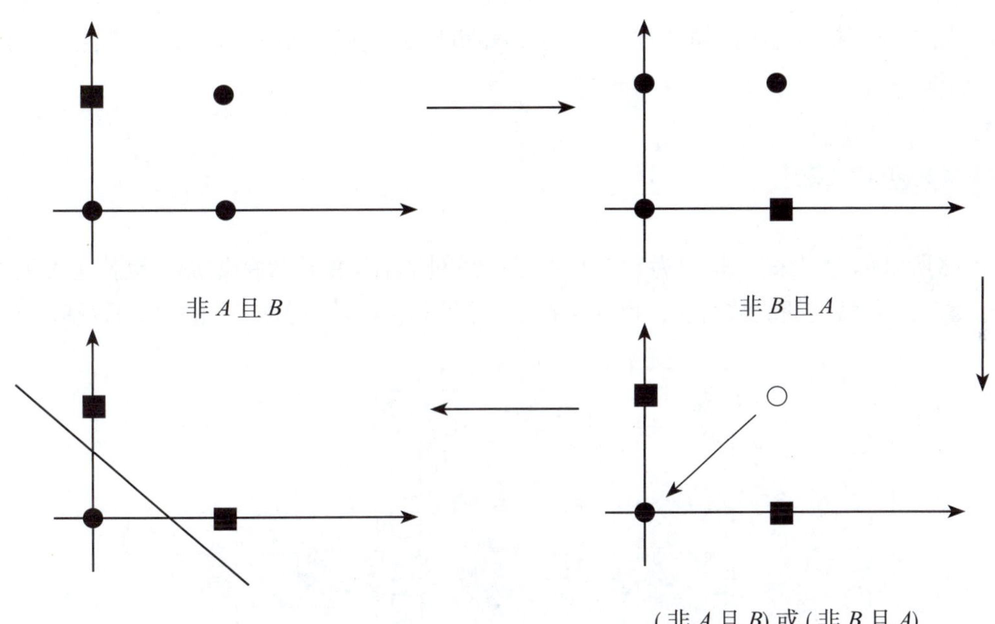

图 4–9　用二层感知机解决异或问题分类

相当于，为了将一张纸上的 4 个数据点进行分类，把这张纸折叠了一下，进行了转换，成了三维空间，用刀切割这个三维物体，切出一个平面进行分类的问题。面上的点和面下的点属于不同类型的数据点。使用全连接二层感知机模型解决异或问题，如图 4–10 所示。

在多层感知机结构中，包括 3 个人工神经元层 (输入层、隐藏层和输出层)，能够解决复杂的非线性可分问题。

(1) 输入层负责接收输入数据，将输入数据传导进神经元，神经元数量等于输入特征维度。

(2) 隐藏层负责提取输入数据的特征，可以有一个或多个隐层。在隐层中，多层感知机负责计算的部分。隐层中包含有感知机作为神经元，这些神经元将输入数据进行加权求和，然后通过激活函数输出结果。

(3) 输出层接收最后一个隐藏层输出的数据特征。当这些数据特征超过某个阈值的时候，神经元就被激活，进而生成最终预测结果。

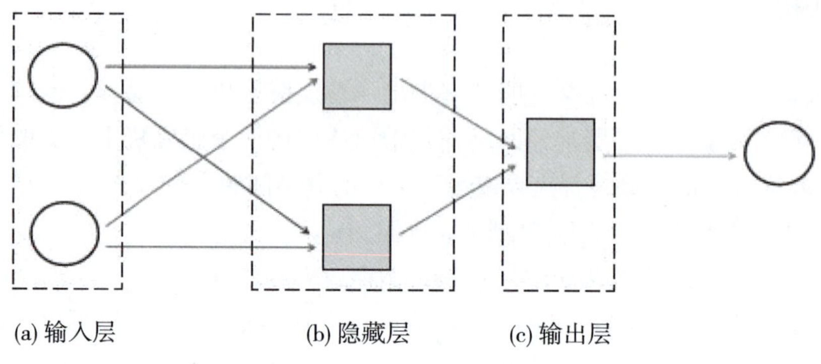

图 4–10　二层感知机的构造

通过输入层、隐藏层和输出层的协作，多层感知机能够完成复杂的回归和分类任务，是现代深度学习的基础结构之一。

4.4.2　深度学习之“深”

深度学习之所以称为“深”，是因为它涉及人工神经网络结构的深度的增加，也就是人工神经网络中层数的增加，也就是隐藏层的层数增加，也就是提取特征的复杂度的增加，如图 4–11 所示。

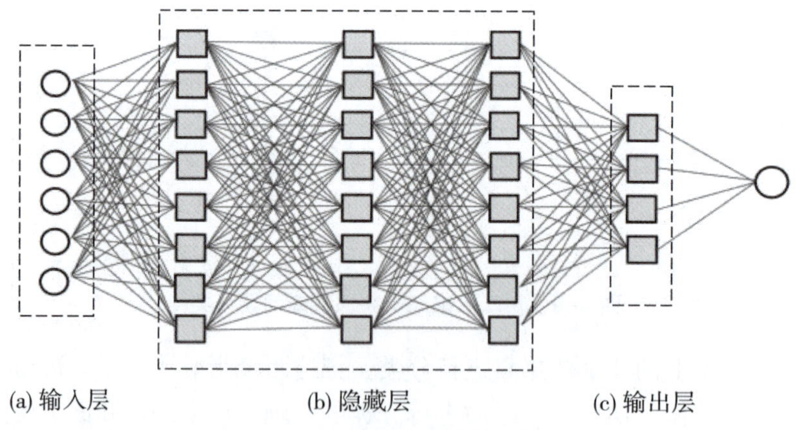

图 4–11　多层感知机的结构图

深度学习的“深度”指的是神经网络中隐藏层的数量。单层感知机或仅有 1~2 个隐藏层的多层感知机构成的网络，称为浅层神经网络。浅层神经网络的特征获取被称为浅层学习。深度学习模型通常包含很多个隐藏层（从几个隐藏层到上百个隐藏层甚至更多）。隐藏层越多，意味着组合起这些特征的参数越复杂。随着输入参数数量以及特征复杂度的增加，计算量会越来越大。

如何增加隐藏层呢？举个简单的例子，刚才那个苹果感知机中的 7 个维度的特征权重中，什么叫作甜度？在苹果的生长过程中，光合作用将二氧化碳 (CO_2) 和水转化为葡萄糖等糖分。这些糖分会储

存在果肉中，随着苹果的成熟，糖分含量逐渐增加，使苹果变得更甜。但是苹果产生的苹果酸会产生酸涩的口感。所以可以通过测量苹果中的葡萄糖的含量和苹果酸的含量来量化甜度。葡萄糖含量越高，苹果酸含量越低，那么苹果越甜。但是如何量化测量？将苹果样品榨汁后过滤，使用适当溶剂（如水或乙腈溶液等）作为载体，将果汁样品注入高效液相色谱法系统。通过检测器（如紫外检测器或示差折光检测器）分析葡萄糖的浓度，与标准曲线对比，计算样品中的葡萄糖含量；使用特定的流动相（如磷酸缓冲液）和 C18 色谱柱，在紫外检测器下检测苹果酸的峰值。通过与标准曲线对比，计算苹果酸含量。所以甜这个特征变成了对葡萄糖和果酸的测定，根据测定值是否达到了某个阈值而作出判断。因此，在苹果感知机中的甜这个输入层后，需要增加隐藏层。

以上是人的想法中如何增加隐藏层的一个简单举例。但是实际情况是，计算机如何识别出共同特征，是人很难想到的。万事万物实在太复杂，人工神经网络的隐藏层到底总结出了什么特征，对于任何一个人类个体来说，都是无法简单想象的。也许是像素比值，也许是某个卷积核加入运算后矩阵的特征向量，也许就是一堆 0 和 1，也许是各种无法言状的东西。总之，计算机能够通过对大量的采样样本进行分析，找到这些样本的共同点。

不同于前面介绍的人为设定特征的感知机模型设定权重进行加权计算的方法，深度学习中，会搜集大量的训练数据，计算机自动对训练数据进行分析，找到可以利用的规律。

【拓展阅读 4-9】
深度学习、
神经网络

可以说，深度学习是一种基于人工神经网络的机器学习方法。

4.5　机器学习

为了模仿人类的学习过程，计算机专家设计了一种让机器进行学习的过程。

4.5.1　机器学习的定义

机器学习让计算机通过统计计算发现数据集的隐含规律，期望计算机能够根据发现的隐含规律改进其性能。其核心思想是构建一个能够以数据驱动的方式，让机器自动学习的模型；这个模型可以对输入的数据集进行运算，生成运算结果；通过运算结果，人类可以对输入信息进行分类、预测、辨识、生成或决策。

机器通过大量分析、训练样本数据，找到同类样本数据集中的共同特征，根据这些特征可以对输入的数据样本进行分类。如果新的采样数据被发现具有通过机器学习找到的特征，就可以对新的样本进行分类，将新的样本归于同一类，进行模式识别。

无论哪种现代的机器学习方式，都需要大量搜集数据集，然后对这些数据集进行数据清洗、去噪、归一化等操作，使其适合模型训练；选择合适的算法来拟合数据，通过计算机强大的计算能力，以选定算法训练数据，让计算机发现数据集中的规律；再用测试数据评估模型的准确性和性能；最后总结机器学习方法，将训练好的模型应用于解决实际问题。

机器学习具有以下几个关键思想：

(1) 使用统计方法进行数学建模。需要使用统计学方法和统计学模型算法来分析、解构数据集。根据统计学发现的规律，找到数据集中的样本的关系和模式。然后利用被发现的模式来对新的采样数据进行分类、预测、辨识、生成或决策。

(2) 需要自动学习和改进。机器学习的模型能够通过对同类数据集扩充而积累经验，自我进化。数据越多，机器学习掌握的内在规律越准确。数据采集不断扩充数据集，数据集的分类训练就越准确。机器学习能够自动调整参数，以提高训练效率。

(3) 无须明确的编程。机器学习的过程，是以统计数据集中的细节来进行的，并不需要人为指定这些细节是什么，因此不需要明确编码。某些细节是人类根本无法注意到的，而机器通过统计却能让这些细节凸显出来变成分类依据。机器学习能够处理人未预见到的规律。

【拓展阅读 4-10】机器学习

(4) 模式识别技术用以评估、比较数据集，将数据集中的数据进行分类。

(5) 最后的输出可以是预测数值、数据分类、动作优化等。

4.5.2 机器学习的分类

机器学习按照数据集学习方法的不同进行分类可以分为以下五种。

【拓展阅读 4-11】监督学习

1. 监督学习

在监督学习 (Supervised Learning) 中，给计算机提供数据集进行机器学习。数据集中，每个训练数据都包含特征和标签。模型通过学习特征和标签之间的关系，来预测未来采集数据的输出。

监督学习是最直观的一种机器学习方法。在监督学习中，我们采集成千上万样本数据集进行训练。这些数据可以是图片、声音、行为、文字文本等，将这些数据集人工标定、分类。机器学习模型分析发现这些数据的共同特征，与标签之间建立联系，完成一个模型的构建。以上训练过程完成后，机器就可以识别新提供的数据了。

图 4-12　苹果识字卡，可以理解为贴了标签的数据

可以想象一个场景：人类做教师，计算机当学生。人类指着一张一张的苹果图片，一次一次告诉学生，这个是苹果，这个是苹果……图片是数据，苹果是标签 (图 4-12)，由机器总结苹果的图片里都有哪些共同特征。如果机器学会了苹果图片的特征，将来新采集的苹果图片，就可以被机器所识别。

这种学习方法的关键是需要大量、高质、标记过的标签的

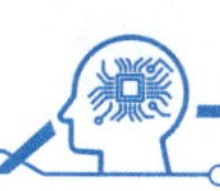

数据集，用于供计算机进行训练，让计算机发现数据集与标签的潜在规律关系。这个潜在规律关系事先并没有被人指定，而是由机器经过统计后发现的。

2. 无监督学习

无监督学习 (Unsupervised Learning) 的数据集只有数据特征，没有对应的标签。模型通过寻找数据中的模式或结构，来发现数据的内在规律 (模式)，再根据不同的模式对数据进行分类。

【拓展阅读 4–12】
无监督学习

无监督学习可通过自行探索数据，找到数据中的潜在关系。无监督学习常用语聚类和规则发现。

可以想象一个场景：人类拿来一筐积木，“哗”地倒到地上，指着这堆乱七八糟的积木，跟计算机说：“把这些积木分类放好。” 这个时候，计算机就会很困惑，怎么分类？它就会试图去寻找这堆积木的结构模式。也许多数人类会按照形状对积木进行分类。但是机器的视角却是不一定的。也许是形状，也许是体积，也许是厚薄。人类没告诉它，所以它会自己计算探索 (图 4–13)。

图 4–13　对积木进行分类

这种机器学习方法适用于人类自己都不知道怎么发现规律，或者不知道规律是什么的数据集。

3. 强化学习

本质上，强化学习 (Reinforcement Learning) 是一种试错法。它通过奖惩机制，优化计算机完成任务或达成既定目标的路径。经过大量的强化学习训练，计算机可以得到经过优化的操作决策策略，如人工智能驾驶、人工智能国际象棋、人工智能围棋等。

这种机器学习的核心思想是：让好的事情不断发生，让不好的事情离我们远去。在强化学习中，计算机能够在试错过程中学习如何作出最佳决策。每次在计算机作出决策的时候，都会根据预设条件判断决策的好坏。简单地说，好的决策加分，不好的决策减分。

可以想象一个场景：训狗师，为了对狗进行训练，教它做某个动作，比如狗接飞盘，如图 4–14 所示。每次狗接到飞盘，训狗师就给狗喂一口吃的；接不到飞盘，训狗师就瞪狗一眼。久而久之，狗就会自己总结接飞盘与吃的有一定的因果关系。看到飞盘，狗就会飞奔过去，一口咬住飞盘，将飞盘带给训狗师，以换取奖励。

图 4–14　狗接飞盘 (Stable Diffusion 生成)

这种学习方式，优势在于能够以目标为驱动，在没有明确指示的情况下，让计算机自我推动朝达成目标运动。通过不断的强化学习，计算机能够发现新的策略，不断适应、优化其决策，更接近人类的学习方法。

【拓展阅读 4-13】
强化学习

4. 半监督学习

半监督学习 (Semi-Supervised Learning) 结合了监督学习和无监督学习的特点，在给予计算机进行训练的数据集中，部分数据有标签，部分数据没有标签。模型先通过部分有标签的数据进行初步训练，寻找数据中人工制定的规则，再利用未标注数据的潜在信息来提高学习效果。

这种学习方式适用于有大量样本，却只有办法给其中的少数随机样本贴标签的时候。在少数数据进行完监督学习之后，充分利用没有标记的数据来增强模型的预测。

5. 自监督学习

自监督学习 (Self-Supervised Learning) 是一种特殊的无监督学习方法，模型通过从数据本身生成伪标签进行学习。目前的人工智能大语言模型采用的就是自监督学习。

如果按照数据的计算处理方式来分类，除了上一节提到的深度学习外，机器学习经过几十年的研究，还发展出贝叶斯学习、集成学习、在线学习、元学习等学习方法。

(1) **深度学习**是目前人工智能专家的主要研究方向，是取得成果最多的一个技术流派。通过创建大量的多层感知机，构建人工神经网络，从海量数据集中学习这些数据集的共同特征。它的计算量非常大，不容易被人理解。常见的深度神经网络方法有卷积神经网络、循环神经网络、生成对抗网络、Transformer 模型等。常用于自然语言处理、语音识别、人像识别等领域。

(2) **贝叶斯学习**是基于概率统计等机器学习方法，能够根据概率计算等结果，在不确定性下进行决策的一种学习方法。这种方法适合小样本的分析，人类能够非常容易理解决策的过程。常见的贝叶斯学习方法有朴素贝叶斯、贝叶斯网络、高斯过程、马尔可夫链等。常用于推荐系统、医学诊断等领域。

(3) **集成学习**用多个弱学习器进行复杂数据特征的组合。构建决策树模型、线性回归模型、支持向量机模型等来处理不同数据。通过结合多个模型，来处理复杂模型，以减少单个学习器的误差，提高计算机的对数据的预测能力。近年来，集成学习逐渐与深度学习互相结合，比如卷积神经网络和 Transformer 模型，都是集成了多个神经网络模型。它主要用在疾病检测、工业控制、故障检测、诈骗风险分析等领域。

(4) **在线学习**。在线指的是动态学习，允许模型在接受新的数据的时候，实时将新数据与已经存在于旧训练集中数据一起进行实时学习。这种学习方法并不需要重新训练已有的根据旧训练集生产的模型，能够快速适应数据的变化。常见的算法有随机梯度下降、在线聚类、在线线性回归等。它主要用于一些实时产生大量数据，而又需要实时对未来进行分析的领域，如股票金融预测、动态广告分析、构建实时推荐系统等。

【拓展阅读 4-14】
机器学习的数据处理方式

(5) **元学习**是最近兴起的概念。元学习适合在资源十分有限的时候进行少样本的学习。通过学习任务的知识共享，使得模型能够快速适应新的机器学习任务。

4.6 Transformer 模型

Transformer 是一种深度学习模型。它是由 Vaswani 等在 2017 年的论文 (*Attention is All You Need*) 中提出的。它被设计用于处理序列数据，并在自然语言处理领域中取得了大量的成果。它将序列中的数据进行并行化处理，可以处理 Token 序列元素及 Token 位置关系，能够建立任意两个词语之间的直接联系、捕捉句子的 Token 间的依赖关系、判断 Token 词性等。目前的大语言模型与 Transformer 模型的提出有着密不可分的关系。

所谓注意力，指的是允许模型在处理输入时关注不同位置的信息，计算每个位置对当前词的影响。Transformer 模型，包含**编码器 – 解码器结构**，其核心组件是多头注意力机制。本节 4.6.1~4.6.11 为选读部分，图 4–15 解释了 Transformer 模型的运作方式。感觉有难度的读者，可以直接跳转至 4.6.12 和 4.6.13 小节阅读。

4.6.1　搜集语料，进行语料序列获取

这个深度学习模型需要大量的文本训练集。预训练的第一步就是搜集这些文本集，可以通过各种各样的渠道，做这个工作。引导大语言模型风潮的 OpenAI 的 ChatGPT 系列，就通过维基百科、各种书籍电子数据集、新闻媒体、电子化书籍等搜集数据，数量非常庞大。ChatGPT4 的文本训练量，OpenAI 官方没有公布，但 ChatGPT3.5 的文本数据训练总量大约在 45 个 TB(1GB = 1024MB，1TB = 1024GB)，我们之前做过简单词频统计到《红楼梦》，大约 6MB。用来训练的文本，可以细分为 4990 亿个 Token，阅读量相当于大约 750 万部《红楼梦》。尽管四大名著的文字量非常大，但是在 ChatGPT 的训练库中，简直就是沧海一粟。按照一个人每分钟阅读几百个汉字的速度，不吃、不喝、不玩、不睡，以做个热爱读书的好宝宝的顽强毅力，读完这些语料，将耗时 3471 年；如果给你介绍一个 8 小时工作制的工作，每天按时上班打卡，下班就走，严格工时，那读完这些语料，要近 10400 年的时间。OpenAI 目前使用的语料几乎涵盖了能够找到的、人类文字书写过的、已经被数字化的所有结构良好的内容。

如果从公开信息中介绍到的 ChatGPT3.5 的训练结果来看，其参数量则更是超过 1750 亿。即 ChatGPT3.5 的神经网络中可调整的权重数量超过了 1750 亿。足以看到，ChatGPT3.5 是一个非常非常复杂的神经网络模型。据推测，ChatGPT4 的训练数据约为 300~500T，Token 数量达到了惊人的 13 万亿个。

Token 的含义，类似于进行切词后拿到的序列元素。前一章节中介绍的“我爱北京天安门”，经过 Python 的 jieba 库就可以拆解为四个词：

我　　爱　　北京　　天安门

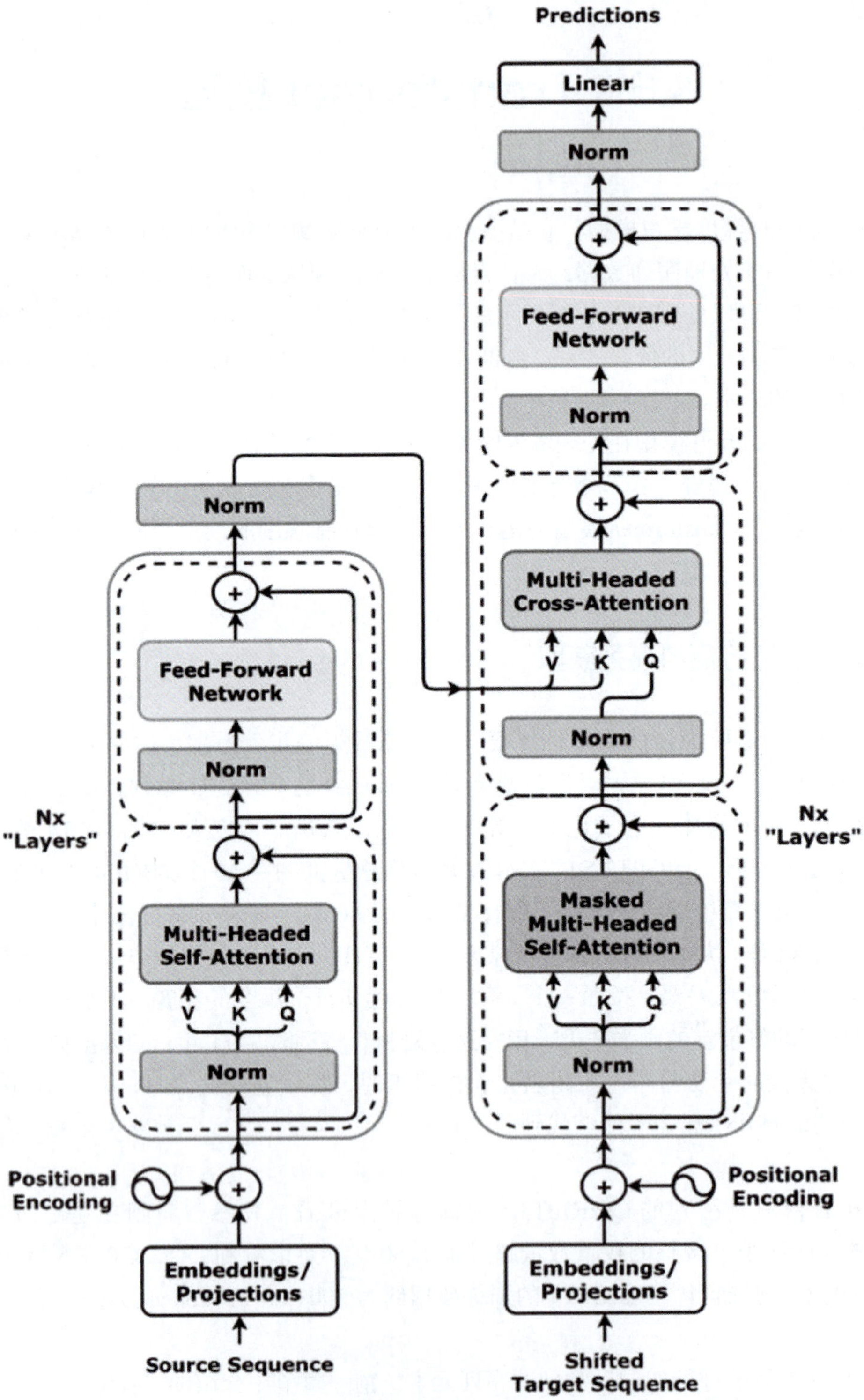

图 4–15　Transformer 模型的运行过程（阅读顺序是由下至上，由左至右）

而使用 OpenAI 官方介绍的 ChatGPT 使用子词切分算法，这句话则切分得更细，变成了 5 个中文 Token：

【拓展阅读 4-15】
训练用文本量庞大

我　　爱　　北京　　天安　　门

4.6.2　词嵌入

每个 Token 通过嵌入 (Embeddings) 层，转化为一个高维向量，如一个具有 512、768，或者 12288 个参数的向量。这个高维向量具体是多少，需要根据 Token 来决定。但是可以明确的是，不管是多少个维度的向量，都远超人脑能够建模的能力了。这个高维向量中的每一个数字代表了一个距离某个特定含义词的距离。

再加上一个句子中的位置编码。加位置编码的方法比较巧妙，使用到了正弦、余弦函数。为了使得每个元素具有唯一性，位置编码的计算公式为

$$PE(POS,2i,d)=\sin\frac{POS}{10000^{\frac{2i}{d}}}$$

$$PE(POS,2i+1,d)=\cos\frac{POS}{10000^{\frac{2i}{d}}}$$

式中：POS——Token 的位置；

i——编码向量中的维度索引；

d——编码向量的总维度。

通过这样的方法，可以让每一个位置都有独特的值。由于使用了正弦、余弦函数，所以每个位置都会有一定的连续性，也就体现了 Token 在句子中的上下文位置关系。

【拓展阅读 4-16】
Token 嵌入与位置编码

总的来说，完成词嵌入后，会生成一个包含很多数据的高维向量矩阵。这个高维向量矩阵包含了词意相近的词的距离、词距离其他词的距离、词在句中的距离等与这个词相关信息的向量化表达。

4.6.3　归一化

由前一小节中介绍可知，应该可以构建出一个超大型的人工神经网络，以便模型在 Token 高维向量与位置编码之间寻找潜在关系，会有多个隐藏层被构建出来。

但是，由于语料的量非常大，需要有一个统一的标准，因此，需要在进行预训练之前，进行归一化 (Normalization) 操作。将每一个 Token 的特征，都进行归一化操作。具体方法是：计算每个样本的均值和标准差。这样做的好处在于能够有效缓解内部协变量偏移。

【拓展阅读 4-17】
归一化操作

由于语料是从不同渠道获取的，需要进行批归一操作，即把每一批次的语料都

做标准化处理。

还需要对每个 Token 的权重、特征获取进行归一化处理。

归一化有助于提升训练效果、提升训练效率、缩短训练时间。

至此，大量的文本文字，可以开始输入 Transformer 模型。

4.6.4 多头注意力

所谓多头，是指将注意力机制分成多个“头”，每个头独立计算注意力权重，从而捕捉输入的不同特征和关系。嵌入向量用于多头注意力机制。具体来说，有查询 Query(Q)、键 Key(K)、值 Value(V) 3 个向量被生成。这里涉及大量的矩阵计算，此处就不展开说明了。总的来说，是由计算机计算出每个 Token 对应的向量数值。

(1) **查询 (Q)**：表示当前关注的内容或信息，通常用于寻找与特定输入相关的上下文。

(2) **键 (K)**：表示输入序列中每个元素的特征，用于与查询进行匹配。

(3) **值 (V)**：与键对应，表示与每个键相关联的实际信息。

最终，会根据矩阵的计算结果，用多头注意力机制，算出一个输出结果：

$$\text{output} = \text{Attention}(Q, K, V)$$

这个计算数值包含与当前的 Token 相关的上下文信息，根据这个输出，使得模型能够更好地计算输入数据的复杂关系。

比如，一个句子由 5 个 Token 构成，5 个 Token 的序列，768 维度空间的嵌入模型，那么就会产生一个 5×768 的矩阵。这个矩阵中每一个元素都是一个浮点小数，代表了这个 output 的 Token 可能具有某个的属性。属性是根据上下文其他的 Token 计算得到的，有可能是某个 Token 的味道、香味、甜度、颜色等属性的可能性，也可能是这个词语根据前后文出现的位置可能性，前后文搭配的其他 Token 的词性，某个 Token 向量出现在前、在后的可能性，各种语言的翻译，相关近义词、反义词等。可以很肯定地说，全世界所有的人，没人能够用穷举出一个 Token 相关的哪怕是 768 个属性，更何况是 768 个维度空间的向量结构。从 ChatGPT3，进化成 12288 个维度，更是没人能够在大脑中模拟演算出来哪怕是一丁点在这个超级复杂的向量空间中发生的演算过程。实际上代表这些 Token 属性的浮点小数的数值具体代表什么意义，人是不知道的。只有通过人工神经网络，才能对这些 Token 进行计算分析。

【拓展阅读 4–18】
多头注意力机制

4.6.5 残差连接

在 ChatGPT 的公开的资料中，每层的 output 计算结果，都会再次将与该层的输入相加，作为下一层的输入。这种操作被称为残差连接。这样设计的目的是增强模型的稳定性与有效性、加速收敛、减轻深层网络退化对结果的影响，达到优化的目的，使得模型能够更好地学习 Token 深层次的特征。

【拓展阅读 4–19】
残差连接

比如，Transformer 模型有 6 层堆叠的多头注意力机制，每一层都会计算一次

output。每一层多头注意力计算，都会涉及大量的 1、2 神经网络参数计算，每一层的 output 都会与这一层的输入进行相加，形成下一层的输入。经过所有 6 层的多头注意力计算，进行了 6 次残差连接，最终生成一个总的 output。这个总的 output 是一个高维嵌入向量，用于表示输入序列的特征表示。

4.6.6　前馈神经网络

为了找到这些 output 数据间的潜在的、不为人所感知的深层次规律，在对最后一次的 output 完成又一次归一化后，将整理过后的 output 数据输入到一个前馈神经网络中，以便能够提取这些 Token 的复杂特征。为了能够在本次的神经网络提取潜在规律后，保持模型稳定，避免梯度消失，需要再次进行残差连接。然后重复这个过程多次，进行多层堆叠。

经过预训练，Transformer 模型对每一个 Token 都有了了解。每个 Token 都有对应的大量参数。这些参数包含了 Token 的各种属性参数、词性、上下文位置等。

可以发现，整个预处理过程需要耗费庞大的计算量。再强调一遍，就算是知道了过程，也不能依靠人的大脑模拟计算并解释出来。1750 亿个 Token，每个 Token 有成百上千个维度，产生了一个惊人的高维空间连接。用个不算太夸张的讲法，没有人能够知道这个神经网络到底发现了文字间有什么内在规则。这个高维空间向量存在的意义，对于人脑，是不可完全理解与解释的。为了窥视这个高维空间内到底发生了什么，研究人员开发出新的工具，如 t- 分布随机邻域嵌入的算法，将高维空间内的聚类投影到二维或者三维的可视化空间，以研究 Token 的特征分布情况。尽管人类能够知道语料通过预训练后，大概发生了什么事情，但是，由于这个数据量是真的太过庞大，这个模型的内在意义对于人类来说，还是真正的黑盒。人的运算力在上万颗 GPU 面前，简直不值一提。但是发明出这种方法的人类，却又显得那么的伟大。上万颗 GPU 的那一丁点算力在人类的创造力面前，简直不值一提。

【拓展阅读 4-20】
前馈神经网络

4.6.7　编码器处理流程

按照发生步骤的时间顺序，Transformer 编码器的处理流程如下。

(1) **输入序列**：将离散的词转换为嵌入向量。

(2) **加入位置编码**：为嵌入向量加入位置信息。

(3) **多头自注意力机制**：计算词与词之间的依赖关系，生成上下文表示。

(4) **残差连接 + 层归一化**：缓解梯度消失问题，稳定训练。

(5) **数据进入前馈神经网络**：提取非线性特征，增强模型表达能力。

(6) **又一次残差连接 + 层归一化**：保留输入信息，进一步稳定训练。

(7) **多层堆叠**：重复上述步骤多次，逐层提取更高层次的语义特征。

(8) **编码器输出**：生成每个 Token 的高维空间向量模型表示、生成高层次语义表示。

4.6.8　偏移序列

Transformer 编码器流程如图 4–16 所示。图的右下，偏移目标序列是 Transformer 模型的解码器训练的准备过程，是将目标序列向右移动一个位置的序列。这意味着对于每个时间步，解码器的输入是目标序列中当前词的前一个词。例如，目标序列［ “我”，“爱”，“北京”，“天安”，“门”］，其对应的偏移序列是［ “sos”，“我”，“爱”，“北京”，“天安”］。

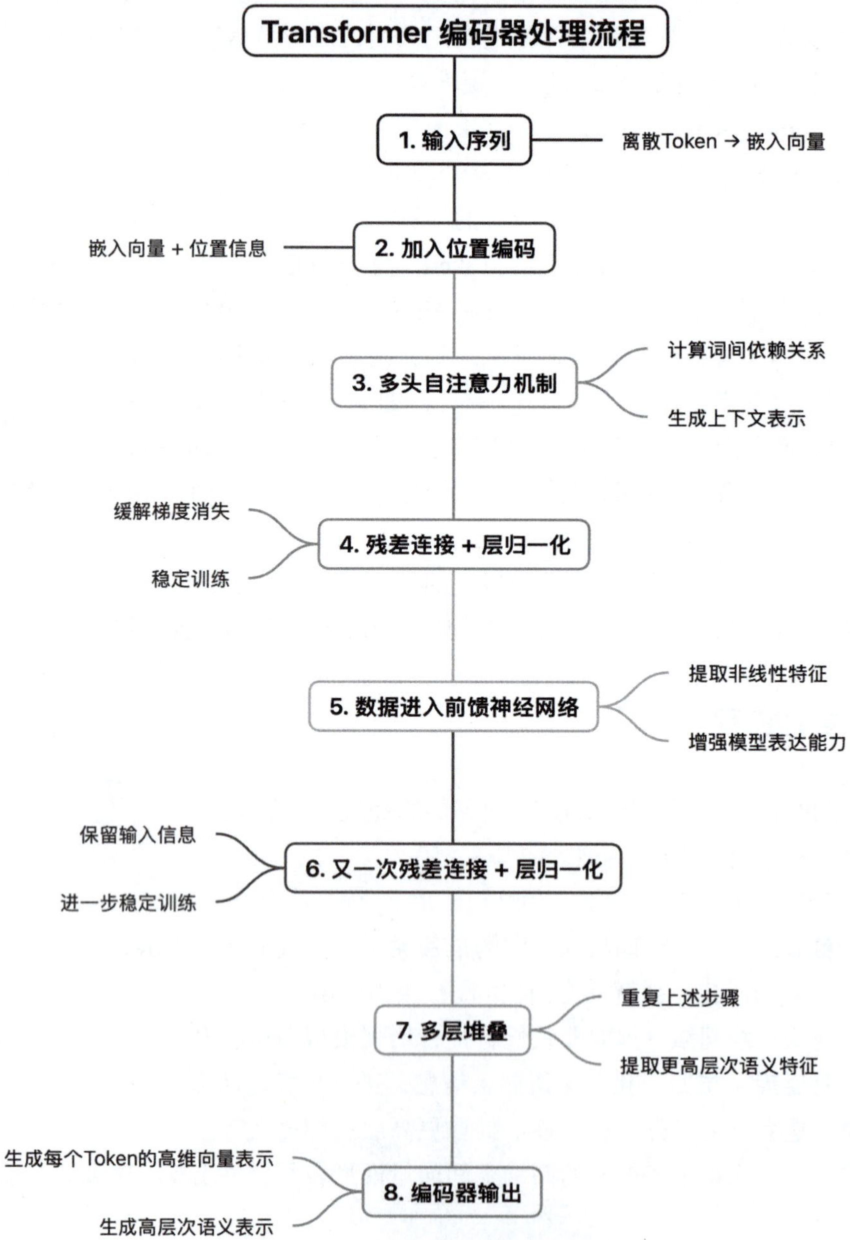

Transformer 编码器处理流程
1. 输入序列
离散Token → 嵌入向量
2. 加入位置编码
嵌入向量 + 位置信息
3. 多头自注意力机制
计算词间依赖关系
生成上下文表示
4. 残差连接 + 层归一化
缓解梯度消失
稳定训练
5. 数据进入前馈神经网络
提取非线性特征
增强模型表达能力
6. 又一次残差连接 + 层归一化
保留输入信息
进一步稳定训练
7. 多层堆叠
重复上述步骤
提取更高层次语义特征
8. 编码器输出
生成每个Token的高维向量表示
生成高层次语义表示

【拓展阅读 4-21】
偏移目标序列

图 4–16　Transformer 编码器流程

4.6.9　偏移序列的自注意力机制

在训练过程中，解码器的输入是偏移后的序列中的 Token，目标是预测目标序列中同序号的实际 Token。

例如，输入“我”，预测“爱”；输入“我爱”，预测“北京”；输入“我爱北京”，预测“天安”；输入“我爱北京天安”，预测“门”。

此时，计算一次对于每一个加入位置信息，进行词嵌入操作之后的词向量，进行自注意力机制的 Q、K 和 V 矩阵计算。再进行一次残差连接，多次进行层化之后，作为本次计算的输出。

训练时，解码器的输入和目标之间有严格的对应关系，这种机制被称为教师强制 (Teacher Forcing)。在训练过程中，解码器总是使用偏移目标序列作为输入，而不是依赖模型自身生成的词。

【拓展阅读 4–22】
解码器训练过程

这种方式可以确保解码器在每个时间步使用的是先验的正确上下文，为了避免模型在训练过程中看到未来的词语，解码器使用了自回归 (Auto Regressive) 掩码机制，通过遮挡，可以确保每个时间步只能访问当前位置及之前的词，而无法访问后续的词。

4.6.10　交叉注意力

交叉注意力的引入是为了让解码器能够结合编码器的输出 (源序列的表示) 来生成目标序列。前文介绍过，编码器会生成 V、K、Q 3 个向量矩阵。编码器部分，会在 output 中，向解码器提供 V、K 两个向量矩阵，与交叉注意力根据当前时间步的查询 Q 矩阵，联合进行交叉注意力计算。根据 Q 状态获取 K 和 V 矩阵的出现概率。意味着编码器已经可以根据时间步，一步一步生成完整的句子了。标准的 Transformer 模型有 6 层，意味着这样的每一个词向量交叉注意力需要重复 6 次，且每次都会进行残差连接和层归一操作。

【拓展阅读 4–23】
输出过程中，进行交叉注意力

4.6.11　前馈神经网络

交叉注意力计算之后，会产生一个新的向量序列，这些向量综合了编码器输出的上下文信息，是每个解码器位置的一个新的表示向量，这个向量包含了从编码器中提取的相关信息。

这个信息也是一个高维空间向量，只有再通过一个全连接的前馈神经网络才能够最终计算出这个向量是什么。同样的，这个前馈神经网络也是需要进行多次层化计算。

前面几步需要进行堆叠，最终将转移序列注意力、交叉注意力、前馈神经网络进行了一次一次又一次的计算，最终才能够得到输出层信息。

根据前面的计算，最终得到是在输入文字之后，最有可能出现的 Token 是什么。

【拓展阅读 4–24】
通过神经网络获取预测

4.6.12 更新输出序列

将输出序列更新后，重复解码器过程。在生成阶段，模型的初始输入通常是特殊的开始标记“sos”(Start of Sequence)。模型逐步生成输出，每一步的生成结果会作为下一步的输入。这种生成方式被称为自回归生成，即模型在每个时间步上根据已生成的词和前文生成的词联合起来，预测下一个词。此时，偏移目标序列不再使用，模型完全依赖自身生成的词作为输入。

例如：

“sos”，生成“我”；

根据“我”，生成“爱”；

根据“我爱”，生成“北京”；

根据“我爱北京”，生成“天安”；

根据“我爱北京天安”，生成“门”；

结束生成。

【拓展阅读 4-25】

自回归生成模型

4.6.13 文字接龙

由于进行词嵌入、注意力计算、多头注意力计算、交叉注意力计算、前馈神经网络计算、各个层间还会再进行残差连接、堆叠计算等步骤的时候，都需要进行大量的矩阵计算，涉及的计算对于人的大脑显得计算过程过于复杂，因此看上去前面 13 个小节的内容，是在进行 4000 字左右的不清不楚的介绍。但是以上过程，可以用非常形象的 4 个字进行概括。如果使用 Transformer 模型的 AIGC 产品，全部都在做一件事情——文字接龙。

计算机预测出现的 Token，是高维空间向量中距离前一个 Token，距离最近的一个 Token。

计算机用最大的算力去算，哪个字将会出现。因此需要用到大量的算力，因此需要用到大量的 GPU，因此需要用到大量的电力，因此需要用到大量的钱。为了如人类语速般进行输出，几万块 GPU 卡在联合工作。如果仅仅使用一台装备了“4090”显卡的单机，那么 ChatGPT 系列产生一个 Token 的速度大约会超过 0.5 小时。

【拓展阅读 4-26】

Transformer 在玩文字接龙

第 5 章

BRO，AI 书童

本章中将介绍 BRO 方法，用于高效使用 AI 生成内容。BRO 是指兄弟的意思，也是背景 (Background)、需求 (Requirement)、目标 (Objective) 的缩写。

大语言模型 (Large Language Models，LLM) 能够胜任人类赋予的生成词序列的工作。通过本章中举例，可以发现，这些词序列的可靠性还是非常高的。只要不涉及创意部分，通常意义的自然语言处理，都是能够胜任的。只要告知 LLM **背景**、明确了**需求**，你要达成什么样的**目标**，AI 书童就可以辅助你生成你需要的词序列。尽管在创意方面还稍显不足，但是只要使用 BRO 人机协同的方式，就可以极大地扩展人脑功能，提高人在处理文案工作时的工作效率。

5.1 AIGC 和 LLM

当前，我们正处于人工智能的第三次浪潮，这一浪潮中人工智能生成内容 (AIGC) 带来的技术革命，凭借着算法、算力的技术飞跃，催生了许多领域的创新应用。AIGC 可以利用 AI 技术自动生成文本、图像、音频等多种形式的内容。这种技术已经在文档撰写、艺术创作、视频生成等领域展现出巨大潜力。

本章将着重介绍 LLM 的高效使用方法。LLM 通过海量数据训练，在 Transformer 架构下，能够“理解”和生成大量的自然语言文本，能够执行编写代码、撰写文章等多种任务。LLM 的出现使得机器能够更自然地与人类互动，提供更加个性化和智能化的服务。

5.1.1 AIGC

AIGC 是指利用人工智能技术自动生成各种类型的内容，包括文本、图像、音频、视频等。AIGC 的应用场景非常广泛，已经涵盖了多个行业和领域。本章节中，将介绍文字类 AIGC 的使用。目前在用的 AIGC 工具，耳熟能详的有 OpenAI 的 ChatGPT、阿里云的通义千问、月之暗面的 Kimi、百度的文心一言等。

可以认为，目前的 AIGC 就是全世界知识最渊博的存在。可以说，AIGC 上识天文，中知人文，下晓地理。AIGC 什么都知道，因为人类的书中的每一个 Token 都已经被构建成了高维空间中的向量。作者在做科普的时候，多次被问到：AIGC 到底是什么？它到底对人类意味着什么？作者认为，AIGC 的作用两个字就能概括——书童。

不管是文心一言、通义千问，还是 Kimi、ChatGPT，对于人类来说，它们就是书童。AIGC 有着一大堆的知识储备，能够在你想要得到知识支持的时候，提供给想要获取知识内容的你。它时刻背着一个庞大的书包，书包里放着大量的书籍，等待着为你提供帮助。它比大号的搜索引擎更好用，能够提供人类几千年内所有能用语言描述的逻辑思维方式及逻辑思维的结果。只要被大量记录下来，就存在于超复杂高维度词向量空间中。

你想要锦绣乾坤袄，它告诉你怎么做；你想要山河社稷图，它教着你如何画。因为所有的描述都已经被向量化了。只要用人类语言能够描述，就可以由 AIGC 算出来。

但是，AIGC 是“社恐”，它不是 9527 号高级伴读书童，它只会很忠实地站在你的身后。你不说话没提出要求的时候，它不会给你干活。为了得到它的帮助，你需要喂它知识，你需要付钱买它的算力，你需要用你的语言告知它你想要什么。

【拓展阅读 5–1】
AIGC
(AI 生成内容)

5.1.2 LLM

目前的文字类 AIGC 都是注意力机制的产物，都是 Transformer 模型结出的果实。专家们称这些文字类的应用为 LLM。上一章中有介绍，由于被喂食了超大量的语料，计算了人类几乎所有的结构良好的文字，这些 LLM 已经形成了一个超级复杂的超高维空间，给出了词与词之间的长短距离关系。这些 LLM 的共同特点是，通过 Transformer 模型的机制，预训练了超大量文本文字，将文本文字向量化，学习到了如何根据每一个 Token 与另外一些 Token 的位置关系，找到最有可能接上什么其他的 Token。

LLM 的核心功能，不是思考或者代替人思考，而是生成词序列。思考的是人，它提供辅助，为人脑的功能提供了外延扩展。

LLM 到底能做什么呢？

绝大多数人在初一接触 LLM 的时候，就只有一个非常质朴的尝鲜的想法。一些人因为听说 LLM 什么都知道，就想试试看。LLM 由于解构了大量书籍中的 Token，它的确已经成了知识最渊博的存在。它能够向使用者**提供知识库支持**，它的知识储备已经超过了人类个体。哪怕你想研究恐龙身上的羽毛，它都能有模有样地从它的知识库中找到相关内容，通过运算后，逐字提供给你。

LLM 能够**生成程序代码**。程序语言有严格的语法约束，根据语法、关键字，可以很好地被拆分和解构。程序只有三种结构：顺序结构、分支结构、循环结构。合理的算法设计使得程序无歧义。各种社区和项目为程序员提供了结构良好的实例。功能与描述基于良好的注释文档可以得到映射关系。因为程序从上到下，依次执行，所以好的程序应有严格的上下文顺序关系。AI 可以很好地进行词嵌入，正是因为有大量结构良好的程序语言结可以供给 AI 训练，LLM 才能生成程序。

LLM 可以进行**自然语言处理**，能够支持各种语言之间的相互翻译。自然语言文本之间都是有联系的符号。

LLM 可以**撰写文档**。与程序设计类似，LLM 可以撰写结构良好的公文、论文、剧本、小说等。法律文书、知识论文等的结构也是良好的、无歧义的。因此，LLM 在训练了大量的法律文书、知识论文后，也可以获知这些文本中词语的潜在关系。剧本和小说稍微有点复杂。目前 LLM 大概只能提供网络爽文之类的没太大深度的作品。但是随着技术的进步，总有一天，小说作家们也能体会到 LLM 带来的革命性进步。

数据分析与处理，也是 LLM 的一个强项。要知道，为 LLM 提供算力的是 GPU 集群。有人认为，LLM 能搞生成普通的数据分析程序代码，没有理由不能进行数据分析与处理。但实际上，目前的 LLM 的数据分析能力并没有那么强。曾经 3.9 与 3.11 哪个数比较大，LLM 都无法分辨；曾经 DeepSeek 和 ChatGPT-4 下国际象棋的时候，两个人工智能模型都是“菜鸡互啄”。尽管 LLM 具有比人类个体更强的数据分析与处理能力，但是它还不如专用的数据分析模型来得强。LLM 正在不断获取知识、持续进化中。

5.2　通义千问与百炼

通义千问是由阿里云自主研发的超大规模语言模型。从 2019 年立项开始，它不断迭代升级，已经具备了进行准确、流畅和自然的自然语言处理的能力。从最初的版本开始，通义千问就被设计用来进行自然语言处理任务。

【拓展阅读 5-2】通义千问与百炼平台

百炼是阿里云推出的一个面向企业和开发者的 AI 模型训练和推理平台。该平台旨在简化大规模机器学习模型的开发、训练、部署和管理过程，提供了一整套工具和服务，使用户能够更高效地构建和应用 AI 模型。

打开百炼的主页地址 (https：//bailian.aliyun.com)，可进行注册、登录等，如图 5-1 所示。

这里之所以选择阿里云的百炼平台，是因为在校大学生可以首先领取阿里云给予的优惠，在几乎免费的情况下学习如何使用各种 LLM 辅助工作与学习。

图 5–1　百炼主页

(1) 用户在注册阿里云账户之后，单击主页右上角的“登录”按钮，如图 5–2 所示。

图 5–2　“登录”按钮在平台主页右上角

可以使用多种方式登录，如图 5–3 所示。

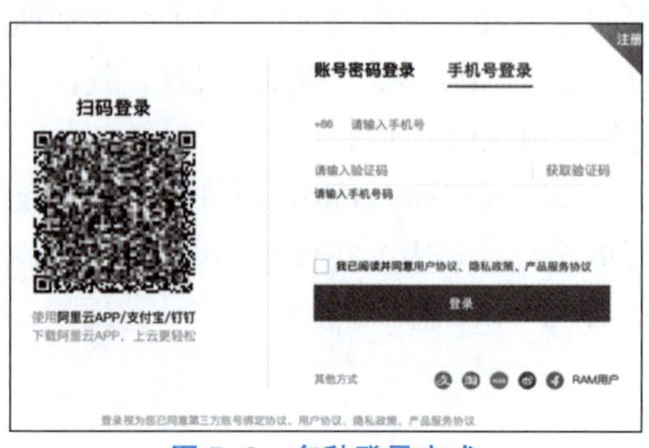

图 5–3　多种登录方式

(2) 登录后单击“管理控制台”按钮，如图 5-4 所示。

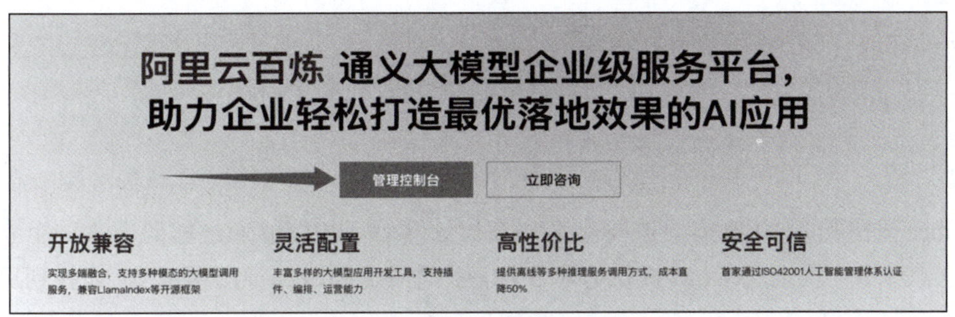

图 5-4　进入控制台方法

(3) 进入之后，就可以试用通义千问 LLM 了，如图 5-5 所示。

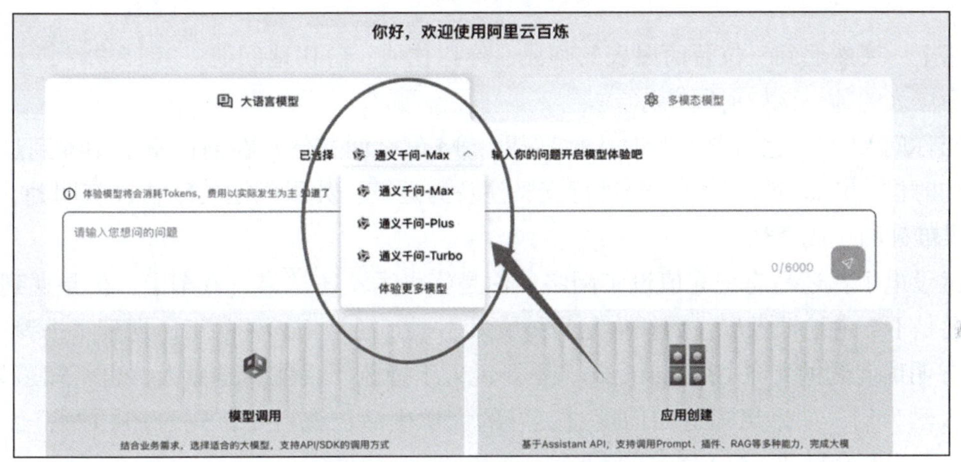

图 5-5　选择使用通义千问模型

(4) 在对话框中 (图 5-6) 输入对话，就可以体验最新版本的 LLM 了。

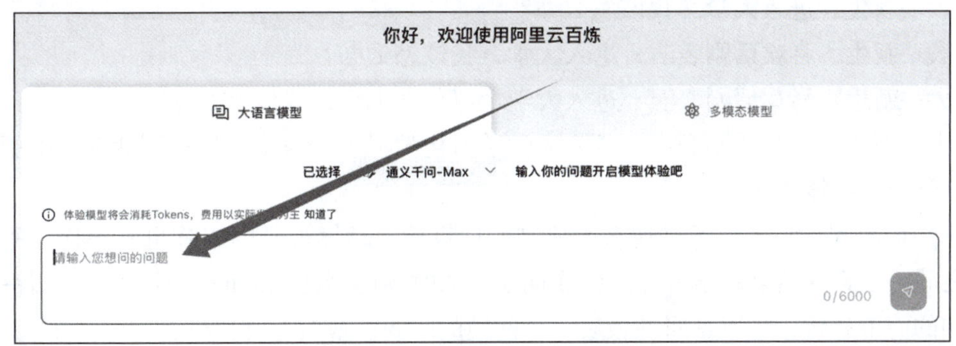

图 5-6　对话框中输入对话

5.3 高效使用 LLM

Transformer 架构和 LLM 都需要进行交叉注意力计算后，才能够通过解码器去一个字、一个字地生成文本。这意味着，需要为 LLM 提供有利于注意力集中的 Token，以帮助 LLM 找到更符合用户预期的生成内容。

5.3.1 告知发问背景

你走在路上，突然遇到一位智商爆表的师兄，你拦住他，急切地问他："怎么办？"

这位智商爆表的师兄该如何回答你？

那么，当你问 LLM "怎么办？"时，你期望 LLM 怎么回答你？在前面章节中提到过，当期望生成回答序列的时候，Transformer 模型会进行交叉注意力运算。如果问题的结构没有明确，Transformer 模型无法提供准确的生成序列。

你是手机没电了？还是忘记充值没了网络？你是崴脚了？还是错过汽车了？你是遇到了需要帮助的老奶奶？还是不知道地铁入口在哪？你是身体突发不适？还是不远处的街区遇到了火警？

如果没有明确问题的背景 (Background)，不要说人工智能了，就算是真人，也不知道怎么回答你。

以大学入学为例，如果想知道如何度过美好的大学生活，就需要首先告知 LLM，你的角色是什么。例如，以下问题会导致 LLM 回答的不同。

(1) 我该怎么办？

(2) 进入大学，我该怎么办？

(3) 我是大一新生，进入大学，我该怎么办？

(4) 我是大一新生，喜欢话剧表演，进入大学，我该怎么办？

(5) 我是大一新生，喜欢话剧表演，进入大学学习化学工程，我该怎么办？

(6) 我是大一新生，喜欢话剧表演，进入大学学习化学工程，但是参加社团活动压缩了我的学习时间，我想拿奖学金，我该怎么办？

以上问题，词嵌入不一样，通过注意力机制的计算后，运算得到的矩阵也不一样；所以进入交叉注意力环节之后，拿到的结果就不一样。生成词序列的时候运算得到的词也不一样。

通过人脑的简单分析，是不是回答最后一个问题的时候，最具有针对性？

在与 LLM 发生对话的时候，一定要尽可能清晰地描述事情发生的背景。因为描述性的文字越多，代表着词嵌入过程加入的参数越多，代表着注意力机制计算结果的不同，代表着 LLM 生成词序列准确性和针对性的提升。

尽量在与 LLM 发生文字交互的第一时间，告知发问背景。

【拓展阅读 5-3】
告知发文背景
(Background)

5.3.2 确定需求

想好你需要从 LLM 得到哪方面的帮助，了解你想要解决的具体问题是什么。你是想要一篇文章？解决数据分类问题？拿到一个菜谱？制订一个旅行计划？

往往人的初步思维是大而化之的，有一个大的目标。为了达成这个大的目标，实现路径是复杂的。很久以来，人们一直采用一种名为分治法的方法对复杂问题进行细化处理，即将一个大问题分解为数个小问题，只要解决了所有的小问题，就意味着解决了大问题。

比如，我想吃拔丝苹果。在现实中，这是一个很复杂的问题。很多成年人都无法解决。如果要解决这个问题，可以使用分治法，将我想吃拔丝苹果这样的表述分解成多个的小步骤，然后尝试对这些小步骤进行说明，如图 5-7 所示。

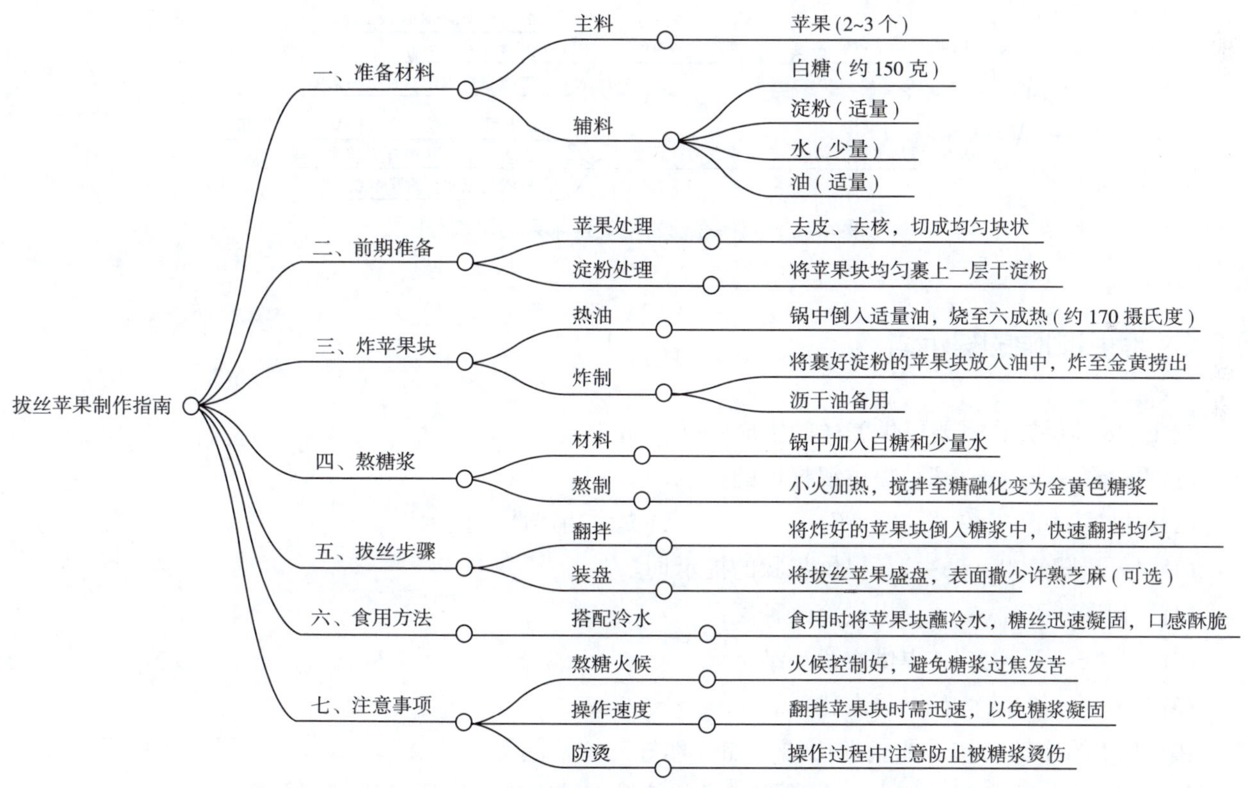

图 5-7　拔丝苹果的制作过程的思维导图

某天，作者正在巴黎出差，突然想吃拔丝苹果了，怎么办？如图 5-8 所示。

不同的情况会导致不同的解决方案。如上所述，就算采用分治法将大问题分解为小问题，也需要描述前提背景。

分治法可以帮助找到简化复杂问题的方案。当问题能够被划分为多个更小但性质相同的问题时，尽量对先对大问题进行切分，以便 LLM 在计算词嵌入时能够更有针对性。

【拓展阅读 5-4】
需求
(Requirement)

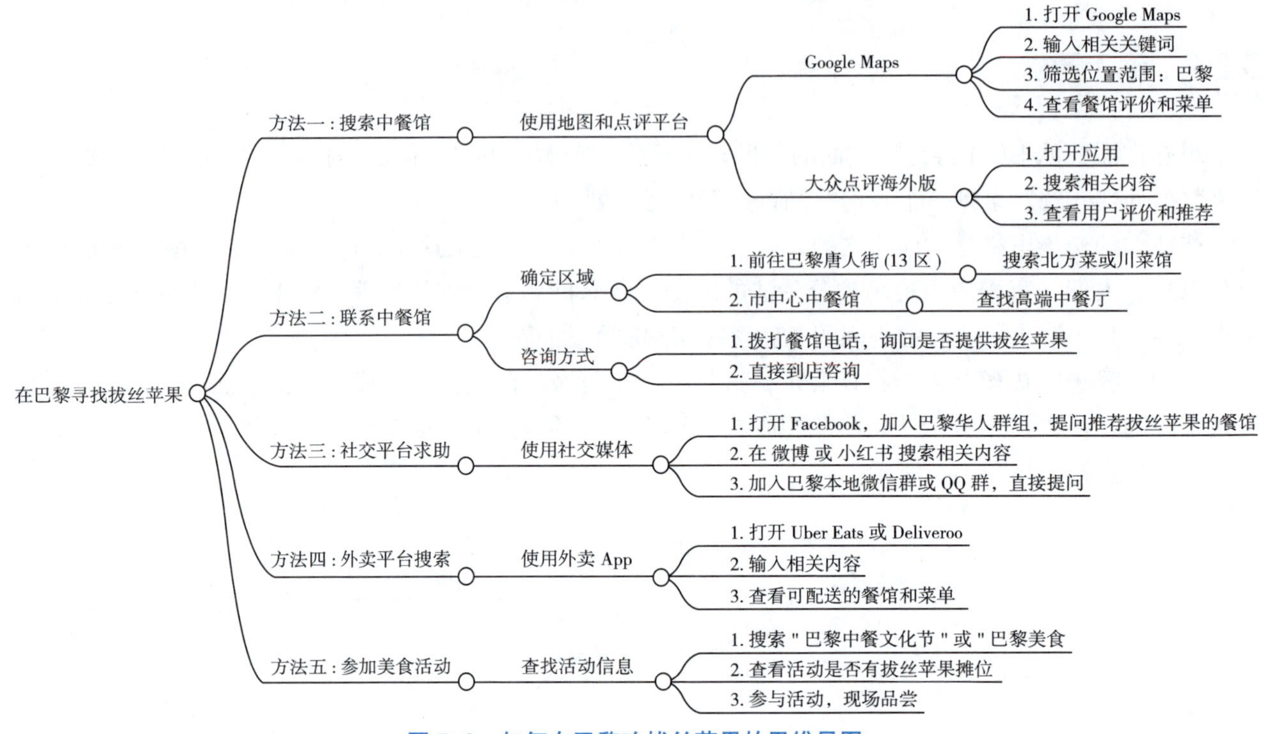

图 5-8　如何在巴黎吃拔丝苹果的思维导图

5.3.3　使用明确的提示词

让 LLM 能够知道需要提供怎样的生成序列，如：

(1)“解释一下，……”，提供解释性的提示词。

(2)“描述一下，……”“介绍一下，……”，提供描述性的提示词。

(3)“分步骤给出，……”，提供步骤的提示词。

(4)“翻译一下，……”，提供跨语种翻译。

(5)“小结一下上文”，提供文章小结。

(6)“……，给出建议”，寻求建议。

由 LLM 的原理得知，礼貌性用语，如“你好”“请问”“劳驾”“麻烦一下”“谢谢”等，并不能提升 LLM 的准确度或效率。人类情感目前并没有被人工智能所理解，因此情感类的语言，也无法提升 LLM 的效率。相反，这些情感性的词语会影响词嵌入，理论上会影响 LLM 的理解，导致 LLM 耗费大量的算力计算无用信息。

【拓展阅读 5-5】
使用明确提示词

如果提问的是专业领域的，需要通义千问提供专业性的介绍，由于一些专业性的词语具有更高的权重，因此在提问时，尽量使用专业术语，让 LLM 能够得到这些敏感词汇的词嵌入。

5.3.4　告知目标

告知 LLM 聊天的目标 (Objective)，也可以显著提高其词序列的生成效率和质量。只有告知 AI 目的是什么，它才能更好地理解人的具体工作。因为在生成的词嵌入向量的时候，LLM 会将目的作为一个很高权重的词输入。在进行计算的时候，自然会寻找这些高权重的词的临接词。在没有明确目的的时候，LLM 只会将一些默认设置或者默认情况的一般性回答作为词序列生成产出。这就有可能导致输出产出的产品与使用者的期望之间产生偏差。

直接、相关的答案往往是 AI 使用者所期望得到的。AI 输出的词序列是否是直接、相关的，这与告知目的是非常相关的。如：

(1) 我要好好学习《中国近现代史纲要》。

(2) 我要创作小红书风格的作品。

(3) 我要找到一个食谱。

(4) 我要去吉隆坡旅行。

(5) 我要写一篇销售情况报告。

(6) 我要解决一道算法研究题。

……

【拓展阅读 5-6】
目标 (Objective)

类似的描述可以帮助LLM将注意力进一步集中，问询矩阵(Q)就会更加贴近用户的真实询问意图，这样就可以生成更好的词序列。

5.3.5　反馈确认

在获得了一个生成的词序列后，不能盲目地认为 LLM 说的就是对的。它可能涌现幻觉，这是 Transformer 模型本身所决定的。要知道，通过计算拿到的 Token，也许并不是你真正想要的答案。从万万个 Token 中分辨出一个来，本身就不是一件容易的事情。因此需要在拿到生成的词序列后，对词序列进行阅读理解，判断它算得对不对。如果你无法分辨对不对，或者合不合理，你需要把生成的词序列进行一次反馈，问 LLM 这个词序列对不对。因为给定了词序列之后，对一个词序列的生成顺序进行判断比预测整个词序列容易。

【拓展阅读 5-7】
对生成词序列进行反馈确认

避免使用过长的词序列生成。越长的词序列生成意味着残值连接做得越多，梯度消失越有可能发生。如果期望得到的词序列很长，建议使用分治法，将大问题进行降维，切分为同质的小问题后，分别进行提问。在得到小问题的生成词序列后，再对这些小的解答进行回馈确认。

5.4 通义千问在教育领域的展望

生成式人工智能在教育领域有着良好的应用前景。通义千问作为 LLM，能够通过运算对用户的提问作出响应。基于 Transformer 模型的原理，通义千问能够计算出用户提问的词嵌入向量，通过计算给出距离最近的词，并且生成一个词序列作为输出。因此，生成的这个词序列理论上就是与提问的词序列最相关、距离最近的输出。只要不是扩展知识外延，在现有的人类知识范围内，LLM 还是知识最渊博的存在。

【拓展阅读 5-8】
生成式人工智能在教育领域的应用前景

让这个知识最渊博的存在，作为书童，辅导一下学习，这不过分吧？

通义千问的官方网站是 tongyi.aliyun.com，网站主页如图 5-9 所示。单击“立即登录”按钮，用刚注册过阿里云的手机号进行登录，就可以使用免费的通义千问。

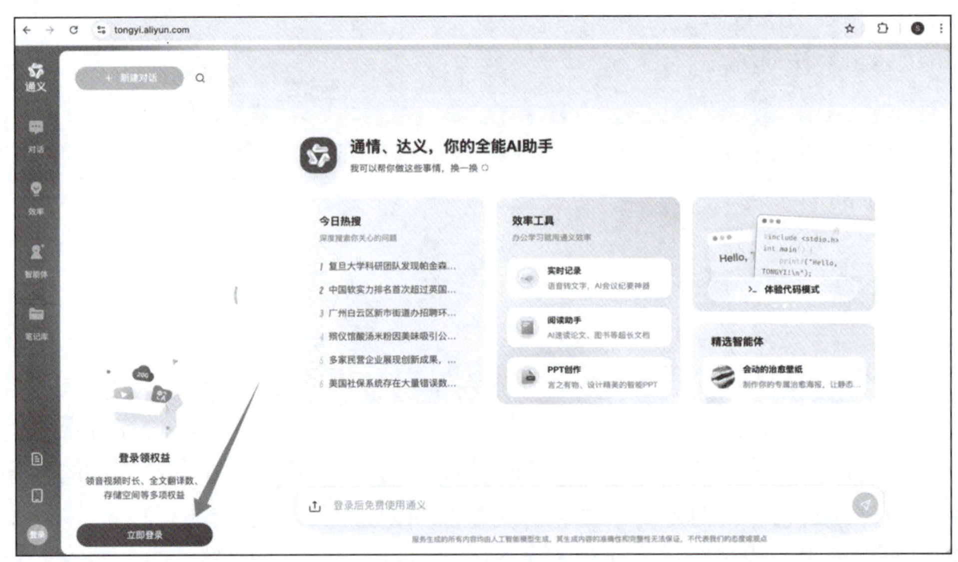

图 5-9　通义千问的主页

5.4.1　辅助教学：个性化学习计划制订

如果需要通义千问辅助进行课程学习计划制订，用户首先需要描述自己的课程内容和信息，让通义千问书童帮忙制订某一门课程的学习计划。

如果对中国音乐史感兴趣，想要学习《中国音乐史》，制订一个 1 周的学习计划。进入百炼平台，在通义千问的输入区域输入：“1 周学习《中国音乐史》，每天 2 小时，列个计划。”通义千问给出的参考，如图 5-10 所示。

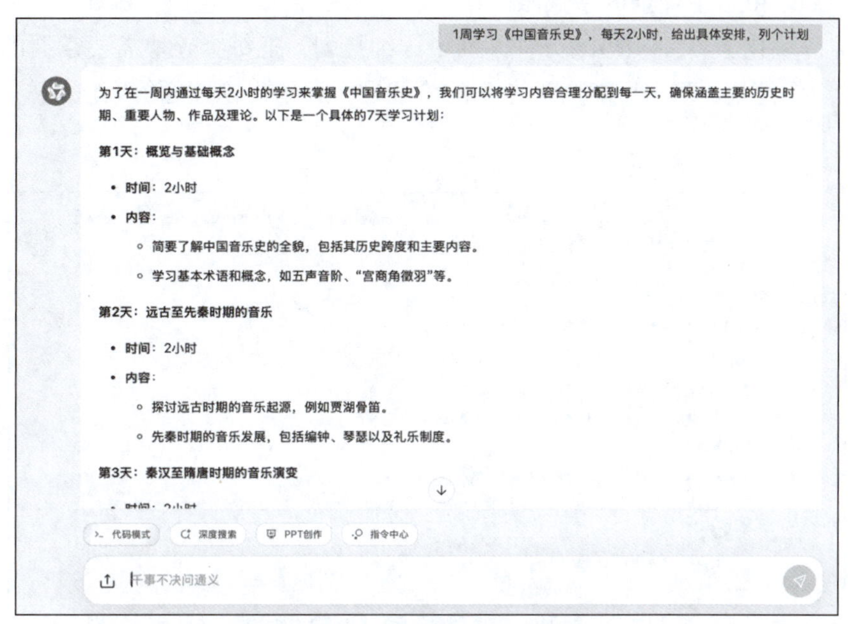

图 5-10　制订个性化学习计划第一步

此时，告诉通义千问的内容是：课程名、时间安排。由此生成的学习计划是比较粗糙的。如果加入更多具体需求，那通义千问辅助给出的计划就会更详细。

在通义千问的输入区域输入：“1 周学习《中国音乐史》，每天 2 小时，碎块化学习，每次 15 分钟，列个详细计划。”(图 5-11)

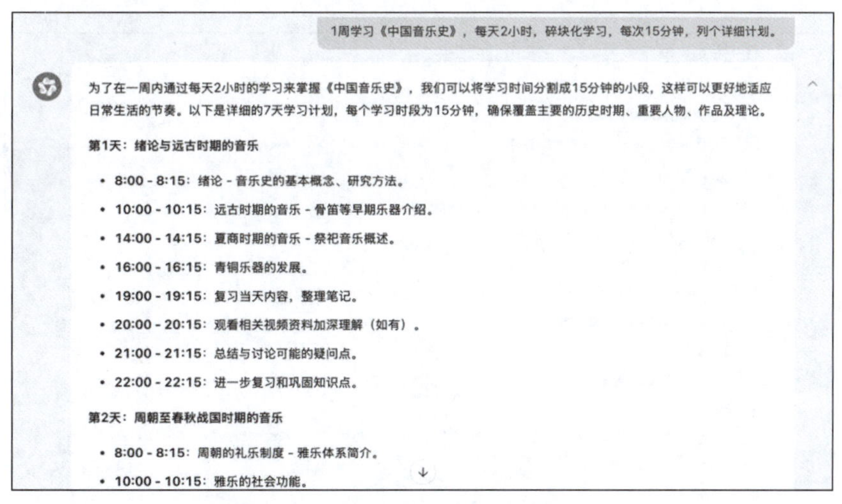

图 5-11　定制个性化学习计划第二步

通过对比，可以发现：提示语中，增加了每次学习的时间长度，增加了关键字“详细”，通义千问给出的学习计划，就变得细致、有了一定的操作性。

如果对某一天具体该怎么办还不明白，还可以继续添加关键词，让这份学习计划更加详细。而更加详细的学习计划，由于生产词的字数限制，可以分天去要求 AI 生成。例如："1 周学习《中国音乐史》，每天 2 小时，碎块化学习，每次 15 分钟，列个详细计划，把每个碎块需要掌握的知识详细解释一下，写出每一步的复习笔记，列出可能会被考到的论述题，并给出论述题答案。第一天的生成一下。"(图 5–12)

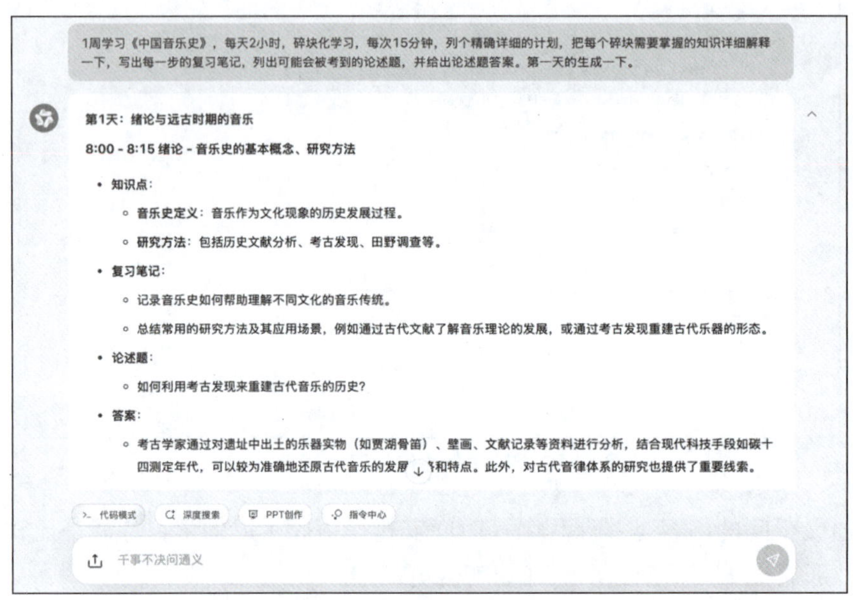

图 5–12 定制个性化学习计划第三步

如果需要第二天的学习计划，继续在对话框中输入："第二天。"(图 5–13)

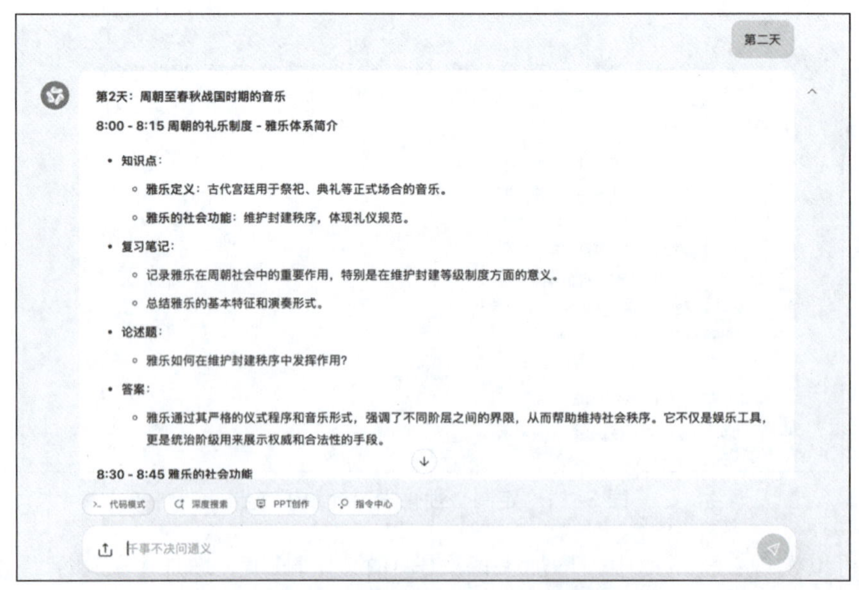

图 5–13 定制个性化学习计划第四步

如果对生成的学习计划满意，觉得没有需要再增加的了，就可以继续生成第三天、第四天、第五天、第六天、第七天的学习计划。如果觉得需要增加需求，则继续增加需求。

【案例 5-1】
中国音乐史复习方案

通过该案例，读者可以发现，这种学习计划已经非常细化，如果还有需要学习的内容，可以告诉 AI，你还要学习什么。只要将这份学习计划打印出来，逐条实现，就能够进行个性化学习了。

不知道该如何学习，又希望通过 AI 辅助列学习计划的读者，可以在实验中尝试制订一些课程的学习计划，用以指导自己的学习节奏。

5.4.2　学习助手：智能答疑、知识点讲解

【案例 5-2】
中国音乐史知识点讲解示例

除了制订学习计划之外，通义千问书童还可以帮助用户对重难点进行分析与讲解，帮助用户答疑解惑。比如，对孔子的音乐理念不太理解，需要通义千问书童帮忙讲解一下，就使用激励词：“解释一下：……”后面加上你不太理解的内容，或**“解释一下：孔子的音乐理念：音乐不仅是艺术，更是修身齐家治国的重要手段”**。

通义千问书童将会对你不太理解的内容进行详细解释，如图 5-14 所示。

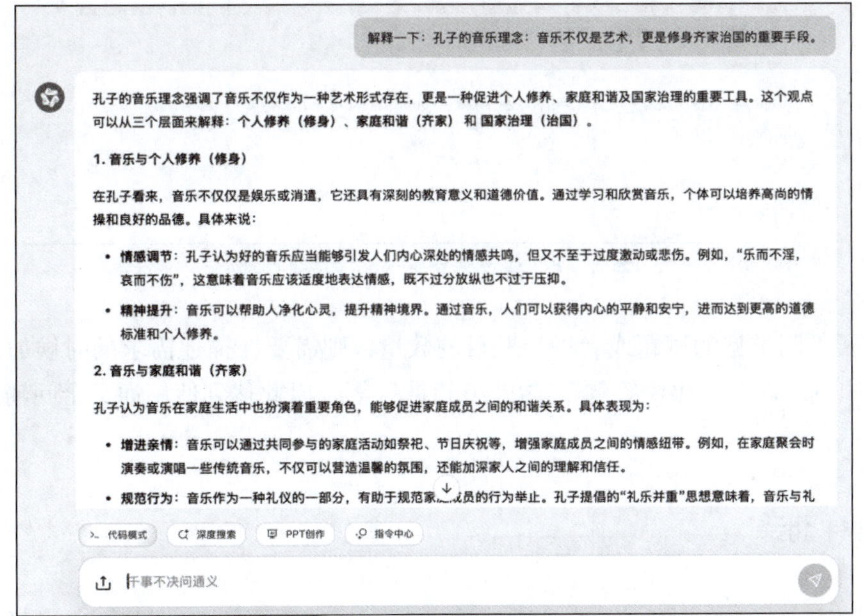

图 5-14　协助进行知识点答疑

通过通义千问能够生成与知识点相关的词序列。在多维向量空间中，与“孔子的音乐理念：音乐不仅是艺术，更是修身齐家治国的重要手段”这个词嵌入向量最相关的“解释”，就是上面的词序列，基本上能够涵盖孔子音乐理念的所有相关内容了。

5.4.3 生成测试题

如果用户对自己学习的内容不太自信，需要通过一些题目自测一下，那么通义千问可以帮助出一些自测题。此时，用户需要告诉通义千问，你所需要的题目类型，通义千问会给出题目、答案和解析，供用户参考。

例如，用户在对话框中输入：“**帮我出几道孔子音乐理念的四选项单选题，给出答案**。”通义千问就会给出对应生成的词序列，如图 5-15 所示。

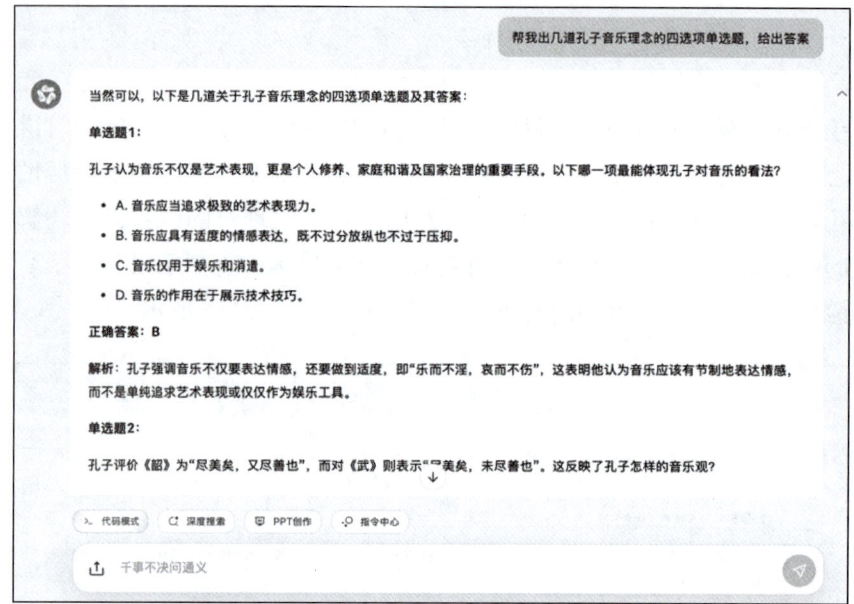

图 5-15 通义千问生成的课后练习题

如果用户需要不同类型的试题或者增加题目的数量，则需要在描述需求的时候加入对应的关键性提示内容，如“出判断题”“出简答题”“出 20 道题”等，以此达到使用通义千问辅助学习、巩固所学内容的目的。

5.4.4 不同语种翻译

自然语言处理这个分支在诞生之初，就肩负着机器翻译的重要任务。目前 AI 已经可以较好地进行多语种之间的跨语种翻译。

加入关键激励词汇“将以上内容翻译一下”，就能很好地应用 AI 进行语种间的互译。默认情况下，汉语会被翻译成英文，英文会被翻译成汉语。如果需要进行其他语言的互译，则需要添加关键性词汇，让 AI 进行翻译工作，如图 5-16 所示。

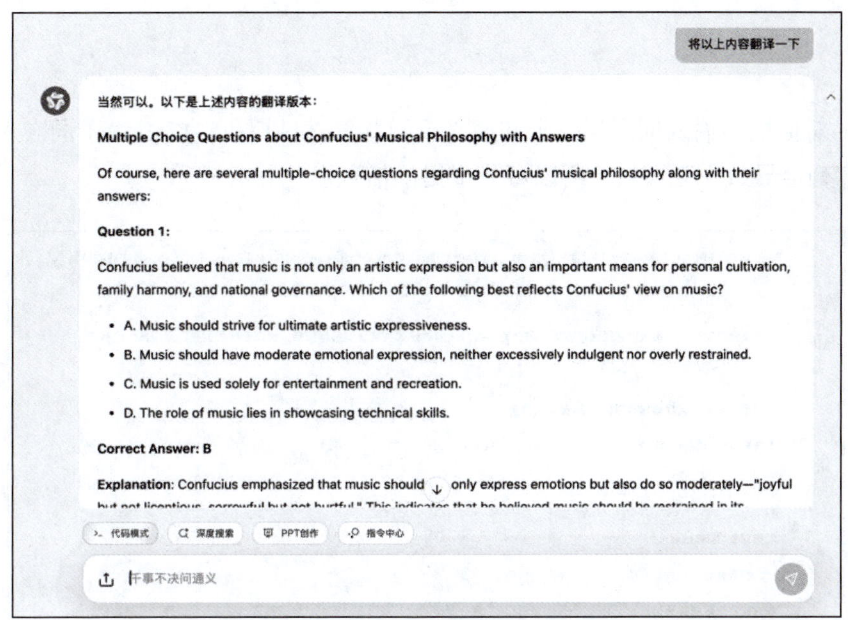

图 5-16　通义千问将中文翻译成英文

仔细阅读后发现，使用通义千问进行机器翻译的译文，已经非常符合人类的语法习惯，甚至比人工翻译的准确度更高。

通过本小节的讲解，大家可以发现，通义千问可以为用户的学习提供良好的支持。在实验、实践中，读者可以根据本小节介绍的方法，总结出一门课程的学习路径图，并且试试看，采用 AI 生成的学习路径图是否有助于提高学习效率。

5.5　办公场景

书童有时候可以充当秘书。在办公场景中，LLM 也能派上用场。

5.5.1　文档撰写：自动生成报告、优化写作风格

通义千问可以通过接收用户的指令和提供的数据来生成报告。假设一个场景：**厦门市我爱牙医医疗器械有限公司（虚构的公司），销售部经理要向负责销售业绩的副总经理汇报工作，需要一篇销售业绩报告**，而销售经理不知道如何撰写。使用 AI 辅助，它就能够撰写一篇销售业绩报告。

5.5.2　告知通义千问背景

在通义千问的对话框中输入词序列，告知通义千问背景材料(图 5–17)。由于词嵌入的时候需要进行计算，过长的词序列会导致失去重点，所以可分步提供信息。

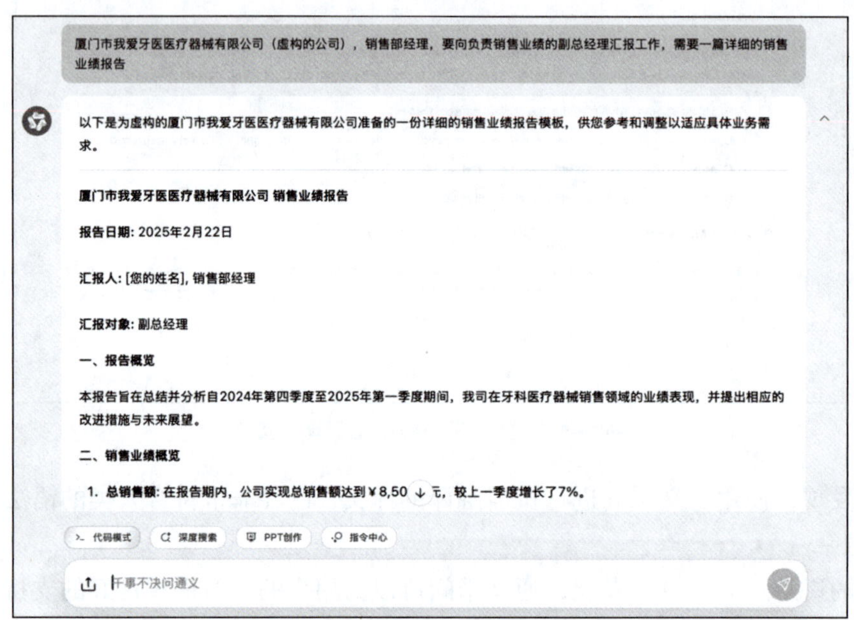

图 5–17　告知通义千问背景

在对话框中输入以下信息：厦门市我爱牙医医疗器械有限公司(虚构的公司)，销售部经理，要向负责销售业绩的副总经理汇报工作，需要一篇详细的销售业绩报告。

5.5.3　修正汇报内容

接下来，用户需要在对话框中输入具体销售数据。例如：“本市销售数据：上月完成牙科椅，全款 4 张，每张 70 万，比上上月少 2 张。分期付款 9 张，每张 82 万，比上上月多 5 张。花费经费 5 万块。”将修正数据输入对话框，如图 5–18 所示。

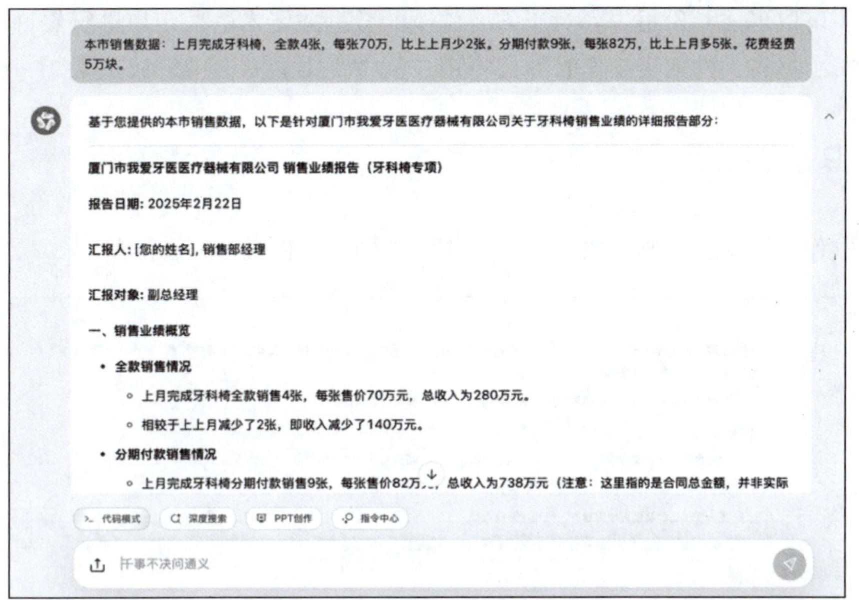

图 5–18　修订报告中的数据

5.5.4　补充内容

【案例 5–4】
虚构公司的销售业绩报告

介绍完本月销售情况后，发现还有以前的销售回款，也是销售部进行尾款回收的收入。在通义千问输入框中输入回款情况：“上月根据以前的销售合同，从 21 个牙医诊所回款 517 万元。回款的支票已经给了财务入账，实现了销售收入。”（图 5–19）

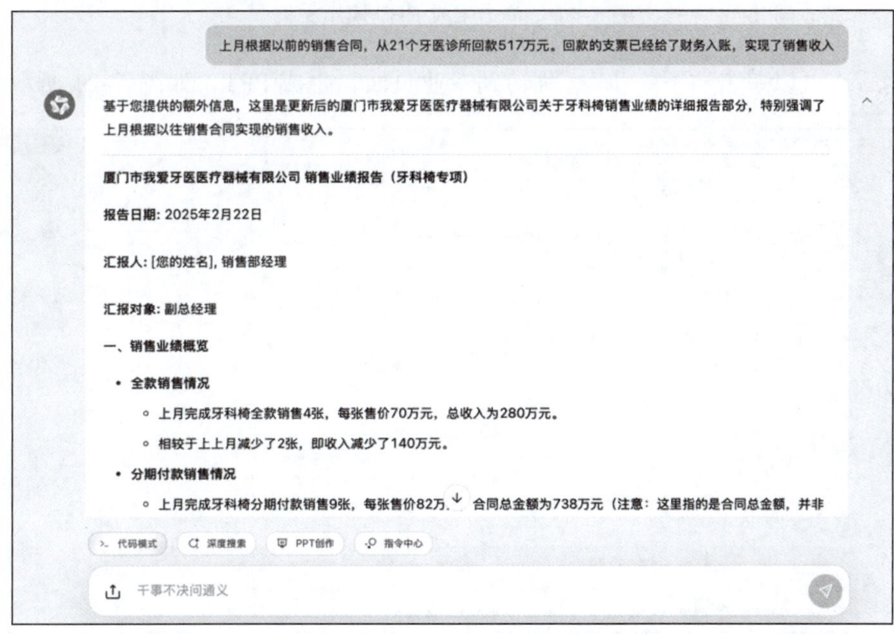

图 5–19　补充报告中的数据

复制粘贴后，可以形成一份报告。对于需要修改的数据或者术语，用户进行修订即可。利用 AI 生成报告能够极大减少报告人的案头工作时间，将用户从“文山会海”中解放出来。

5.5.5 制作 PPT

如果用户需制作演示文档，则单击“PPT 创作”按钮，如图 5-20 所示。

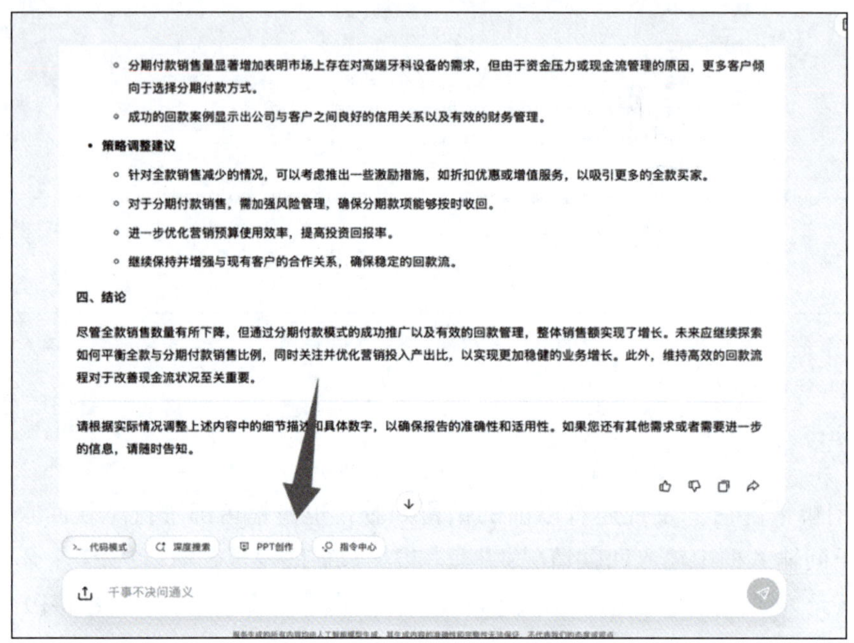

图 5-20　单击生成 PPT 演示文稿

在确认大纲后，可以单击“下一步”，跳转到专业页面，生成 PPT，如图 5-21 所示。

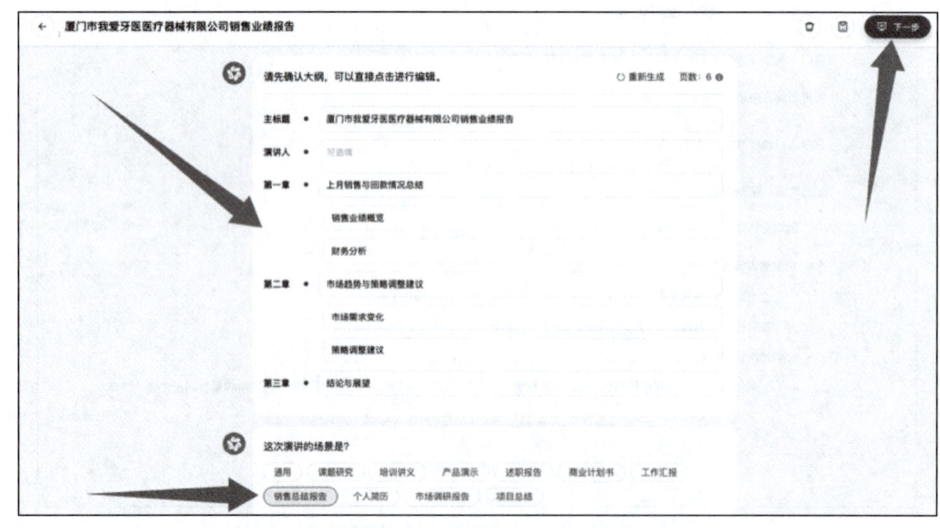

图 5-21　确认生成 PPT 演示文稿的内容和类型

在选择 PPT 模板之后，确认生成 PPT 演示文稿，如图 5-22 所示。

图 5-22　选择模板后确认生成 PPT 演示文稿

最终生成的 PPT 演示文稿，如图 5-23 所示。

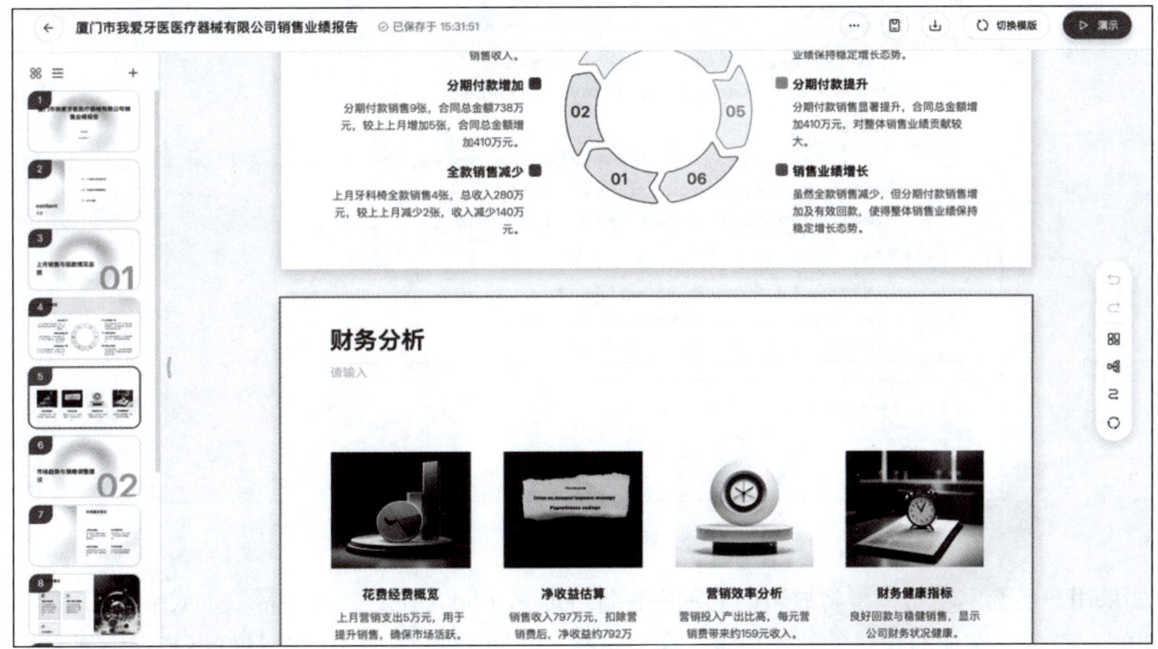

图 5-23　生成的 PPT 演示文稿

5.6　创意写作：小说初稿构思

人类具有 AI 不可模拟的优势：情感与创造力。用户可以把 LLM 当成一个听话的书童，指导它进行写作。但是，如果要将 AI 写作的内容发表到各大网站，需要遵守各大网站关于 AI 生成文章的规定。

5.6.1　利用通义千问构思小说

由上一小节的举例中，可以发现，通义千问可以提供一定的创意。实际上，通义千问可以帮忙构思小说，至少可以构思一部没什么深度的网络爽文。

用户在通义千问输入框中输入："我要写篇小说，赚点读者订阅的外快。想写一下网络爽文。该怎么办？"如图 5-24 所示。

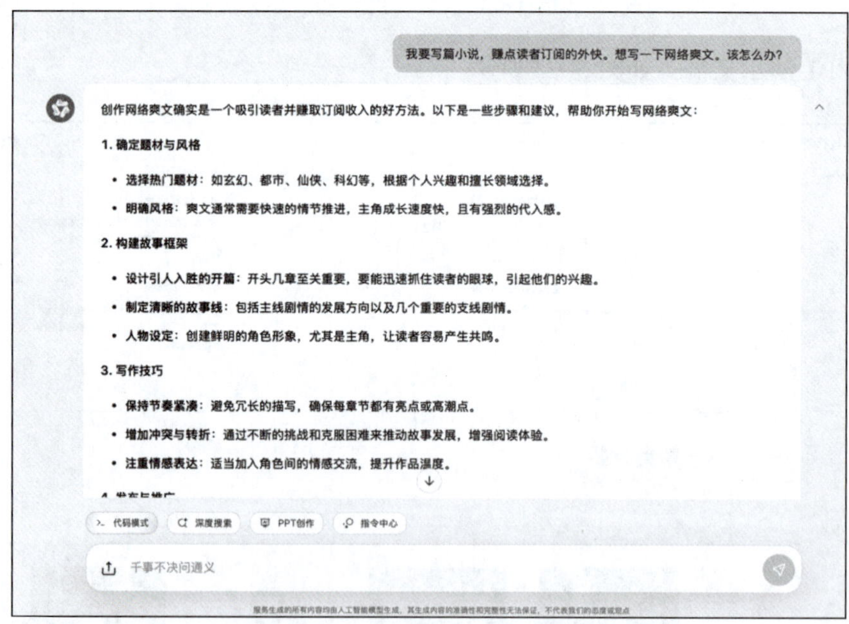

图 5-24　通义千问告知写小说时要注意的问题

如果用户已选定题材，可将故事的大致内容告诉通义千问，让通义千问帮忙生成细节问题。例如："我想写一篇关于修仙的题材的长篇小说，帮我进行一下规划。"（图 5-25）最好逐步告诉通义千问具体要完成到什么程度，不要一次性说完，这样可以较好地聚焦关键信息。

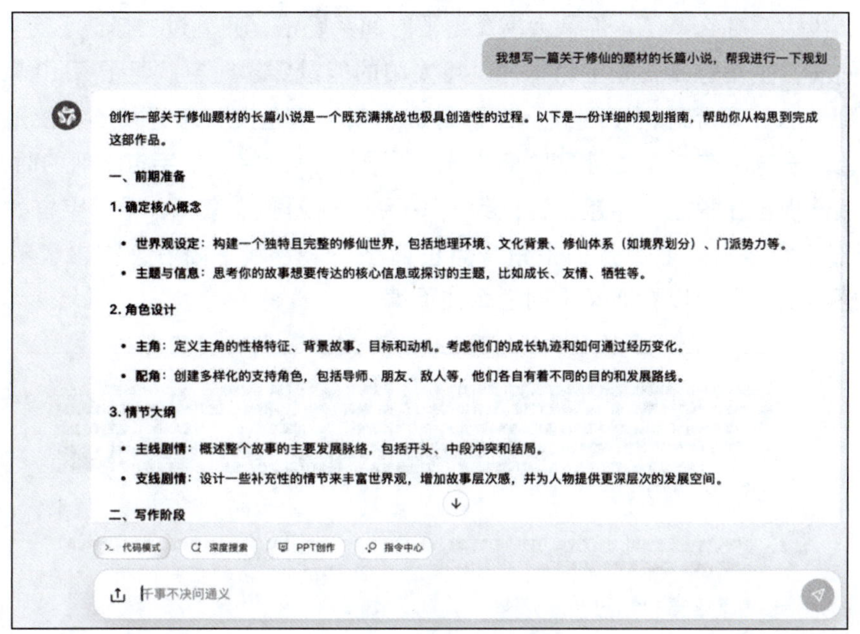

图 5-25　规划小说内容

如果用户想好了如何下笔，开始进行大纲创作，在通义千问输入框中输入“准备写 100 个章节，分成跌宕起伏的 10 个相互关联的故事”，如图 5-26 所示。

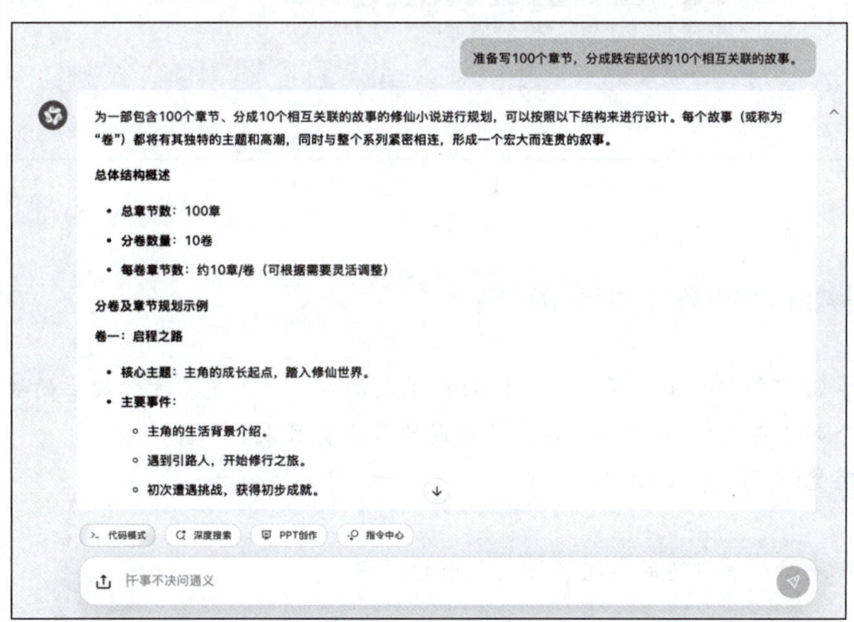

图 5-26　章节规划

如果用户觉得通义千问的规划过于一般，没有爆点，可以加入自己的思考，告诉通义千问你的想法，再利用通义千问设计小说内容，可以尝试融合一些网络爽文的共同特点。比如，你可在通义千问输入框中输入：**“主角开局是开天辟地时，伏羲身边的灯芯，前 10 章写如何修炼，终于变成了人；接着**

10 章帮助鲧治水，没大禹什么事了，但是大禹拿出了时间系魔法，回到过去修改了历史；然后 10 章写，为了维护神圣时间线，主角炼制日光宝箱神器，用太阳的能量穿越时空；再跟着 10 章写，由于太阳黑子爆发，没有回到过去，却穿越到了现代，当了霸道总裁，但是没有忘记初心，使用科技的力量，制造戴森球吸收能量，准备制造二级文明的时间机器；再跟着 10 章写，坐宇宙飞船的时候被黑洞捕捉到，但是伏羲大神突然出现，保护主角穿越宇宙，到了平行宇宙；再 10 章写，平行宇宙的盘古大地上的神明莽阴谋吞并全部平行宇宙吸收力量，主角身为位面之子，召唤了陨石，打击了莽……”（图 5–27）

如果用户灵感不足，还可以看通义千问怎么往下编。

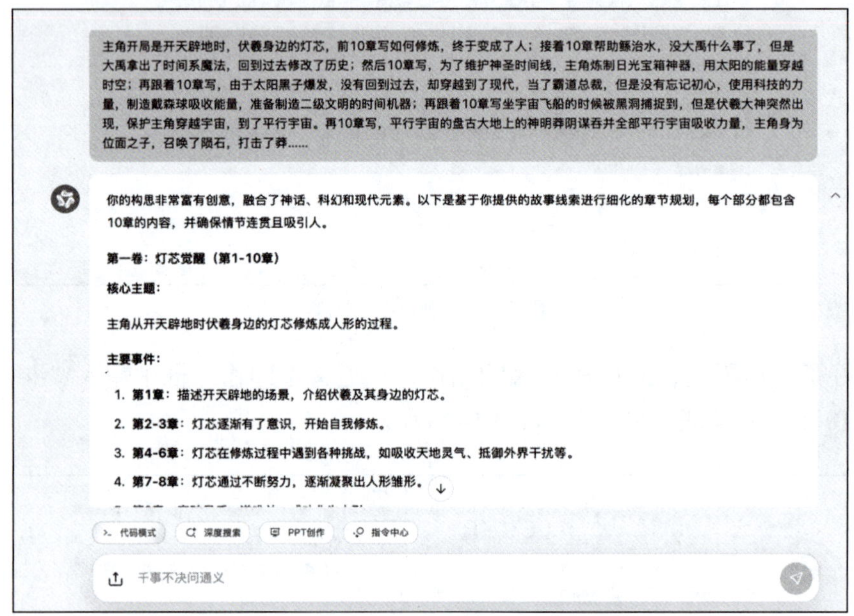

图 5–27　人机协同，共同进行小说章节策划

5.6.2　作者和 AI 协同创作小说提纲示例

你的构思非常富有创意，融合了神话、科幻和现代元素。以下是基于你提供的故事线索进行细化的章节规划，每个部分都包含 10 章的内容，并确保情节连贯且吸引人。

第一卷：灯芯觉醒（第 1–10 章）

核心主题：

主角从开天辟地时伏羲身边的灯芯修炼成人形的过程。

主要事件：

第 1 章：描述开天辟地的场景，介绍伏羲及其身边的灯芯。

第 2–3 章：灯芯逐渐有了意识，开始自我修炼。

第 5–6 章：灯芯在修炼过程中遇到各种挑战，如吸收天地灵气、抵御外界干扰等。

第 7–8 章：灯芯通过不断努力，逐渐凝聚出人形雏形。

第 9 章：突破最后一道难关，成功化为人形。
第 10 章：主角初具人形，回顾修炼历程，展望未来。
第二卷：治水传奇（第 11–20 章）
核心主题：
主角帮助鲧治水的故事，以及大禹使用时间系魔法修改历史的情节。
主要事件：
第 11 章：主角化为人形后，决定帮助人间解决水患问题。
第 12–14 章：主角与鲧合作，共同制订治水计划，展示智慧与力量。
第 15–17 章：治水过程中遇到重重困难，主角凭借自身能力化解危机。
第 18 章：治水成功，但大禹出现，使用时间系魔法回到过去修改历史。
第 19 章：主角意识到历史被篡改，决心维护神圣时间线。
第 20 章：主角决定炼制神器“日光宝箱”，准备穿越时空修正历史。
（后略，可参阅案例 5–6）

从上面的例子可以看出，人类的思维天马行空，远非 AIGC 能够模拟的。AIGC 能够计算出来的词序列是有规律可循的，简单地说，AIGC 是有套路的。这个套路被作者称为**英雄成长之路**模式。市面上的文字材料大多数是什么样的，它就是什么样的，也就是同质化。目前市面上大多数的语料都是这种英雄成长之路，AI 通过计算发现这种套路的生成距离是最短的，因此生成的就是这种英雄成长之路模型。只有加入了人类的思维，它才能够源源不断地获得进步的真正动力。人类的创新思维也是非常重要的。

【案例 5–6】
作者与 AI 协同创作小说提纲示例

5.7　生活帮助

在其他生活领域，LLM 也能提供帮助。

5.7.1　旅行计划制订

通义千问可以帮忙生成旅行计划。如果你某一天心血来潮，想要看一看著名的巴黎埃菲尔铁塔，只要告诉通义千问，你的出发地，打算花多少钱，通义千问就可以生成一份旅行计划，供你参考。比如：**“我住在北京，想参观一下法国埃菲尔铁塔，预算 150 块。帮我生成一份旅游攻略。”**（图 5–28）

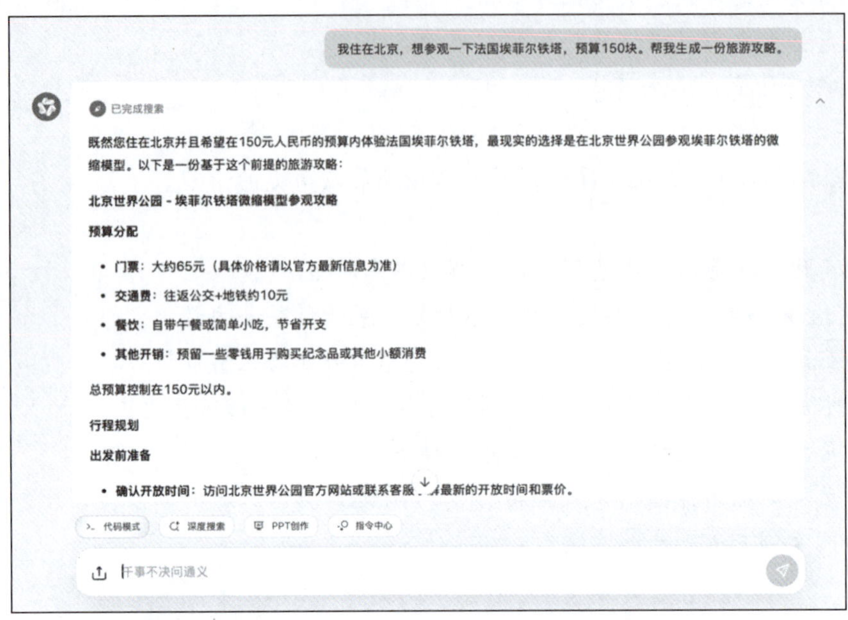

图 5–28　通义千问给出的 150 元参观埃菲尔铁塔建议

这是一份非常理想的旅行计划。通义千问将较少的旅行花费、出发地、目的地联系了起来，给出的旅行安排，就是人能想到的唯一解决方案。那是因为在通义千问的语料库中，埃菲尔铁塔和北京、世界公园距离较近，加上 150 元的花费，限定了词嵌入的内容，于是生成了非常靠谱的词序列。如果将预算设置得较为充足，通义千问就会生成另外一个答案。比如，用户在通义千问输入框中输入："预算 150000 呢？"（图 5–29）

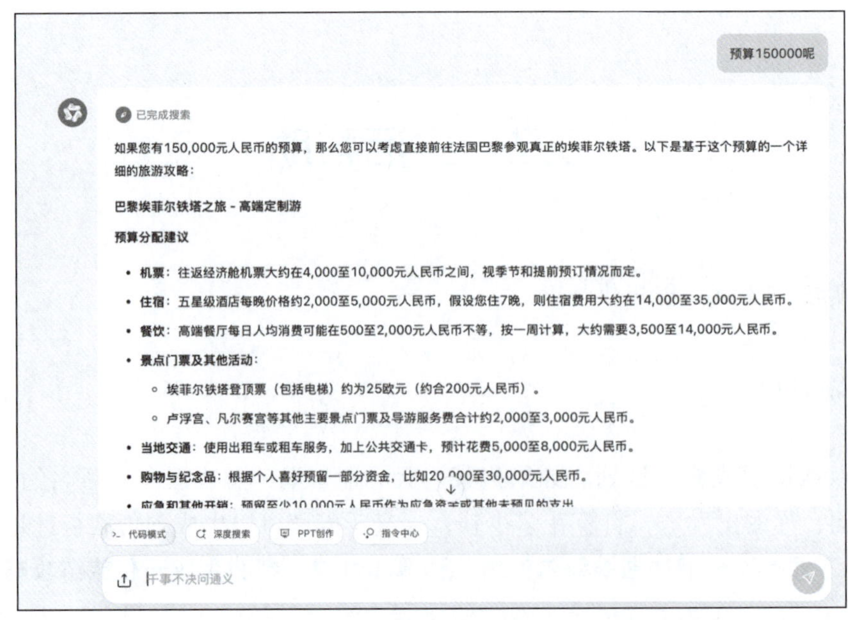

图 5–29　通义千问给出的 150000 元参观埃菲尔铁塔建议

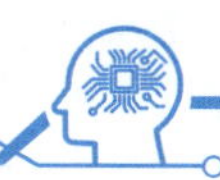

不同的描述会导致通义千问给出的答案不同。因此，用户在描述需求背景时应尽可能翔实，不要有歧义。如果你是旅游从业者，可以参考通义千问给出的建议，设计、规划一个高端旅行线路的产品。比如：**“具体规划一下。”**（图 5-30）。

【案例 5-7】开发旅行产品示例

旅行社可以参考上述法国巴黎旅游计划，由通义千问生成旅游产品。

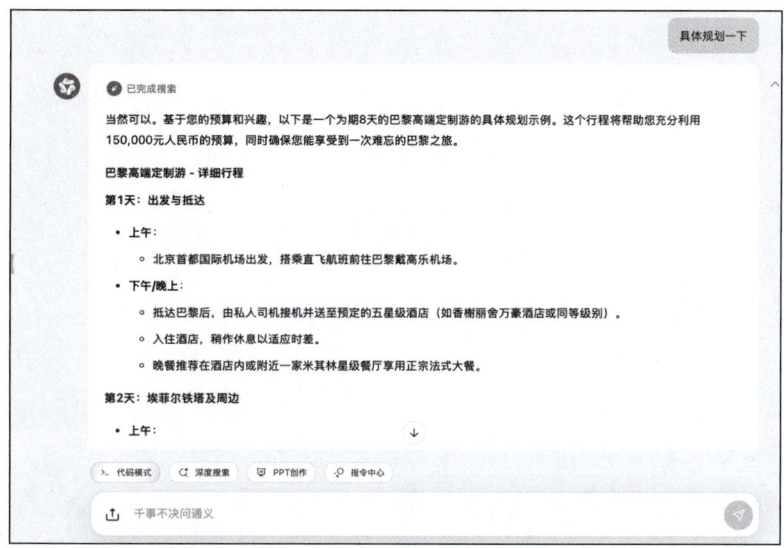

图 5-30　通义千问规划的旅行线路

5.7.2　健康顾问

如果人的身体状况不太好，在去医院之前，可以询问通义千问，以获得最具可能性的参考意见。比如：**“睡觉的时候会打呼、做噩梦、喘不过气，请问生了什么病？会不会死？”**（图 5-31）

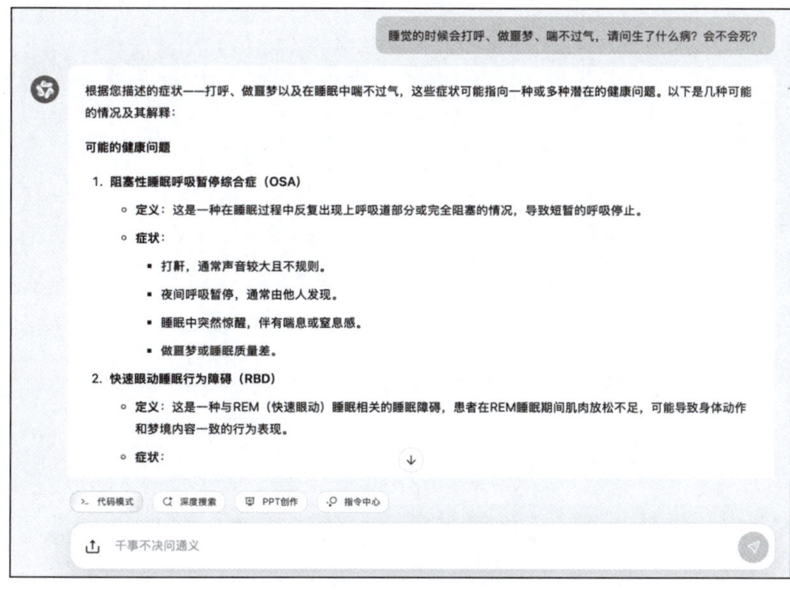

图 5-31　通义千问给出的健康评估

由于人体是生物性的，个体差异十分显著。现实中，人生病了并不能真正依赖 LLM。去医院主述病情，与向通义千问主述病情的过程类似，而且 LLM 是世界上知识最渊博的存在，同样，LLM 是医学知识最渊博的存在。但是，当人感觉身体有恙时，一定要去医院，接受医生问诊、化验生化指标、听医嘱治疗。

第 6 章

AI“看”世界

计算机视觉 (Computer Vision，CV) 是人工智能的一个重要分支。视觉是人类感受世界的一个重要感觉，人类可以凭借视觉在脑中的意识世界建立起现实世界的投影。人工智能专家们自然也是竭尽全力，去研究如何给 AI 类似的在信息世界建立现实世界投影的机会。

计算机视觉的主要工作，就像是给机器装上了“眼睛”，不仅仅是简单地捕捉数字图像，而是要让计算机使用其计算能力，通过机器学习，识别这些图像中存在的模式，进而对图片或视频的内容或场景进行识别。

【拓展阅读 6–1】计算机视觉 (Computer Vision, CV)

就目前的技术手段而言，利用计算机和数字图像捕捉设备，如摄像头进行数据采集；利用计算机视觉系统模型，通过复杂的算法对采集的数字信号图像进行计算分析，完成各种人类预设给计算机的各种视觉任务，如人脸识别、交通流量感知、人类行为捕捉分析等。计算机视觉技术包括图像识别分类技术、图像目标检测技术、图像分割技术、人脸识别技术等。

6.1 图像分类识别技术

图像分类识别技术涉及的主要领域是让计算机识别数字图像中的对象。它是利用深度学习技术，透过卷积神经网络 (CNN)，通过提取数字图像中的特征，如颜色、形状、大小、材质、阴影等，让计算机对数字图像中的对象进行高精度识别。

首先，计算机通过手机、监控摄像头、数码相机等数字图像数据采集设备，**获取图像数据**，来“看到”世界。然后，进行**图像预处理**，要么调整清晰度、对比度，来提升图像质量；要么裁剪、缩放图像，来进行剪枝，以忽略不相关的背景。预处理的目的是凸显图像中的重要信息，减少不必须进行处理的无关数据。计算机从预处理后的图像信息中**提取有用特征**。有用特征包括但不限于颜色、形状等。最后，再根据这些有用特征，对图像数据进行分类，以识别图像中的关键信息。在进行分类之前，会有一个训练的过程，这个训练过程中，会采用诸如深度学习的卷积神经网络这样的模型来提取训练集中的共同特征来建模。提取出来的特征作为输入进入模型来运算，识别这些特征属于哪个聚类。

【拓展阅读 6-2】
图像分类识别技术

6.1.1 图像预处理

1. 预处理过程

就像在炒菜前需要买菜、洗菜、切菜一样，在对图像进行识别之前，需要对图像进行预处理，如图 6-1 所示。

【拓展阅读 6-3】
图像预处理

(1) **读取图像**。这个过程就像买菜一样。从菜市场、超市买回来心仪的菜。计算机要先获取到图片，然后将文件从摄像设备中，存入计算机硬盘，进而存入计算内存。

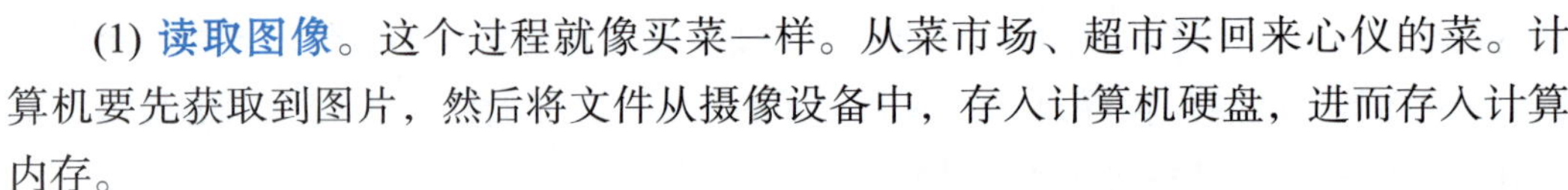

(2) **调整图像**。这个过程就像切菜，菜太大了不好处理，就需要把菜切一下。比如，数字设备获取的图片太大了，就需要将图片进行切割；获取的图像太小了，就需要放大。

(3) **归一化**。这个过程就像是把菜拿出来清理干净。比如，如果模型与色彩无关，就黑白化，变成黑白灰度图片，进而变成 0、1 二值矩阵。这样做的目的是减少计算机运算量。

2. 处理过程中对图片的操作

在预处理过程中需要对图片进行如下操作：

(1) 将获取的大图片改为合适的大小。

(2) 根据苹果的颜色特征，去除无用部分。

(3) 将颜色图片变成灰度图片。

(4) 进行剪裁，保留数据区域，去除无用部分。

(5) 灰度部分二值化，尝试进一步对图像部分数据进行归一化处理。直到能够较好地展示图像轮廓，以便生成对应的计算矩阵。

6.1.2 特征提取

完成了图像预处理工作，使得图像数据转化成了适合计算机进行机器识别的模型。最后产出的二值化图像，就是我们期望输入计算机的信息。不管是用于进行机器学习训练用的苹果数据集，还是通过视频设备采集的测试数据，都需要经过相同的预处理过程。这样就降低了复杂度，计算机就能够更好地利用训练集和深度学习算法，更好地“理解”图片中的内容。此时，采用监督学习方法，能够高效地让计算机找到标记过后的苹果训练集特征，进而识别出采集的数据是不是苹果。

图 6-1　图片的预处理过程示意图

处理方案是准备进行边缘检测，以获取图像的轮廓，得到识别物的边界形状。人眼通过色彩或者灰度的变化来识别边缘。从人的视角来看，物品边缘会是颜色或者亮度发生显著变化的地方。而计算机则根据某个阈值来决定是否保留图像中的像素特征。本质上，就是在检查某一个像素点，是否与周围背景像素点有很大的不同。

保留就是 1 (黑色部分)，不保留就是 0 (白色部分)。因为彩色太复杂，所以将复杂的问题简单化，才有了上面的预处理过程。于是，计算机就“发现了”苹果的轮廓边缘。

通过深度学习算法，计算机能够通过统计计算，获取轮廓边缘的变化规律。

特征提取，不是只有边缘检测一种方式。在图像中含有的规律远比边缘检测丰富。这些特征包括且不限于颜色特征、形状特征、纹理特征、空间特征等。

【拓展阅读 6–4】
图片特征提取

然后，用分类算法，如卷积神经网络，将图像中的检测物进行分类。

6.1.3 分类算法

1. K- 最近邻居 (KNN) 方法

K- 最近邻居方法的核心思想是，如果一个样本在特征空间中，有 K 个最相邻样本也属于一个聚类，那么这个样本也属于这个聚类。通俗地说，就是如果这个样本长得像苹果，那就是苹果。如果这个样本长得像香蕉，那就不是苹果。获取了轮廓线之后，对比轮廓的形状，可以计算采样的模型是不是与苹果足够像。如果新的采样样本与训练集的样本的距离短，可以找到最近的 K 个邻居，且这些邻居，都是苹果，那新的采样样本，就是苹果了。(图 6–2)

【拓展阅读 6–5】
K- 最近邻居方法 (KNN)

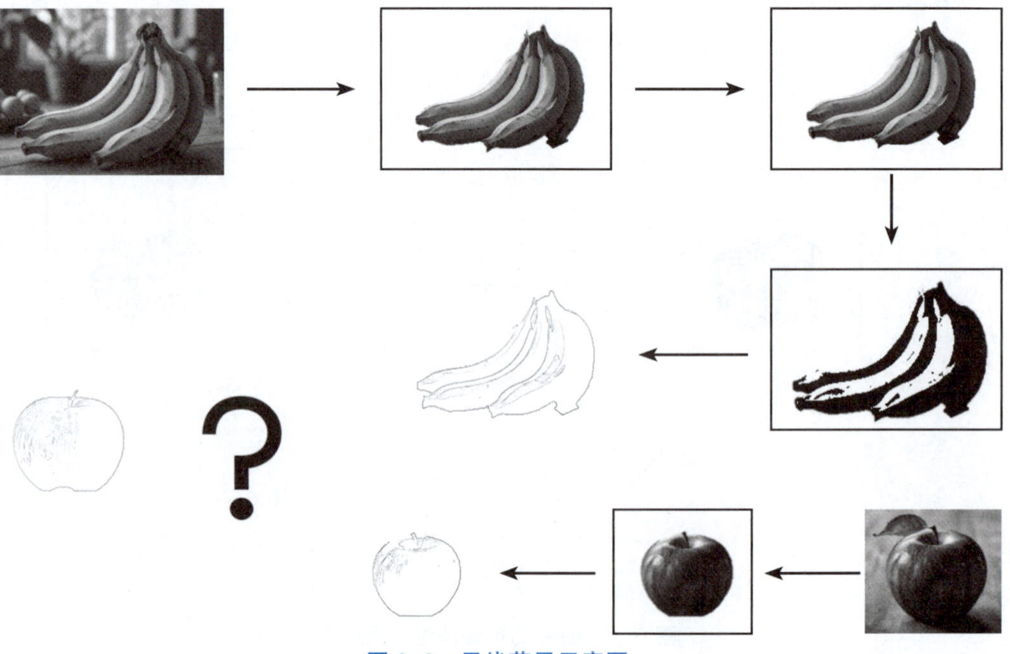

图 6–2　寻找苹果示意图

轮廓线转成可用于比较的数值特征，如矩阵、面积、周长等，如果特征能够在一定程度上描述苹果等特征，这些形状特征，就能帮忙进行分类。而水果等形状的确存在很大差异，因此这些差异可以被轮廓线有效描述且捕获。

2. 支持向量机方法

【拓展阅读 6-6】
支持向量机
(SVM)

与 KNN 不太一样，支持向量机的基本原理是构造一个超大、高维空间，将样本映射到高维空间中进行建模。简言之，就是采集很多个参数进行建模。如果用支持向量机的方法进行苹果分类，除了轮廓之外，苹果的颜色、纹理等，都可以作为构造超大、高。维空间的参数。需要将苹果的图像切成块并矩阵化，求每一个小块的特征值。此时，选择支持向量机的参数后，就可以开始支持向量机的训练过程了。

在构造了超大、高维空间之后，需要找到一个超平面，使得不同类别的样本，能够被最大限度地分隔开。这样的超平面被称为“最大间隔超平面”，如图 6-3 所示。绿色与红色的样本在低维度空间中混杂在一起了，无法使用一条直线对它们进行分隔。原因可能是多种多样的，但是最大的可能是参数不足够分类。只要多一些参数采集，就可以构造超大、高维空间。红色与绿色样本就可以被灰色的最大间隔超平面所分隔，也就达到了分类的目的。

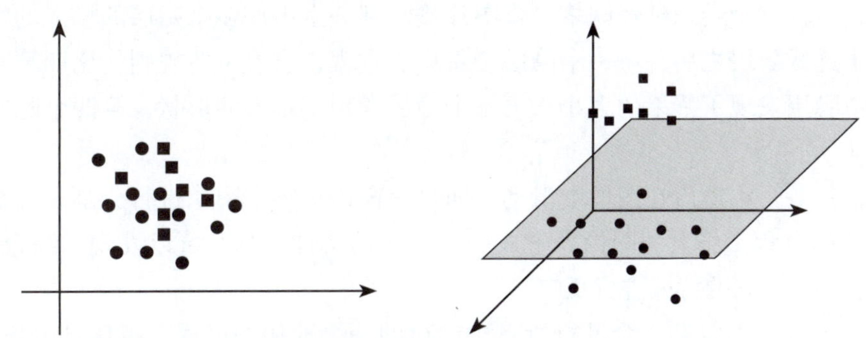

图 6-3　原本混杂在一起的数据，在高维空间中得到分类

支持向量是距离最大间隔超平面最近的样本点。它们的存在实际上支撑了整个最大间隔超平面，可以简单地理解为“柱子”。

这些“柱子”的存在，能够提高分类器的分类能力，减少了过拟合风险。因此支持向量机的模型能够最大限度地实现泛化。用农村宅基地自建房打个简单的比方来描述支持向量机的训练过程：地下室放杂物，一楼当客厅，二楼是主卧室加婴儿房，顶楼是隔热层。原来一大堆东西，就可以分门别类地放入各个功能区：买来一张婴儿床，归类到婴儿用品类，就知道该放到二楼；买来一台切割机，归类到杂物，就知道该放到地下室。简单来说，支持向量机就是将原本很难分类的东西泛化后进行分门别类。

从以上描述中，我们可以体会到支持向量机是一种监督学习方法。

3. 卷积神经网络

卷积神经网络是一个深度学习方法，是一种特殊的前馈神经网络。它擅长捕捉诸如边缘、纹理等图像的局部特征。通过卷积神经网络，能够透过多个隐层，寻找、发现潜在的人很难发现的模式。识别苹果过程的示意图如图 6-4 所示。

【拓展阅读 6-7】
卷积神经网络
(CNNs)

图 6-4　识别苹果过程的示意图

我们要理解卷积神经网络的方法。首先要回想一下，人脑是如何进行物品识别的。仍是以苹果为例，人脑识别图片中的物品是苹果，需要看物品的颜色、形状、大小、物品周围的空间环境等。

在进行卷积神经网络训练的时候，需要准备大量的标记好的数据集。将图片先做一个分类，在监督机制的框架下，运行这个卷积神经网络，将图片输入到一个由许多个隐层的构成的特殊网络。通俗地说，图片通过了这些隐层之后，每一个隐层会着意去发现、学习一些规则。比如第一隐层发现了苹果的边缘，第二个隐层发现了苹果的大小，第三个隐层发现了苹果的形状，第四个隐层发现了苹果的颜色纹理，等等。

卷积的过程，是一个小窗口在图像上滑动，通过小窗口对整个图像进行分割，以小窗口为单位检查图片的每一部分的过程。将大的图像分解成一个个小的特征矩阵，可以发现、综合这些重要特征，然后使用激活函数，对不同的特征进行反映。

为了让网络不要变得太复杂，会进行所有小窗口的一个池化的过程，将信息聚焦，减少计算量。在处理完聚焦过后的池化信息后，最后的几个隐层会综合，给出图像的类别。

6.2　图像目标检测技术

【拓展阅读 6-8】
图像目标检测

图像目标检测技术是在目标分类识别技术的基础上进行的。它不仅需要进行图像分类识别，还需要在图像中通过边界定位框，指出目标在哪里。简单来说，就是很多个物体，在图像中被找到、识别，并且被定位框框定，如图 6-5 所示。

在获取图像之后，将图像进行分割成几百个图像小块。然后使用目标检测算法，如 R-CNN(Region-CNN，一种将深度学习应用到目标检测上的算法)，检测这些图像块中是否有关键数据信息，如苹果、香蕉等被找到。由于图像块的数量众多，整个过程需要的计算量非常大。当

找到了关键信息，如苹果被找到了，就需要精确地对苹果进行定位。计算机通过绘制定位框来实现定位。

图像检测往往用在动态视频图像分析中。动态视频由视频帧组成。因此这个技术需要逐帧应用于视频。

目标检测通常应用于安防、交管等需要对视频进行分析的领域。

图 6-5 目标检测示意图

6.3 图像分割技术

【拓展阅读 6-9】

图像分割

图像分割技术，是将图像分成多个片段部分，每个部分都对应图像的一个特殊区域。获取重要信息的区域后，对于非重要信息，可屏蔽或忽略。

图像分割技术常用于医学影像学分析。由于病灶混杂在人体器官或者人体组织范围内，在医学影像中，往往很难分辨出高密度区域和低密度区域。要从庞杂的背景干扰中发现病灶，即使对于经验丰富的影像学医生来说，也不是一件容易的事情。不同组织器官、不同病灶产生的影响是不同的，需要关注的影像特征也是不一样的。所以在获取了医学影像之后，需要进行图像分割，只关注需要关注的部分，如图 6-6 所示。该图片来源于一篇发表于 2019 年的 *IEEE Transactions on Medical Imaging* 的论文 *CE-Net*：*Context Encoder Network for 2D Medical Image Segmentation*。本书并不讨论技术细节，只是引用了一张看起来比较清晰的图像及其图像分割后的展示效果。

在磁共振成像 (Magnetic Resonance Imaging，MRI) 对人体特定部位进行扫描之后，可以捕捉到人体内部结构。由于其特殊性，这些图像往往是灰度图。图像的灰度主要反映组织的质子密度以及 T1

和 T2 弛豫时间等特性。在这些灰度图中，不同的部分代表着人体不同的组织。在**捕捉原始图像**之后，采用图像分割算法可以将这个**图像分割**为成千上万个小图像进行分析。如果某些区域的图像像素非常相似，就可以把这些相似的像素看成一个区域。例如，肌肉组织是一种颜色灰度；如果周围器官组织密度较大，则是另外一种颜色灰度；由于器官组织的密度不同，各个器官之间对比，也会显现出不同的灰度图像。可以将这些相似像素进行整合，来进行图像分割。如果某个低密度区域产生了一个高质子密度的组织，就会被图像分割技术识别出来，并高亮显示出来；如果某个高质子密度区域产生了低质子密度区域，也可以被图像分割技术识别出来，并变黑显示出来。也就是说，图像分割技术可以根据每个区域的**特征识别**运算结果，将图像中的不同组织类型分割出来。

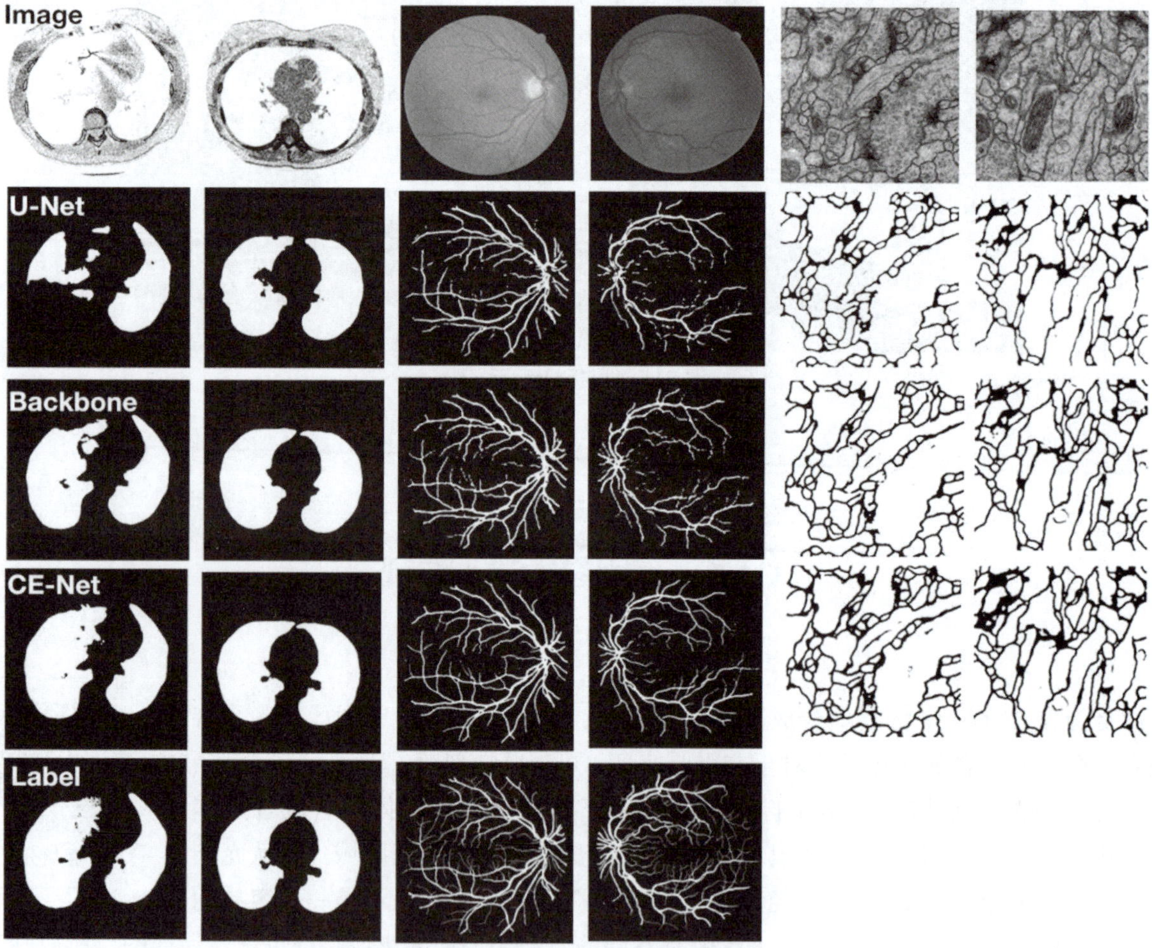

图 6–6　对医学影像进行图像分割

在观察眼球照片的时候，关注点如果是血管，其他的眼球组织如果共同存在于同一张影像中，就会影响医生的观察。此时，可以采用图像分割技术，仅保留参考意义重大的眼球血管分布，供眼科医生参考。其原理是血管与周围组织的图像有些许色差。通过对像素的分析，以像素为参考，对图像进行分类，就可以分割出血管分布图。

图像分割分为语义分割与实例分割两种。

(1) **语义分割**是一种像素级别的图像标注技术，它将图像中的每个像素分配给一个预定义的类别 (如出血区、水肿区等)。所有属于同一类的对象都会被标记为相同的类别，而不区分具体实例。这意味着，图像分割后，器官不会在图像区域中被同时标识出来。比如，脑卒中的影像，就只会标记出血区域、水肿、梗死等病理状态，而不会单独标记每个具体出血点。因为对于脑卒中来说，了解病变的整体分布和影响范围，远比了解每一个病灶实例重要。了解出血区域的总体大小和位置可能比知道具体有多少个出血点更重要。因此，语义分割已经能够满足大部分诊断和治疗规划的需求。

(2) **实例分割**可以识别影像中的不同组织，除了标记之外，还需要识别。实例分割要处理的是复杂、多发性病变，如肿瘤、骨折等。它除了识别像素类别之外，还会对器官实例进行标记。用简单的话说，实例分割可以帮助医生看到病灶位置到底是在胃部还是在肝部，可以帮助医生看到多发性肿瘤的大小、位置，可以帮助医生评估癌细胞是否发生了转移。

6.4 人脸识别技术

人脸识别技术可以通过对比人脸特征来自动识别人的身份。

在获取了带有人脸的图像之后，首先需要在图像中找到人脸的位置，即在图像中进行**人脸目标检测**。这是人脸识别的第一步。理论上可以使用多种方法进行人脸检测，目前一般使用卷积神经网络来实现。从图像中找到人脸目标之后，会在人脸范围内标记特征点，如鼻子、嘴巴、眼睛的位置等。卷积神经网络根据关键点之间的相互关系，生成一组数字。这些数字描绘了人眼睛之间的距离、鼻子的形状、鼻尖到嘴角的距离、嘴角到颧骨的距离等，如图 6–7 所示。通过各种算法**提取人脸特征**，特征会以数值向量的形式标识出来，这个过程称为面部特征向量嵌入。通过对比已经存在于数据库中的人脸特征向量，如果采集的特征向量与已经存在数据库的特征向量非常相似，那么就认为是同一个人。

图 6–7　摄像头获取人脸上的特征点（通义万象生成）

【拓展阅读 6–10】
人脸识别技术

人脸识别技术目前已经十分成熟，普罗大众手中的手机，基本都带人脸识别功能。它的出现提升了用户的使用体验，保护了用户的隐私，是一种快速、成熟的安全保护机制。

6.5 基于视觉的自动驾驶

计算机视觉技术的发展正不断改变着世界，通过对获取图像的分析，人类已经能够在一些工作领域提升自己的工作效率。深度学习算法的不断成熟、计算机 GPU 集群算力的不断提升，使得计算机视觉技术的应用走入千家万户。随着算力的提高，计算机视觉技术会在更多的工作领域中帮助人类，解放人类的生产力，推动社会的进步。现在已经被广大车企使用的基于视觉的自动驾驶技术就是一个例子。

6.5.1 自动驾驶的起源

机器视觉感知指导自动驾驶的概念来源于 1912 年美国研制的战争机器——战争狗，如图 6–8 所示。战争狗被设计为在漆黑的夜晚，满载炸药，朝光源迅速移动。它的最初设想是，只要敌方打开了探照灯，它就迅速将探照灯及其周围的士兵炸掉。

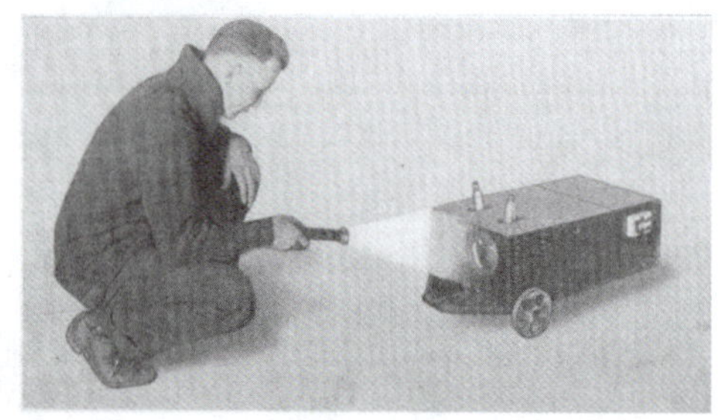

图 6–8 战争狗

【拓展阅读 6–11】
自动驾驶

好在感光移动的战争狗的研制尝试失败了，不然人类会早 100 年进入无人战争时代。

1961 年，斯坦福大学开始了自动驾驶研究。他们研制了一种四轮车，被称为**斯坦福推车**，如图 6–9 所示。1967 年，斯坦福推车能够跟随白线移动。1977 年，斯坦福大学人工智能实验室开发了配备立体视觉和计算机远程控制的系统。摄像机安装在车顶栏杆上，从几个不同的角度拍摄前方照片，并将获取的图像传送到计算机。计算机根据图像，计算出斯坦福推车和周围障碍物之间的距离，操纵斯坦福推车绕过障碍物。1979 年，在斯坦福推车基础上研发的轮式机器人 Shakey 在全自主的

图 6–9 斯坦福推车

情况下，用了约 5 小时，成功地穿过了一个满是障碍物的房间。斯坦福推车相当于早期的使用计算机视觉技术控制的无人驾驶汽车。

1987 年，美国卡内基梅隆大学推出了一个自动驾驶研究项目平台 NavLab。世界上第一台能够感知外界环境并以此为依据来做驾驶决策的真实车辆，就是在这个研究项目平台下诞生的 NavLab-1，如图 6-10 所示。NavLab-1 基于雪佛兰厢式货车改装而成，受限于当时的计算机运算速度，它有 3 台计算机通过以太网进行协作，主要用于传感器信息融合、图像处理、路径规划和车体控制。NavLab-1 系统在卡内基梅隆大学校内的非结构化道路上行驶速度为 12 千米 / 小时，在典型结构化道路上行驶速度为 28 千米 / 小时。

图 6-10 NavLab-1

6.5.2 自动驾驶的核心技术

现在，中国的新能源汽车的高配版本，基本都配备了自动驾驶功能。比亚迪更是将自动驾驶功能下放到了全系车型，不再只为高配进行自动驾驶适配。自动驾驶的核心在于感知与决策，使用传感器进行态势感知，将态势向量化，采用好的神经网络算法进行计算，再结合路面情况，得出最优决策，如图 6-11 所示。

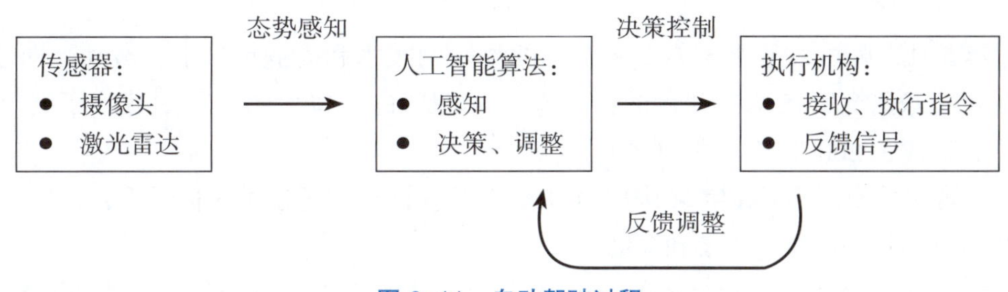

图 6-11 自动驾驶过程

6.5.3 自动驾驶的传感器

传感器可以被认为是车辆的眼睛。传感器的协同作用，能够帮助车辆感知周围态势。一般来说，目前的自动驾驶技术需要用到的传感器有两大类：摄像头与激光雷达。它们协同工作，共同确保车辆能正确获取周围的情况。

(1) **摄像头**。摄像头的主要作用是识别交通信号、交通分道线、行人、其他车辆等重要的环境特征。目前的自动驾驶车辆，往往会安装多组摄像头。除了前方的道路之外，车辆还可以了解周围的交通情况。例如，摄像头在远景视角中进行目标检测，以发现可能存在的信号灯，找到闪烁的绿灯、突兀出现的黄灯或者已经高悬的红灯，同时，车辆还在感知前方、侧面、后面的车辆。将信息向量化后，传递给车载计算机进行计算，得出需要减速、制动的结论后，将制动信号传递给控制系统，在保证安全的情况下，减速或停下车辆。但是摄像头有力所不能及的情况，在能见度低的地方，摄像头作为眼睛的方案，无法保证获取到的影像信号能够进行正确的目标检测或者图像分割。

(2) **激光雷达**。激光雷达通过发射激光，记录激光雷达发射激光、激光遇到物体反射的时间间隔，通过计算来确定周围物体间隔的距离。激光雷达能够辅助形成周围高精度态势图。即使在黑暗、无光的环境中，激光雷达也能主动获取周围态势。尤其是在夜间、恶劣天气中，激光雷达依然能够保持高效工作。激光雷达的弱点在于它需要主动不间断发射激光束。激光束作为高能射线，会影响地库、路边、商店等地方已经存在的摄像头，会导致被激光雷达照射的摄像头感光元器件损坏。目前已经发生过很多起类似的事件。至于它会不会对人眼视网膜造成损伤，需要时间来验证。

【拓展阅读 6–12】
汽车上的传感器

6.5.4 自动驾驶行为的决策

存储有人工智能算法的车载计算机，就像替代人类大脑的自动驾驶车辆大脑一样，负责搜集传感器传送的信号，将搜集到的数据综合起来，快速作出驾驶决策，再将决策传递到执行机构。

计算机在特定算法的支持下，能够进行目标识别、图像切割的任务，能够有效理解、分析周围的环境，能够通过计算，作出最合适的判断。自动驾驶的人工智能算法，离不开机器学习，只有通过大量的驾驶数据的学习训练，才有可能预测各种驾驶环境下的最佳决策。

(1) 2022 年，百度 Apollo 的自动驾驶测试里程已超过 2500 万千米，并且无人化测试也从特定区域扩大到了更广泛的市区道路。

(2) 2023 年 5 月，韩国三星电子在首尔召开的物联网技术和商业论坛上，激动地向全世界宣布，其旗下三星先进技术研究所 (SAIT) 研制的自动驾驶汽车从韩国的西海岸出发，横穿了整个韩国，到达韩国的东海岸，达成了 200 千米自动驾驶目标。

(3) 2023 年第三季度，特斯拉宣布其 FSD Beta 车队累计行驶超过了 8 亿千米，这展示了特斯拉在实际道路上进行自动驾驶测试的规模和深度。

(4) 仅 2024 年第三季度，百度 Apollo 旗下的“萝卜快跑”无人自动驾驶出租车 (图 6–12) 业务，

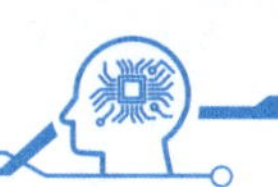

从武汉扩张到北京、上海、广州等城市后，整体完成了 98.8 万单自动驾驶出租车的商业化订单。

图 6-12 “萝卜快跑”无人自动驾驶出租车

在庞大的测试数据支持下，AI 自动驾驶技术日益成熟。

从百度 Apollo 公开的官方数据来看，它使用了名为 Apollo ADFM(Autonomous Driving Foundation Model) 的大模型来提升感知能力和预测能力。Apollo ADFM 模型是一款 L4 级别的自动驾驶模型。从对它的描述中可以推测，Apollo ADFM 模型实际上是采用了深度学习算法和计算机视觉的相关技术来实现的态势感知，如依旧使用了卷积神经网络来处理图像的目标识别任务。

在感知了周围的图像数据，完成了目标识别任务之后，自动驾驶车辆会在瞬间对环境的变化作出响应。环境图像数据向量化之后，进入深度学习模型，深度学习模型会识别出附近环境、环境是否突然出现改变，以及若发生改变、此改变属于哪种情况。例如，突然有一辆车出现在自动驾驶车辆的附近，摄像头获取的图像发生了改变，首先需要辨识出目标是一辆车；然后感知车辆要怎样运动；再判断车辆的移动方向与移动速度，结合本车的方向、速度、之前的环境态势等条件，将所有因素向量化，结合之前已经得到的车辆自动驾驶模型的训练结果，经过一个神经网络运算后，得出最佳的预测结果；最后将这个预测结果传递到执行机构上，供自动驾驶车辆执行。

【拓展阅读 6-13】
自动驾驶技术

6.5.5　自动驾驶的执行机构

控制信号在产生之后，会被传递给车辆的执行机构。这个过程就像人看到了一个苹果，伸手去拿这个苹果。人的大脑由视觉感知世界，通过分析后，辨识出苹果，将伸手去拿这个苹果的想法通过神经传导给手来执行。车辆的各种执行机构根据计算机传递的自动驾驶决策，执行需要执行的操作，如加速、减速、左转、右转、急刹等。

(1) **转向控制**：准确调整方向盘角度，使车辆能够按照根据计算机运算得到的指令准确调整方向盘角度。车辆在行驶过程中，是有速度的。因此，车辆在转向时，转向机构会根据车速控制转动的角度和转动的速度。

(2) **油门控制**：实际上是控制电动机的转速，调整电动机的动力输出，进而控制车速的快慢。计算机根据传感器信息获取环境态势后，计算出最佳车速，然后指挥电动机加快或减慢转速，从而将车辆调整到最佳速度。

(3) **制动控制**：通过执行制动机构来迅速降低车辆的行驶速度。遇到突发情况，环境态势突然恶化，自动驾驶车辆会在计算机的控制下，精确控制制动的执行力度，在确保安全的前提下，将车辆从正常速度，进行平稳减速，直到完全停止。

在这些执行机构的联动下，自动驾驶车辆才能在路上行驶。有过驾驶经验的人会发现，车辆行驶过程，并不是由单一过程控制的，需要在复杂的驾驶环境中进行各种控制的联动。计算机最终会协调各个控制机构一起工作，确保车辆安全、平稳运行。

【拓展阅读 6-14】
自动驾驶车辆控制

6.5.6 自动驾驶的分级

按照自动化程度划分，自动化驾驶可以被分为 L0~L5，共 6 级。每个等级的自动驾驶技术可以拟人化地为学习驾驶技术的不同阶段。

【拓展阅读 6-15】
自动驾驶技术

(1) L0：不会开车。老式的油车全是 L0 级别，全车没有传感器，也没有计算机控制的执行机构，无法实现自动驾驶，只能由人提供行驶决策。

(2) L1：科目 2 考试结束。车辆配备了一些基础的辅助驾驶功能，如自适应巡航控制、车道保持、紧急制动等功能。这些功能有限度地帮助驾驶员减轻驾驶过程中的压力，部分高配油车具有这些功能。

① 自适应巡航：控制保持车辆速度，遇到前车速度发生变化时，跟随改变。

② 车道保持：通过计算机视觉，发现并检测到车道线，根据车道线的变化，向驾驶员发出告警信号，在车辆发生车道偏离的时候，微调车辆，辅助将车辆保持在车道中间。

③ 紧急制动：在发生环境态势改变的时候，判断是否需要紧急停车，以保证驾驶员和乘车人员安全。在必要时，将车辆速度迅速降低为 0。

(3) L2：科目 3 路考。L2 级别的车辆在特定条件下，可以实现部分自动驾驶功能，如跟车距离保持、保持车道等，驾驶员可以短暂地将车辆的行驶交由计算机负责，并能迅速在想要接管汽车的时候立刻接管。

① 车道居中：在 L1 的基础上，自主保持车道；允许人手短暂离开方向盘。

② 自动距离控制：在计算机的控制下，自动与前车保持指定距离。在有环境态势发生变化时，计算最佳解决方案。例如，前车速度突然降低，L2 级别的自动驾驶车辆在驾驶时允许车辆在没有人给出的刹车指令的情况下，自主将车辆速度迅速降低，以避免发生交通事故。

③ L2 级别虽然在一定程度上实现了计算机自动驾驶功能，但是，依然需要驾驶员时刻保持驾驶状态，准备随时接管车辆。

(4) L3：拿到驾照，开车上路。L3 级别的自动驾驶车辆，被称为有条件的自动驾驶。在特定的道路环境下（如交通状况良好的城市路面、高速公路等），可以实现完全自动驾驶。计算机接管车辆后，驾驶员可以在一定程度上放松，但仍然需要在必要时接管车辆。

① 有条件自动驾驶：可以在特定道路环境下实现计算机控制车辆自主变道、加速、制动等操作。

② 驾驶员状态监控：驾驶员状态被计算机通过视觉监控，如果驾驶员状态出现异常，如睡着了，

会发出叫醒信号，及时提醒驾驶员调整驾驶状态，避免出现重大事故。

(5) **L4：**十年老司机。在大多数情况下，L4 级别的自动驾驶车辆能够完全实现计算机控制，无须驾驶员干预。这意味着在特定的环境和条件下，车辆可以完全自主行驶，而不用人为干预。

城市环境自动驾驶：可以根据车辆行驶的情况复杂的城市路面情况，自主行驶。包括应对红绿灯、突然出现行人、路面突然出现不明障碍物等情况。目前，上文提到的“萝卜快跑”无人出租车，属于 L4 级别。

(6) **L5：**专业赛车手，人车合一。自动驾驶分级中的最高级别，车辆在所有状态下均能够实现自动驾驶，无须驾驶员干预。

① 真正的全自动驾驶：不只在城市，在农村、野外、矿山、滩涂等全地形都实现了计算机控制驾驶。

② 整合城市交通控制系统：在车辆的行驶过程中，感知城市的交通控制态势，提升交通系统的运行效率，实现安全出行。

6.6　基于视觉技术的 AI 医生

望闻问切，古之四诊。目前基于视觉技术的 AI 医生，正在以“望”为突破口，进入人类的生活。人工智能可以通过海量数据和复杂的算法分析，对各种疑难杂症进行建模，辅助人类进行疾病诊断。AI 医生的引入，有利于提升医疗诊断的准确性，提高患者就医体验，进一步改善人民群众的医疗环境。

在医学影像分析中，AI 能够通过图像分割技术、图像识别技术，快速、准确地分析各种医学影像。某些容易被人类医生忽略的较小病灶可以通过图像分割技术被直观展示到医生面前，辅助医生作出诊断。现在很多医学影像数据，如 X 射线检查、计算机断层扫描 (Computed Tomography，CT)、磁共振成像等，都可以找到对应的 AI 系统，用来辅助医生。

在**获取影像数据**之后，首先要对影像数据进行预处理，如去除噪点、提升清晰度等，让影像变得清晰。通过卷积神经网络计算，**提取图像特征**。这些特征有助于帮助 AI 进行边缘检测，以分辨图像主体的位置等信息；或进行图像识别，以分辨图像主体到底是什么结构；等等。AI 系统利用已经训练好的模型，对提取的信息**进行图像分割或图像识别**，判断图像中的器官是否已经出现了病变，向医生**提供有效的辅助信息**，如向医生提供病灶的位置、大小、可能性质等信息。

例如，通过 CT 造影获取胸片之后，可以看到肺部的结节。如果没有 AI 医生的辅助，医生很有可能因为经验不足或者病灶过小而忽略某些细微的病变组织。而 AI 可以通过图像分割技术，标记出微小的组织异常，通过图像识别技术，识别出异常的类型。在 AI 的辅助之下，早期病变的发现率得到提高，患者的生存机会显著增加。

【拓展阅读 6–16】AI 医生与视觉技术

传统医院治疗需要通过医生来诊断病人是否患了某种疾病。鉴于 AI 可以有效根据计算机视觉技术进行辅助诊断，越来越多的影像科、血液科检查，都逐渐 AI 化，也许在不远的将来，各大传统医院中的检验科、影像科等医生，都可以在 AI 系统的辅助下轻松完成工作。

第 7 章

AI“听”世界

语音识别技术，是一种将人类语音中的词汇内容翻译成可以被计算机接收、识别、存储、理解的词序列的计算机技术。本章开头提到的各种助手，都是语音识别技术的产物。用户的声音通过各种助手的转化，变成了计算机可以识别的文本，或可以执行的命令。

语音识别技术涵盖声音采集、声音特征提取、最终语言理解等几个层面的技术。

语音识别与自然语言处理紧密相关，两者间的界限越来越模糊。例如，在机器翻译领域，语音识别技术先将语音信号转化为计算机语音识别出的文本，再根据这个文本内容生成相关内容。与前述的自然语言处理过程不同，语音识别需要对语音的音频信号进行处理。

【拓展阅读 7-1】
语音识别技术

7.1 语音采集数字化

通过麦克风采集的声学信号，进入计算机后，模拟状态的声音信号会被转化为计算机可以识别的数字信号。这个过程被称为声音的采集过程。它需要经过滤波、采样、量化等过程。

【拓展阅读 7-2】
声音采集过程

(1) **滤波过程**：由于人可以识别的声音频率范围为 20~20000 赫兹，低于 20 赫兹或者高于 20000 赫兹的声音人耳是听不到的。因此，在获取声音的过程中，需要使用带通滤波器来保留人类语音的主要频率范围，同时去除可能影响识别准确性的背景噪声和其他干扰。

(2) **采样过程**：在音频采样中，需要将连续的模拟声音信号转化为离散的数字信号。采样过程指按照固定的时间间隔对连续的声音波形进行测量，并记录下每次测量时的振幅值。固定的时间间隔由采样频率来决定。图7-1演示了作者报数1，2，3，4的采样。连续的语音模拟信号，通过麦克风进入计算机的时候，就是这样采样的。

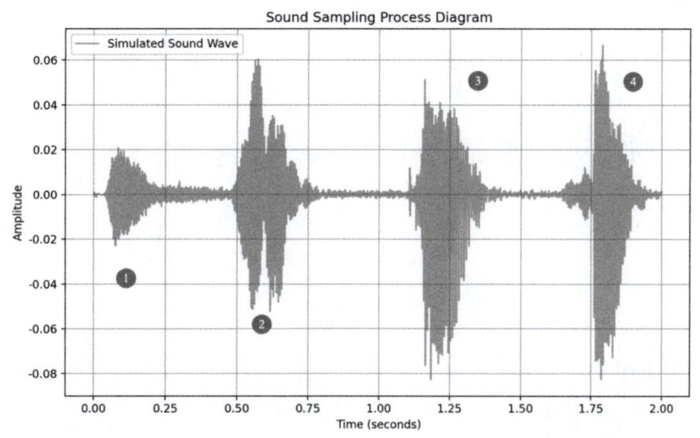

图7-1 作者在2秒内报数1，2，3，4的声音采样图像

本例中的采样的频率是48kHz，即每秒采样48000次。将这个2秒的时间段，分割成了96000独立时段，对每一份单位时间进行声音的采样。

采样频率的选择是可以根据需求，由用户自行选择。一般采样频率越高，声音的质量越好。根据**奈奎斯特-香农采样定理**，为了准确地重建原始信号，采样频率应该至少是信号中最高频率分量的2倍。人类听觉范围为20~20000赫兹，因此理论上最低的采样频率应该是20000赫兹的2倍，也就是40000赫兹，即每秒采样40000次。目前，CD音质的音频信号，采用的是44.1千赫兹的采样率。48千赫兹的采样频率比44.1千赫兹略高，还有更高的采样频率，如96千赫兹、192千赫兹等。这些高频率的采样，常用于专业音频制作领域，如多轨录音、混音以及母带处理过程中。尽管人耳可能已经无法感知这些高频采样的差异，但是这种高频采样，使声音的编辑与处理更高保真，更具灵活性。

(3) **量化过程**在采样之后，每个样本的振幅值都是一个连续的数值。量化的过程就是将这些连续的振幅值近似到最接近的一个预定义级别。要首先确定一个量化位数，如16位、24位等。以16位量化为例，$2^{16}=65536$，意味着16位量化，使得预定义的级别可以达到65536种可能性。这意味着，可以将声音信号的振幅范围划分为65536个区间或段，即每个区间对应于一个预定义量化级别。当声音信号落在某个区间时，就用该段预定义的二进制代码来表示这个信号的振幅。量化位数越高，能够表示的振幅级别越多，量化误差就越小，音质越好。

举个简单的例子，作者报数1，2，3，4一共耗时2秒，采样频率为48千赫兹，量化位数为16位，双声道立体声。则记录作者报数所要消耗的计算机存储空间为

采样频率 ×(量化位数/8)× 声音时长 $= 48000 \times 16 / 8 \times 2 \times 2 = 768000$(字节)

将字节转化为千字节：$768000 / 2^{10} = 768000 / 1024 = 750$(KB)

将千字节转化为兆字节：$750 / 2^{10} \approx 0.732$(MB)

7.2 声音特征提取

从原始的声波中提取有用信息，如频率、节奏、音量等。声音信号通常被转化成声音数字特征。提取声音的数字特征，有利于声音模型区分不同的声音命令。

在完成声音数字化的操作之后，音高、音量、时域特征这些比较容易区分的特征会显现出来。为了有效提取声学特征，会利用各种信号处理技术。

7.2.1 时域特征提取

如图 7–1 所示，可以通过数字化，记录声音每一刻的变化。例如，你对着麦克风报数时，声音会画出一条上下波动的曲线，横轴是时间，纵轴是声音的强弱 (振幅)。时域特征就是这条声线中隐藏的与时间相关的特性。举个简单的例子，时域特征关注的是什么时候声音大小发生了变化、声音的节奏快慢如何等，它能告诉我们声音的强弱、节奏等信息。

(1) **过零率** (Zero Crossing rate)：单位时间内波形穿过零点的次数，常用于音高检测。图 7–1 显示的是低过零率，支持低频主导特性，说明声波声音浑浊、低沉。这是因为采样对象是男性，进行声音采样的时候，时域特征的过零率才会出现低值情况。

(2) **最大值、最小值** (Max，Min)：单帧内振幅的峰值，即最大正向和负向的振幅。图 7–1 显示出的是瞬时动态范围为 max-min 的差值，即约 1.04，表明信号强度高，是强语音状态。声音离采样设备很近，且音量较大。

(3) **均值** (Mean)：所有采样点振幅的平均值。均值接近于 0，说明信号对称且动态范围宽，声音采样的时候环境条件较好。

(4) **方差** (Variance)：振幅偏离均值的平方均值，表明的是信号波动强度。图 7–2 显示的波动强度较高，反映的是声音携带的能量有变化。变化强度为中等强度，对应语音有动态变化，即有多个音节出现。

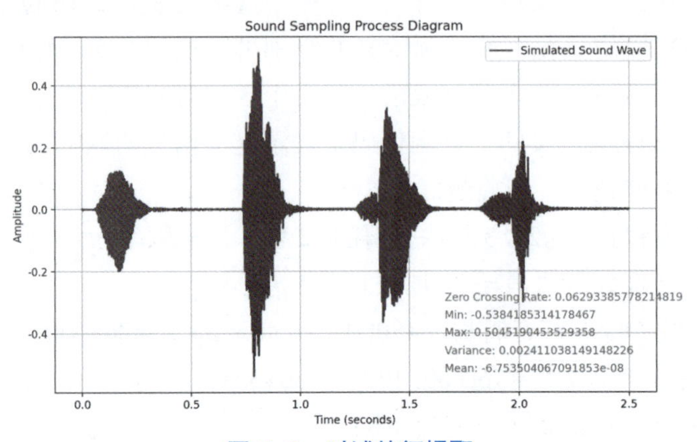

图 7–2 时域特征提取

7.2.2 频域特征的傅里叶变换

傅里叶变换是一种数学方法，能够将声音信号从时间域转换成频率域 (图 7–3)。频率域的生成，有助于分辨声音信号中不同频率的声音。就好像能够从一段声音中分辨出其中的蛙鸣、鸟叫、狗吠、婴儿啼哭等，其原因就是这些声音的频率是不一样的。

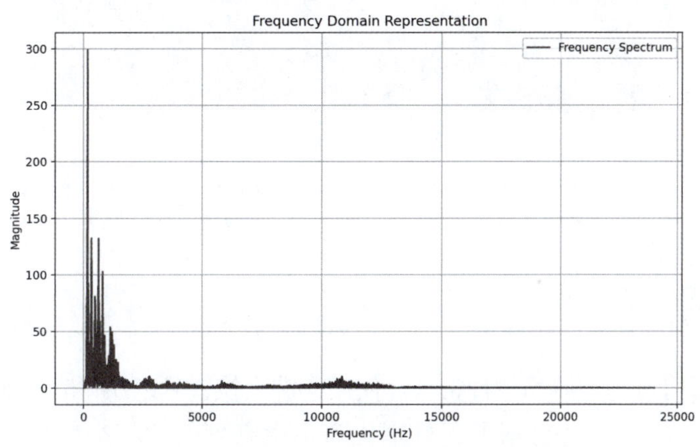

图 7–3 傅里叶变换后得到的频域特征

由图 7–3 可以发现，低频成分显著，在低频部分幅度值较高，说明低频部分对信号贡献较大。高频成分较弱，随着频率增加，幅度值迅速下降，说明高频部分对信号贡献较小。

也就是说，频谱集中在低频段，大部分能量集中在低频段，高频段能量很少。说明低频信号区的能量集中，属于人语范围中较为敏感的音频区域。中高频部分存在一定能量，说明可能存在一定的背景噪声。

7.2.3 频域特征的梅尔频率倒谱系数

梅尔频率倒谱系数法 (Mel Frequency Cepstral Coefficients，MFCC) 是根据人耳对人类语言中不同频率信号的敏感程度不同，设计的一种提取人类语音特征的技术。以中文为例，“a” “o” “e” 等韵母的发音主要集中在 20~1000 赫兹的低频段；“b” “p” “g” “d” 等一些声母发音主要集中在 1~5 千赫兹的中频段；“s” “z” “c” 等平舌音声母的发音频率主要集中在 5 千赫兹以上的高频段。梅尔频率倒谱系数法会模拟听觉特性，挑选对语音识别最有意义的频率特征，而将不是那么重要的频率的背景音进行了忽略。简单地说，这种方法能够提取对理解人类语音最有意义的频率特征，有效从人类语音中找到识别语音命令的关键点。梅尔是一种特殊的声音频率刻度，图 7–4 是一张梅尔频率倒谱系数热图。

梅尔频率倒谱系数热图通过时间、频谱和能量的三维映射，可以直观呈现某段语音的物理特征 (如某人的语言发声特点)、语义内容 (如词汇边界会有能量波动) 及非语义信息 (如情绪变化会导致语气变化，语气变化意味着能量变化) 等内容。

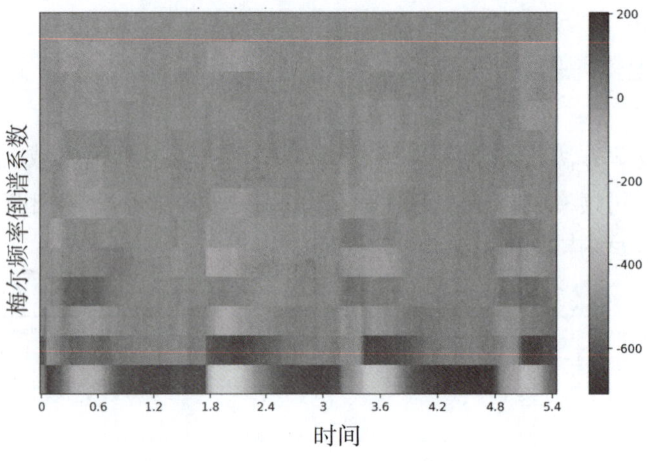

图 7–4 梅尔频率倒谱系数热图

7.2.4 时频域特征的小波变换

时频域特征是兼顾了时域与频域的一种特征。使用小波变换，可以获得时频域特征图，如图 7–5 所示。

在特征图 7–5 中，层级编号从上到下，分别代表了由高到低的频率变化。这类似于剥洋葱，把高频语音信号一层一层地剥离掉。

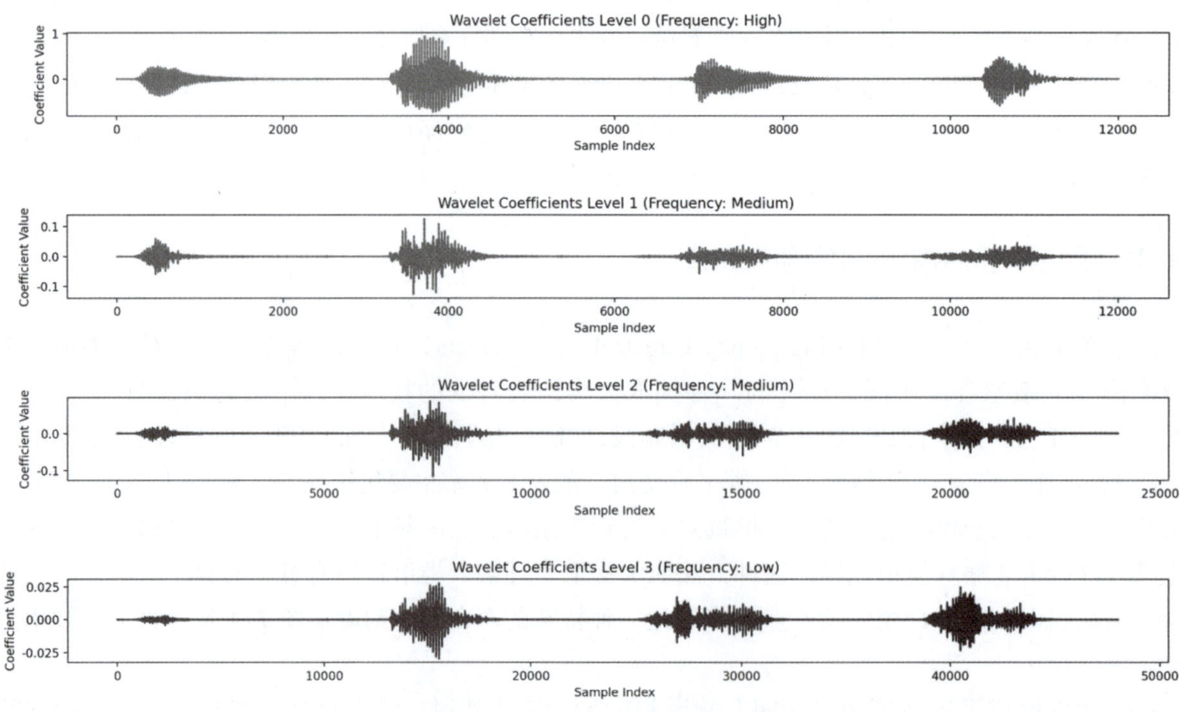

图 7–5 小波转换后的时频域特征图

(1) Level 0：包含最高频成分，如 4~8 千赫兹的高频声母摩擦音。

(2) Level 1：1~4 千赫兹的中频元音共振峰。

(3) Level 2：100~500 赫兹的低频声调基频变化。

(4) Level 3：小于 100 赫兹的超低频发声结束后的能量消散。

使用小波变换方法，可以一层一层，由高到低进行频率剥离，获取语音特征。做得更细致一点，可以将声母、韵母都一层一层剥离出来。篇幅有限，图 7-5 仅为举例。

7.3 声学模型

在从声音中提取了特征之后，这些特征被组合成特征向量，这些特征向量，就是机器学习的输入基础。特征提取的质量会影响特征向量的构建，特征向量的质量则会直接影响语音声学模型的质量，声学模型的质量则会影响语音识别系统的语音识别效率和语音识别准确性。

提取了语音特征的特征向量后，就可以对这些特征向量进行建模。以隐马尔可夫声学模型为例，早期的声学模型广泛使用隐马尔可夫声学模型来对语音信号的概率分布进行建模。隐马尔可夫声学模型假设语音信号是一个由隐藏状态组成的马尔可夫过程，每个状态对应一个音素或者更细粒度的语言单位。首先搜集各种语音，通过特征提取，获得特征向量；然后通过状态转移矩阵捕捉发音的动态变化，适合短时语音单元的识别。隐马尔可夫声学模型需依赖人工定义状态数，对长时上下文依赖建模能力较弱。这意味着对短促的命令可以比较容易识别，而对长篇大论的语音却比较难以把握。

【拓展阅读 7-4】
声音特征向量提取与识别

随着深度学习的发展，深度学习技术已经大量运用到计算机理解人类声学模型领域。目前，卷积神经网络和循环神经网络常被用于声学模型。当特征向量进入神经网络后，通过计算能够学习语音特征与音素的非线性关系。

深度学习的过程其实都是差不多的。

7.3.1 声学模型训练数据

下面关于语音“一”的声学模型训练为例。

获取大量的“一”的语音，这些语音数据，需要覆盖多位不同的发声人、声音特质以及声音环境。比如，男性、女性、老年人、青年、儿童、短声、长声、清晰、模糊、安静环境、嘈杂环境等。总之需要大量搜集“一”的发声，然后进行音素级标注，如起始、核心、结束段的边界标记。(图 7-6)

【拓展阅读 7-5】
声学模型的训练 -2

在进行降噪和信号重构后，就可以进入下一过程。

预处理后，如时域特征、频域特征、倒谱图特征、小波变化特征等，声音特征向量都可以被提取出来。

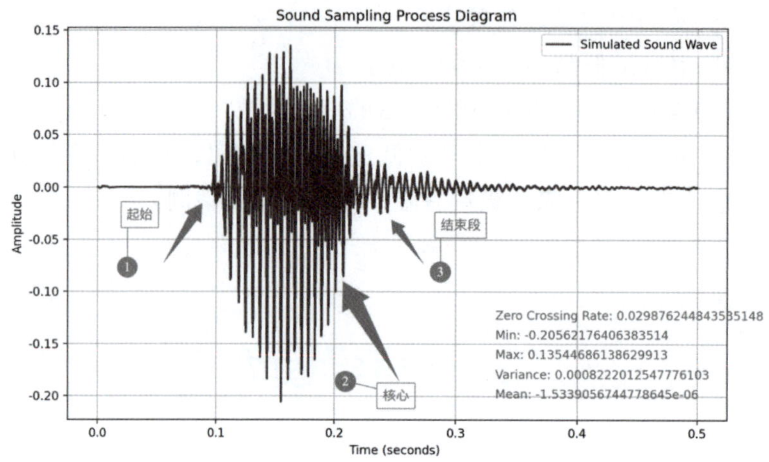

图 7–6　获取到的“一”发声示例

7.3.2　声学语音特征提取

以使用小波变换、结合梅尔频率倒谱系数的小波域梅尔频率倒谱系数方法提取语音特征为例（图 7–7），需要进行的操作如下。

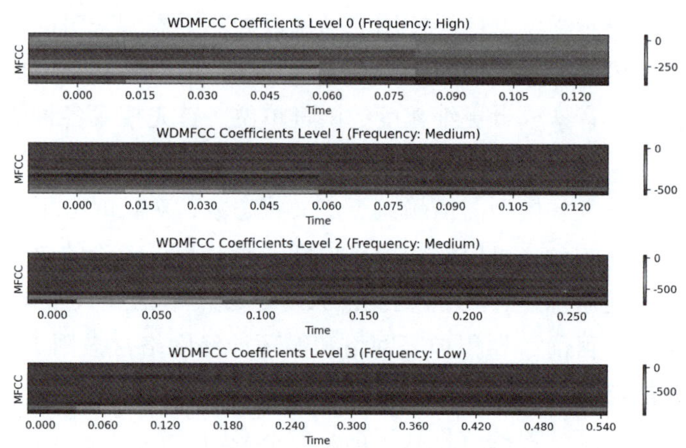

图 7–7　小波域梅尔频率倒谱系数热图

(1) **多分辨率分析**：如可以将预处理后的语音分解为 4 层小波包（高频、中频、低频、超低频），计算每层能量占比（如“一”的低频能量占比约 67.2%，高频能量占比约 11.9%）。

(2) **动态特征增强**：提取小波域梅尔频率倒谱系数，结合小波变换的时频局部化特性，增强对“一”发音中瞬态成分（如爆破音）的捕捉能力。

(3) **特征向量化**：如果采用标准的梅尔频率倒谱系数提取方法，可以有 13 个倒谱系数，会得到一个每帧对应 13 个特征值的特征向量。如果考虑了一阶差分和二阶差分，则每个特征向量会包含 39 个特征值 (13 个静态特征值，13 个一阶差分系数，13 个二阶差分系数）。对于提取的小波域梅尔频率倒谱系数，虽然具体的系数数量可能会有所不同，但一般来说会遵循类似的结构和大小。如果包含 4 个小波包，则每个帧会包含 39×4=156 个特征值。特征参数化：生成每帧的 12 维特征向量（含能量、WMFCC[1]、小波包能量比），构成时序特征序列，如“一”发音约持续 0.2 秒，对应 10 帧特征。

[1] WMFCC(Weighted Mel-Frequency Cepstral Coefficients) 是一种基于 MFCC（梅尔频率倒谱系数）的改进特征提取方法，通过引入加权机制增强对特定频段信息的捕捉能力

在汉语的发声中，汉字发音通常是由一个声母和一个韵母组成。在按照上述步骤提取其特征向量后，小波变换能够很好地捕捉这两个部分之间的过渡以及它们各自的特性。通过观察特征图，我们可以看到某些系数对应于共振峰的位置，这些共振峰是区分不同音素的关键特征。在小波变换后再提取梅尔频率倒谱系数的方法，相对于传统梅尔频率倒谱系数可能更能抵抗噪声干扰，因为小波变换能更好地分离出有用的信号成分。

7.3.3 声学模型训练

目前，多用神经网络模型来训练声学模型。如前所述，小波变换 + 梅尔频率倒谱系数，作为一种高级的特征提取技术，结合了小波变换和梅尔频率倒谱系数各自的优点。通过这种方式提取的特征向量可以被用于训练循环神经网络、卷积神经网络或其他类型的神经网络模型，以实现诸如语音识别、说话人识别等任务。

(1) 输入层：接收来自音频信号的特征向量。这些特征向量通常是由一系列浮点数字组成的数组，每个数组代表了声音的一个特征。它们描述了该声音片段的时频域特性。在输入到循环神经网络之前，这些特征向量会被组织成一个序列，其中每个元素对应原始音频信号中的一个时间点或时间段。

(2) 隐藏层：由于语音特征的序列性，隐藏层需要擅长捕捉长距离的时间依赖性。这意味着，神经网络需要能记住较早时间点的信息，并用这些信息影响后续的预测。之所以采用循环神经网络，是因为在每一时刻，循环神经网络单元都会接收当前时间点的输入特征向量以及前一时刻的状态信息，并根据这些信息更新其内部状态并产生输出。循环神经网络的这种机制，使得这种模型能够理解语音片段并预测语音序列。

(3) 输出层：输出层的任务是基于隐藏层提供的信息做出预测。在语音识别任务中，输出层通常会预测下一个最可能出现的音素、字符或单词的概率分布。如果我们要构建一个语音转文字系统，输出层可能会给出“b”“p”“m”等声母，“a”“o”“e”等韵母出现的概率。选择概率最高的组合，生成当前时间点的最佳猜测。

【拓展阅读 7–6】
声学模型的训练

在完成了声学模型的训练之后，则需要进行语言模型的训练。语言模型根据统计数据来预测语言序列。通过对大量的文本数据进行训练，语言模型能够掌握文字序列出现的概率规则，使得语音输入在声音模型之后能够被建立起来。语法正确、语义连贯的文字会被生成，这与语言模型的训练是分不开的。在前面章节中，已经介绍了 LLM 的炼成法，此处不再赘述。

7.4 解码器

解码器的具体工作，是将整合声学模型与语言模型，通过概率运算预测词序列输出。语音识别的最终产品，就是将声学特征与语言模型的预测结果进行整合，最终让 AI 能够“听”懂世界，能够将语音转化为特征向量，进而投入声学模型获取音素，最后通过语言模型，输出对应的文字信息。

如前文所述，声学模型可以找到汉语中的音素，类似于声母、韵母、声调这样的基本单位；同样地，也可以找到英语中的音素基本单位。因此，声学模型可以预测语音序列；再由语言模型，预测文本输出；最终，才由解码器将概率最高的词序列转化为文本输出。

有时候，由于系统性能要求不高，不用对所有语音作出回馈，解码器就会被限制在一个特定的词汇表内，只预测这个词汇表内存在的词汇，通过预定义词汇表词典约束候选词范围，缩小搜索空间以提高效率。其目的是限制计算机可以响应的语音命令的范围。

经过以上各小节的工作流程，语音通过麦克风被采集进入计算机，提取特征、向量化，进入声学模型，进而进入语言模型，经过运算，通过解码，被识别为文本；最后再通过增加标点符号、纠正错误识别，最终形成正式输出文本。

7.5 长短期记忆网络

【拓展阅读 7-7】
长短期记忆网络（LSTM）

长短期记忆网络 (Long Short-Term Memory，LSTM) 是近年来出现的一种深度学习方法，适用于处理和预测序列数据。在语音识别中，该方法根据语音信号的时序特征进行建模，从而识别语音中的单词或音素。可以选取时域特征的特征向量作为输入，进行长短期记忆网络的训练与输出。

记忆单元 (Memory Cell) 是长短期记忆网络的核心，它可以存储和读取信息。记忆单元由**一个细胞状态** (Cell State) 和三个门控向量 (门控机制) 组成，这三个门控向量分别是**遗忘门** (Forget Gate)、**输入门** (Input Gate) 和**输出门** (Output Gate)

细胞状态是长短期记忆网络中的记忆载体，时间序列信息的关键数据被存储在细胞状态中。只要是有时间顺序要求的序列信息，就可以使用这种长短期记忆网络方法。

例如，语音信息在处理的时候，是依赖于时间性的。“我爱北京天安门”，如果使用了长短期记忆网络，就会在处理语音信号的时候，记下“我”“我爱”“我爱北”“我爱北京”……而不是单字。这样处理后，语音或文本等时序数据序列的全局特征 (如语义连贯性、声学特征等) 在长短期记忆网络中，可以被提取出来，使得计算机能够根据前面已经获取的音素优化识别。

在获取语音的过程中，整个过程是无法保持绝对安静的。那么在采集信号进行转化的时候，就会有不和谐的噪声出现。这里的噪声，可以指的是物理上的噪声，也可以指语义上的噪声。**遗忘门**的作用，可以认为是将这个语音中的噪声进行剔除。虽然此处使用物理噪声为例，但是实际上遗忘门多用来遗忘语义上的噪声。为了演示采用遗忘门的原因，作者专门去了某机械厂采集语音“一”的信号，如图 7-8 ~ 图 7-11 所示。

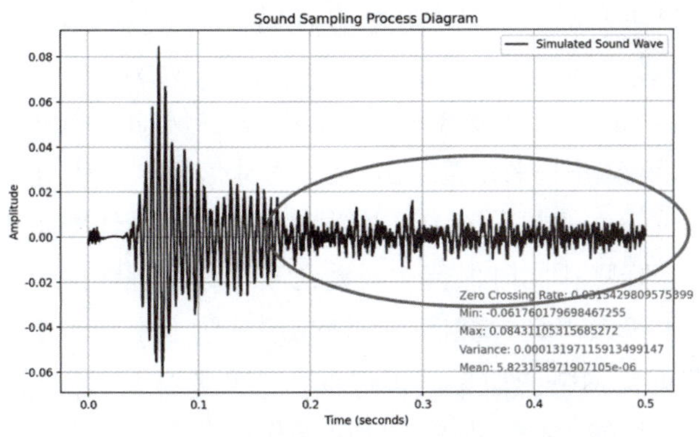

图 7-8　含有背景噪声的声音时域采样示例

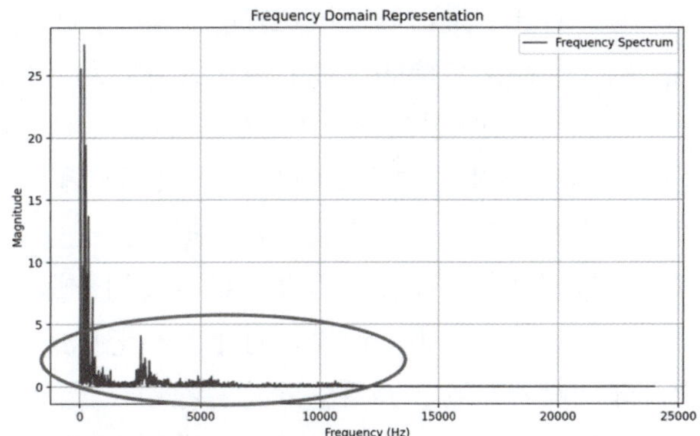

图 7-9　含有背景噪声的声音时频采样示例

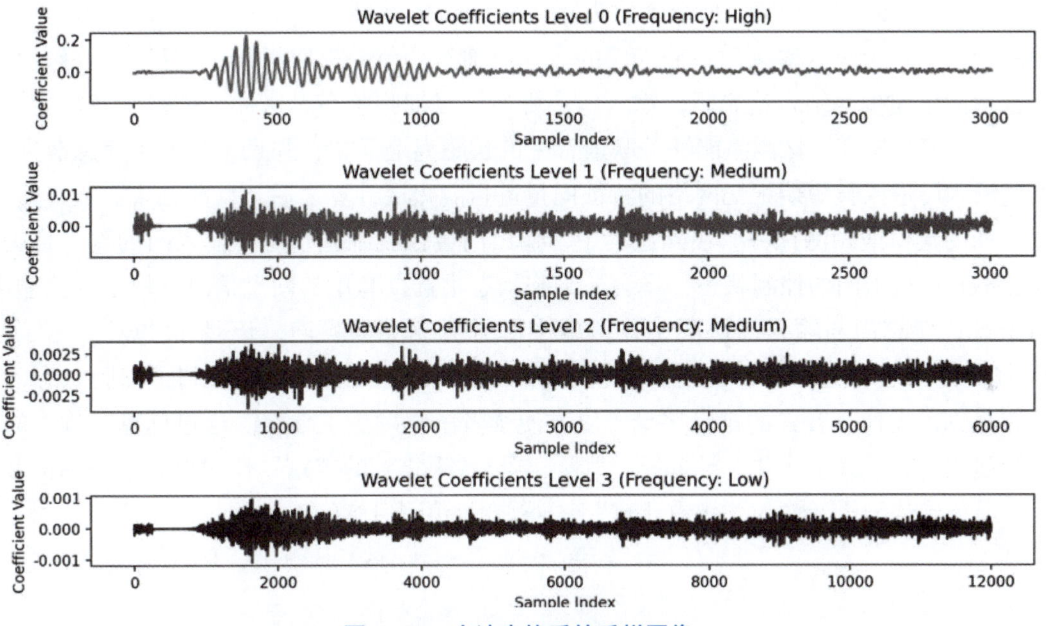

图 7-10　小波变换后的采样图像

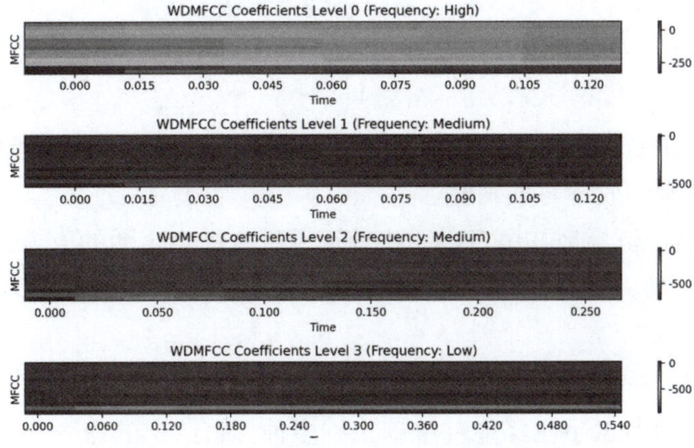

图 7-11　小波域梅尔频率倒谱系数热图

通过对比，之前章节中在安静环境下的采样，就算是人眼，通过人脑运算，也能发觉对应图像的不同点。这些信号特征，对于语音识别是无用的，是需要去除的。

遗忘门通过选择性保留关键语音信息，使得长短期记忆网络能够有效长期关联。例如，听到了“我”，保留下来，作为关键信息；又听到了“爱”，又保留下来作为“我爱”关键信息；又听到了“北”，但是此时，由于存在噪声，遗忘门通过计算发现噪声的频率范围不是关键信息，选择性抑制噪声频率范围的与当前关键信息关系不大的数据特征，即降噪；同时保留“我爱北”作为关键数据……语音或文本中的上下文语义。对于已经记忆的信息，由于人声是关键信息，遗忘门实际上是动态地寻找可能的噪声干扰，并且去除这些噪声。最终长短期记忆网络的遗忘门仅仅保留“我爱北京天安门”的声学特征，同时弱化了无关的背景噪声对关键语音信息的干扰。但是在实际操作中，无法使用长短期记忆网络完全消除与语音频段重叠、能量分布相似的噪声。例如，在人声鼎沸的菜市场买菜。由于噪声已经与关键信息的特征趋同，所以无法去除。

关键语音信息，会进入**输入门**。输入门的作用是通过调节，提取类似于声母、韵母、音调的音素的变化，进行向量建模。结合遗忘门，输入门会更新记忆细胞状态。这样，细胞状态才能够持续跨时间步记忆信息，使长短期记忆网络能够关联语音中的长距离上下文，并且不会发生信息散失。

在通过输入门进入长短期记忆网络的特征向量进行隐藏层计算之后，计算结果会通过**输出门**输出，用于后续序列的建模或预测任务。在此过程中，输出门会控制细胞状态。输入门的输入是更新细胞状态，这两者不同。输出门的控制状态，将会从细胞状态中选择有用的向量信息，用于预测输出的信息。

简单来说，遗忘门与输入门协同工作，减少了外界无关的噪声，记录了“w”“o”“3”“ai”“4”“b”“ei”“3”这些状态；当然，这些状态以数字向量的形式被记录到了细胞状态，这里把这些数字具像化到了类似于音素的拼音字母，以方便读者了解发生了什么。通过计算，输出门将根据这些状态进行预测计算，并生成“j”“ing”“1”，与再次采集到的“京”作对比，以提高语音辨识效率与正确度，最终确认为语音输入“我爱北京”，再紧接着预测后续的输入。

7.6 AI语音助手

在 LLM 的帮助下，AI 语音识别技术也取得了快速发展。在生成预测文本的时候，得到 LLM 的帮助，能够极大提升语音识别的效率与准确度。

AI 语音识别，已经被广泛性地在语音助手中使用，进入社会生活的方方面面。例如，小米的“小爱同学”能够控制智能家装，比亚迪的“你好，小迪”能够控制车辆驾驶环境，华为的“小艺、小艺”能够控制手机，等等。

AI 语音识别技术将人类的声音转化为文本。近年来，得益于深度学习算法的突破，语音识别技术取得了显著进展。现在，语音助手已经能够准确识别多种方言给出的命令，即便在嘈杂环境中也能保持较高的准确性。

通过对语音助手的呼叫，语音助手可以从人类的语音中提取有意义的命令文本，并且判断这些命令是否可以被执行，即命令是否在命令列表白名单中。

例如，“小爱同学，我想知道明天的天气预报！”，如果在呼叫场景中存在安装有小米语音助手的硬件，小米语音助手将会被**唤醒**。这一步，是根据唤醒词，响应唤醒指令。智能硬件设备在开机状态的时候，会时刻监控环境声音信息。一旦监控到唤醒词，就会立刻启动，准备获取具体命令内容。如果语音助手呼叫场景中的智能助手不是“小爱同学”，则其他的智能设备，如华为的“小艺”，不会做出响应。智能设备会对比获取的语音信息是否为唤醒词，如图 7–12 所示，“小爱同学”(左侧)与“小艺”(右侧)的对比。

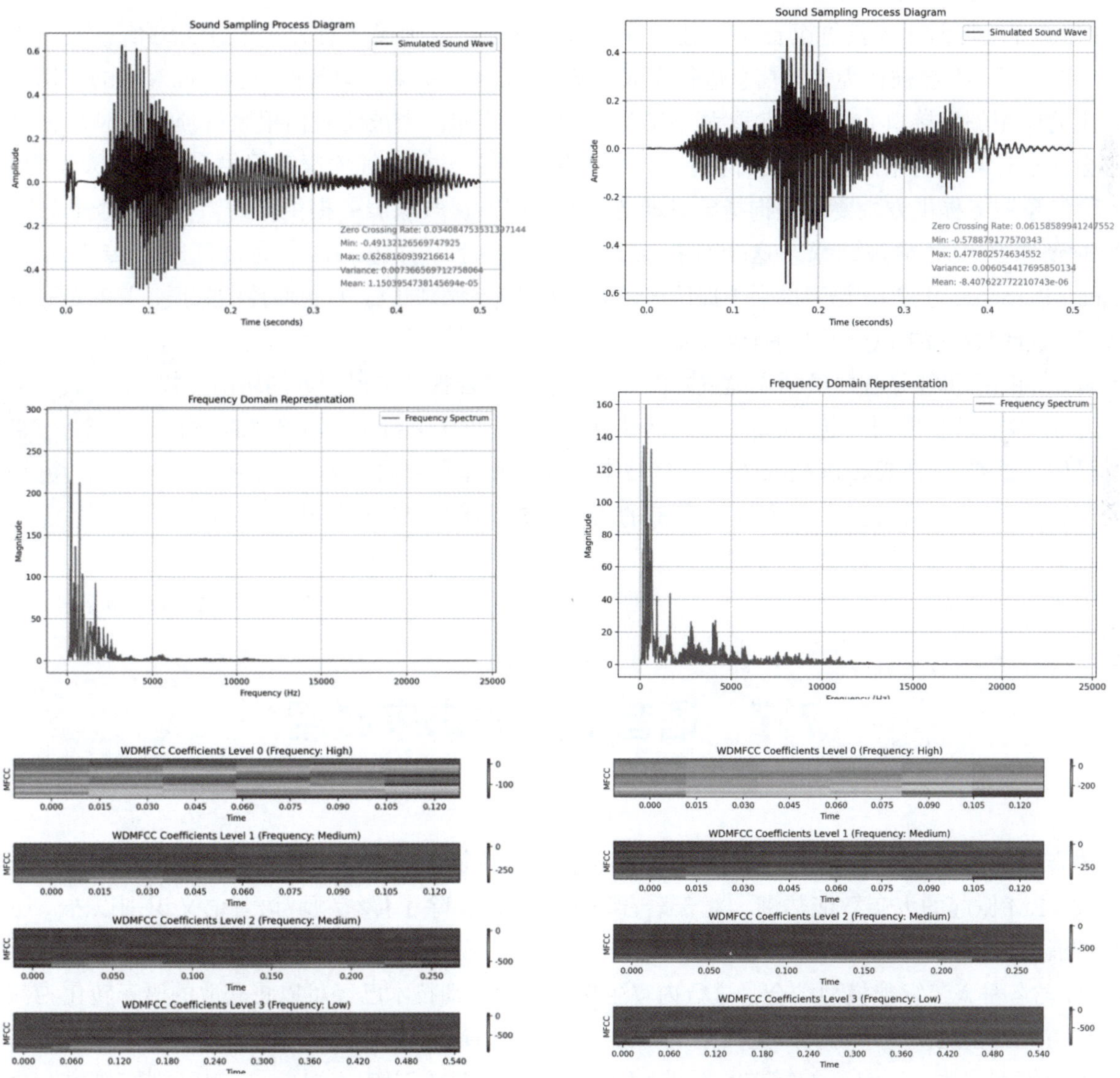

图 7–12 “小爱同学”(左侧)与“小艺”(右侧)的对比

由图 7–12 对比可知，唤醒词的各种特征是不同的。这些不同的特征，就像“声音指纹”一样，正是这些不同的特征，使得不同智能设备对不同的唤醒词敏感。有的时候，会发生误唤醒，如在看电视的时候，由于电视里的声音被智能设备接收到，会有某些智能设备被误唤醒的情况发生。一些训练比较粗糙的模型，在唤醒词的特征选取上，并不会特别进行设计，导致一些设备的唤醒词与一些日常生活中使用的词汇的特征很相近。如果特征向量不足以区分，就会发生误唤醒。

在唤醒了智能语音助手后，一般会存在一个短暂的录音过程，智能设备会对人类提出的语音命令进行录制，即将语音信号数字化后，送入计算机进行分析。

语音数字信号，使用计算机语音处理技术，将数字化的音频信号转化为特征向量，送入模型中，计算机分析音素后，整合整段语音内容，根据上下文理解语音命令，如使用长短期记忆网络模型，预测生成对应的语音命令的文本。

LLM 可以帮助计算机将语音命令进行自然语言处理，以确保注意力集中在关键信息上，如“明天”“天气预报”会被作为关键信息进行提取。基于 LLM 的结果，语音助手会访问对应的数据库，调用对应的应用编程接口 (API) 来获取命令相关的信息。例如，当被要求播报天气预报的时候，语音助手将会通过计算机网络服务，连接网络，在线匹配到指定的在线气象服务提供商，将明天作为参数，输入给气象服务提供方，要求查询指定日期的天气情况。从气象服务提供商处，在经过查询后，会获得当时请求的天气预报结果。这个预报结果，在经过处理打包后，会通过网络回传给语音助手 (Request-Response 过程)。语音助手不提请求，提供商就不会给响应。打包回传的数据，其实是一堆简化的数字，这些数据被提供给了下一个环节。

真正的回应可能是程序员预先设置好的文本内容，结合查询后得到的网络回传数据，进行填空操作生成的。也就是说，在这个步骤中，语音助手进行了完形填空的操作。

最后，语音合成 (Text-To-Speech，TTS) 技术将根据外部服务器反馈信息，把得到的处理后的文本内容转化为语音格式。目前的语音合成技术，已经能够进行自然流畅的语音回应，甚至能模拟一些地方的方言。

【拓展阅读 7–8】
AI 语音助手

7.7 语音识别的未来应用

语音识别技术已经进入社会生活的方方面面。语音特征的研究随着技术的进步也越发深入。随着这一波 LLM 掀起的人工智能热潮，对于语音识别的应用，除了传统领域语音语义识别以外，还将进一步扩展。

(1) 与各种人工智能模型结合，进行内容生成。语音识别技术已经可以将获取的语音转化为数字文本，在与人工智能模型结合后产生无限的可能。例如，通过语音识别录入文字后，简化与模型的互动方式；向模型“述说”自己的需求，要求 LLM 执行内容生成工作。这样可以提升创作效率，及时与人工智能进行人机协作，将自己的创意立即变现。

(2) 帮助实现教育公平。对于患有听力障碍的学生，语音识别技术可以将教师在课堂所讲的内容转

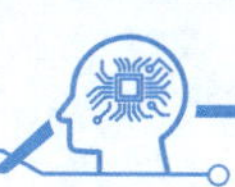

化为文本。上课的过程中，他们不再被听力问题所困扰。而合成语音技术，则可以帮助有语言障碍的学生充分表达自己的意见。

(3) **实现跨语种翻译**。电影《流浪地球 2》中曾经出现过一种翻译设备，能够对实时的语音信号进行跨语种翻译。这种设想已经从摆在纸面上的应用进入生成流程。在识别语音信息并将其转化为数字文本后，LLM 可以帮助实现跨语种的文字翻译。语音合成技术还能将翻译后的文本合成为语音输出。随着 LLM 的训练深入以及语音模型的优化，世界各地的人们之间的交流将变得格外顺畅，国际交流与文化融合将得到极大促进。

(4) **情感识别**。由于情感的影响，每个人发出语音时使用的能量是不同的。这种能量的不同，目前正在被进一步研究，以真正发现情感状态的“语音指纹”。希望这项研究，能够帮助人机交流变得更加人性化，使机器能够获取人的语言情感，模拟出人类情绪化的语言特征。在可预见的未来，在客户服务、心理学研究等方面，情感识别与模拟将进一步得到应用加强。

【拓展阅读 7-9】

语音识别技术

第 8 章 AI 画家

人工智能在现代超强的 GPU 集群的加持之下，可以“模仿”人类进行作画。目前，AI 画家主要有两个大的分支：一类使用生成对抗网络算法 (Generative Adversarial Networks，GAN)；另一类使用扩散模型 (Diffusion Model)。当然，也有兼收并蓄各种新技术都包含的。目前主要被人们所广泛提及的 AI 画家有两个：MidJourney 和 Stable Diffusion。因为 MidJourney 目前并没有开源，且依赖于 Discard 聊天室进行部建，在国内并无代理，所以本章中仅对其进行简单介绍。

8.1 AI 画家的社会话题

AI 画家开始进入公众视野，是从 2018 年 AI 画作 *Edmond de Belamy* (图 8-1) 的拍卖开始的。它被印在帆布上，在佳士得拍卖行被拍卖。这幅 AI 画作最开始的时候被估价 7000 美元，最终以 43.25 万美元的价格成交，被匿名买家收藏。

拍卖结束后，举世震惊于这幅画作的作者：

$\min_G \max_D E_X[\log(D(X))]+ E_Z[\log(1-D(G(Z)))]$。

这幅画的作者，不是人类，而是生成对抗网络算法。

实际上，这幅 AI 画作是由法国艺术团体 Obvious 使用计算机绘制而成的。它是目前售价最高的 AI 画作，相较于现在使用 MidJourney 或者 Stable Diffusion 批量生成的 AI 画作而言，目前的 AI 画作成本极低。

图 8-1　AI 画作 *Edmond de Belamy*

8.1.1　AI 画家领域取得的成就

风格迁移是人类在 AI 画家研究领域早期取得的成就之一。通过**卷积神经网络**，AI 画家可以将一幅图像的内容与另一幅图像的风格相融合，从而生成具有特定艺术风格的新作品。例如，可以将梵高的《星空》风格应用于一张普通风景照片，如图 8-2 所示。这类掺杂鲜明人类艺术家风格的 AI 画作，展示了 AI 画家在“模仿”人类艺术风格方面的巨大潜力。

图 8-2　由 Stable Diffusion 生成的梵高《星空》风格的中国台湾省台北 101 高楼

抽象画领域，是 AI 画家取得的又一突破。抽象画画家往往会通过各种随机方法取得绘画画布上的着色灵感，因此抽象画本身具有很强的随机性。AI 画家可以通过模拟这种随机性创造出各式各样的抽象作品，它比人类抽象画家更抽象。只要起一个非常有创意的名字，AI 画家的作品就可以和人类抽象画画家的作品一同放在展厅里展出了。如图 8-3 所示，AI 画家花了 4 秒生成的抽象画，其知识产权所有人给其起名为 *Évasion Éternelle*。给 AI 画作起法语名的原因，是希望拿去法国拍卖，希望有一天它能够以 43.25 万美元被某位识货的外国收藏家看中并买走收藏。这里，AI 画家展示了“模仿”人类抽象画画家创作手法的巨大潜力。

图 8-3　由 Stable Diffusion 生成的抽象画 *Évasion Éternelle*

8.1.2　AI 画家的作品是技术还是艺术

上节中描述的 AI 画家作品到底是技术的产物还是艺术的产物？以作者本人的感受来说，这些 AI 画家的画作，实际上是技术的产物。图 8-2 本质上是人类给出的数据，通过某些指定算法的运算之后，将一幅画的图像内容，与另外一幅画的图像内容进行了妥协博弈，生成了两者风格兼有的作品。图 8-3 在计算机从业者眼中，它本质上就是一堆随机数字，成片相似的随机数字，根据随机生成与规则重组的随机数字而已，是彻头彻尾的伪艺术创作，它只是工业生产线流程的产物。

好吧，这也许没办法说服人。换个角度来看，AI 画家在收到作者给出的命令之后，在 GPU 集群的算力加持下，用几秒钟的时间，生成了 AI 画作，它能价值几十万美元吗？

那凭什么梵高的作品《星空》能价值 5.19 亿美元？《星空》之前，无《星空》;《星空》之后，AI 画家能随便仿制《星空》风格。前无古人、后无来者的《星空》就是一幅杰作。当然，这幅作品是梵高在治疗精神病期间所创作的作品。完全有可能是他的脑神经细胞的突触突然之间产生了某些奇怪的连接而导致梵高的记忆、行为受到了影响。各种万中无一的概率性意外导致了这幅杰作的诞生。

AI 画作到底有没有艺术性？这其实是一个非常难以回答的问题。艺术品之所以成为艺术品，是因

为艺术品的创作人通过人类的创造能力，通过各种工具，将自己的内心情感世界表达到美术、音乐、小说、戏剧等各种媒体之上。其他人类通过了解这些艺术品，能够感受作者创作时的内心情感，通过并引起情感共鸣而体会这些艺术品的内在艺术价值。

所以，只要回答以下这几个问题，就知道 AI 画家的作品到底有没有艺术性了。

(1) AI 有没有创造力？

(2) AI 有没有人类情感？

(3) AI 画家的作品引起了人类的情感共鸣还是其他 AI 的情感共鸣？

以上问题的答案恐怕都是“没有”，所以，AI 画家的画作不是艺术品，这是显而易见的。

但是，事情并没有那么简单。因为 AI 画家的本质，是工具，是与计算机、纸、笔一样的工具。人类使用工具改造世界，人工智能是扩展人类大脑智能的工具。尽管人工智能没有创造力，没有情感，但是使用人工智能工具的人类是具有创造力、具有情感的。使用 AI 画家降低了画家门槛，普通人得以使用 AI 画家表达内心世界；其他人得以通过 AI 画作窥探人类作者的内心世界；画作的确可以引起观众共鸣，诸如漂亮、酷、白月光、阴郁、古典、唯美等感受，会随着观众观看 AI 画作而产生。

所以，使用 AI 画家的人类作者创造的画作，是艺术品！

看似矛盾的说明、矛盾的心情，其实也正是人工智能带来的社会变革所引发的无所适从的人类认知矛盾的具体体现。对于技术保守派，AI 画家的画作啥都不是！对于社会革新派，人类画家使用“AI 画家”工具的作画，为啥不能是艺术品？

8.1.3 AI 画家可能给现实社会带来的冲击

现在争论 AI 画家的作品到底是不是艺术品，在今天，其实已经没什么太大意义了。大众即使没有学过美术、没有拿过画笔，哪怕天生色盲，都有机会借助 AI 画家来表达自己的内心世界。只要选择对应 AI 画家工具或 AI 画家模型，非常简单地输入关键引导词、选择作品风格，就可以生成 AI 画作。于是艺术创作变得更容易，艺术作品变得更丰富。通过简单几句话，人类能生成心仪的壁纸；通过重构画面，人类能修改 AI 画作中不尽如人意的地方；通过发布 AI 画作，人类能获得收益，尽管这些收益可能很少。

但是，AI 作品因为采用的算法相似，会变得同质化 (图 8–4)。批量生成的作品中其实并没有非常鲜明的人类特色。解决的方法其实很简单，那就是使 AI 画家的引导词个性化、差异化。比如，在图 8–3 的生成过程中，作者尝试了几十次，更改了数不清的引导词，才终于在上百幅 AI 画作中找到了一幅看上去、过得去的作品。

那么这些壁纸的版权归谁？谁可以用这张壁纸？它们看上去非常像微软的蓝天白云风格桌面，但在细节上又有所不同。我用这些壁纸，会被告侵权吗？是我侵权了，还是 AI 画家侵权了？还是开发 Stable Diffusion 的团队侵权了？

换个角度，我卖了这些壁纸，每张 1 分钱，供大家下载。因为实在是非常好看，所以非常畅销，卖了 1000 万份。所以这 10 万元收入，归我吗？还是归 AI 画家？还是归 Stable Diffusion 团队？

图 8-4　由 Stable Diffusion 生成的一组四张同质化桌面图片

这些伦理道德问题，看上去十分棘手，实际上，类似的伦理大讨论，早就发生过一次了。照相机拍摄的照片，算艺术品吗？照相机拍摄自然风光后，需不需要向照相机厂商付费？照相机拍摄艺术品算不算侵权？其实问题的答案是显而易见的，就好像电影作品中出现了某幅油画，算不算侵权一样显而易见。社会发展到今天，没有人会认为绘画作品、摄影作品、电影作品处于同一层次。尽管它们三者都属于人类艺术品范畴。那 AI 画家的作品呢？它和油画布、油画刀刮出来的油画作品，摄影机拍摄出来的电影作品，照相机拍摄的摄影照片存在竞争关系吗？现在看起来，答案是不是愈发显而易见了？

那人类画家会因为 AI 作品的海量问世而受到冲击吗？答案是会，也不会。以往的艺术创作，需要专业的受训人士，耗时几天、几周，甚至几个月才能完成一件作品。AI 画家的使用虽然可以降低创作门槛，提高创作效率，但是，AI 画家的画作，其实只是低质的、同质化的、快餐似的杂烩。真人画家不会在海量生成概念图方面与 AI 画家展开职业竞争。而普通人使用 AI 画家的创作要求又会远低于真人画家的创作需求。你走你的阳关道，我过我的独木桥。这怎么可能出现冲突？真人画家可以更好地投入到真正的艺术创作之中。用最普通不过的语言说，AI 画家在打草稿，真人画家可以根据草稿进行变现。

8.1.4　人类艺术家的未来

人类要想在未来世界与人工智能共处，毫无疑问，需要在人工智能无法触及的领域表现自我价值，寻找职业定位。

人工智能技术目前无法在情感领域产生突破性进展。因此，人类艺术家需要在自己的作品中强化情感表达。如何让艺术作品真正触动观众的内心，应该成为人类艺术家需要思考的重要问题。强化情感表达，不仅是提升艺术作品感染力的关键，更是包括画家在内的艺术家与观众之间建立深层次情感联系的桥梁。回顾那些可以直击人们内心的杰作，总会让人意犹未尽，久久驻足在艺术品前，去研究艺术品的前世今生，想作者之所想，感作者之所感。

《蒙娜丽莎》展现给世人的是绝世不朽的微笑；《星空》表达的是狂乱、孤寂的夜晚；《向日葵》抒发的是对自然、生命、生活的热爱；《清明上河图》全景描述了盛世繁华；《富春山居图》在人与自然间达成了天人合一；《步辇图》展示了泱泱大国的包容与开放。历史上的绘画杰作无一不是在精神上、情感上表达出了画家的内心世界。而画作本身则会让后世观众从方方面面达成与作者的思想共鸣、情感共振。包括人类画家在内的人类艺术家，如果无法在量上战胜人工智能，那么唯一的选择就是在质上进行精心的打磨。未来就在这里。

在保持自身风格的同时，人类艺术家还需要不断突破自我。通过思考与实践，人类能够不断提升自己的认知水平与改造世界的水平。在实践的过程中，人类艺术家能够通过不断完善自己的技艺，寻求新的创作灵感与突破方向。只有通过不断锤炼自我，再与人生的阅历相结合，对世界产生基于人生经验的认知后，人类画家才有可能创造出能够连接观众内心深处的心灵锁链，引起观众的共鸣。而 AI 画家的作品，由于缺乏以上过程，创作的时间又极短，很难让观众在观看作品的时候产生同理心。观众并不能主导创作的过程，但是观众能决定自己看不看，想不想。所以，人类艺术家需要博闻强识，增广见闻；读万卷书，行万里路。也就是需要不断增强自我修养。

既然人工智能的时代已经到来，谁也逃不过，那么拥抱人工智能，伴随人工智能一起成长，也成为每一个人的选择。AI 画家的创作不是艺术品，但是人类画家一旦学会使用 AI 画家这个工具辅助创作，再从中寻找定位，实现自我突破，一定能创造出流传后世的杰出作品。

8.2　Stable Diffusion 介绍

在前面章节中，作者已经多次使用 Stable Diffusion 来进行画作生成。Stable Diffision 是一款 AI 生成图像内容的工具，属于 AIGC 的范畴。它能够根据文字描述、提示词生成图像内容。这些图像内容拥有难以置信的细节优化，不指出，甚至很难分辨出其是 AI 生成。尽管这款软件是开源免费的，但是它在运行过程中需要耗费大量的算力。如果使用显卡不好的计算机，生成图像的时间会非常漫长。

8.2.1　Stable Diffusion 主要功能

(1) **高分辨率图像生成功能**：Stable Diffusion 可用来生成高分辨率图像。只要调整参数，要求 Stable Diffusion 精细化细节，提升图片质量，经过多次反复计算后，就可以生成高分辨率图像。这样的操作耗时、耗算力，常被应用于需要使用高分辨率的场景，如工业设计、场景搭建、艺术创作等。

(2) **文生图功能**：用户输入详细描述、正向提示词、反向提示词后，引导 Stable Diffusion 按照用户描述，生成与用户预期接近的图像内容。反复多次迭代之后，可以尽可能达到用户所期望的创作效果。

(3) **图生图功能**：用户通过上传一张基础图，通过输入文本，在基础图的基础之上，生成内容，对基础图的画风、材质进行修改，对基础图增加细节内容生成，从而达成风格迁移或者残缺图像修复的目的。

8.2.2 Stable Diffusion 用法简介

如果使用个人计算机来获取 Stable Diffusion 的应用，有两个途径：一个途径是使用从 GitHub 上获取该开源项目，然后进行项目移植，到个人计算机。对于程序编写经验不足的人来说，这是一件比较复杂的事情。另一个途径是使用秋叶安装包，从网上下载和安装秋叶启动器。这种方案已经基本变成了“傻瓜式”操作，对于经验不足的人比较友好。首先在百度搜索秋叶启动，下载到本地进行相关操作。但是有的网站提供的下载渠道会内置一些恶意流氓软件，导致用户在以为即将运行秋叶启动器时，被欺骗而激活流氓软件。因此，秋叶启动器的下载对于一般用户来说，也不是十分稳妥的选择。由于 Stable Diffusion 的算力资源耗费量相当惊人，并不是每台个人计算机都可以流畅运行 Stable Diffusion。鉴于以上原因，作者建议使用阿里云提供的 PAI-ArtLab(图 8–5) 平台上，已经被安装于阿里云服务器上的 Stable Diffusion。

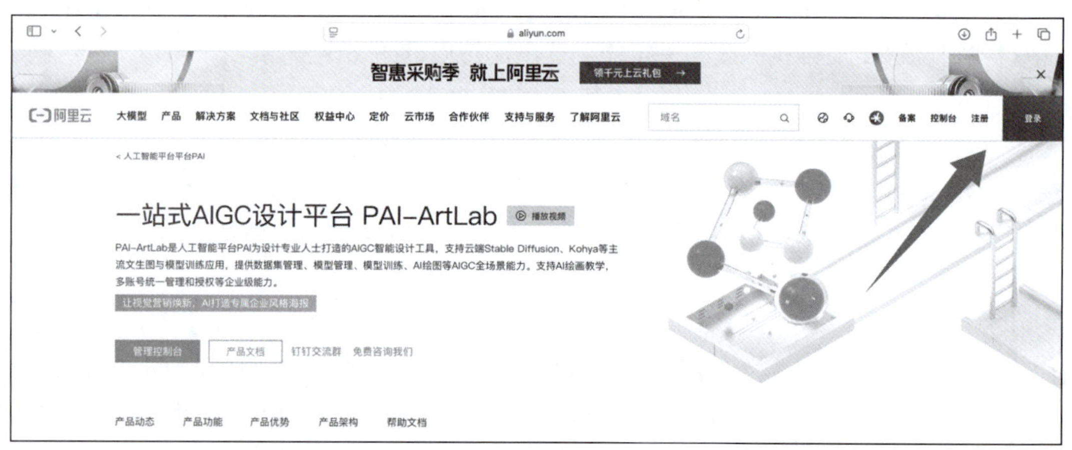

图 8–5 PAI–ArtLab 的页面，注册登录页面

阿里云 Pai-ArtLab 是阿里云人工智能平台 Pai 提供的集成了 Stable Diffusion、Kohya 等主流 AIGC 生图模型的一站式设计平台。它支持云端一键启动 WebUI 服务，实现了文生图、图生图、模型训练等全流程操作。其地址如下：

https：//www.aliyun.com/activity/bigdata/pai-artlab。

正如本书第 2 章介绍通义灵码时所述，阿里云有一个“云工开物”校企合作计划，可以向高校学生提供 300 元权益。高校学生领取了高校生权益之后，就可以免费体验 AI 画家的魅力了。如图 8–6 所示，在权益中心，可以找到领取高校计划优惠的链接。

在阿里云进行了个人信息认证之后，只要学生的个人信息已经进入了学信网，那就可以很方便地领取这个 300 元权益。如果因为某种原因，个人数据还未来得及进入学信网，可以尝试与阿里云官方联系，提供学籍在籍证明后，由阿里云官方人工给出 300 元优惠券到个人账户。

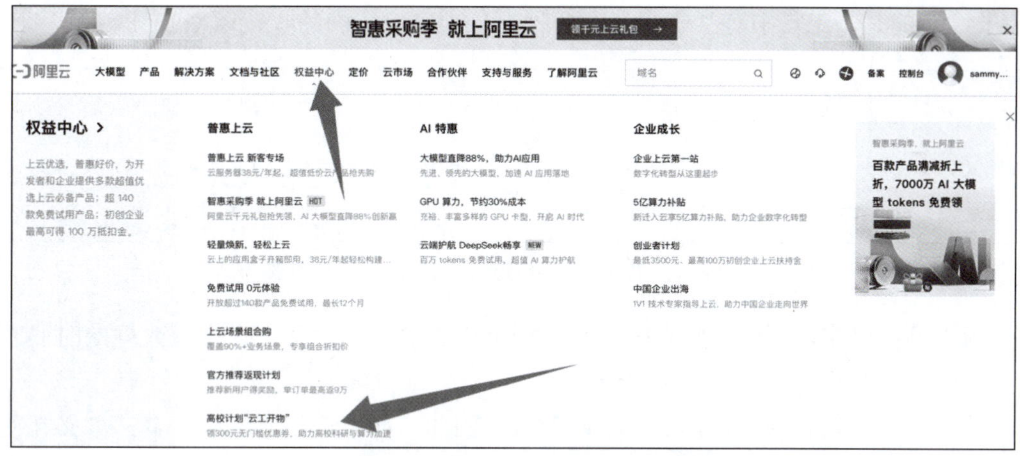

图 8-6　领取 300 元优惠券的链接

如图 8-7 所示，单击“管理控制台”按钮，进入管理控制台可以看到如图 8-8 所示页面。

图 8-7　“管理控制台”按钮

图 8-8　PAI-ArtLab 的管理控制台，可以选择 Stable Diffusion(共享版)

特别需要注意的是，工具中有共享和专享两种，分别对应不同的收费策略 (图 8–9)。

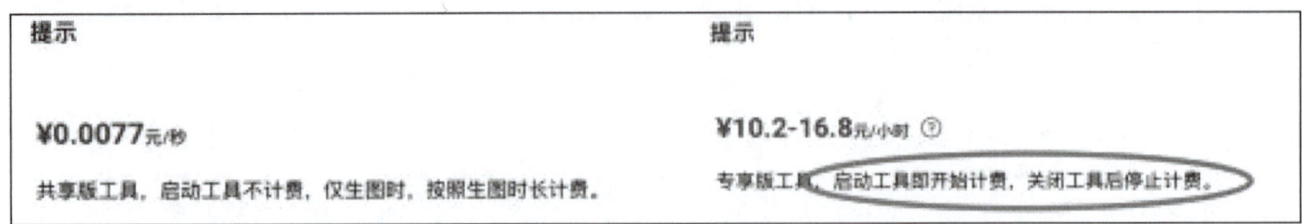

图 8–9　左侧为共享版计费方式，右侧为专享版计费方式

① 共享版工具：仅在**生图时按照秒**来收费。根据作者的使用经验，在夜深人静的时候，使用共享版工具，是一个好的选择。

② 专享版工具：一旦启用，就开始**按小时收费**。因此，如果选用专享版工具，务必在使用完毕后**关闭**专享版工具。专享版工具对于有加急需求的人来说是一个选项，但是一旦忘记关闭工具，会损失惨重。关闭工具的选项卡按钮如图 8–10 所示。

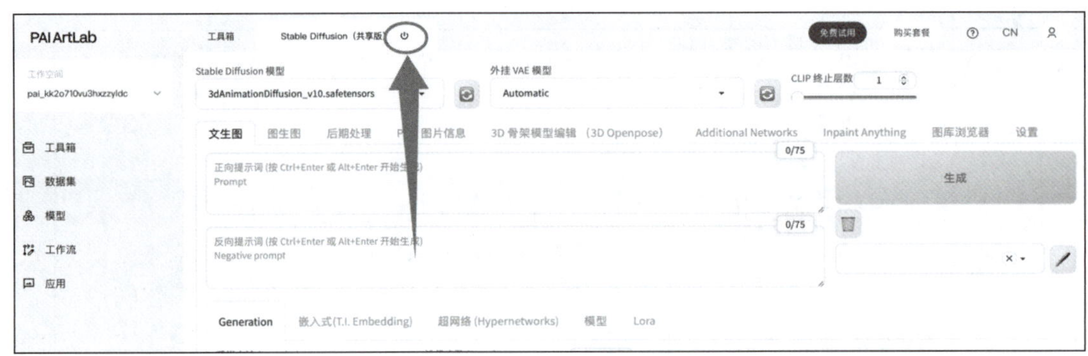

图 8–10　关闭工具的选项卡按钮

文生图功能，顾名思义的简单用法，是在正向提示词区域内输入想要生成内容的文字描述，然后点击“生成”按钮 (图 8–11)，以提示 Stable Diffusion 工具生成图像内容。

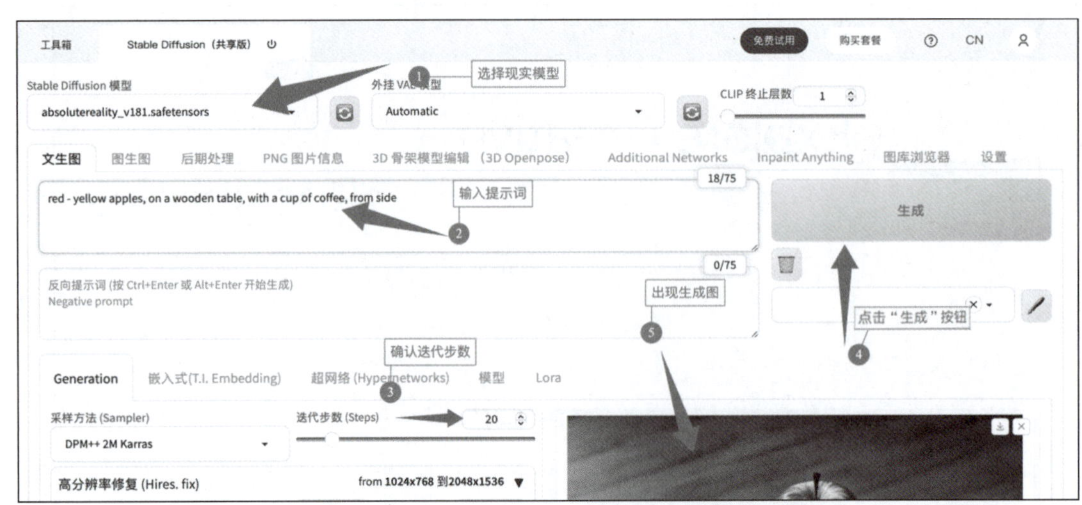

图 8–11　简单提示语生成图过程

若对生成效果不满意，可以多次点击“生成”按钮，以生成新的图片。若对生成图部分满意，部分不满意，则需要对生成内容进行修改。如图 8–12 所示，将生成图传入图生图功能。

图 8–12　对 Stable Diffusion 生成的苹果咖啡图进行局部修改的命令按钮

页面自动跳转后，图片进入图生图功能，如图 8–13 所示，可以对生成图进行局部修改。

在图片的下部，可以选择局部修改的细节操作，如图 8–14 所示。

图 8–13　图片被送入图生图局部修改页面

图 8–14　细节修改选项

比如，可以选择涂鸦。在原生图的基础上加入自己对图片的创意修改。

读者可以尝试不同提示词、不同模型、不同时间的不同的图像生成情况。

8.2.3 Stable Diffusion 原理

Stable Diffusion 的生成图，实际上是一种名为反向扩散模型的实际应用。扩散模型的核心分为正向扩散和反向扩散两个阶段。

(1) **正向扩散**：向数据中逐步添加噪声。正向扩散的过程，是从原始图像出发，逐步向图像中添加高斯噪声，经过若干步后，将图像完全变成纯噪声的过程。

(2) **反向扩散**：从噪声中逐步重建目标数据。反向扩散的过程则与正向扩散相反。通过训练神经网络学习噪声分布的规律，从纯噪声出发，逐步预测并去除噪声，最终重建原始图像。

简单来说，正向扩散过程可以类比为分子扩散运动，而反向扩散则是分子扩散运动的时间倒流。分子扩散过程的运动趋势，满足正态分布概率。比如，分子经过 100 秒后到达了某个位置，而时间回溯到 100 秒前，就是这个分子的起始位置。所以，反向扩散是正向扩散的一个逆过程，类似于时光倒流的故事。

以生成苹果的过程为例，生成图的原理如下：

首先，搜集很多苹果照片训练集。然后，按照规则对苹果照片训练集中的每一张苹果照片逐步添加高斯噪声，进行正向扩散。将一张张苹果图变成一张张满是噪声的纯噪声图片。但是这整个扩散过程，都被用一个公式来描述出来。比如，正向扩散，用添加高斯噪声的计算方法，进行了 100 次噪声添加；这 100 次噪声的生成过程，不是逐次添加的，而是按照一个公式被迭代计算出来的。将整个过程反向重放，并且重放过程，输入到神经网络，通过隐藏层去发现重放过程的时间步与噪声之间的规律，预测某个时间步的噪声去除后的效果，即反向扩散模型会从纯噪声开始逐步生成图像。因此，在完成了学习过程之后，模型会得到一个经过泛化的苹果图以及扩散到噪声的过程的反方向的某个时间步的苹果图像之间的潜在关系。这种关系，或者说，这些关系，是人类因为大脑算力不足而没有发现，而计算机则可以凭借其算力有时通过概率统计得出的关系。最后，模型通过噪声值、时间步之间的关系进行预测，掌握苹果图像的扩散与时间步之间的统计分布规律，反向生成，从而生成一个符合统计计算预测的样本。

简单的拟人化说明：模型中住着一位最具苹果特质的“苹果仙人”。他泛化出了苹果的一切信息数据。正向扩散过程，相当于这位“苹果仙人”分解破坏苹果，同时掌握了苹果被破坏时的特征，并用“小黑本”记下来；反向扩散过程，相当于人类告诉“苹果仙人”，需要生成图，“苹果仙人”就取出“小黑本”，找到破坏苹果时记录下来的一些特征，根据这些特征，用棒棒胶贴出一个具有苹果特征的东西来。

从纯噪声到生成苹果的过程，如图 8–15 所示。

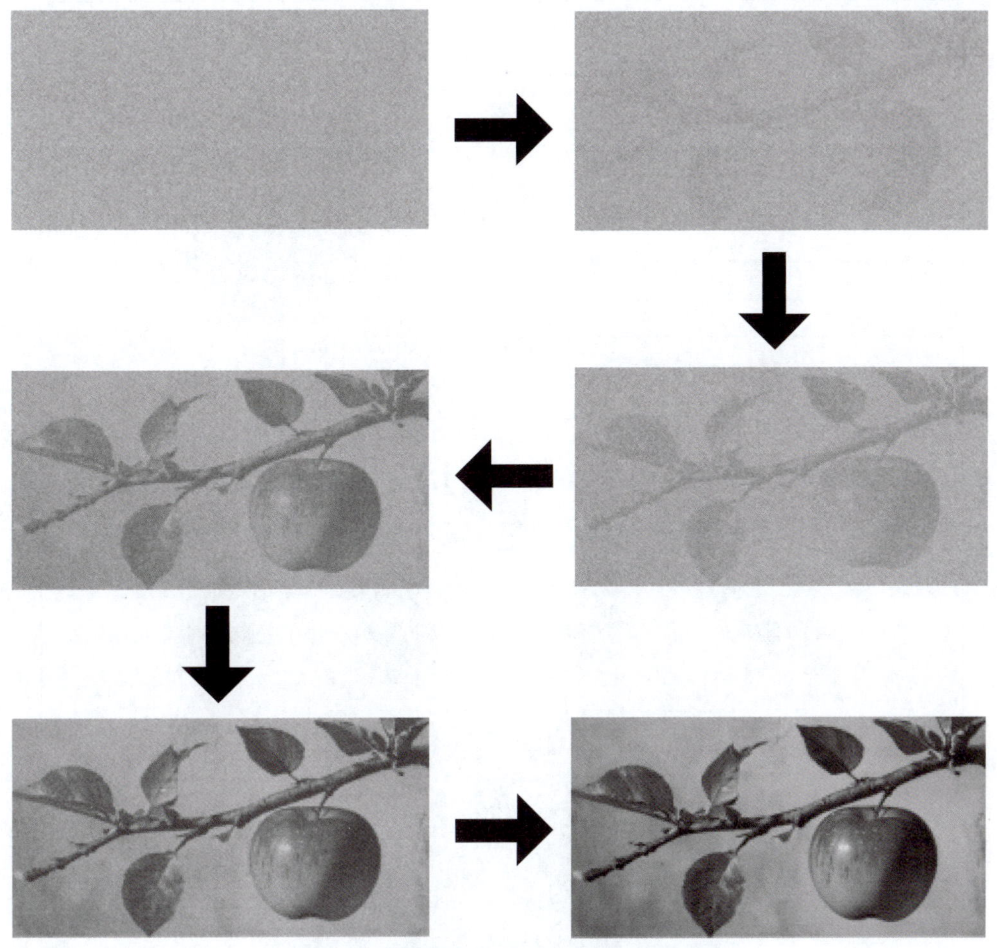

图 8–15　反向扩散模型生成苹果的示意图

从微观小尺度来讲，正向扩散就是对图像像素点施加干扰，让像素发生变化的过程；反向扩散则是寻找原本像素特征的尝试。如果某个区域，模型认为应该是蓝色的，那么反向扩散模型会使得蓝色逐步集中，而边缘将逐渐清晰，如图 8–16 所示。

 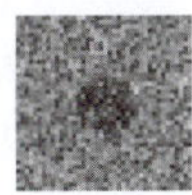  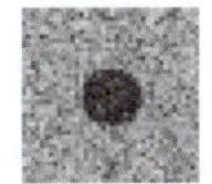    

图 8–16　反向扩散算法生成蓝色区域示意图

Stable Diffusion 有迭代步数选项。迭代步数越高，生成图细节越精细。将随机数种子设置为一个定值，不同的定值，会有不同的生成图。如果将随机数种子设置为 –1，则会随机产生种子。进行迭代步数不同的生成图，改变迭代步数就可以了。为演示方便，选取一些差异比较大的迭代步，对比图如图 8–17 所示。

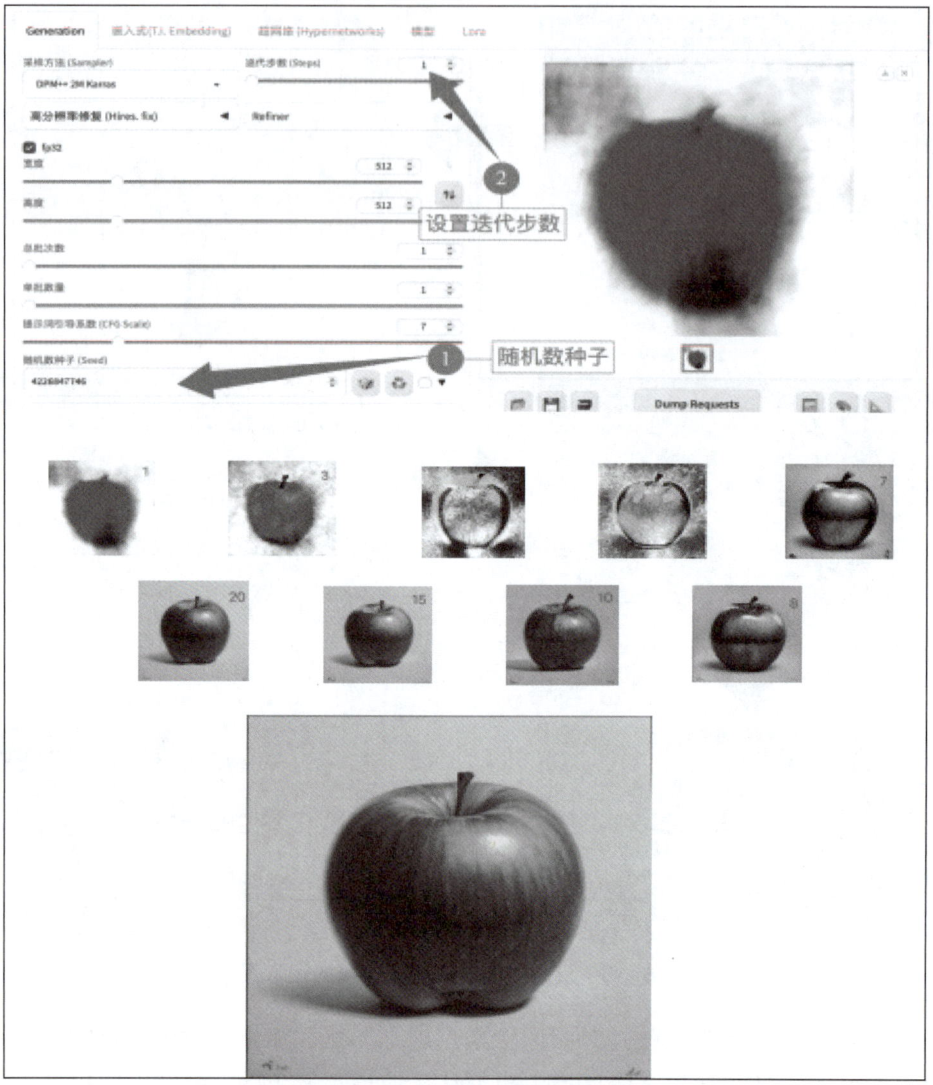

图 8-17　相同随机种子，不同迭代步的生成效果对比

8.3　Stable Diffusion 使用

通过调节控制 Stable Diffusion 的各个参数，可以进行文生图、图生图实践，生成、调整用户希望得到的 AI 生成内容。

8.3.1　Stable Diffusion 的引导词

如前文所述，Stable Diffusion 是一个 AIGC 工具，需要向这个工具输入提示词。正向提示词负责生成内容描述。但是并不是所有人都能有效输入提示词。目前 LLM 已经可以生成 Stable Diffusion 的联想提示词了。如前面章节所述，进入通义千问到页面：tongyi.aliyun.com，如图 8–18 所示。在对话框中输入你的提示语。

图 8–18　提出生成 stable diffusion 提示语的请求

通义千问，可以根据用户的需求，生成提示语，如图 8–19 所示。只需要单击复制按钮，就可以将生成的提示语复制下来，然后粘贴到 Stable Diffusion 正向提示词即可。

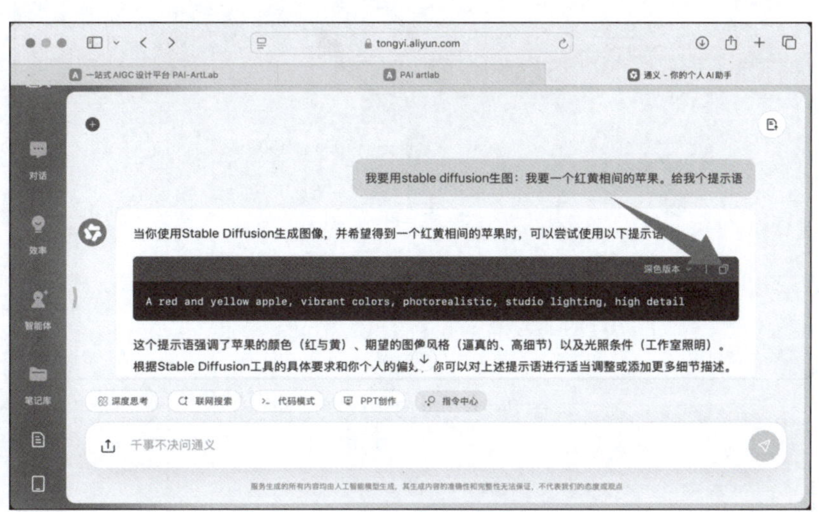

图 8–19　使用通义千问生成提示词

在构建提示词的时候，外行人往往觉得不知道如何是好。但是 LLM 的出现，已经抹平了提示词鸿沟。尽管非专业人士已经可以在 AI 的帮助下，很好地拟出提示词，但是为了更好地拟合用户需求，用户有必要了解什么样的提示词能够帮助 Stable Diffusion 更好、更高效地达成用户创意。

引导词公式：主体对象描述 + 画面风格 + 场景 + 画质 + 其他必要说明。

(1) 主体对象描述：人物、动物、各种用品等对象的细节描述。

(2) 画面风格：绘画风格、构图方式等。

(3) 场景：环境、前景、背景等。

(4) 画质：生成图清晰度要求。

(5) 其他必要说明：光线、视角、材质特色等。

目前的 LLM 在用户的具体要求下，可以生成满足 Stable Diffusion 使用条件的提示词。这些提示词具体、清晰地描述了图像内容；用多个提示词组合的方式，涵盖了生成图的需求；添加了修饰词以增加其他必要说明；等等。

但是由于随机种子、使用模型的不同，即使有良好的提示词，也有可能无法生成满足用户需求的图像。因此，用户需要多次尝试不同的模型、不同的随机种子，最终符合用户的大致需求；再通过图生图功能，对细节进行修改、丰富。

如果看到了一幅比较满意的生成图，想要知道这幅图都用了哪些关键提示词，可以使用关键提示词反向生成工具。

如图 8-20 所示，通过图生图工具，导入图即可反向生成提示词。Clip 更贴近自然语言，而 DeepBooru 则是一个一个的关键词语。

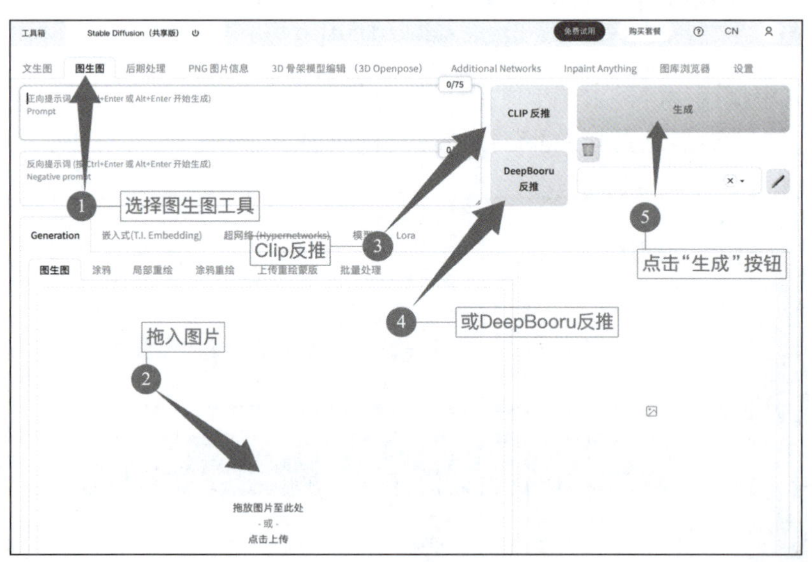

图 8-20　反向生成提示词

8.3.2　模型使用

(1) 在 PAI-ArtLab 的模型广场，有很多已经比较成熟的经过训练的模型。这些模型能够帮助读者

更好地进行生成图的操作。只需要在模型广场中选择心仪的模型即可，如图 8–21 所示。

图 8–21　在模型广场选择喜欢的模型

(2) 点击“确定”按钮，将模型广场的模型添加到“我的模型”，如图 8–22 所示

(3) 跳出的传输任务，会显示传输进度，如图 8–23 所示。

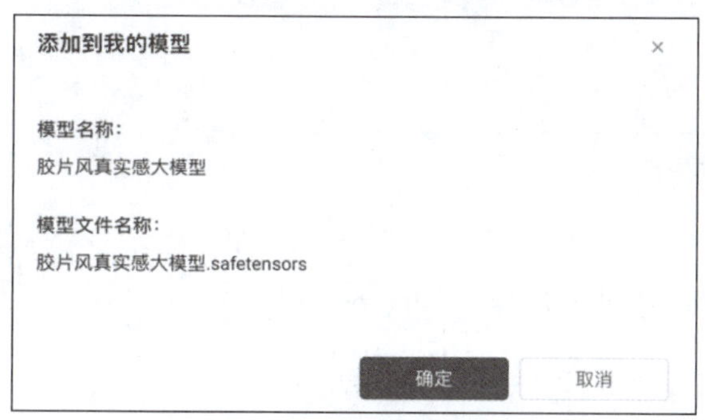

添加到我的模型

模型名称：

胶片风真实感大模型

模型文件名称：

胶片风真实感大模型.safetensors

确定　取消

图 8–22　确定添加该模型

传输任务列表

添加到我的模型	上传	添加到SD（共享版）

全部(8)　添加中(1)　添加成功(7)　添加失败(0)

请搜索名称

任务	进度	状态
1. 添加jiaopianfengzhenshigandamoxing到我的模型	8%	运行中
2. 添加ai_jidian_guochaofeng到我的模型	100%	完成
3. 添加chuntiancaodichangjing到我的模型	100%	完成

图 8–23　添加模型的过程

(4) 再从“我的模型”中，添加到 Stable Diffusion 共享版，如图 8–24 所示。

图 8–24　将模型添加到 Stable Diffusion 共享

(5) 再次进入 Stable Diffusion 的工作页面，点击“刷新”按钮，将模型刷新一下，如图 8–25 所示。

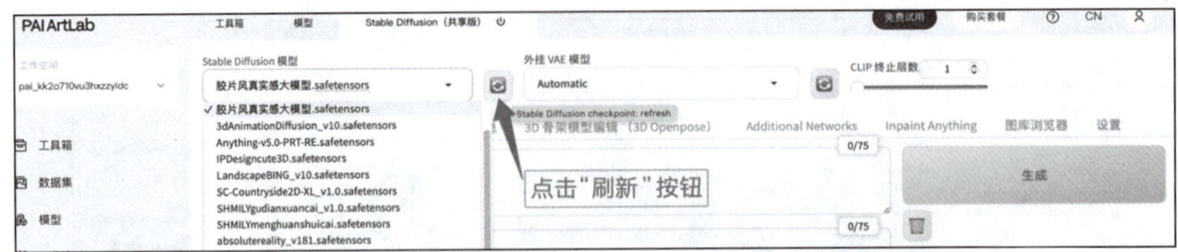

图 8–25　Stable Diffusion 共享版中的模型

(6) 添加的模型，出现在 Stable Diffusion 模型中。模型的效果一般会封面上显示出来。生成图的时候，可以按照这个效果进行。例如，应用胶片风真实感大模型，用“A Chinese girl sitting in a street-side coffee shop，wearing bright-colored clothes，with bright lighting，vivid colors，photorealistic style，detailed textures，soft shadows”生成一张图片。如图 8–26 所示。

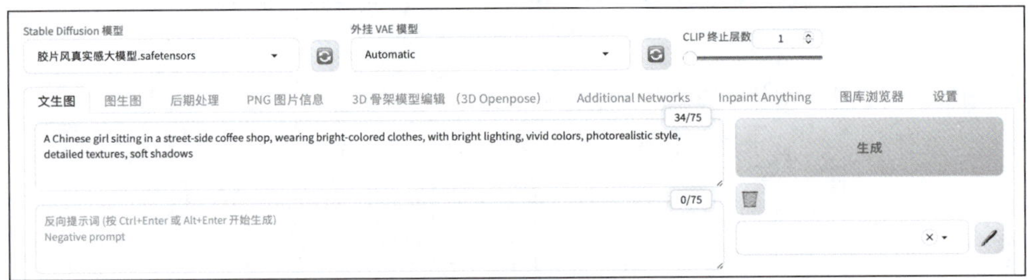

图 8–26　使用模型来生成图片

(7) 生成图片如图 8–27 所示。

(8) 发现杯子有点变形，利用图生图工具对这张图片进行细节修改，如图 8–28 所示。

图 8–27　Stable Diffusion 生成的图片

图 8–28　送入图生图工具修改细节

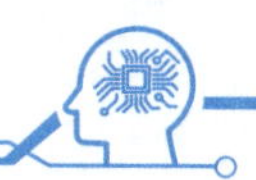

(9) 选择局部重绘，如图 8–29 所示。

(10) 使用画笔工具，将需要重绘的内容进行标记。如图 8–30 所示

图 8–29 选择局部重绘选项

图 8–30 使用画笔工具，要求重绘杯子

(11) 多修改几次，选择自己最满意的，完成修订。最后生成图如图 8–31 所示。

图 8–31 完成了胶片质量的生成图

(12) 如想将这张图转为卡通风格，需要选择 Anything 模型，如图 8–32 所示。

(13) 在图生图位置选择需要转换风格的图片，如图 8–33 所示。

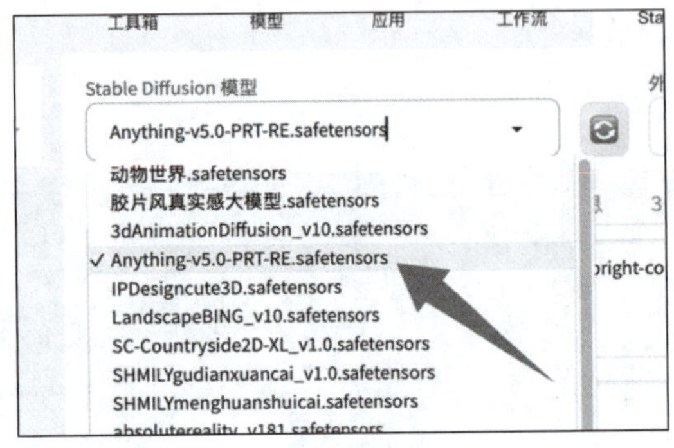

图 8–32　Anything 模型

图 8–33　选择图生图

(14) 其他不变，点击“生成”按钮，如图 8–34 所示。

图 8–34　将胶片写实风格转化为卡通风格

(15) 多次生成后，选择比较满意的图片，如图 8–35 所示。

(16) 如果对细节不满，重复上述步骤，进行修改或再次生成。

图 8–35　生成的卡通风格图片

8.3.3　线稿变图实例

Stable Diffusion 提供了利用简单线稿生成图片的功能。

1. 可爱白猫

如果现有一个简单的线稿，要画出一只小猫，如图 8–36 所示。

(1) 如前章节所述，将线稿放入涂鸦后，选择“模型”，如图 8–37 所示。

图 8–36　线稿猫咪

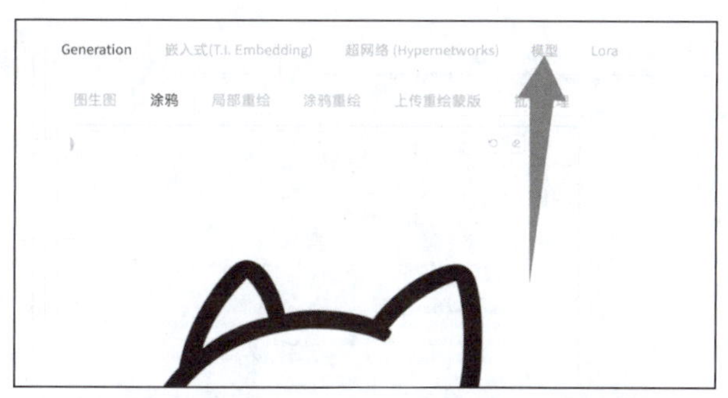

图 8–37　进入“模型”功能选择合适模型

(2) 在大量模型中，选择自己喜欢的模型，如图 8–38 所示。

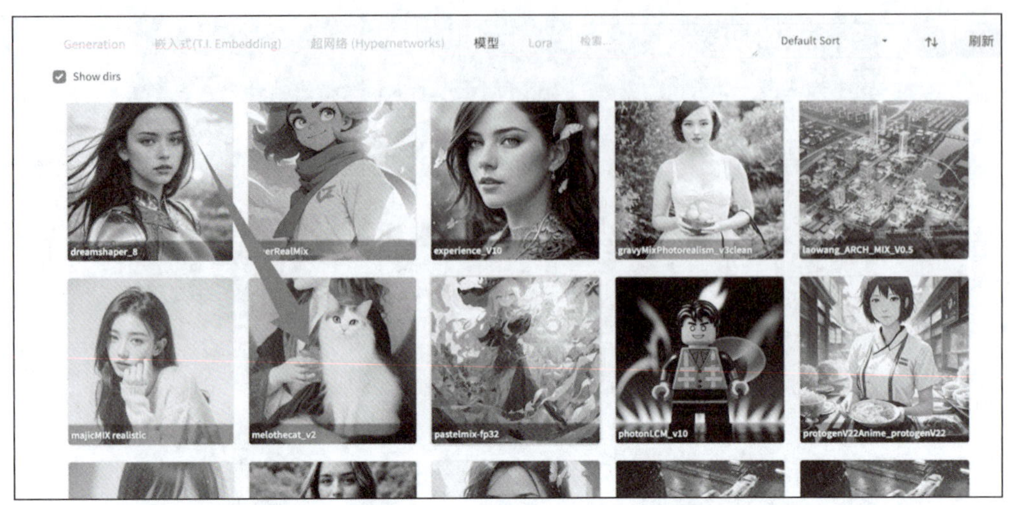

图 8–38　选择单击想要的模型

(3) 选择更改图片大小、多批次、多图片生成的辅助选项。进行多批次、多图片的生成是为了增加生成的图片数量以供选择，如图 8–39 所示。

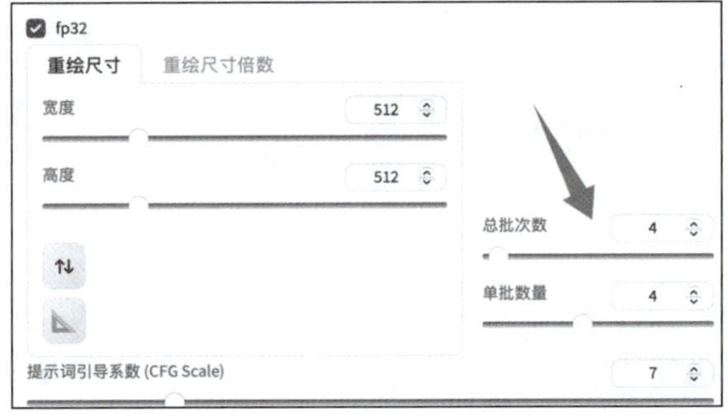

图 8–39　更改图片大小、多批次、多图片等辅助选项

(4) 回到上部工作区域，输入由通义千问生成的提示词，点击“生成”按钮，如图 8–40 所示。

图 8–40　输入提示语，点击“生成”按钮

(5) Stable Diffusion 会生成与线稿相似的 16 张图片，如不满意，则再次点击“生成”按钮，以生

成新的图片，如图 8–41 所示。

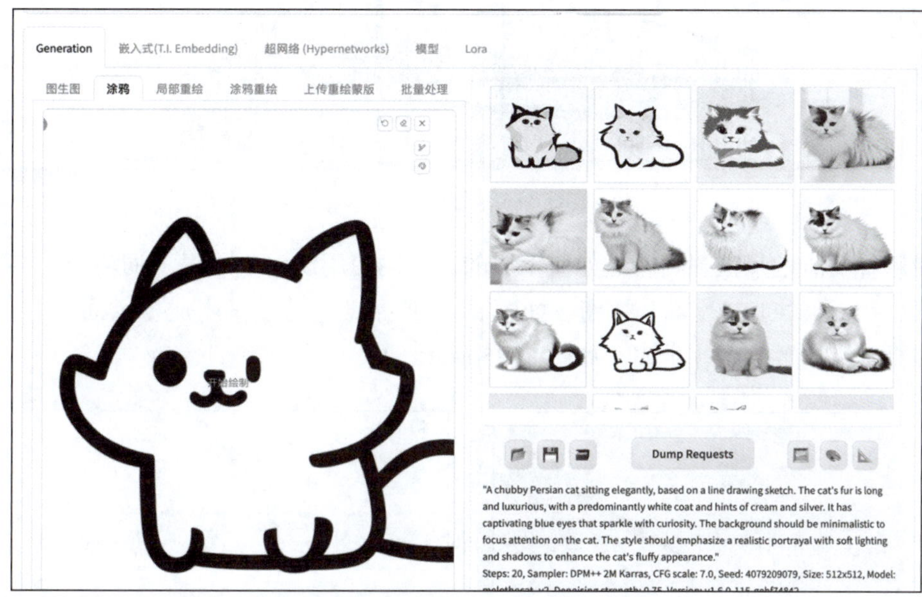

图 8–41　生成多个不同的图片备选

(6) 在多轮生成之后，最终选定一张比较理想的猫的图片，如图 8–42 所示。

图 8–42　由卡通线稿生成的猫的图片

2. 建筑线稿效果图

如果有一幅简单的建筑线稿，如图 8–43 所示。

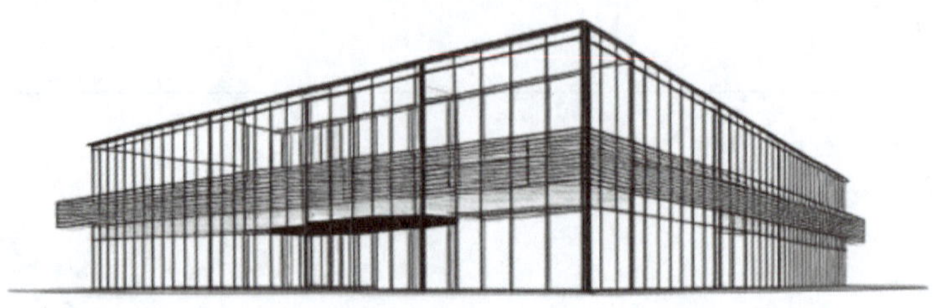

图 8–43　建筑线稿

(1) 如图使用者不清楚某张图到底是如何生成的，可以使用反向生成提示词功能。将线稿拖入图生图工具区域，然后点击“CLIP 反推”按钮，如图 8–44 所示，进行反推生成提示词。

(2) 设置多批次、多数量图片生成，如图 8–45 所示。

图 8–44　反推线稿提示词

图 8–45　设置多批次、多数量图片生成

(3) 选择合适的模型，如图 8–46 所示。

图 8–46　选择看上去想要的模型

(4) 再单击“Lora”按钮，如图 8–47 所示。LoRA(Low-Rank Adaptation) 技术是一种模型微调技术，用于高效地调整大型预训练模型以适应特定任务，同时减少参数量和计算成本。

图 8–47　选择想要的 LoRA 微调模型

(5) 点击“生成”按钮，如图 8–48 所示，以生成效果图。

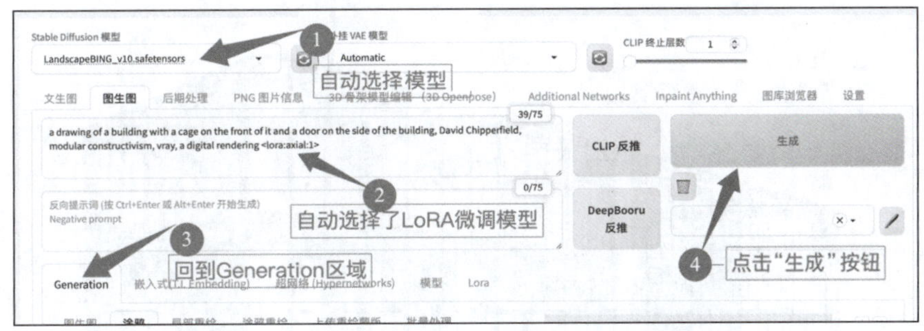

图 8–48　单击“生成”按钮，批量生产效果图

(6) 多次生成，从批量图中选择好的效果图，如图 8–49 所示。

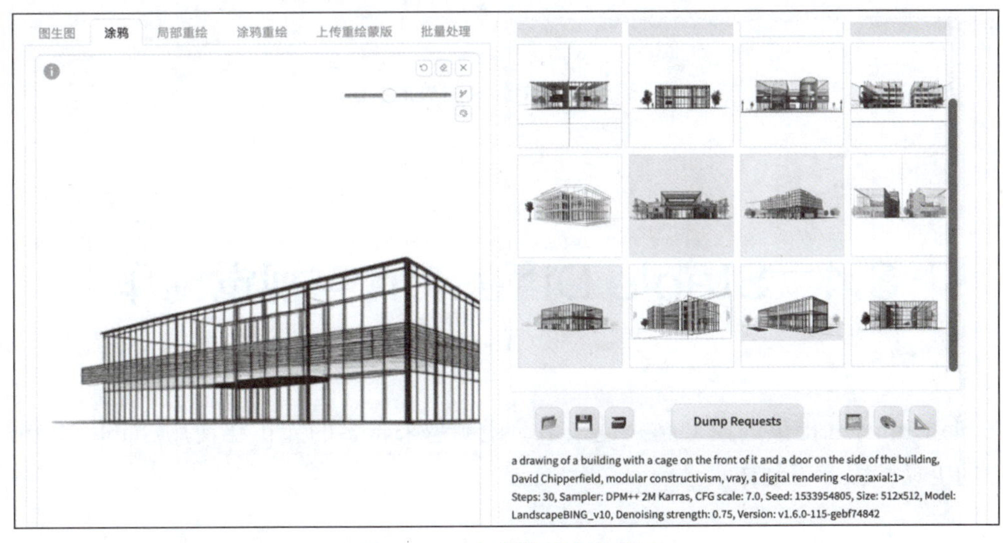

图 8–49　生成批量的效果图

(7) 最终选择效果图，如图 8–50 所示。

(8) 如果需要放大该图，以获得良好效果，则需要进行放大操作，如图 8–51 所示。

图 8–50　线稿效果图

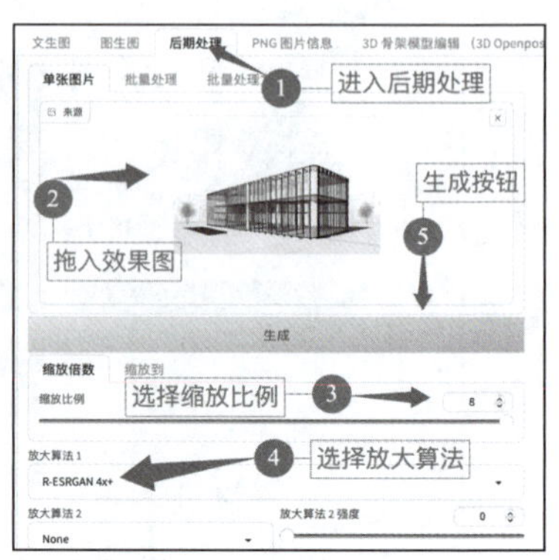

图 8–51　对效果图的放大操作

(9) 线稿效果图放大演示，如图 8–52 所示。

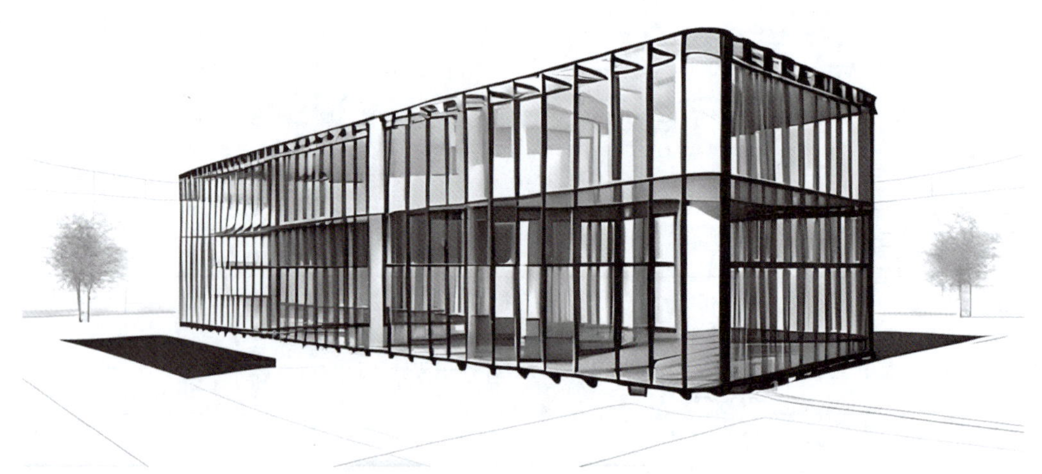
图 8–52　线稿效果图放大演示

8.4　Stable Diffusion 与视觉创作

目前 Stable Diffusion 提供的模型越来越来多，说明越来越多的人正在使用 Stable Diffusion 来作为 AI 生成图片的工具，服务于创作需求。

8.4.1　品牌 Logo

Stable Diffusion 可以根据品牌理念、目标、品牌名称等元素，生成独特的视觉元素 Logo。

例如，一家科技公司，主业是造火箭，老板想要把公司名称的简写“HQU-CST”融入 Logo，向设计人员介绍了自己需求：“科技公司 Logo，金属材质，带火箭，有 HQU-CST 标志，蓝色，热烈，充满动感，正面视角。”

如图 8-53 所示，输入要求之后，Stable Diffusion 可以批量生产 Logo。创作人员可以在这个基础之上，询问老板的需求，并进一步修改作品。

图 8-53　批量生产的带火箭的 LOGO

8.4.2　广告创作

在需要大量生成同质化广告的场景，Stable Diffusion 可以大量生成类似的广告图像。例如，大量同质化香水广告图像如图 8-54 所示。

图 8-54　大量同质化香水广告图像

8.4.3　服装设计

服装设计师可以根据自己的想法设计服装。设计师可以先使用 AI 生成模特，掌握穿着服装的感觉。这不但可以让设计师有效进行服饰修改，而且减轻了人类模特的工作量，如图 8-55 所示。

图 8-55　使用 AI 模特辅助服装设计

8.4.4 图生视频

现代技术已经能够根据某一张起始图生成视频。

进入 tongyi.aliyun.com，单击“通义万相视频”按钮，如图 8–56 所示。

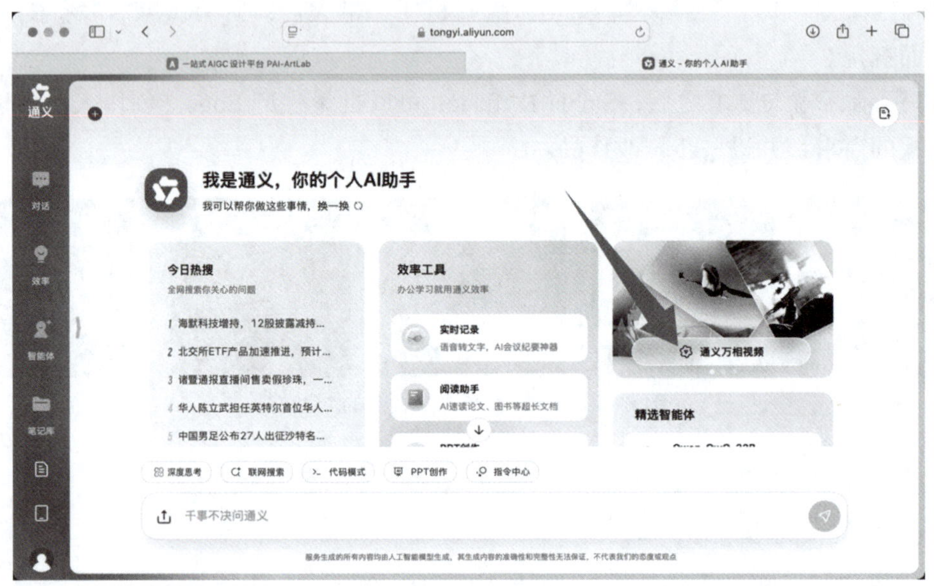

图 8–56　进入 tongyi.aliyun.com，单击“通义万相视频”按钮

选择图生视频，拖入生成图片，填写创意描述，单击生成视频，如图 8–57 所示。完成上述操作，即可生成视频，视频截图如图 8–58 所示。

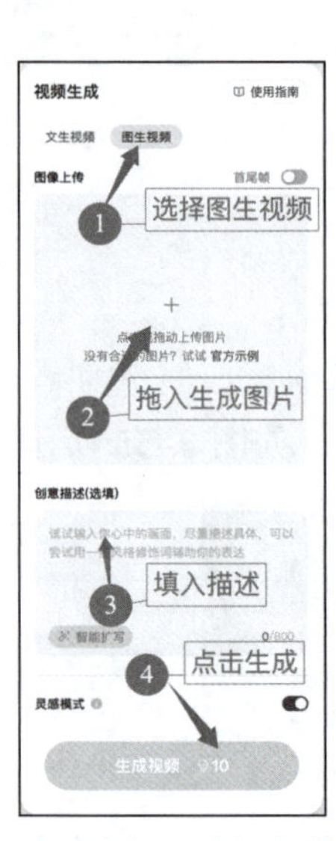

图 8–57　进行图生视频的操作

图 8–58　由图片生成的视频

8.5　Stable Diffusion 实操练习

任务一：某礼品公司，需要生日会请柬。要求："紫罗兰底色，配生日蛋糕，有彩色气球"。请你根据要求设计一张生日会请柬。

任务二：某运动品牌，希望进军文具市场，要求进行文具产品创意。请你根据需要设计几件与运动品牌相关的文具产品。

任务三：某知名奶茶连锁店，希望通过联名扩大市场份额，需要时不时推出一些联名定制的杯子。设计师不须考虑授权问题，只需要设计一些知名 IP 不同形象动作的杯子产品，供用户选择。

第 9 章 AI 赋能社会生活

社会生活的方方面面正在随着 AI 的进化而受到深刻影响。例如，工业制造、绿色能源、财会金融、医疗健康、旅游文创等各行各业，无不受到 AI 带来的冲击。

9.1 AI 与工业制造

AI 技术的发展给社会带来的冲击深刻而巨大。制造业正经历有史以来最深刻的变革。智能制造正处于这个变革的核心位置，它带来的规模化、集约化、灵活、高效的生产方式，宛如漩涡的中心，影响着制造业未来的图景。机器人的类人形象深入人心，但是在智能工厂中的硅基员工，却不是类人的，而是一个个摄像头、一根根机械臂，如图 9-1 所示。

图 9-1 厂房中的硅基员工

人的身体其实是挺脆弱的。但是人类在悠长的历史岁月中发明了各种各样的工具来提升生产力水平。因为跑得不快，所以发明了车轮；因为举得不重，所以发明了杠杆、滑轮组；因为看得不清，所以发明了放大镜、显微镜；因为想得不快，所以发明了 AI。很多科幻作品中的人形机器人，特别是在工业生产环境下，其实并不会出现。工厂中的硅基员工工作的智能生产线，会在 AI 的加持下，爆

发出惊人的生产效率。它将与大数据、云计算、虚拟现实等技术紧密结合，协同工作。

9.1.1　AI 技术带来智能制造

【拓展阅读 9-1】
智能制造

智能制造是一种工业制造方式。智能制造区别于传统工业制造，它综合利用了物联网技术、大数据分析技术、云计算技术、AI 技术等先进技术，通过使各种生产流程数字化，将 AI 集成到传统的制造流程中，以实现更高效、更节约、更灵活、更安全的工业生产过程。

智能制造的出现，不是一蹴而就的，而是经过了不断的发展，慢慢从无到有，从低级到高级，从有人到无人。

(1) **物联网技术**。首先融入传统制造业的是物联网技术，使得工业生产设备间能够实现信息通信。通过物联网传感器，人类能够及时获取设备的工作状态，如哪台设备出现了故障，哪台设备温度过高，哪台设备前堆积了大量的零件、原材料，等等。在物联网等技术加持下，工人不再需要在工厂中随时关注每一台设备的工作状态。在物联网技术的实时监控下，生产过程全过程透明，设备故障得以及时发现，生产效率得以提升，等等。

(2) **大数据分析技术**。大数据分析技术是对大量数据进行采集、分析、处理的技术。在物联网技术融入生产过程之后，由于传感器每时每刻都会监控设备状态，并且传输数据给监控方，在这个过程中，产生了大量的生产线上的数字工控信号。通过分析这些信号数据，工厂可以发现在生产过程中存在的问题；并可以依据这些数据，改进机器参数或者生产过程。此外，在进行大数据分析之后，工厂可以预测生产情况，改进生产流程，有序调整中间过程计划，避免库存积压或零部件不足现象。

(3) **云计算技术**。大数据分析是有瓶颈的，那就是计算机的算力、存储能力的不足。将数据放到云端，以云计算方式，通过互联网提供的计算资源和存储服务解决本地的瓶颈问题，就成了选项之一。厂方通过购买云计算服务，能够满足本地的计算、存储需求，而不必投入昂贵的本地算力成本，搭建专用算力解决方案。云计算的供应方专业提供算力、存储力，对大数据进行计算。这使得厂方能够通过互联网实时掌握各项数据，以进一步协同生产、降低生产成本、提高生产效率，在云端算力的支持下，进一步优化生产、销售流程。

(4) **AI 技术**。既然工厂的算力已经是远程的了，人类员工自然可以不再到指定场所集中劳动。工厂可以采用虚拟现实技术，构建出虚拟现实的厂房，在虚拟厂房中，对各项生产数据进行调试。工厂的员工可以对工厂进行建模，构造虚拟设备，将现实设备的各种信号数据映射到虚拟设备之上。**虚拟现实技术**除了能够远程控制劳动设备以外，还可以对虚拟设备进行虚拟操作，用以培训员工、模拟解决方案等。

智能制造技术，就是这样一步一步发展起来的。现在的智能制造正是集成了上述物联网技术、大数据分析技术、云计算技术、虚拟现实技术而来的。由于多种技术的联合采用、协同工作，人类的大脑已经无法完全掌控这样的发展路数，于是智能制造的关键——AI 登场了。AI 的使用，使得工厂能够快速匹配生产力与生产需求，高效控制生产流程，减少库存浪费，最终提高生产力水平。

AI 控制下的硅基员工最主要的特点就是不知疲倦，只要有充足的电力供应，就能不辍劳作。

9.1.2 AI 赋能工业生产

AI 赋能工业生产，有以下几个场景。

(1) **制造过程无人化**：AI 控制的自动化设备、机器人极大地实现了生产过程自动化，只要电力不断、原材料不断，就能保证生产不断。对比三班倒的人类工人，自动化设备、机器人在进行工业化生产时，动作更加精确、高效、快速、稳定。AI 控制的焊接、组装、包装、测试等环节能够具有极高的、一致的品控水平。而工厂中的危、难、险、重任务，也将不再由人类员工承担，保证了人类员工的身体健康与人身安全。无人化将成为规模化生产的标配。

(2) **产品设计智能化**：在人工智能辅助下，人类设计师可以利用虚拟现实技术进行产品设计、虚拟仿真。在虚拟环境中，工厂可以测试产品设计与生产环节。在虚拟环境中积累数据、经验后，工厂可以将通过虚拟仿真生产过程的产品投入到现实中，提高设计效率，减少试错成本，缩短产品更新迭代周期。

(3) **生产、销售过程智能化**：通过 AI 分析生产状态大数据，工厂能够掌握生产链状态，从而可以实施精确的原材料配给。工厂通过分析市场情况大数据分析，能够及时控制生产速度，以适配市场需求。例如，若 AI 预测市场疲软，则会建议减缓生产，以避免库存积压挤占仓区与现金流；若 AI 预测市场需求旺盛，则会提前布置原材料供应链，响应生产变化预期；若 AI 预测产品即将退出市场，则会提示去库存、推进在研新品、扩大产品开发力度；等等。在 AI 的辅助下，工厂不再只是被动地生产，而是会根据市场需求，高效配置生产能力。

9.1.3 智能制造的优势

(1) **生产效率提高**：AI 参与生产之后，自动化生产设备能够在 AI 的严格监控下，自动设定标准和运行参数。与人为控制相比，AI 监控更为及时。在生产线上的机器人，根据 AI 的指令进行操作；同时，AI 可以了解到机器人的操作情况。如果与 AI 预设过程的不一致，AI 能及时发现，并下达整改指令，对机器人的生产状态进行调控。由于机器人的工控水准是一致的，不会发生不稳定现象，人类的操作将不再是直接作用于工业产品，而是作用于工程机器人，让机器人去进行工业品的生产过程，于是整个生产效率得到了极大提升。只要不停电、供应链原料稳定配给，生产流水线就能在 AI 的控制下，24 小时进行生产。

(2) **生产成本降低**：AI 控制的机器人，静动一致，时间精确，使得生产过程稳定。一旦发生生产机器人故障，机器人身上的传感器可以通过互联网，将出错信号传递给 AI，AI 能够根据信号及时发现问题、调整生产，从而减小乃至避免生产过程中因为误操作而导致的损失。通过对库存管理系统的分析，AI 能够发现库存数据规律，调整、优化库存量。对于原材料的使用，AI 也能够通过精确计算获取最优使用效率。原料库与成品库的仓储都会得到优化。以此，在产品生产环节、原料存储使用环节、成品库存压货环节，智能制造能全面、高效降低成本。

(3) **生产品质趋同**：通过精密控制，智能制造的产品会具有惊人的一致性。要么同样优秀，要么同

样垃圾。但是，垃圾的产品是不可能被市场所接受的。市场规律这只无形的手，会让智能制造的产品品质越来越好。AI 控制的机器人严格执行指令，让进 1 丝，绝不会进 1.1 丝。在生产环节中，严丝合缝，不会产生非流程意外。产品销售完之后，还可以通过用户反馈对产品进行跟踪，对产品持续改进，促进产品进一步更新换代。于是到用户手中的产品，将只会越来越棒，而不用担心品控不佳。

(4) **生产产品灵活**：智能制造将使得人的操作将不再直接作用于工业产品，而是作用于工程机器人。这意味着智能制造工程能够根据市场需求小批量、多批次、多样化生产。对比传统的规模企业，其生产过程被严格定义，其生产很难快速调整。而智能化生产意味着 AI 需要控制多少机械臂，就控制多少机械臂；想转多少度，就转多少度；想从哪个角度焊接，就从哪个角度焊接。从而可以完美实现个性化商品规模化生产，以此实现对市场的快速响应，缩短商品生产周期，减少成品库存积压，等等。

【拓展阅读 9-3】
智能制造的优势

9.1.4　未来工厂的发展趋势

工业化是现代化国家的一个主要特征。智能工厂则是工业化生产的未来之路。智能工厂本身，就是一个伟大的科技奇迹。

(1) **物联网高度连接**：AI 的广泛使用，必然要求物联网提供更多的数据。因此，未来工厂应是物联网高度发达的工厂。每一台智能设备上都将会出现多种传感器部件。这些传感器部件不间断向 AI 提供设备的状态信息，由 AI 对这些状态进行分析。整个未来工厂中的风吹草动，都将被 AI 一览无余。

(2) **数据驱动**：未来工厂中的人类员工面临的风险将越来越少，人治阶段将逐步转变为数据驱动阶段。通过采集、分析生产过程数据，AI 将会分析、改进生产行为，由机械臂、智能设备逐步实现对产品的操作，以帮助人类员工实现特殊风险岗位的生产任务。通过数据分析，AI 还能发现智能设备存在的故障，一旦发生 AI 无法解决的故障或误操作，人类员工可以快速得到 AI 通知，进厂对智能设备进行维护、维修、更换等操作。在维护、维修、更换等过程中，智能生产线的流水线生产并不会被耽误，只要向另外的智能设备下发植入操作步骤数据，就能替换出问题的设备。在物联网提供的数据支持下，整个智能工厂的生产过程可以说是有条不紊。

(3) **产品线灵活**：在 AI 对产品生产线进化调优后，可以多、快、好、省地进行多种工业品的生产。产品线的灵活性体现为步骤灵活、操作灵活、控制磨具灵活、焊接角度灵活等。这些灵活的特性是由 AI 的数据分析带来的。最终结果就是产品线不再单一，形成出多批次、小批量的灵活生产方式。比如，生产口罩的生产线略作调整，加入几台机械臂，调整参数，就能生产无人机；生产机械狗的生产线，关闭几支机械臂，调整参数，就可以量产打火机；等等。灵活多样的生产使得产品稳步跟随市场需求。

(4) **可持续发展**：智能工厂由粗放式生产转为精细化生产的同时带来的是能耗、排放、原材料消耗的降低。这也正契合了环境保护、可持续发展的理念。扩大生产、减少能耗、避免原材料浪费、降低污染排放等，也是未来工厂需要努力的方向。在偌大的厂区，布置绿色能源项目，再生利用各种资源，也是 AI 大有可为的用武之地。未来工厂的发展趋势。

【拓展阅读 9-4】
未来工厂的发展趋势

9.1.5 智能工厂的挑战

(1) **智能设备与机器人**：AI控制的工程控制机器人，无疑将会是未来智慧工厂的核心。这些硅基员工需要有更犀利的眼神、更敏锐的感知、更迅速的行动、更精确的操控。人们会在机器人领域不断深入研究，将更多的感知与执行能力赋予智能设备与机器人。人类需要在发展的过程中，时刻关注智能设备与机器人，以保证生产过程的安全。

(2) **物联网技术的网络安全**：更好的机器人，意味着更多的传感器、更多的执行机构、更庞大的传输数据量。因此，物联网技术将得到进一步应用。各型传感器需要在物联网上传递各自的信息。温度、湿度、压力、速度、红外、光谱等，当各式各样的传感器在进行数据传递的同时，人类需要考虑如何将数据完整传输，如何保证向AI传递的数据是实时有效的，如何保证AI在获取信号的瞬间匹配相应的执行方案，并有效下发给智能设备执行。但是更多的物联网应用，意味着网络安全被提升到了前所未有的地位。如果物联网数据被黑客获取，将导致智能工厂的生产数据被泄露，工厂除了知识产权、生产数据受到威胁之外，还有可能面临机器被破坏的巨大风险。因此，网络安全必须得到重视。防火墙、杀毒软件、入侵检测、数据加密等，都将在智慧工厂中得到应用，以保护智慧工厂不受威胁。

(3) **AI技术**：大量数据保证了AI能够得到充分的训练。现代AI技术，利用深度学习方法，能够找到人类无法发现的数据规律。AI可以通过对历史数据的学习，识别出生产良好品控工业品的操作策略。数据越多，AI学习的资料越丰富，AI就越能够找到更好的执行方案。这意味着AI能够帮助人类进行规模生产，减少浪费，提高效率，等等。AI整合获取数据、预测数据是凭借人类设计算法的，有时候这些算法会出问题，这意味着AI技术本身需要得到不断完善与发展。

(4) **人机协同工作**：人机协作是未来工厂面临的一个严峻挑战。挑战不是来自AI，而是来自人类的传统思想。人类使用智能工厂的最根本的原因是满足提高生产力水平的需求。AI不是抢夺人类饭碗，而是向人类提供了深刻变革生产力水平的可能性。人机协作，意味着传统生产模式的改变，人类做人类擅长的，AI做AI擅长的。在整个智慧工厂架构内，人类与AI，只有各司其职，才能带来生产力水平的跨越式发展。

【拓展阅读9-5】
智能工厂的挑战

9.2 AI与能源

在人类历史上，只要是谈到解放生产力，一定会联系到另外一个问题——能源的使用。

从钻木取火，到燃烧煤炭，到引雷电下九天，再到石油能源经济，人类对能源的渴求贯穿了人类的发展史。

从原始人类钻木取火开始，人类就开始有意识地使用火来进行生产活动，直到人类发现了煤炭这

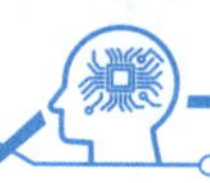

种更高效、持久的能源载体。煤炭的使用，带来了青铜时代、铁器时代，使得青铜器、铁器进入生产生活，改进了当时的农业、手工业等领域的生产效率。随着第一次工业革命的到来、大量煤炭的开采，人类突然发现以煤炭的燃烧效率烧开水，似乎无法满足生产力进一步发展的需求了。

黑色的石油作为更高效的能量来源，进一步推进了工业化的进程。随着汽油、柴油的提炼并添加到汽车、飞机、农机中，更高效的运输方式进一步加速了整个人类的工业化进程。而各种发电设备、用电设备的发明，更是直接导致了第二次工业革命的发生。用电设备被历史证明比燃煤设备更有效。但是随着石油的开采、化石燃料的大面积燃烧，全人类面临着日益严重的环境问题和石油问题。历史上的多次战争，都围绕着石油展开。对人类社会来说，对新型能源的渴求越来越迫切。我国秉承着“绿水青山就是金山银山”的理念，始终朝着构建一个绿色、可持续发展的能源策略而不断奋进。

【拓展阅读 9-6】解放生产力与能源需求

绿色能源与可持续发展的理念深入每一个中国人的心，成为中国未来发展的主要方向之一。太阳能、风能等，都可以被归类到可再生绿色能源。但是绿色能源却有着一个弱点——不稳定。

9.2.1　绿色能源的特点

1. 太阳能发电

太阳能是将太阳光转化为电能或热能的能源生产方式。可以利用光伏太阳能板、太阳熔盐光热发电等，将太阳能转化为电能或热能。图 9-2 为我国新疆维吾尔自治区哈密太阳能塔式光热发电站。

图 9-2　我国新疆维吾尔自治区哈密太阳能塔式光热发电站

现阶段的太阳能生产方式，具有以下特点。

(1) 生产方式清洁：太阳能电池板的生产会产生一定的可控污染。在生成电池板后，利用电池板产生电流的过程，却是完全清洁的。可以说，对比传统热能电力行业，太阳能电力不会产生有害排放物，几乎是完全无污染，是最环保的能源来源。

(2) 属于可再生能源：太阳本身是一个巨大的氢核聚变能量源。阳光照射到地球上，才有了地球上的能源。只要太阳每天还会升起，人类就有源源不断的能源供给；只要太阳不灭，地球上就始终可以享受太阳的馈赠。

(3) 局限性：太阳能的使用具有局限性。太阳能的利用受天气影响较大。对于经常阴天多雨的地区，太阳能难以利用。昼夜变化的客观存在也制约了对太阳能的利用。

【拓展阅读 9-7】太阳能

(4) 发电方式：太阳能的采集效率比较低下。受基础物理学原理制约，目前普及的经典多晶硅光伏面板的太阳能转换效率仅为 15%~20%。在光照理想条件下，每平方米每天大约发电 0.9~1.2 千瓦时。而光热采集，则是采用高耸的吸热塔，接受地面大面积定日镜反射镜聚焦的阳光。吸热器安置在吸热塔，内置超过 5000 吨熔盐。高温熔盐的热量，被用来加热水，产生超高温高压的水蒸气，以蒸汽动力推动热力发电机进行发电。

(5) **储能**：无论哪种太阳能获取方式，都需要与储能设备一起工作。

2. 风能发电

风能发电是通过风力发电机，将风能转化为电能的一种能源采集方式。图 9-3 是我国山东半岛南 U 海上风电项目。

图 9-3　我国山东半岛南 U 海上风电项目

现阶段的风能发电，具有以下特点。

(1) **生产方式清洁**：风的能量通过吹动风动发电机的风叶，转化为电能。与传统花式烧开水的热能动力发电机不同，工作介质不再是超高温高压的水蒸气。庞大的风叶被风吹动，带动转子在磁场中旋转从而产生交流电。风能发电对环境十分友好。

(2) **属于可再生能源**：风能是可再生能源，只要太阳不灭，就会照耀地球，就会加热空气，就会产生温差，就会导致大气流动。风能资源一样来源于太阳，不会如化石能源般消耗后枯竭。

(3) **局限性**：但是，风能的生产如太阳能一样，有局限性。风能资源丰富的地方往往在人烟稀少的地方，或在离岸近海的地方。同时，自然风并不稳定，时大、时小。风过小，吹不动风叶；风过大，会损坏发电机。风能发电的过程充满了变数，是靠老天赏饭的例子。

(4) **发电方式**：风力发电机最显著的标志，是其庞大的风叶。一般由三个巨大的风叶组成转子。当风吹过这些风叶时，风本身所具有的动能会吹动叶片旋转，从而带动连接在风叶中心的轴转动。转动的轴通常会直接或者通过齿轮箱间接连接到发电机，带动发电机转子在磁场中旋转做功。于是，风能转化为电能。

(5) **风能的传输**：产生电能之后，电能进入电容发生充放电过程，经过变压调节后，接入电网，进行电能传输。

【拓展阅读 9-8】
风能

太阳能与风能目前已经广泛应用于实际生活中，但是由于其不能稳定生产的特点，尽管其清洁、环保、可再生，也很难作为主力能源使用。

9.2.2　AI 赋能绿色能源

AI 技术的引入，对于绿色能源生产的主要作用是解决其生产过程的不稳定带来的各种问题。AI 能够从多个方面提供解决不稳定的问题的策略方案。

1. AI 控制绿色能源生产过程

AI 可以凭借其强大的算力，提供绿色能源生产中的实时优化方案，以提高发电效率和发电稳定

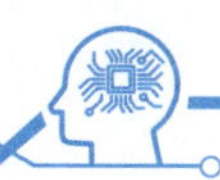

性。只要获取了实时的环境数据，AI 就可以根据这些环境数据进行计算，并给出解决方案。而环境数据的获取，可以使用物联网传感器。

【拓展阅读 9–9】
AI 在绿色能源生产中的应用

(1) **太阳能发电**：AI 通过监控光照强度，可以调整太阳能面板或定日镜角度，确保最佳的光照角度，以确保高效进行太阳能发电。在采集太阳能的过程中，AI 就像一个时刻保持高度注意力集中的硅基员工，始终为各个太阳能采集设备能够跟随太阳轨迹变化进行角度调整，以达到最大化利用太阳能的目的。

(2) **风能发电**：AI 能够通过传感器检测风速、风向的环境数据。根据环境数据，自动对风力发电机的叶片角度进行微调，或者自动调节齿轮变速箱，使得分离发电机转子的速度既不会过快，也不会过慢，以此保证发电机稳定发电。AI 还可以预测极端的瞬时大风，如果即将发生瞬时大风，AI 可以下令锁死风叶，以保护发电机安全。

(3) **优化发电设备**：AI 获取了庞大的物联网数据，可以通过分析环境历史数据、发电设备运行数据，提供优化策略，并通过学习规律，了解如何作出决策；AI 可以监控发电设备工作状态，及时发现潜在的故障，并且提供解决方案，避免因为设备问题而导致绿色能源生产过程的不稳定。

2. AI 控制能源的储能

无论是太阳能还是风能，都有会遇到无法进行能源生产的时候，如夜间无法使用太阳能发电，狂风或微风无法吹动风力发电机的风叶发电，等等。只要是能源生产，总会遇到生产出来的能源用不掉的情况，如电力能源使用情况的峰谷的客观存在，削峰填谷的需求就一直有。这种情况不仅是新型的绿色能源产业存在，传统的煤电、水电也存在同样的情况。为了能够保证能源的稳定供给，人类可以使用 AI 辅助进行调峰。

(1) **AI 储能**：得益于储能设备的发展，人类已经发明出智能储能设备。最典型的例子就是利用太阳能板发电的用户，在白天的时候，可以使用自发电，等其充满了自家的储能设备后，甚至可以将自发电并入电网卖电。到了夜间，存储于储能设备中的、白天自己发出的电，可以供自家使用。华为已经建立起多套解决方案，可以协助进行太阳能的生产、存储、使用。图 9–4 所示为华为建立的深圳笔架山公园西门光储能充电站。

图 9–4　华为建立的深圳笔架山公园西门光储能充电站

(2) AI 超级电容：电容是一种能够高效放电的电设备。在 AI 的控制下，超级电容能够快速进行充放电。在风力发电机中，超级电容在缓慢获取电力之后，将电力存储于电容之中，进行短期存储。然后在 AI 的控制下，向电网放电，即通过 AI 辅助的方式抑制电网中的电力杂波，避免电力波动对电力设备的影响。

9.2.3 AI 与能源的未来

【拓展阅读 9–10】
AI 与储能

随着城市化进程的推进以及工业化的不断深入，人类对能源的渴求与日俱增，传统能源供给方式面临着巨大的挑战。AI 赋能绿能建设，将充分补充人类的能源需求。如前所述，绿色能源的发展存在不稳定性。AI 能辅助解决一些问题，但传统的火力发电、水力发电，并没办法在短期内被全面取代。

(1) AI 智能电网：在电网中植入各型传感器，可以帮助 AI 获取电网的实时信息，如总发电量、电网负荷、总用电量等。经过长时间的累积，AI 获得的大量数据可以建立起一个神经网络，输入发电量、用电量等参数，通过运算后，得出高效稳定提供电力能源、保障人民群众用电需求的方案。此时，作为补充的绿色能源，就可以加入电网，确保用电安全。AI 通过将绿色能源的生产、存储、消耗，同时计算入庞大传统电网的生产、消耗。比如，白天的时候，多用太阳能，多存储太阳能，以太阳能、风能补充传统电网，传统电网此时的化石能源消耗就可以减小。智慧电网还可以通过调度，将能源生产地区产出的能源通过电网调度到用电量大的地区，以此减少浪费。

(2) AI 管理分布式能源生产：随着技术的发展，能源生产不再需要集中在一个庞大的发电厂中进行。一个大面积的停车场、一座现代化工厂、一片商业楼宇，甚至你家的楼顶，都可以成为一个小规模的能源生产设施。用户直接参与能源生产过程，以减少长距离的电力损耗，减少化石能源燃烧产生的污染等。AI 可以凭借其强大的算力，变以前的规模化能源生产为小规模生产，然后进行整合，实现整体用电优化。AI 将帮助构建一个能源互联网，将千千万万小规模绿色发电设施与骨干电网连接起来，以骨干化学燃料为主，以绿色能源为辅，不断提高绿色能源的使用比例，扩大绿色能源的使用规模，最终达到节能减排、和谐发展的目标。

【拓展阅读 9–11】
AI 与绿色能源建设

9.3 AI 与经济生活

自从人类生产力水平发展到有能力生产出剩余物资、从以物易物发展到汇通天下之后，人类就开始了经济与金融活动。现代的金融产品及金融衍生品已经成为人类社会生活中的重要组成部分。金融业、保险业、银行业成为现代金融的支柱行业。资源配置、风险管控、财富增值等一系列眼花缭乱的业务，让现代金融业大有可为。银行吸纳存款、投放贷款，支持个人、企业的金融需求；保险公司提

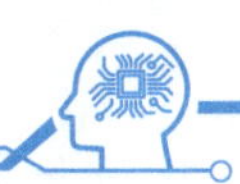

供风险保障，为个人、企业保驾护航；证券公司提供股票、债券等金融工具等买卖服务，以帮助实现财富增值。这些行业，随着 AI 时代的到来，将越来越依靠 AI 辅助作出决策。AI 技术**见微知著**的特性，使得精细化、个性化的服务方式成为可能。AI 顾问向客户提供服务的想象图，如图 9–5 所示。

图 9–5　AI 顾问向客户提供服务的想象图

9.3.1　AI 进入金融领域

【拓展阅读 9–12】

AI 进入金融领域

(1) **AI 个性化财经顾问**。传统的财经顾问，往往是面向大客户的。财经顾问收费都很高，因为需要有非常专业的财经知识背景，需要专注于客户的财务状况，需要了解客户的投资理财目标，需要分析客户的风险承受能力，用各种模型为特定客户量身打造方案。好的财经顾问会帮助客户配置资产，以获取大量的收益。但是借助 AI，无论是财务状况、投资模型，都可以通过其算力进行计算。以往人类财经顾问这样的角色，现在 AI 就能充当。人类财经顾问没有 AI 算得快，模型选取不如 AI 灵活，投资预判没有 AI 准确。AI 的私人财经顾问身份正被越来越多的人所接受。AI 财经顾问能够通过海量财务**数据分析**，找到与客户匹配的模型，建立个人财务模型。基于模型，找到适合的投资领域，**制订个性化投资方案**，将资产合理进行配置。AI 有能力实时检测国内外金融市场的变化、本外币汇率波动信息等，能够自动**给出调整资产配置比例**的方案。原本昂贵的财经服务，可以进入寻常百姓人家。

(2) **AI 风险管理**：AI 在金融风险管理领域有着不俗的表现。金融机构在与个人合作时，面临着个人信用风险；金融机构在与企业合作时，面临着市场风险；金融机构内部员工面临着操作风险；等等。AI 可以凭借其算力，从无数交易记录中解析出个人的信用记录、财务状况、收支情况、还款行为数据等并加以分析，判断与个人合作时，是否面临个人信用风险；通过大数据分析行业现状，AI 可以判断某个行业是否处于不景气中、某个公司是否处于资金链断裂风险中，以判断与企业合作所面临的市场风险；AI 可以通过对内部员工的行为分析，监管高风险操作，判断是否存在金融违规行为，等等，以避免内部操作风险。

9.3.2　AI 与保险

【拓展阅读 9–13】

AI 与保险

AI 赋能保险领域，最主要的原因是保险业务琐碎庞杂，不管保险业的客户是面向个人的还是面向法人的，都需要记录历史数据、分析历史数据、提纯历史数据等。

(1) **自动化理赔**：AI 技术能够改进传统保险的理赔流程，使得传统的需要人工审核、费时费力的理赔流程，变为迅速高效响应。在车险理赔领域，AI 能够通过图像识别技术中的图像分割技术，将图片分析的注意力集中在车损异常部位，以比对受损车辆痕迹是否匹配，并根据大数据给出的定价策略能够迅速作出理赔决策；AI 可以通过分析病历、医疗影像确定医疗服务是否属于理赔范围；AI 能够快速识别医疗相关单据文件，快速提取关键信息，以确定理赔是否符合规定。

(2) **精准客户群分析**：在面向个人客户时，AI 能够通过对客户的各种细节数据，对客户进行画像分析，以建立客户个体模型，再通过大数据匹配个体的客户模型。这样 AI 就可以建议保险公司如何投放相关保险产品，从而能够将保险产品精确投放到目标人群。AI 可以通过分析客户的健康状况、年龄、就医习惯等，投放针对个人的个性化定制保险业务。

(3) **合理的动态风险调整**：通过对客户理赔数据进行分析，保险公司能够在 AI 的帮助下了解客户理赔是否过于频繁、是否存在风险等，并由此判断定价策略是否需要改变，等等。AI 能够辅助作出决策，进行风险控制。透过 AI 大数据分析能力，保险公司能够分析大量的历史数据、同行数据等，识别异常噪声，验证保险行为的合法性、真实性。一旦发现理赔风险，IA 就会提示风险信息，同时提示人类员工介入调查。

9.3.3 AI 与投资

【拓展阅读 9-14】
AI 在投资领域的应用

如前所述，AI 有着见微知著的能力。特别是在投资领域，投资市场的交易量是惊人的，不管是股票类投资还是期货类投资，每秒钟上千笔的交易量都属于正常水平。人类很难在这样的计算需求下仅凭借人脑作出分析判断。以前的“股神”、股市神话等在现在的投资环境中已经很难复现。

(1) **投资市场预测**：AI 可以通过分析历史数据，结合实时市场交易表现，配合大市场因素，预测未来市场走势，给出投资建议。例如，AI 可以通过采集过去某股票、某贵金属、某大宗商品的交易情况，绘制交易情况模型，发现其涨跌规律。这些规律不再只限于人类能够看到的内容，AI 会结合整个大市场的情况，分析其规律。AI 可以不断学习优化，提高其预测的准确性。

(2) **个性化服务**：每一个投资者的情况都是不同的，AI 能够帮助投资者量身定制投资方案。由于每个投资者的风险承担能力、投资偏好、投资目标等都是不同的，散户很难得到专业的投资顾问指导，大客户很难及时响应市场变化。AI 通过了解过往数据，分析投资人历史投资行为，分析其投资习惯，从而结合市场预测情况，判断投资者的入市时机。个性化快速响应是由 AI 算力所决定的，只有 AI 有能力为每一位投资者提供合理的建议。

(3) **自动配置投资方案**：AI 能够对市场动态进行实时监控，通过对比投资人的投资配置与 AI 检测得到的市场交易大数据实时数据，分析投资市场风险状况。AI 几乎可以实时做到根据市场的行情，动态地调整投资配比，做到趋利避害。在动态更新后，AI 能够实时反馈调整情况。这对于人类投资顾问来说，简直是不可能完成的任务。而 AI 的算力就是自动配置投资方案的决策保证。

(4) **自动化高频交易**：AI 能够通过复杂的规则设置，在极短的时间内，完成大量的交易，通过积累每笔交易中极其微小的收益来获取收益。由于在毫秒级的时间就可以处理大量数据、作出交易决策，AI 可以很容易就根据交易的历史数据、实时波动数据、大市场环境等数据，建立对应模型，进行相应的高频交易。AI 会根据相应的规则，自动进行交易而无须人为操作。（提示：投资有风险。）

第 10 章

横空出世的 DeepSeek

人工智能有算法、算力与模型三大引擎。

DeepSeek 由杭州深度求索人工智能基础技术研究有限公司推出，该公司是一家专注于开发先进 LLM 和相关技术的创新科技公司。自问世以来，DeepSeek 已经发布了多个版本的模型，并在 LLM 领域取得了显著的发展。

在 2025 年 1 月 20 日，DeepSeek 正式发布了其开源模型 DeepSeek-R1，迅速引起全球轰动。该模型发布仅 1 周便登顶中美两国苹果手机应用商店免费榜榜首，并在约 140 个国家的手机应用下载排行榜上占据榜首位置。

10.1 DeepSeek 的诞生

随着 LLM 的竞争日益激烈，数以亿计的美元被投入人工智能训练。因为以 ChatGPT 为代表的 LLM 展现出来未来图景与语料、算力、GPU 卡、集群规模、电力相关，总之一句话，与大量的金钱相关。2025 年，美国计划在人工智能领域投入 5000 亿美元。同时，为了锁死其他国家的发展，美国发起了算力战争，企图垄断规模化的算力产品，如英伟达的显卡。而英伟达为了配合美国战略，不惜违反自由贸易原则，禁止英伟达的显卡出口到中国大陆。

【拓展阅读 10–1】
DeepSeek 的尝试

梁文峰（DeepSeek 创始人）认为，模型性能的提升不仅依赖于算力的突破，更需要架构设计、数据质量与训练策略的全方位优化。在此思想的指导下，DeepSeek 诞生了。

DeepSeek-V1 于 2023 年发布，以“超越主流模型”“让机器学会思考”为目标，从核心技术到实际应用均展现了显著优势。它的核心竞争力体现在其技术架构的创新上。模型基于改进的 Transformer 架构，在保持经典结构并行化优势的同时，针对传统注意力机制的冗余计算问题进行了优化。在前面章节中，介绍了 Transformer 架构，读者一定对其不断地进行残差连接、层归一、注意力计算仍记忆犹新。每一个 Token 的上千维度的特征向量都需要上千次地进入矩阵中进行堆叠计算，自然对计算机集群的算力要求极高。

DeepSeek-V1 采用了与 ChatGPT 一样的方法构建 LLM，但是在构建完成后，梁文峰敏锐地发现了注意力机制的问题，并决定采用不同的技术线路，发展深度求索。

深度求索官方于 2024 年 5 月开源发布了 DeepSeek-V2，在 DeepSeek-V2 中，引入了如下机制。

(1) DeepSeek-V2 中，引入了混合专家 (MoE) 架构。混合专家架构中，存在非常多的小专家模型。每个专家模型负责处理一个方面的问题，由一位调度模型居中指挥，数个专家模型协作，共同解决问题。举个简单的例子：我想吃拔丝苹果。此时向 LLM 发出询问，LLM 没有必要激活天气专家，没有必要激活交通专家，没有必要激活建筑专家，没有必要激活金融专家，没有必要激活数学专家，等等，只需要激活烹饪专家即可。一切没有必要激活的专家模型，都不参与计算，这样可以最大限度地节省算力资源。

(2) DeepSeek-V2 通过引入稀疏注意力机制。模型能够动态筛选输入序列中的关键信息，减少对无关 Token 的计算量。这一改进使得模型在处理长文本时，推理速度得到大幅提升，同时对算力需求又有了明显下降，极大提高了资源利用效率。并非所有 Token 都需要与序列中所有其他 Token 进行交互，而是只与某些关键 Token 交互。通过引入稀疏性注意力机制，可以减少不必要的计算。稀疏注意力机制通过减少注意力矩阵中非必要的计算，仅保留部分重要的交互，从而显著降低了计算复杂度和内存需求。例如，“我爱北京天安门”这句话，与春夏秋冬毫无关系，与亲朋好友毫无关系，与酸甜苦辣毫无关系，与男女老幼毫无关系，与赤橙黄绿毫无关系，于是在编码的时候，就不会将毫无关系的部分纳入编码环节的训练，于是计算量得到了极大减少。

(3) 在处理矩阵运算之前，DeepSeek-V2 会要求对矩阵进行低秩分解。高维矩阵中往往存在冗余信息，没有必要对每一个矩阵元素都进行运算，可以用低秩矩阵近似表示。这也显著降低了运算量。

(4) DeepSeek-V2 能进行动态权重分配。动态权重分配的核心思想：根据输入数据的特性，动态调整模型中各部分的权重，从而更高效地关注重要信息，忽略无关信息。依旧以“我爱北京天安门”为例，我们在之前的学习中已经知道，Transformer 架构下，其 Token 为：“我”“爱”“北京”“天安”“门”。相关性较高的“北京”“天安”“门”被分配了较高的权重。这种动态权重分配的过程使得模型能够专注于重要信息，减少对无关信息的计算，从而显著降低计算复杂度。

【拓展阅读 10-2】DeepSeek-V3 与 R1 版本

(5) 在训练策略上，DeepSeek-V2 采用了动态训练框架，将课程学习 (Curriculum Learning) 与渐进式训练 (Progressive Training) 相结合。具体而言，模型训练初期专注于简单任务 (如单句补全)，随着训练深入逐步增加复杂任务 (如多轮对话、逻辑推理)，这种分阶段学习策略有效缓解了模型对复杂模式的“学习疲劳”。

数据的规模与质量是梁文峰同时看重的。**规模很重要，质量更可贵**。DeepSeek-V2 的训练数据规模累计超过 10 万亿 Tokens，覆盖多语言文本（以中文和英文为主）；从计算机代码、科学文献及结构化知识库入手，把控语料质量，过滤了低质内容（如网络垃圾文本），利用预训练模型进行语义去重；通过人工标注强化关键领域（如数学推导、法律条款）的数据占比，使得 DeepSeek 模型在逻辑推理和垂直领域任务中表现尤为突出。

DeepSeek-V2 的提出，为人类指出了另外一条路，有别于不断堆料的 ChatGPT 的一条路。如前章节中提到的，以 ChatGPT 的方法，不断堆叠参数，不断加大维度，不断扩大 GPU 的规模，就好像一个巨大的吞金窟，人类的资源终将耗尽。

真正引起全世界轰动的是 DeepSeek-V3 和 DeepSeek-R1 版本几乎同步推出。可以说，在前两个版本的技术积累之下，DeepSeek-V3 版本和 DeepSeek-R1 版本一经推出就引起了全球范围内的震动。它有更全的知识库，更多的训练参数，更具有性价比的生成方案，等等。DeepSeek-V3 版本基于 Transformer-XL 架构，参数规模高达 300B，而 DeepSeek-R1 版本采用 MoE-128 专家系统，动态激活参数更是达到了惊人的 2.6T。DeepSeek-V3 版本是一个通用型模型，适合多语言和低成本的广泛应用场景。DeepSeek-R1 版本则是一个垂直领域优化的模型，适合复杂推理任务。从成本上看，DeepSeek-V3 版本和 R1 版本的训练成本、使用成本，已经远低于 ChatGPT 系列，成为各大公司的首选。百度已经在搜索引擎上接入了 DeepSeek-R1 版本的 DeepSeek。

最让人耳目一新的直观改变，是 DeepSeek-R1 版本的思维链。**思维链**是一种模拟人类思考过程的分解问题方法，能够把复杂的问题分解成多个简单的小问题，然后逐步解决，最终得出答案。首先分析拆分问题，再分步进行解答，每一步的结果都会成为下一步的基础。如果某一步经过演算检验发现出错，它能回头检查并重新调整步骤实现方法，确保最终生成的答案的正确性。这种方法不仅能解决像数学计算、逻辑推理这样的复杂问题。最令人啧啧称奇的是，DeepSeek-R1 版本还能清楚地展示每一步的推理过程，让人更容易理解它是怎么得出答案的。对比 ChatGPT 系列的神经网络的黑箱运算，DeepSeek-R1 版本展示出的思维链，让人类更容易了解 AI 得出生成内容的步骤和方法。这种**动态反馈机制**是 DeepSeek-R1 版本的创新。在思维链上的错误步骤，可以被 DeepSeek-R1 版本捕获，并回溯到上一步骤进行检查，找到问题、修正生成答案。于是多**路径探索**成为可能。从此以后，AI **分析问题的因果**，成为未来的发展方向。

多模态融合是 DeepSeek-R1 版本的又一创新。DeepSeek-R1 版本除了分析、生产文字之外，还可以处理图像、音频、视频等。它能调用不同专家模型支持多媒体输入，将多媒体信息进行整合，用于 LLM 的推理与生产。这个创新点，简单地说，就好像过去的板书教学进化到多媒体课件一样，具有划时代意义。

在**情感感知**方面，DeepSeek-R1 版本也在作出尝试。它能够通过人类输入到上下文分析，猜测人类的情绪，并根据猜测的情绪调整生成内容。DeepSeek-R1 版本正在朝人类情感领域发展。尽管目前 DeepSeek-R1 版本还不能模拟人类情感，但是已经朝这个方向前进了一大步。

DeepSeek-R1 版本还能够**并行处理多个任务**，多任务分支之间共享推理结果，避免同质化问题重复推理耗费算力。

以上种种，使得 DeepSeek-R1 版本的 DeepSeek 能够更加灵活、强大、适应多种复杂场景和复杂任务。它已经成为一种强大的“满血版”LLM 高级工具。

10.2 构建自己的人工智能问答平台

下面将使用 AI 程序员，以 Deepseek-R1 为基座，构建读者自己的问答平台。相当于生产了 DeepSeek-R1 版本的个人专属书童。

DeepSeek 目前是开源的，意味着每个人都可以使用 DeepSeek 提供的 API。相较于 ChatGPT 系列动辄几千张显卡的规模的部署，DeepSeek 已经将“省”字做到了极致。尽管可以将 DeepSeek 部署到本地，但是这样做的成本依旧高昂，并不是每位读者都有 4090 显卡或者 5090 显卡。因此，作者使用了阿里云部署提供的 DeepSeek-R1 的 API。读者照着一步一步做，最终，可以得到一个简单的对话平台。在这个平台上，您可以体会 Deepseek-R1 的功能。有想法的读者，甚至可以更进一步，扩展本实验性对话平台，构建符合自己需求的人工智能应用。

前面章节中已经介绍了，阿里云有一个人工智能平台——百炼。首先，打开百炼平台的网址 (https://bailian.aliyun.com/)，登录百炼平台。

读到此处的读者，一定已经拥有了自己的阿里云账户，并且已经获取了阿里云提供的云工开物计划优惠。按照目前云工开物计划，百炼平台几乎提供了 DeepSeek-R1 版本的免费接入。

10.2.1 准备工作

(1) 登录百炼平台之后，单击“模型”按钮，如图 10–1 所示。

图 10–1 登录百炼平台

(2) 将鼠标移动到左侧选项卡，点击“API-Key”选项，如图 10–2 所示。

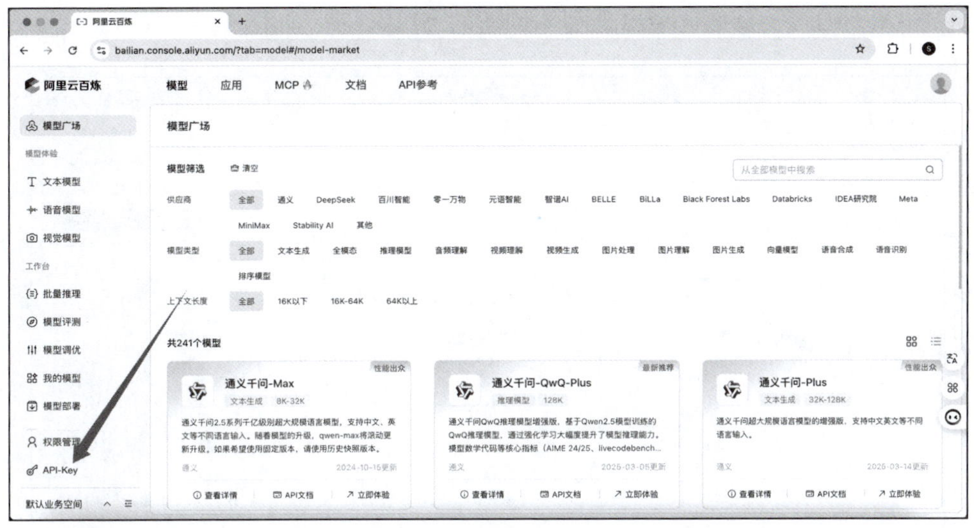

图 10–2　选择“API-KEY”选项

(3) 单击“**创建我的 API-KEY**”**按钮**，如图 10–3 所示。

图 10–3　创建我的 API-KEY

(4) 创建新的 API-Key，选择**默认业务空间**，如图 10–4 所示。

(5) 输入自己对 API-KEY 的描述性语言后，单击“**确定**”按钮，如图 10–5 所示。

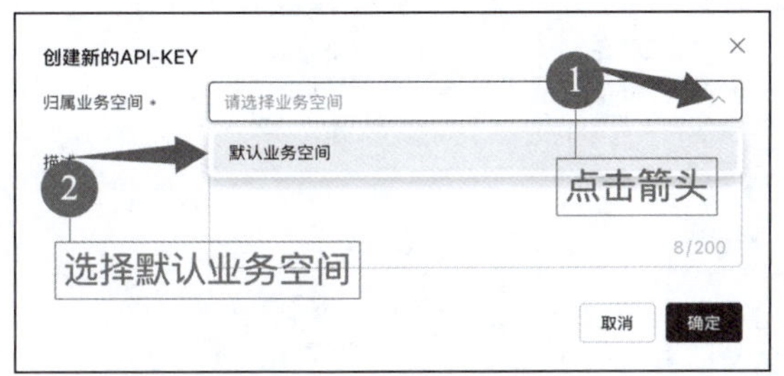

图 10–4　选择默认业务空间

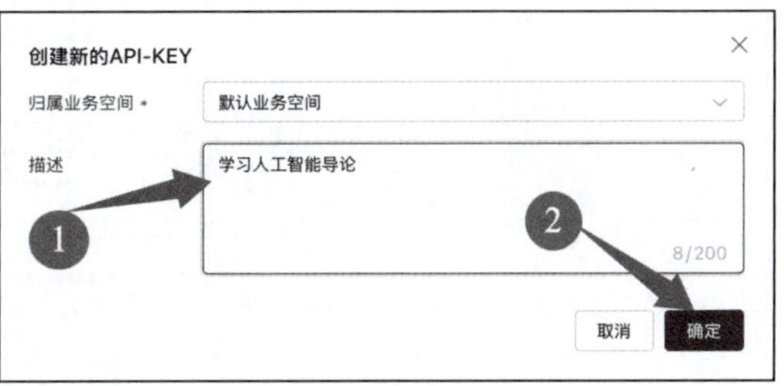

图 10–5　填入自己的描述性文字后，创建 API-KEY

(6) 在“我的 API-KEY”页面，会出现刚才创建的 API-KEY，如图 10–6 所示。

图 10–6　可以查看刚创建的 API-KEY

10.2.2　AI 程序员编写人工智能助手

在第 3 章 AI 程序员中，已经介绍了通义灵码插件的安装，此处不再赘述。

(1) 打开 PyCharm 社区版，选择“关闭项目”，即可关闭已经在用的项目，如图 10–7 所示。如果没有在用项目，此步骤可以忽略。

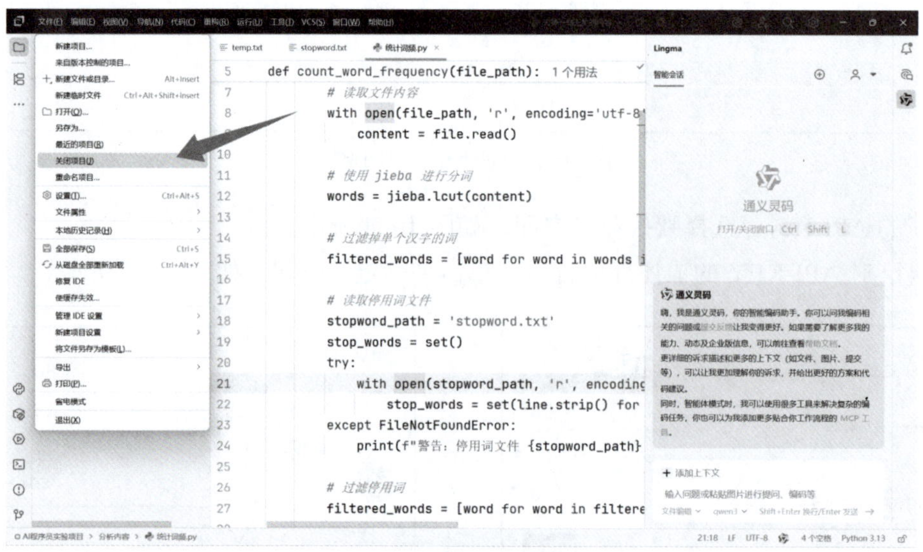

图 10–7　关闭在用项目

(2) 点击“新建项目”，创建一个新的项目，如图 10–8 所示。

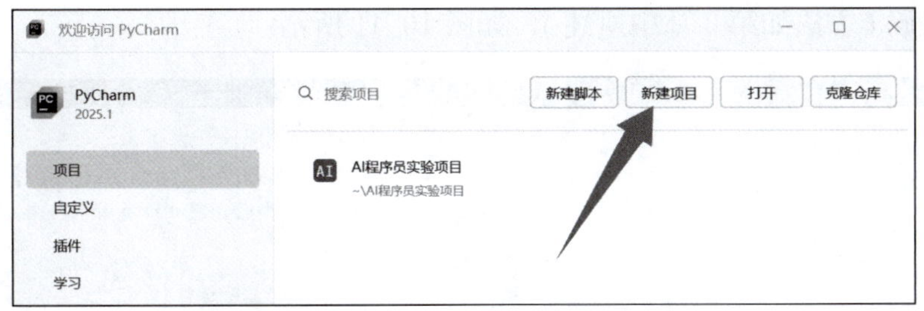

图 10-8　创建新的项目

(3) 给定项目目录，选择创建，如图 10-9 所示。

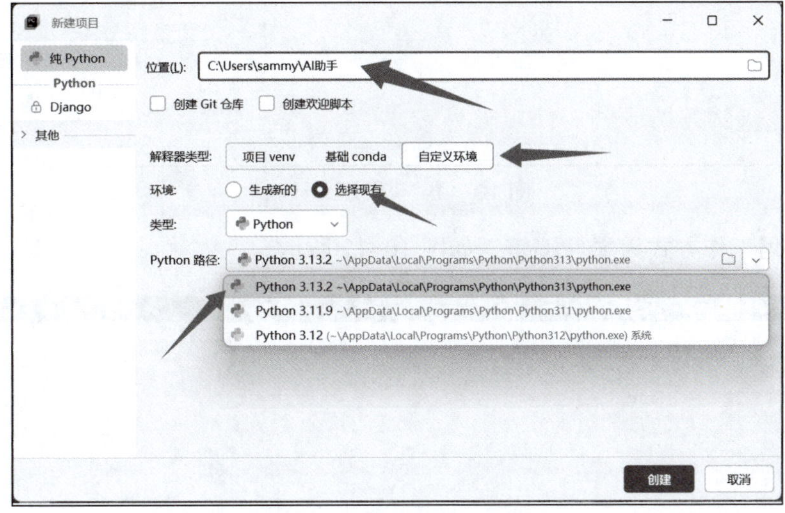

图 10-9　给定项目目录，进行创建

(4) 如果有虚拟环境，则关闭虚拟编程环境、打开通义灵码，没有虚拟环境，则忽略此步，如图 10-10 所示。

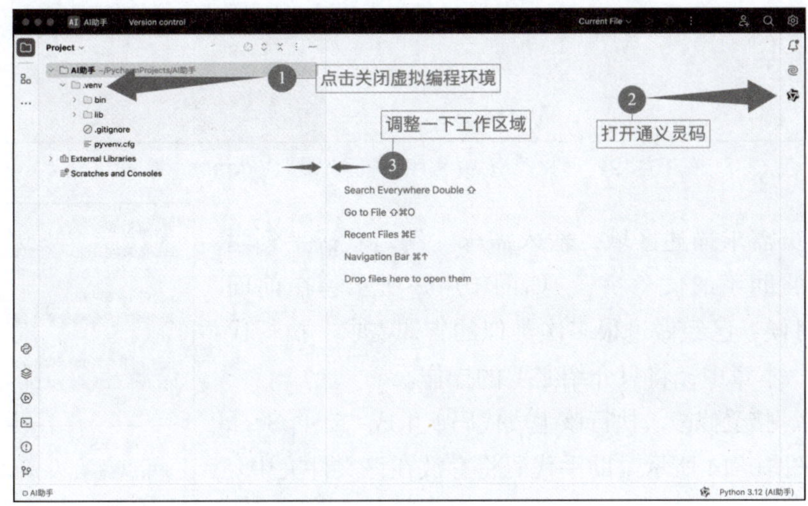

图 10-10　启动 AI 程序员

(5) 登录通义灵码（方法如第 3 章中所述），如图 10-11 所示。

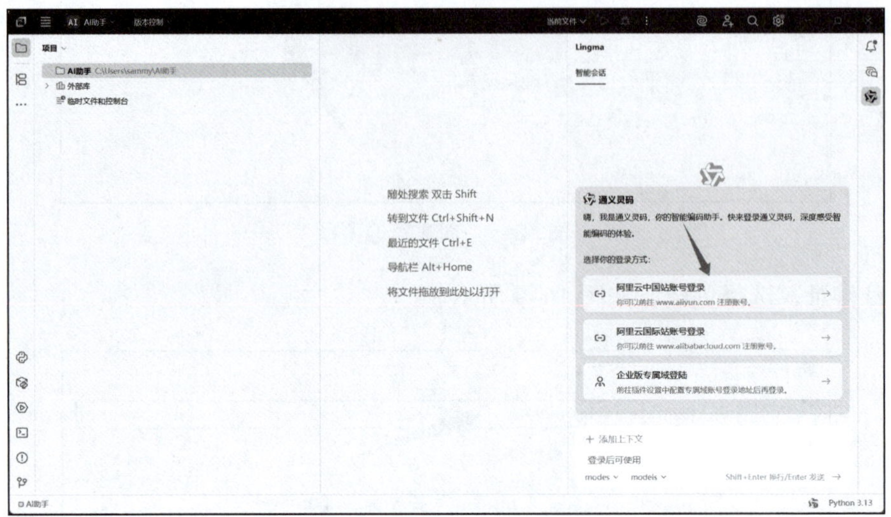

图 10-11　登录通义灵码

(6) 选择通义灵码工作方式为文件编辑，如图 10-12 所示。

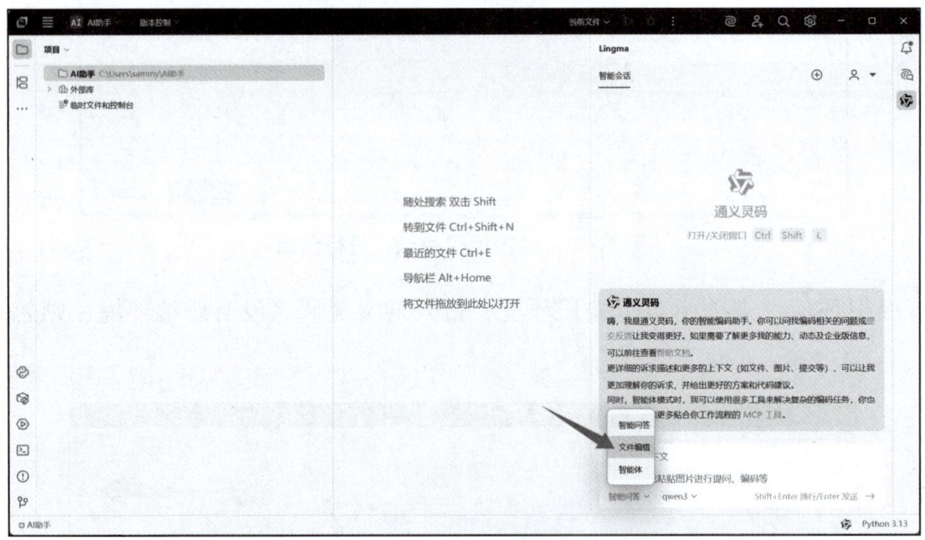

图 10-12　通义灵码 AI 程序员模型设置为 deepseek-v3

(7) 在 AI 程序员需求描述区域，输入需求“编写代码，创建一个名为 DeepSeek 助手的文件夹”，如图 10-13 所示。在前面《红楼梦》分析的时候，已经做过很多次类似的告知需求、执行代码生成之类操作了。本章中，将只介绍必要的操作。

(8) 生成代码后，接受修改、执行该生成代码，生成“DeepSeek 助手”文件夹，如图 10-14 所示。助手代码将存放在该文件夹中。

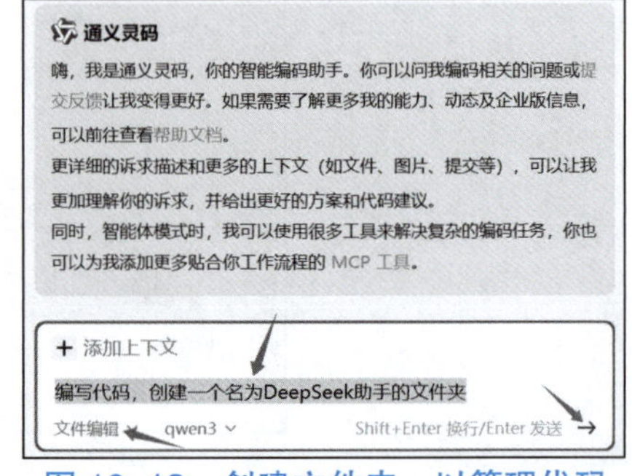

图 10-13　创建文件夹，以管理代码

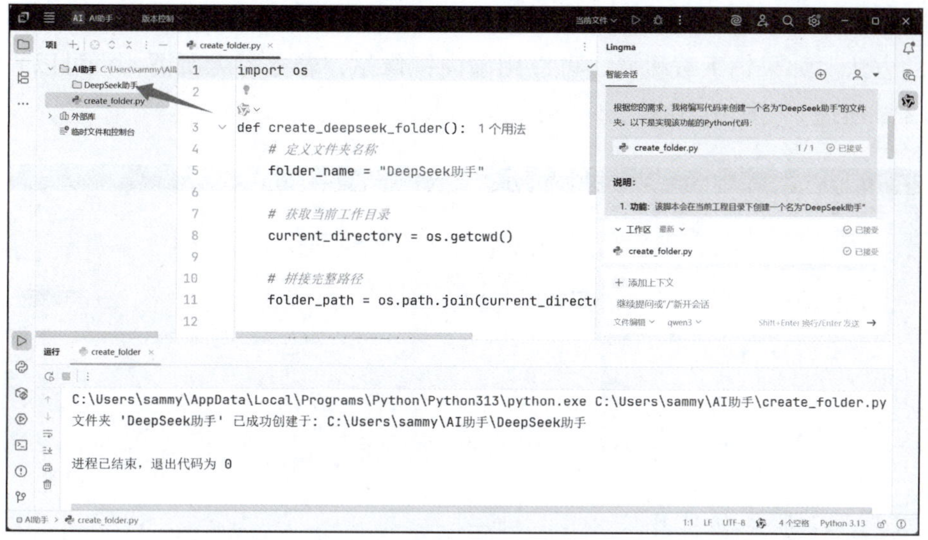

图 10–14　成功创建 DeepSeek 助手文件夹

(9) 鼠标右击“DeepSeek 助手”文件夹，创建一个 Python 源文件，如图 10–15 所示。

(10) 该源文件可以命名为“助手”，如图 10–16 所示。

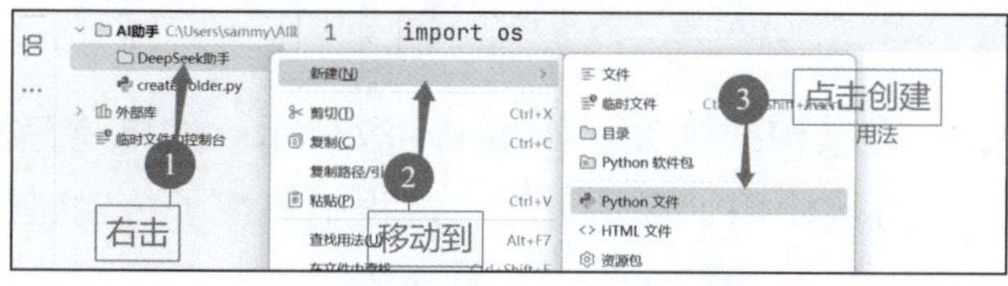

图 10–15　创建 Python 源文件

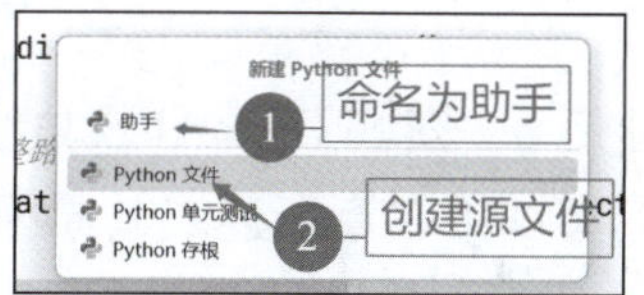

图 10–16　给 Python 源文件命名

(11) 确认关联文件是“助手.py”后，输入需求“导入 OpenAI 模块”。在本例中，需要使用 OpenAI 模块。因此，在程序最开始的时候进行导入，以便 AI 程序在生成代码的时候注意力集中。(图 10–17)

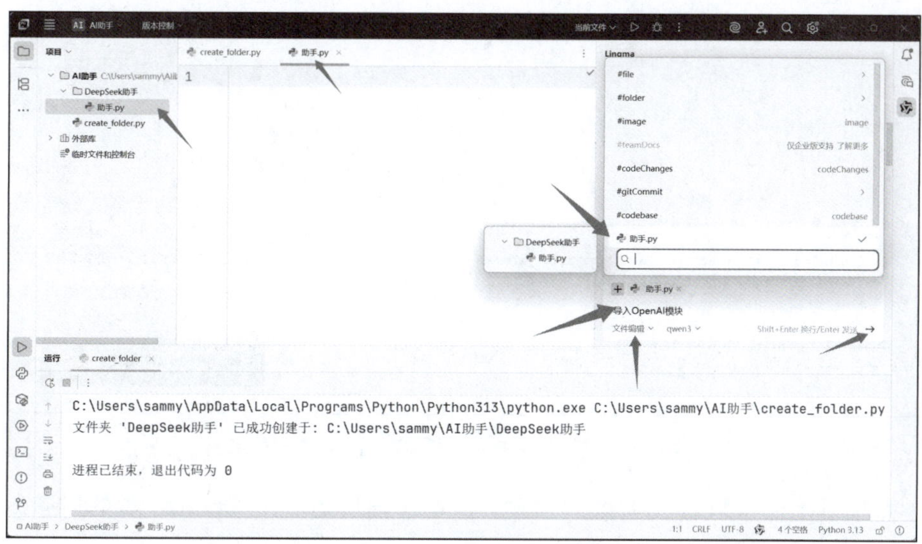

图 10–17　确认关联文件，输入需求

(12) 在接受修改后，发现 OpenAI 模块下方出现红色波浪线，需要安装第三方模块。此时，建议使用 pip 安装的方法。如果怕下载缓慢，可以用国内镜像站，若觉得无所谓，也可以直接使用 pip 安装。方法如第 3 章所述。(图 10–18)

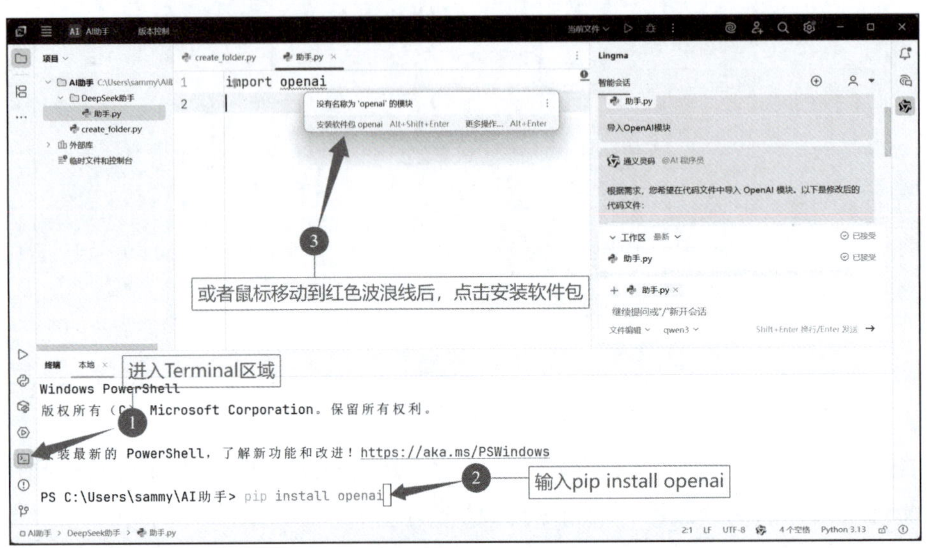

图 10–18　安装 OpenAI 第三方模块

(13) 使用 pip 安装 OpenAI 模块结束后，红色波浪线消失，如图 10–19 所示。如果还存在红色波浪线，解决方案如第 3 章所述。其原因有可能是直接使用了提示下载，过程中出现了传输错误导致红色波浪线无法去掉，手动去掉即可。

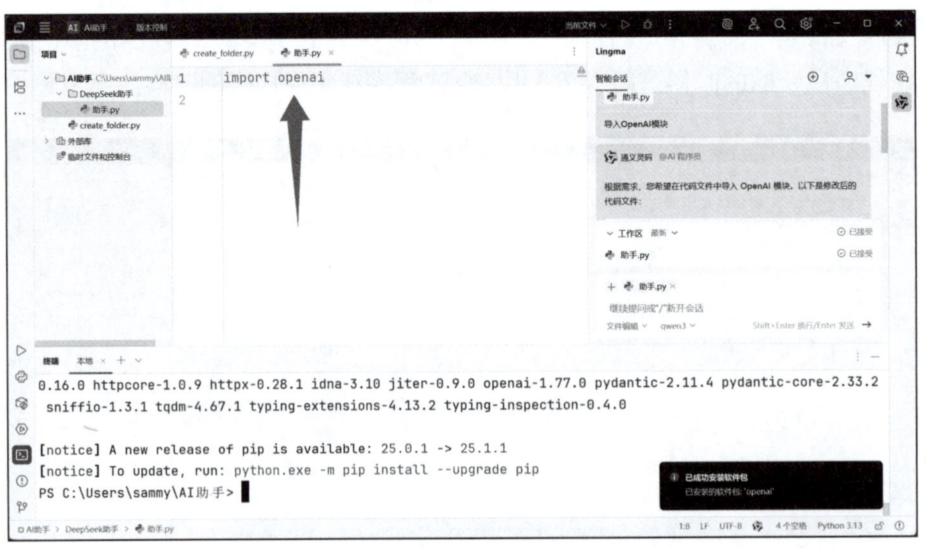

图 10–19　成功安装 OpenAI 第三方模块

(14) 在 AI 程序员工作区域输入需求“创建 OpenAI 模块的一个 OpenAI 类的对象。”如图 10–20 所示。

图 10–20　创建 OpenAI 对象

(15) 生成了一个 OpenAI 对象后，需要给这个 OpenAI 对象提供两个参数——“**提供 API-KEY 和获取服务的网址作为这个对象的两个参数**”，如图 10–21 所示。

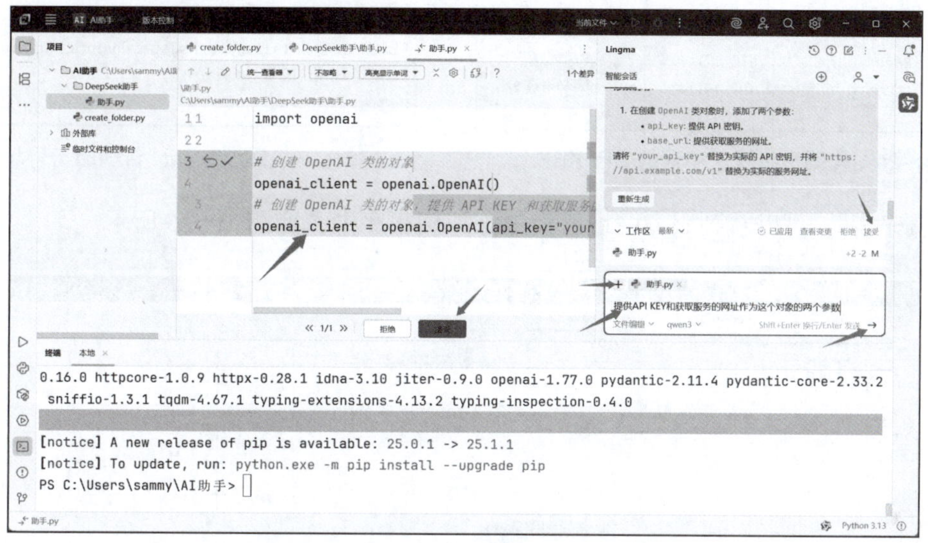

图 10–21　接受修改后，生成 OpenAI 对象

(16) 接受修改后，回到图 10–6，查看刚才生成的阿里云百炼平台的 API-KEY，如图 10–22 所示。

图 10–22　复制阿里云百炼平台的 API-KEY

(17) 在描述需求区域直接粘贴该 API-KEY，如图 10–23 所示。

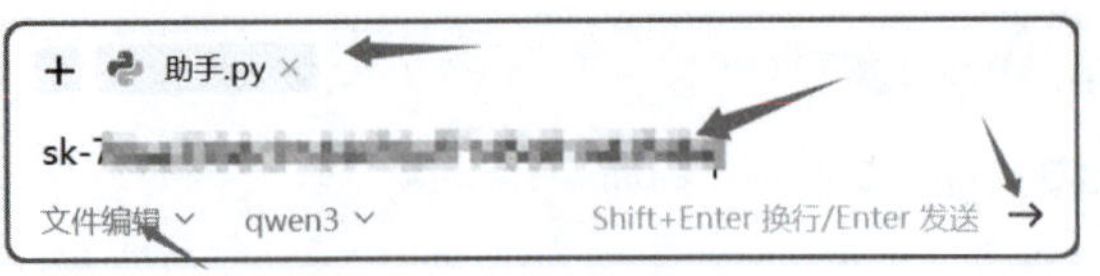

图 10-23　粘贴 API-KEY

(18) 接受修改后，该 API-KEY 出现在代码中，如图 10-24 所示。

(19) 接受修改后，再告知获取 DeepSeek-R1 网络服务的阿里云服务器地址，如图 10-25 所示。

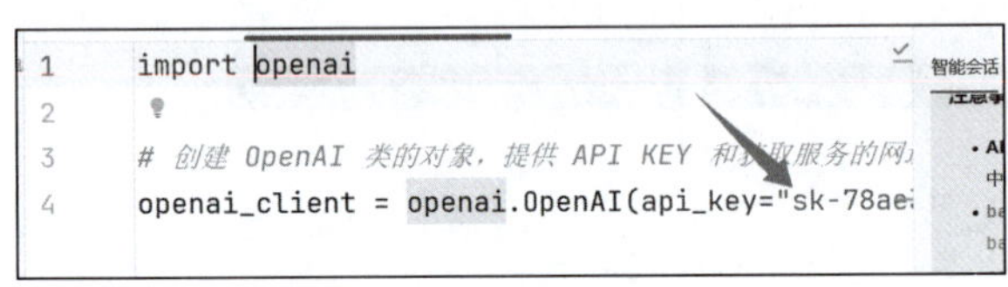

图 10-24　代码中出现了申请的 API KEY

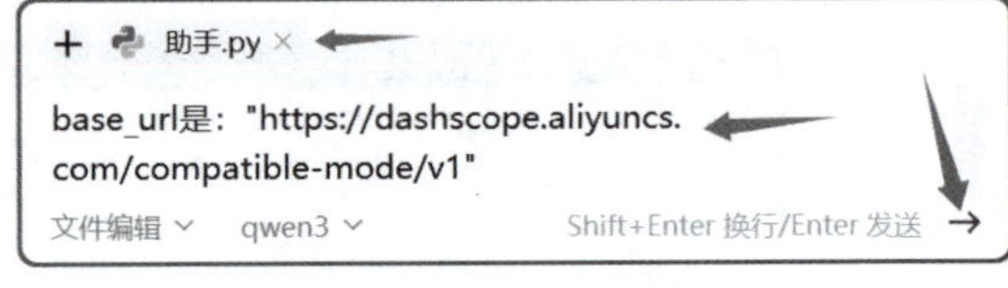

图 10-25　告知服务网址

(20) 接受修改后，可以看到服务网址已经被添加到程序中，如图 10-26 所示。

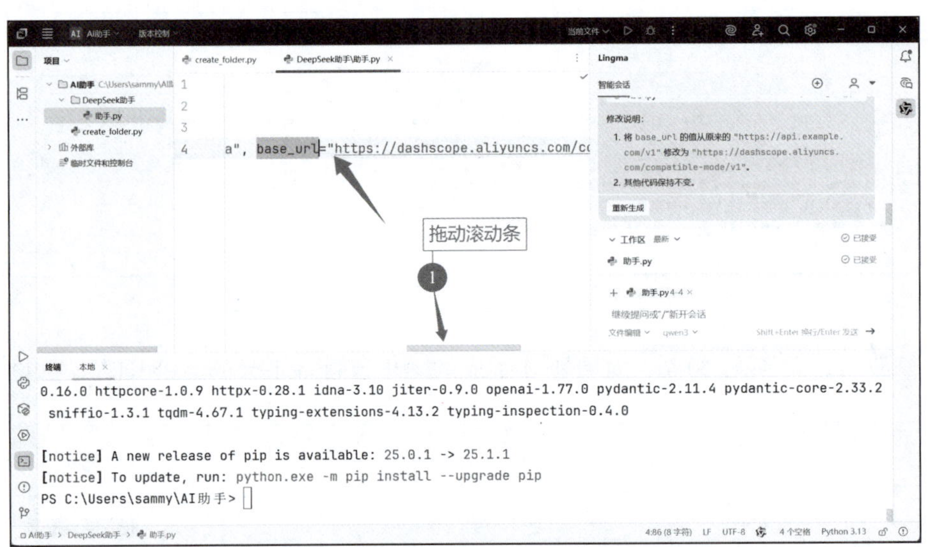

图 10-26　服务网址已经被添加到程序中

(21) 在 AI 程序员工作区域输入需求“**使用 deepseek-r1 模型，获取 Hello 的答复**”，如图 10-27 所示。

图 10-27　输入新的需求内容

(22) 接受修改后运行，可以看到运行结果，如图 10-28 所示。说明：以上代码得到 DeepSeek-R1 模型的回馈。

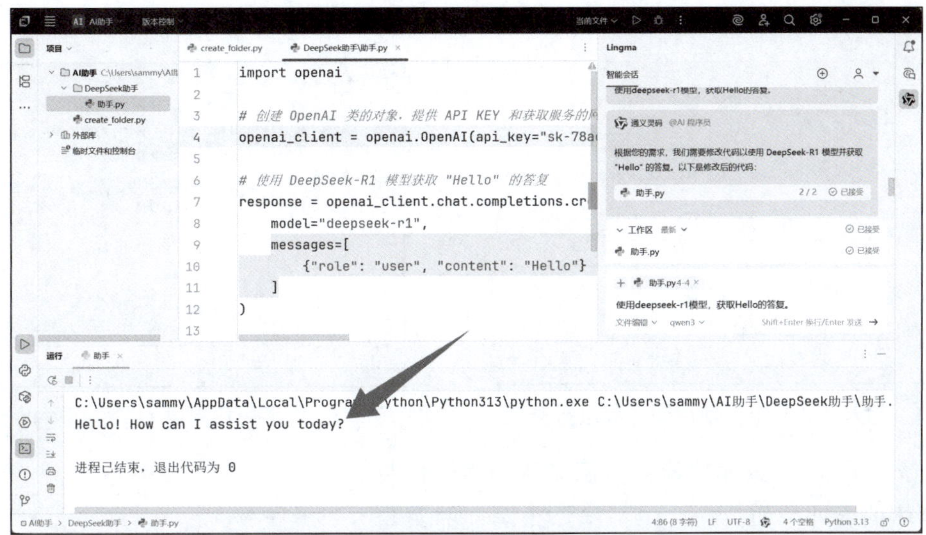

图 10-28　得到 DeepSeek-R1 模型的回馈

(23) 输入新的需求“代码要实现多次进行提问、回复交互”，如图 10-29 所示。

图 10-29　输入新的需求，显示进行多次交互

(24) 接受修改后运行，实现与 DeepSeek- R1 模型的命令行交互，如图 10-30 所示。

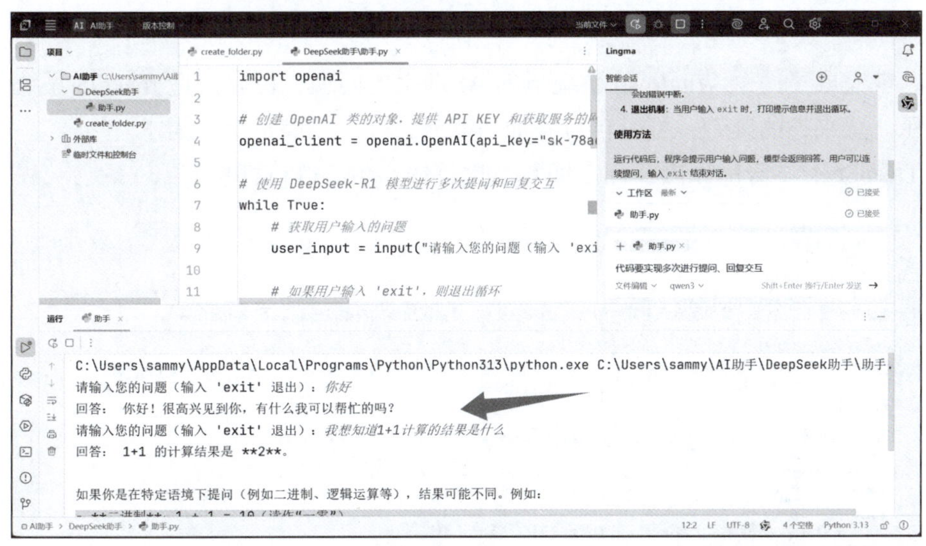

图 10-30　程序实现与 DeepSeek-R1 模型的命令行交互

(25) 输入新的需求“使用图形界面，获取输入、展示回复”，如图 10-31 所示。

(26) 接受修改后运行，可以看到图形界面运行结果，如图 10-32 所示。这个图形界面还比较粗糙，

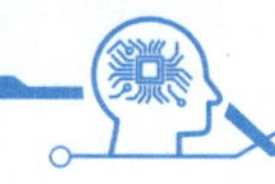

可以使用对话的方式进行修改。

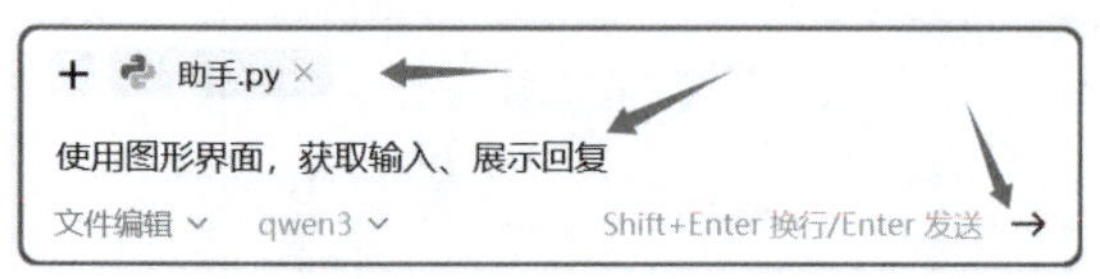

图 10–31　输入新的需求，使用图形界进行交互

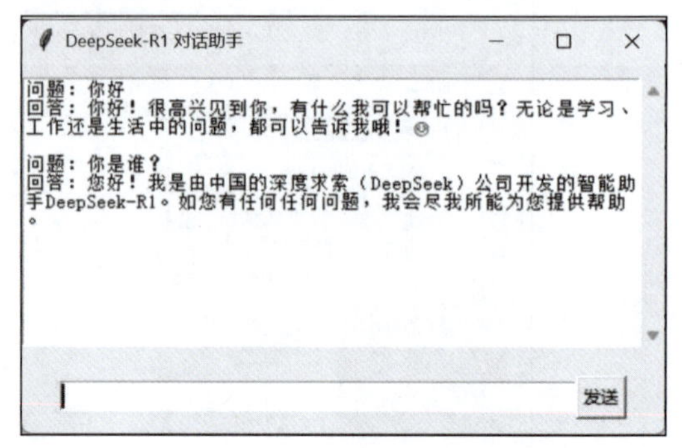

图 10–32　图形用户界面的 DeepSeek-R1 对话平台

(27) 输入新的需求："**添加功能：按回车可以发送信息。有能够改变字体的大小（如：14、16、18、20 号）的菜单。窗体工作区域能够适应字号的变化而自动变化。工作区域随窗体变化自动变化。**"（图 10–33）。

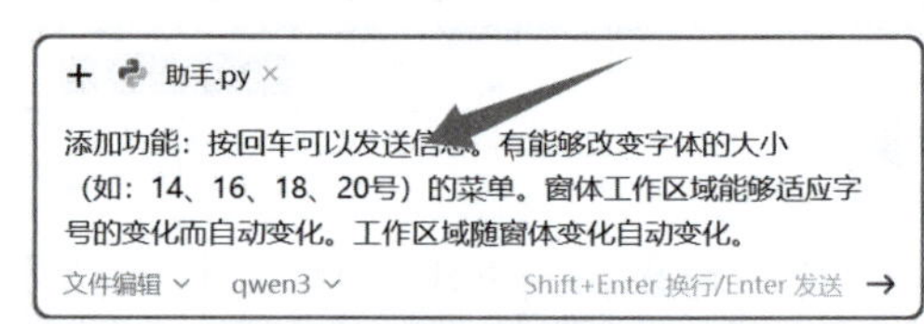

图 10–33　输入新的需求

(28) 输入新的需求，如"**问题的字变成红色、回答的字变成蓝色**"等，如图 10–34 所示。

(29) 还可以添加更多的 GUI 组件，如"**文本区域添加滚动条**"，如图 10–35 所示。

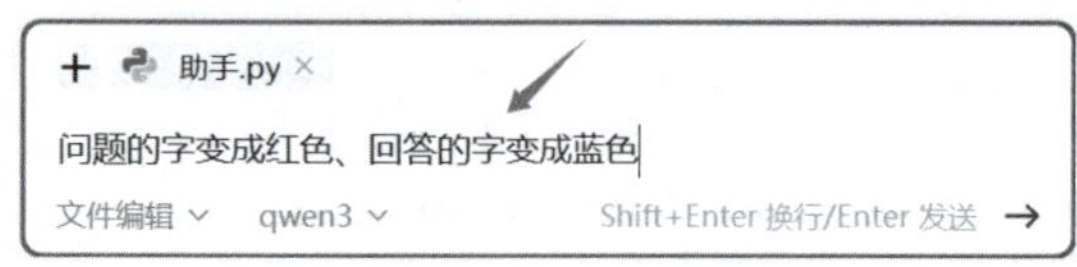

图 10–34　输入新的需求

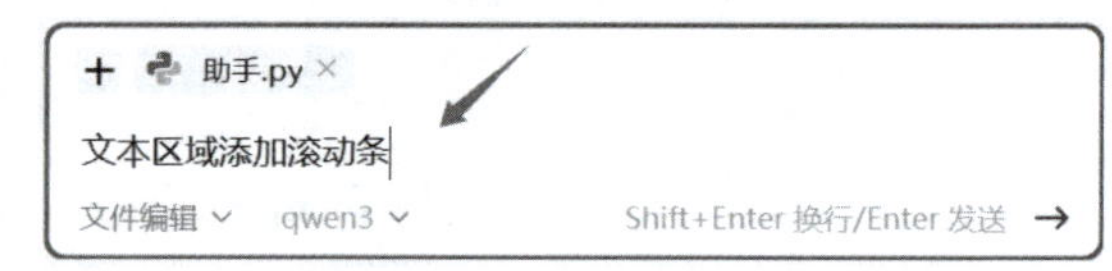

图 10–35　添加 GUI 组件

(30) 这样，就完成了一个 Windows 系统下的 AI 助手。同理，可以构造 macOS 系统下的 AI 助手，如图 10–36 所示。感兴趣的读者，可以自行添加功能或组件，以满足个人需求。

目前由于 DeepSeek 本身的原因，问答回复会比较慢，耐心等待即可。

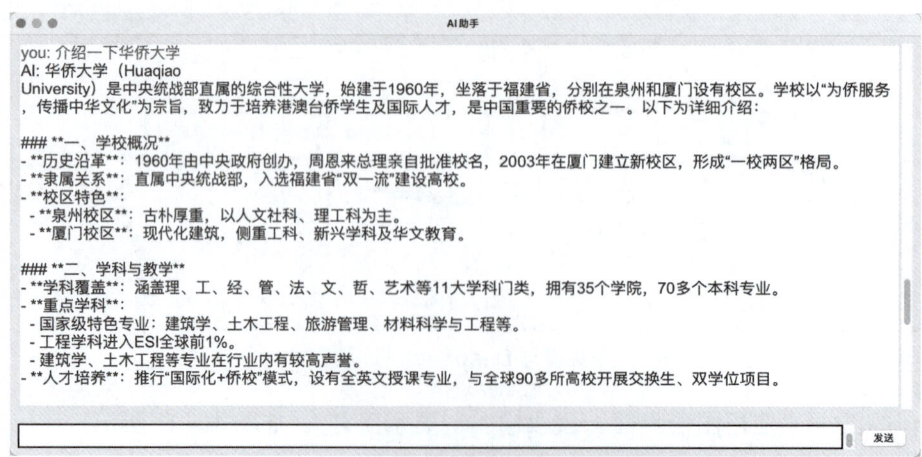

图 10–36　简易的 DeepSeek-R1 人工智能助手

第 11 章

WPS AI 辅助办公

在职场中，为提升办公效率和产出质量，选择 AI 智能办公是极其有效的方式。AI 智能办公系统通过集成自然语言处理、机器学习等 AI 技术，提供高效的文字处理、数据处理、演示文稿生成、日程安排等功能，有效减少了用户办公中重复、烦琐的工作，提供了理解和运用 AI 思维的办公新视角。

在大量的 AI 办公工具中，金山公司办公软件 WPS Office 集 AI 对话、文字写作、智能表格、演示文稿、日程安排、协同操作等多功能于一体，为用户提供便捷、流畅的体验。WPS AI 接入 MiniMax、智谱清言、商汤日日新、通义千问、文心一言大模型，有效在办公中的不同环节配置相应优势的大模型，可以显著提升办公效率和产出质量。

本章以 WPS Office 为例，提供 WPS AI 智能办公的典型应用环节。

11.1 智能办公概述

智能办公主要使用人工智能技术为文字处理、数据分析与处理和演示设计等提供智能办公解决方案，以提高办公效率，减轻工作负担。

11.1.1 智能文字处理

智能文字处理提供了如下功能。

(1) **文档内容生成**：支持自动生成文章大纲、会议纪要、总结报告等文本内容。

(2) **智能排版**：一键调整文档格式、段落对齐、字体匹配，适配不同场景需求。

(3) **语法纠错**：自动检测拼写错误、语法问题，并提供修改建议。

11.1.2　智能表格分析

在办公场景中，数据往往以表格的形式呈现。智能分析和处理表格中的数据是办公中重要的一项工作。智能表格分析提供以下功能。

(1) **函数建议**：根据数据特征推荐适用函数（如 SUMIF、VLOOKUP 等），降低学习门槛。

(2) **数据预测**：通过历史数据生成趋势图表或预测结果，辅助决策。

(3) **智能表格模板**：提供财务、项目管理等场景的预制模板，支持数据自动填充与可视化。

11.1.3　智能演示制作

在办公场景中，往往需要向他人传达信息和观点，演示制作成为重要的手段。智能演示制作提供以下功能。

(1) **AI 美化幻灯片**：一键优化排版、配色、动画效果，提升视觉表现力。

(2) **演讲辅助**：提供实时备注提示、语音转字幕、演讲计时等功能。

(3) **内容生成**：根据关键词自动生成大纲或扩展演讲内容。

11.1.4　多端协同与云服务

智能办公不仅可以为个人用户提供快速完成学习、创作、日常办公任务的便利，还可以帮助企业用户实现优化团队协作流程、数据分析、报告生成等环节的共创。例如，支持多人同时编辑文档、表格、PPT，自动同步云端；AI 会议助手集成语音转写、任务分配、待办事项生成等功能。

以上这些主要的智能办公功能都可以在 WPS 365 教育协作版中有效地实现。由于 WPS 本地部署了 DeepSeek 满血版，WPS 又集成了多功能的 AI 对话窗口，一站式实现 AI 对话、文字、表格、演示自动化方案，如图 11–1 所示。其中，左侧为各功能图标，右侧为点击灵犀图标所打开的界面，在窗口底部，通过打开“深度思考”，实现与 DeepSeek 人机互动。

WPS AI 是金山办公推出的一项智能办公助理功能。我们可以看到，在打开的 WPS“文字”“演示”“表格”等文档的窗口上醒目的 WPS AI 菜单，分别提供了相应的“AI 写作助手”“AI 阅读助手”“AI 设计助手”“AI 数据助手”，可实现相应的 AI 辅助办公功能，如图 11–2 ~ 图 11–5 所示。

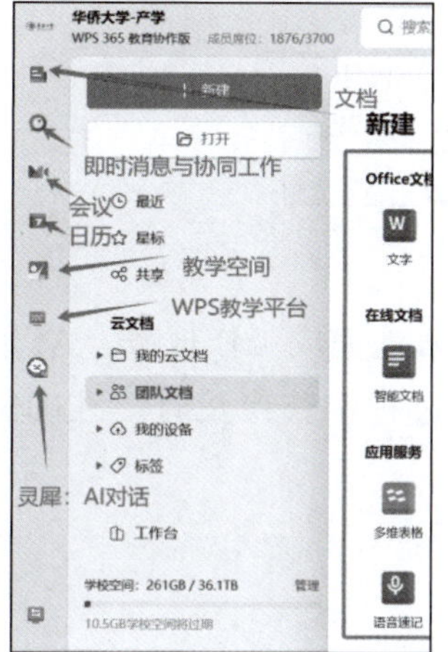

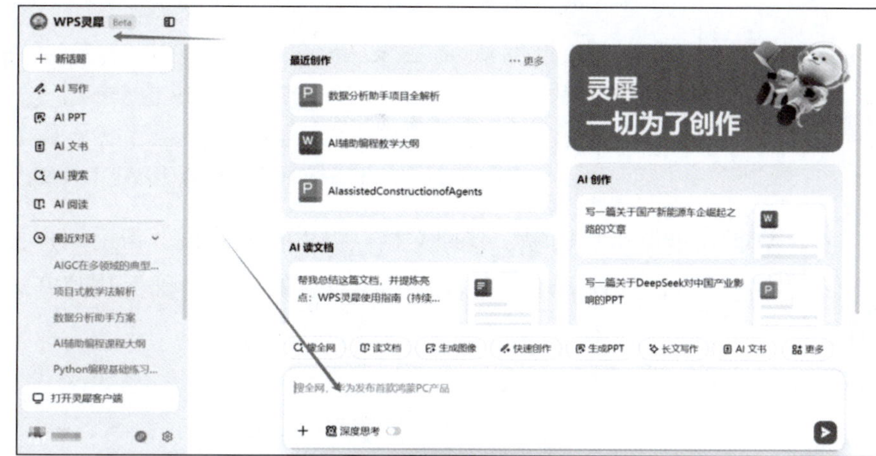

图 11–1　WPS 365 教育协作版功能示意图及灵犀窗口

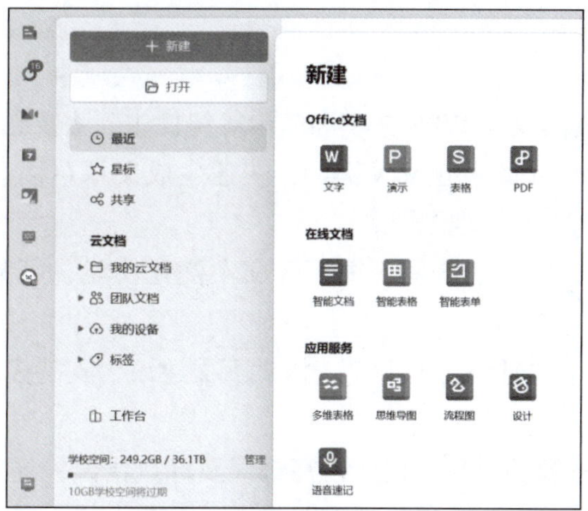

图 11–2　WPS Office 文档

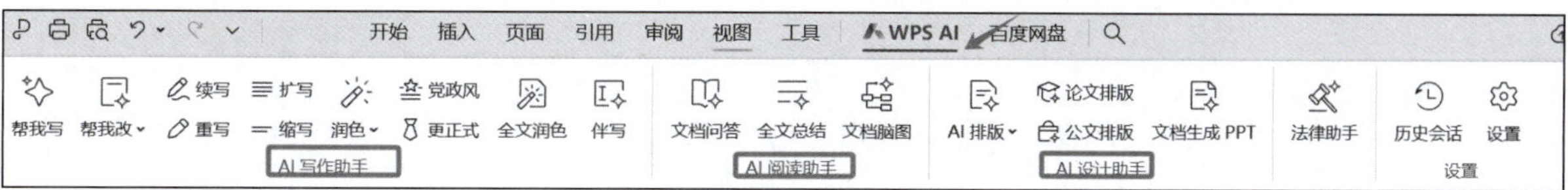

图 11–3　WPS 文字窗口中的 WPS AI 工具栏

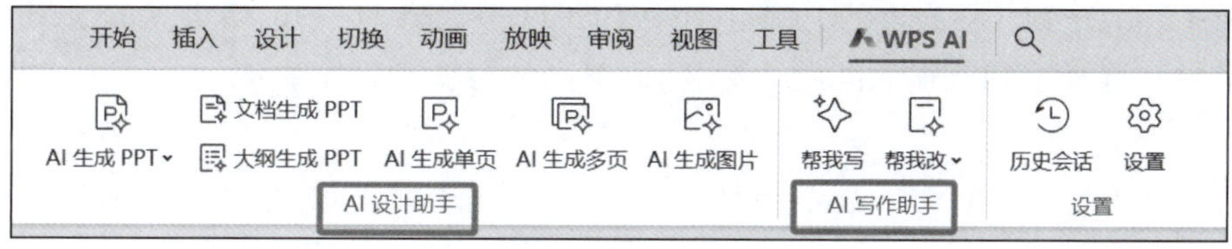

图 11–4　WPS 演示窗口中的 WPS AI 工具栏

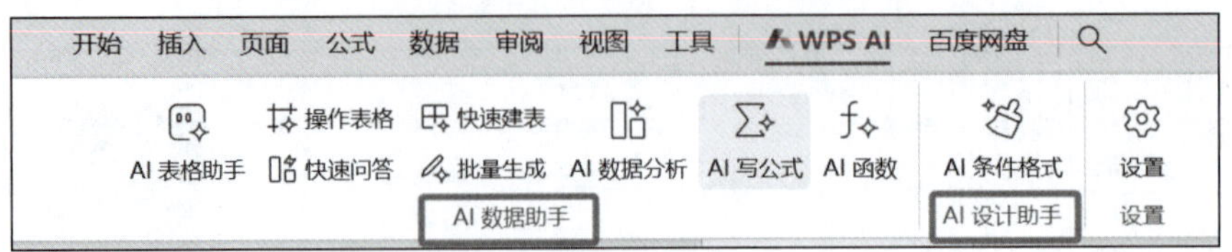

图 11-5 WPS 表格窗口中的 WPS AI 工具栏

这些 AI 助手能够生成回复、整理文档、提供智能建议，帮助用户更高效地完成工作任务。AI 助手不仅支持自然语言处理，还能理解并生成对应的回复，确保用户在办公过程中获得及时、准确的帮助。

11.2 AI 写作助手

WPS“AI 写作助手”深度集成于 WPS 文字和演示等组件中，主要包含的核心功能如下。

(1) AI 帮我写：基于用户输入的主题或关键词，快速生成文章草稿、大纲、模板等，支持多种文档类型，如工作周报、策划方案、公文报告等。

(2) AI 帮我改：提供续写、润色、扩写、缩写等文本优化功能，可调整文风、修正语病，并支持与修订模式结合，直观对比修改内容。

(3) AI 伴写：在写作过程中实时分析上下文，提供下文建议，支持多语言续写和职业角色设定（如行政人员、教师等）。

(4) 智能校对与纠错：自动检测语法错误、拼写错误及标点错误，提升文本规范性。

(5) 灵感激发与创意生成：通过关键词或主题扩展，帮助用户突破写作瓶颈，提供多样化表达建议。

11.2.1 AI 帮我写

“AI 帮我写”提供从主题到成稿的智能生成。可通过模板化创作，使用内置的多种场景模板（如讲话稿、会议纪要、培训大纲等），用户输入提示词即可生成结构清晰的内容。WPS“AI 帮我写”功能分布在新建文字、文字窗口、演示窗口各个环节（图 11-6、图 11-7），通过点击“AI 帮我写”，依据窗口中的提示引导，选择主题或输入问题（要求），单击运行实现文字生成。

图 11-6　新建文字文档中“AI 帮我写”

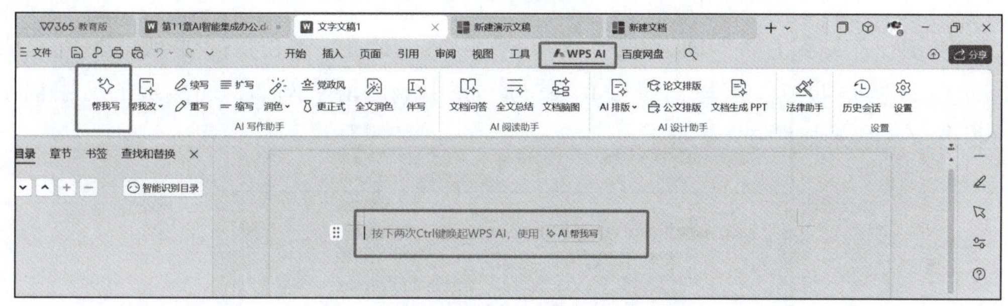

(a) 文字文稿窗口中的“AI 帮我写”

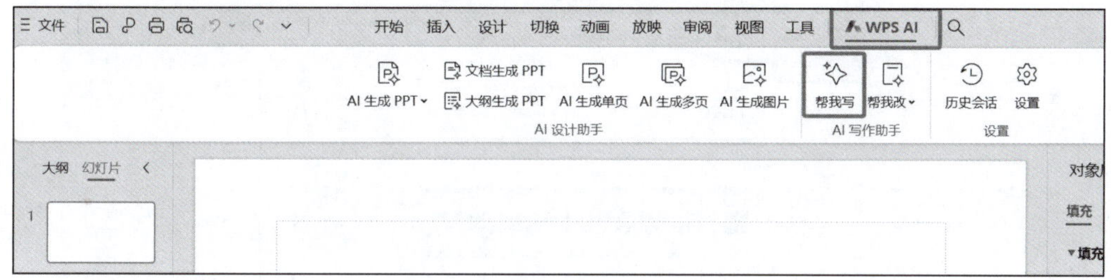

(b) 演示文稿窗口中的“帮我写”

图 11-7　文字文稿窗口

在文字文稿窗口，双击 Ctrl 键或点击 WPS AI 菜单栏的“AI 帮我写”，如图 11-8，在相应位置输入信息，或者选择各类规范文书，或者点击“去灵感市集探索”获取更多的可能方案。“灵感市集”提供了涉及教育、行政、社交、营销等丰富的行业模板，降低了使用者提示词设计门槛，能够快速匹配用户需求。

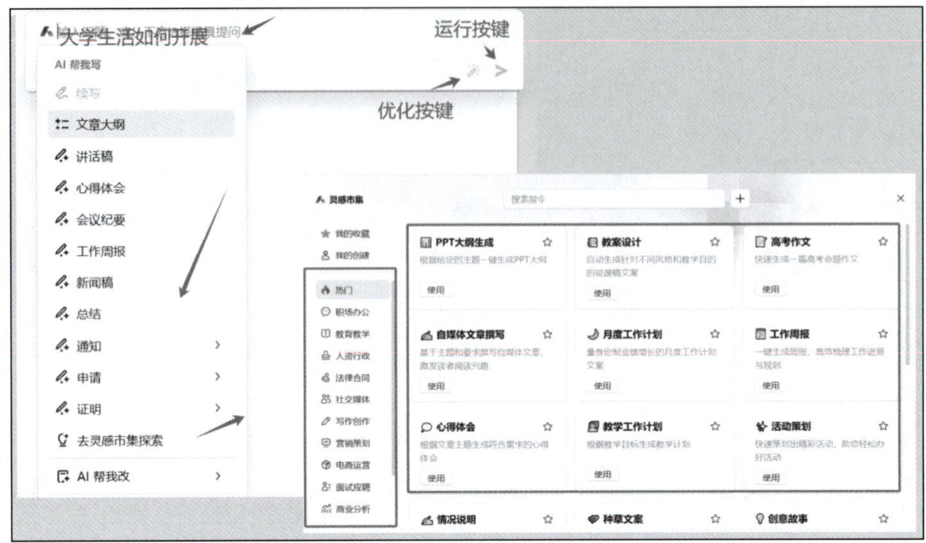

图 11-8 “AI 帮我写”界面和“灵感市集”界面

在输入框内输入“大学生活如何开展”，点击“运行”按钮，等待文字生成。生成完成后，可根据需要选择调整 (续写、润色、扩写、缩写)、重写、弃用或保留。例如，对生成的文字提出“减少到 1000 字”的要求，其结果如图 11-9 所示。

大学生活高效展开指南
学业规划

1. **目标管理**：入学即明确发展方向（就业/考研），针对性制定计划。就业需注重专业技能与实习，考研需保持课程成绩并提前研究院校要求。
2. **课程学习**：重视专业课学习，善用笔记与课后答疑。理工科重点攻克高数等难点课程，文科加强阅读与写作训练。合理搭配选修课拓展知识面。
3. **学术拓展**：定期参加学术讲座，争取参与教师科研项目。例如计算机专业可加入 AI 实验室，积累项目经验。

社交拓展

1. **宿舍关系**：主动与室友建立良好关系，协商制定宿舍公约，定期组织团建活动。
2. **社团参与**：选择 1-2 个兴趣社团深度参与（如辩论社锻炼表达，志愿组织培养责任感），避免盲目加入过多社团。
3. **人脉建设**：通过竞赛、讲座等跨专业活动拓展交际圈，建立学习互助小组。

自我提升

1. **知识拓展**：制定月度阅读计划，专业书籍与通识读物（如《人类简史》）结合，撰写读书笔记。
2. **技能培养**：掌握 Office 高级功能，学习 Python 等实用技能。推荐 Coursera 等平台系统学习。
3. **健康管理**：每周 3 次体育锻炼（跑步/游泳/球类），参加校运会等体育活动。

实践应用

1. **实习准备**：大二开始投递实习简历，优先选择专业相关岗位。善用学校就业网和校友资源。
2. **竞赛参与**：组队参加"互联网+"等创新创业大赛，完整经历项目策划到路演全流程。
3. **兼职选择**：优选家教、校园代理等时间灵活的兼职，平衡学业与工作经验积累。

（注：全文严格控制在 1000 字内，保留所有核心要素，无信息缺失或重复，格式与原文保持一致）

图 11-9 生成文字并进一步操作示例

11.2.2 AI 帮我改

WPS“AI 写作助手”中的“帮我改”功能是金山办公推出的智能化文本优化工具。使用该工具，不仅可以对文本进行快速润色、语病修正；还可以根据需求，一键切换文章风格或调节文章字数，在

保持原文语意的前提下丰富细节或凝练语言。在 WPS 文字窗口中，“帮我改”包括润色、缩写、扩写、重写、换同义词和文本转换，如图 11–10(a) 所示；在 WPS 演示窗口中，“帮我改”包括润色、缩写、扩写等功能，如图 11–10(b) 所示。

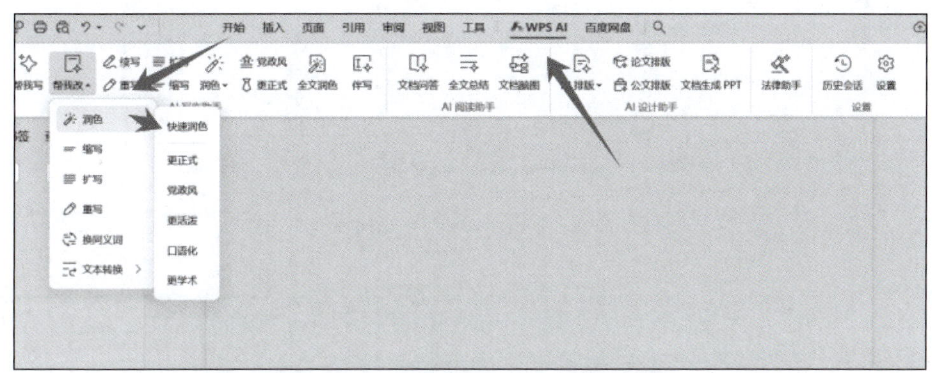

(a) WPS 文字窗口中的“帮我改”

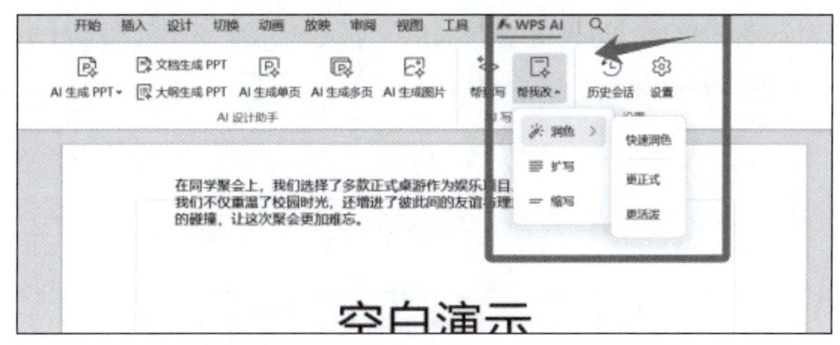

(b) WPS 演示窗口中的“帮我改”

图 11–10　WPS 文字窗口和演示窗口中的“帮我改”

通过润色与风格调整，一键优化文本的表达。例如，将口语化内容转为正式公文语言，而将科普类文本转为党政风会自动调整措辞并强化政策关联性。通过扩写实现由字扩句、由句扩段、由段生文，为文本补充更多细节；或者通过缩写来精简冗余内容，同时保持语义连贯性。

使用“AI 写作助手”生成内容时，仍然保留原文档样式，避免混乱，且具有深度格式兼容的优点。它的功能覆盖 WPS 文字、演示等组件，使用户获得智能、轻松、高效的办公写作体验。

11.2.3　AI 伴写

当写作遇到“词穷”的情况时，AI 伴写提供了无提示词自动通过上下文理解生成内容的功能，降低了写作门槛。WPS AI 伴写功能可自动化理解前文，实现毫秒级响应，用浅灰色实时提供内容写作建议。如图 11–11 所示，在“伴写”功能窗口中，选择角色 (通用、行政、教师、运营)，点击“伴写”。在输入窗，输入“WPS AI 伴写”会出现浅灰色的续写建议，也可通过快捷键“Alt+ ↓”调出自动生成的多组下文选项。如果用户输入名篇名作部分内容后，“伴写”功能将自动识别并提示后文，帮助用户轻松地在写作过程中“引经据典”。

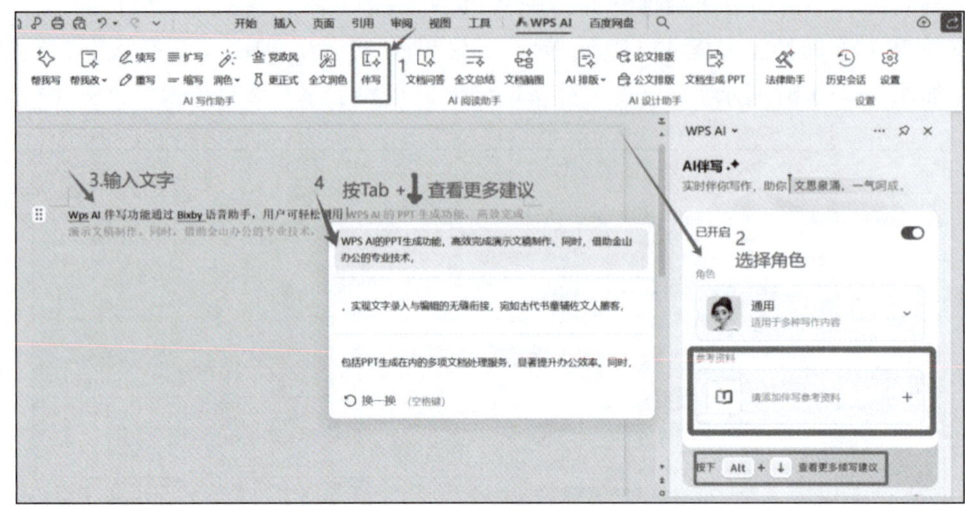

图 11-11　WPS AI 伴写操作界面

用户可以选择针对行政、教育、运营等场景提供专业化表达建议，还可以上传自有文档作为参考，建立个性化资料库，使伴写内容更贴合个人写作风格或行业规范。此外，WPS AI 伴写功能支持中文、英文等语言续写。

11.3　AI 阅读助手

AI 阅读助手，是 WPS 智能办公中一项强大的阅读文档辅助功能，它提供了包括 AI 文档问答、AI 全文总结、文档脑图等功能。

AI 阅读助手可以实现多格式（包括 PDF、DOC、PPT 等常见格式）深度兼容，一键提炼文档核心要点。AI 阅读助手在解析文档时会保留原文档的排版、图表、公式等元素，确保信息完整性。当用户提出关于文档内容的问题时，它提供的答案均标注出处，杜绝“无中生有”。若用户上传多篇关联文档（如系列研究报告），AI 自动构建知识关联网络，辅助对比分析与综合归纳，同时能结合语境对专业术语和外文词汇进行准确的划词解释与翻译，并且会根据用户阅读习惯智能推荐相关疑问与资料，帮助用户拓展知识、加深理解，提升阅读效率和品质。

在日常学习、工作中，AI 阅读助手的应用场景包括：通过问答功能精读教材难点；利用翻译工具阅读外刊；在学术研究中，快速梳理文献核心观点，生成综述素材；通过术语解释解决跨学科阅读障碍；在商务办公中，解析财报数据趋势、合同风险条款；使会议纪要自动关联待办事项与责任分工。

11.3.1　AI 文档问答

AI 文档问答可基于自然语言处理和深度学习技术，深度挖掘文档内容并给出用户问题的准确答案及其出处。如图 11–12 所示，打开一个 DOCX 文档，如“给中国高校的一封信”，点击 WPS AI 菜单中“AI 阅读助手”栏中的“文档问答”窗口，在提问框内输入针对文档的问题，点击“运行”按钮，等待答案的生成。

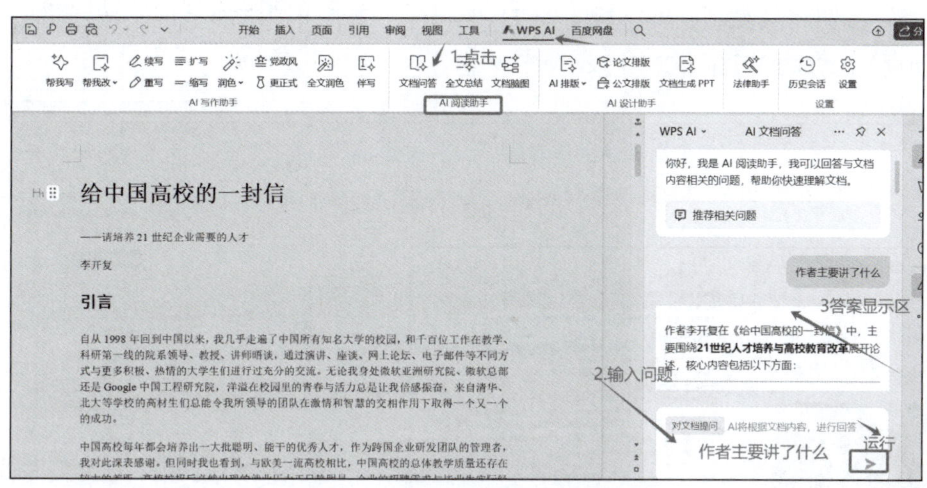

图 11–12　AI 文档问答操作示意图

生成的内容，除了提供问题的答案之外，还在窗口底部提供原文引用页数，点击即可跳转至出处，如图 11–13 所示。“AI 文档问答”会根据文档内容自动生成高频问题列表 (如“中国的高校面临哪些挑战”)，辅助用户深度挖掘信息。

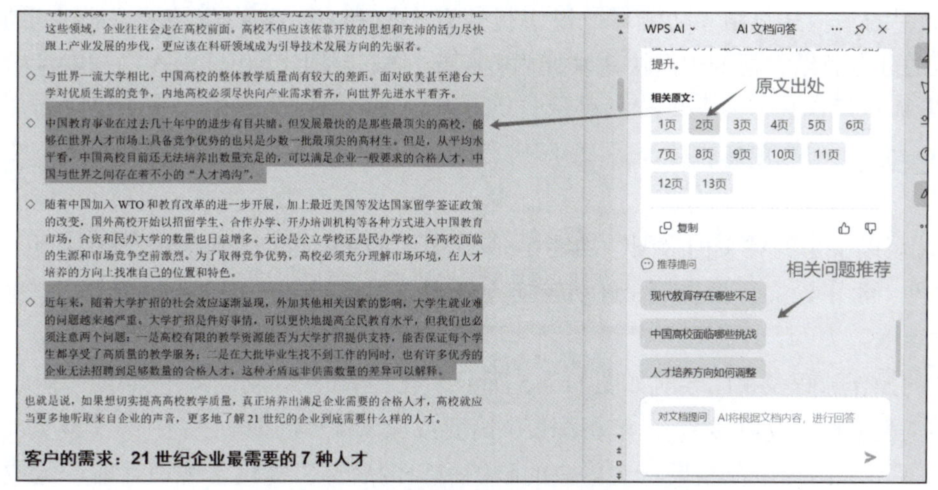

图 11–13　AI 答案原文出处定位及问题推荐

11.3.2 AI 全文总结

AI 阅读助手中的“全文总结”可以通过自然语言处理、深度学习和知识图谱技术，对各类文档进行深度语义分析，精准识别文本中的关键信息，核心论点与逻辑结构，运用机器学习算法提炼整合，快速生成内容完整、逻辑连贯且重点突出的摘要。如图 11–14 所示，再打开一个 PDF 文档，如“中国人的情感 .pdf”，点击 WPS AI 菜单中的“全文总结”，等待内容的生成。在生成的全文总结窗口右下角，点击“复制”按钮将其复制到剪贴板［图 11–14(a)］，或点击“添加笔记”按钮将内容添加到笔记中［图 11–14(b)］，保存为 WPS 云文档。

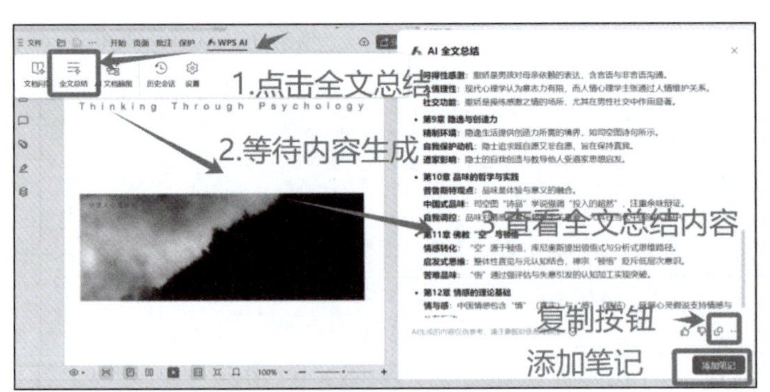

(a) 通过“复制”按钮复制到剪贴板

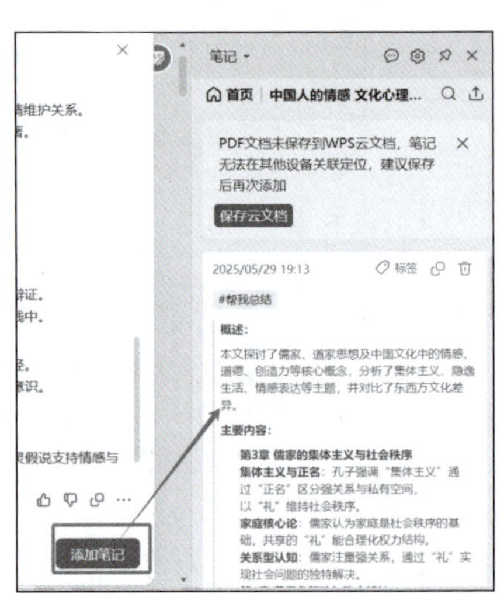

(b) 通过“添加笔记”按钮将内容添加到笔记中

图 11–14　WPS AI 全文总结操作流程

AI 阅读助手的“全文总结”功能可一键解析数百页的 PDF、DOC 等格式文档，生成包含核心观点、逻辑框架的分点总结，帮助用户快速掌握内容主旨，减轻阅读负担，大大提高阅读效率。

11.3.3 文档脑图：智能解析

WPS AI 阅读助手中的“文档脑图”功能是一项基于 AI 技术的文档结构化工具，可将复杂的长文档 (如政策文件、学术论文、报告等) 自动转换为可视化思维导图或树形图，帮助用户快速抓取核心信息并建立逻辑框架。

文档脑图的操作流程及视图导航如图 11–15 所示。点击 WPS AI 阅读助手菜单栏中的“文档脑图”，选择生成图的类型 (脑图或树形图)、解析深度 (简要或深入)、生成语言 (中文或英文)，确认后点击“立即生成”，等待脑图的生成结果。在生成的脑图窗口的底部，提供了视图导航、定位到中心主题、放大、缩小、调整到合适页面 / 调整到 1 : 1 和主题脑图的层级选择按键，方便阅读导图中的整体和细节。在窗口的右上角有“重新生成”“编辑”和“导出”选项，实现导图的再设定与生成、编辑或清

空内容以及将生成的图以各种格式(思维导图、PDF、图片)导出。

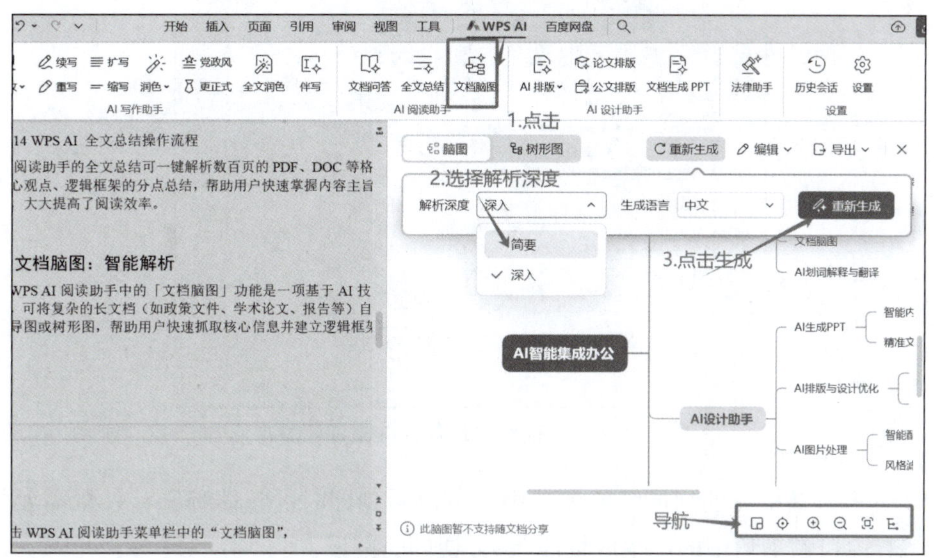

(a) 文档脑图的操作流程

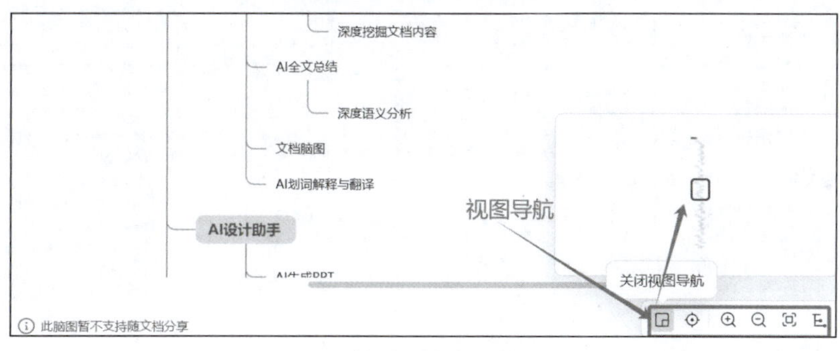

(b) 文档脑图的视图导航

图 11-15　文档脑图的操作流程及视图导航

11.3.4　AI 划词解释与 AI 划词翻译

AI 划词解释是指运用自然语言处理技术和知识图谱，快速解析用户选中的词语或语句，为用户提供精准、易懂的含义解释，帮助用户高效理解文档中的专业术语、生僻词汇或者外语词汇等。AI 划词翻译则是基于机器翻译模型，支持多种语言的快速互译，可准确翻译用户划选的文本内容，无论在处理外文资料、与国际客户沟通还是在学习外语等场景下，都能为用户跨越语言障碍，从而极大提升用户的办公、学习、交流效率。

如图 11-16 所示，在打开的 WPS 文字文档中，如果遇到不理解的专业术语，只需要用鼠标选中该词语或段落，释放鼠标左键，在弹出选项栏中选择“…”，在打开的 WPS AI 下拉选项中单击“解释”或者“翻译”，即可获得生成的解释或翻译内容。

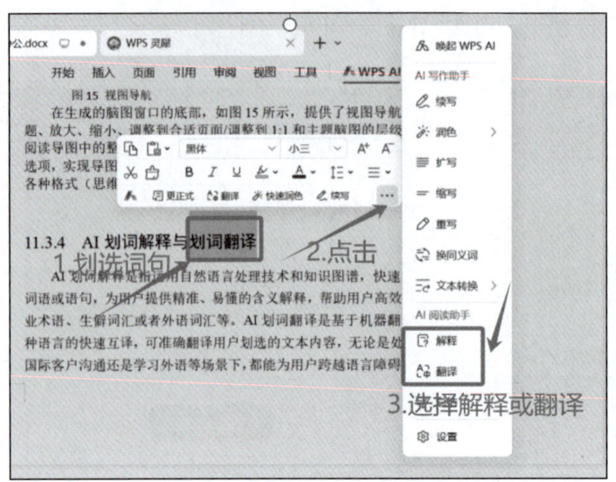

图 11-16　划词解释与划词翻译操作流程

如图 11-17 所示，在生成的划词解释窗口中，可以看到即时的整体释义，如果需要加强所划词的记忆，可点击解释窗口右下角中的“生成批注”，方便即时阅读。

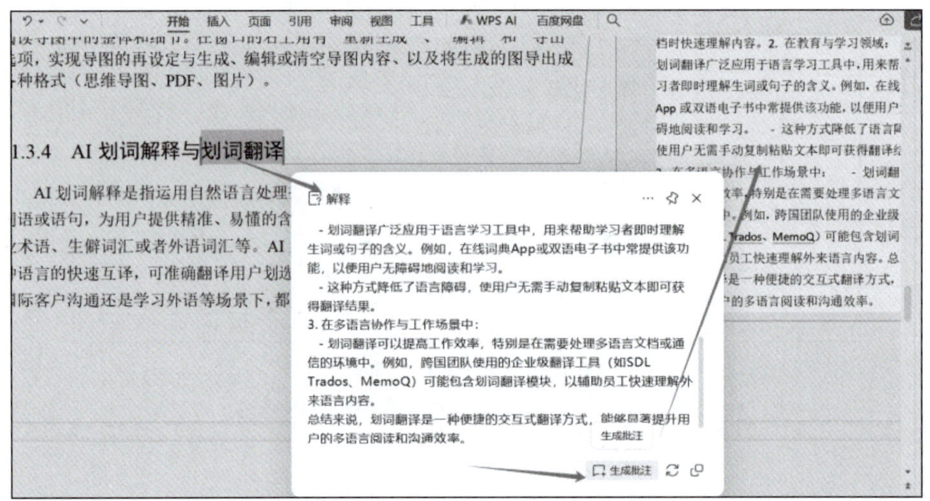

图 11-17　在文档对划词添加批注功能

WPS AI 阅读助手可显著提升长文档处理效率，尤其适用于需高频处理复杂文本的研究人员、法务人员及学生等群体。

11.4　AI 设计助手

AI 设计助手是基于大语言模型开发的智能化设计工具，它可以通过 AI 技术提升演示文稿、文档

排版及图片处理的效率与美观度。WPS“AI 设计助手”深度集成于 WPS 办公中的文字、演示、表格和智能表格等套件中 (图 11-18 ~ 图 11-20)。

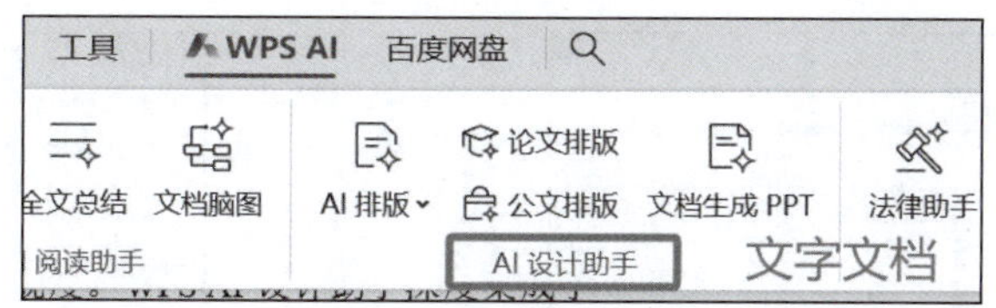

图 11-18　WPS 文字文档中的 AI 设计助手

图 11-19　WPS 演示文档中的 AI 设计助手

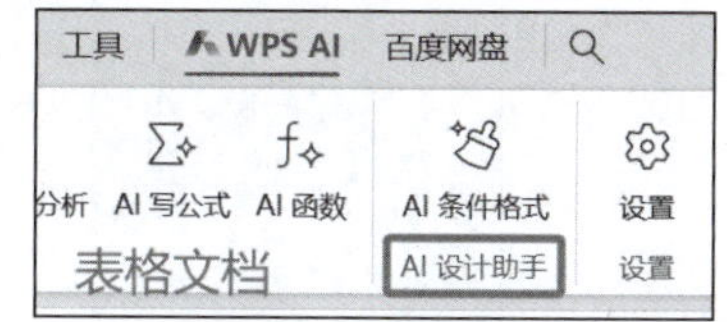

图 11-20　WPS 表格文档中的 AI 设计助手

AI 设计助手在文字文稿中提供了 AI 排版、论文排版、公文排版和文档生成 PPT 功能，在演示文档中提供了 AI 生成 PPT、文档 / 大纲生成 PPT、AI 生成单页 / 多页 / 图片功能。本节主要介绍 WPS 文字文档中的 AI 排版、AI 生成 PPT，WPS 演示文档中的 PPT 生成，以及 WPS 表格中的 AI 条件格式。

11.4.1　AI 排版一键生成

AI 排版是融合人工智能与排版领域专业知识的创新性应用。它通过语义识别、机器学习等技术，能够精准识别文本内容的结构与逻辑关系，自动完成对各类文档的排版工作。

针对不同的文字文档，WPS“AI 排版”提供了万字排版一键搞定的功能。如果你还在费时费力地调格式，那本节内容一定能令你收获满满。无论是学术论文、合同报告，还是党政公文、行政通知，有了 WPS AI，只需一键就能实现全文排版。此外，“AI 排版”还能自行上传模板，实现个性化排版需求。对于本科论文或研究生论文，只需选择本校的论文格式要求，就能一键完成智能调整字体、字号、段落间距、页码、参考文献模式等，快速生成规范的论文排版。对于公文，AI 排版提供 18 种不同的公文模式，能够准确地设置标题、正文、发文机关等格式，确保公文符号标准规范。对于普通的文档，AI 排版可根据文本内容的性质，如报告、宣传方案等，自动化优化排版布局，实现图文混排、段落缩进、对齐方式等智能调整。若使用上传参考文档后，WPS AI 会提取其设计风格 (包括配色、图标、背景)，跨文档批量套用，确保多份材料的视觉一致性。

如图 11-21 所示，在 WPS 文字文档中，选择 WPS AI 中的“AI 排版”，单击“…更多类型排版”，在打开的“AI 排版”边栏中，可选择不同的类型模板。其中，学位论文类型中收集了全国多所高校论文格式。如图 11-22 所示，通过搜索本校的论文模板，选择该论文图标，点击“开始排版”即可。

如果 WPS AI 排版栏中未提供所需的格式类型，可以自行上传范文，AI 将识别范文格式，实现一致的排版。如图 11-23 所示，用户只需在“AI 排版”边栏中选择“导入范文排版”，选择范文文件 (支持 doc、docx、dot、wpt 和 wps 格式)，AI 将自动分析范文格式并对当前文档进行排版，完成后会弹出一个选项栏（图 11–24），通过勾选“显示原文”，能够看到排版前后效果对比预览图，方便快速定位，进行自定义调整优化。

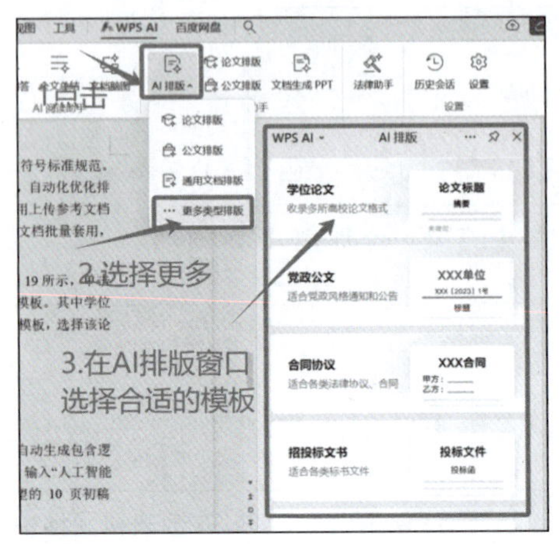

图 11–21　WPS 文字窗口中的 AI 排版操作流程

图 11–22　WPS 文字窗口中的 AI 排版边栏

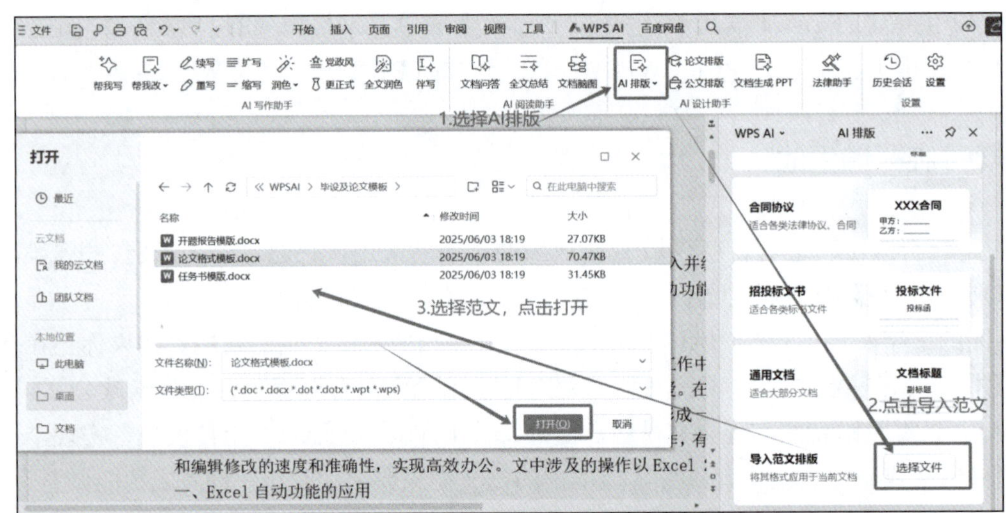

图 11–23　导入范文进行 AI 排版流程

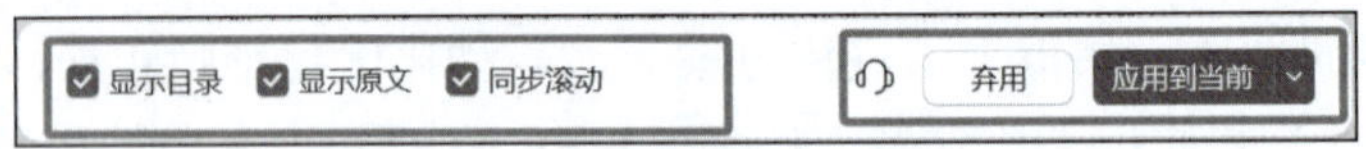

图 11–24　范文排版效果预览工具栏

11.4.2　AI 生成 PPT

从教育领域的课程展示、学术研讨，到个人创意构思与项目提案，再到企业商业汇报、产品路演，都对高效、高质的演示提出需求。AI 生成 PPT 可以显著提升制作 PPT 的效率，节省用户时间，并提供丰富的个性化选项，可以满足不同领域的不同用户在不同场景的演示需求。

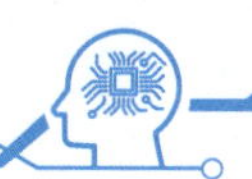

AI 生成 PPT 基于自然语言处理、精准文本分析、高效的图像识别以及机器学习等技术，为用户提供主题生成、文档转换、大纲生成等多种生成 PPT 的方法。该功能能够依据海量预设模板与严谨的设计规则，快速生成兼具专业性与美感的演示文稿。

WPS 文字文档、演示文档的 WPS AI 设计助手，以及灵犀 DeepSeek 对话界面中都提供了生成 PPT 的功能。在已包含内容的 WPS 文字文档中，只需要一键点击“文档生成 PPT”(图 11–25)，经一系列自动化操作后，在打开的新建空白演示文稿中生成幻灯片大纲，用户可自行修改大纲内容；确认大纲后，点击“挑选模板”按钮 (图 11–26)，为演示文稿挑选一个合适的设计与配色模板；点击“创建幻灯片”，AI 开始自动将大纲制作成精美幻灯片，如图 11–27 所示。

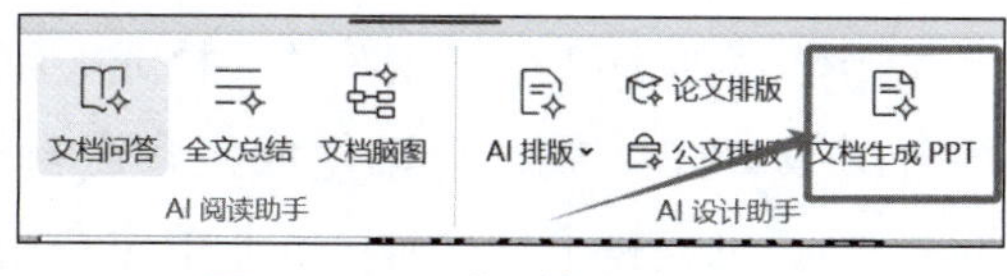

图 11–25　“文档生成 PPT”

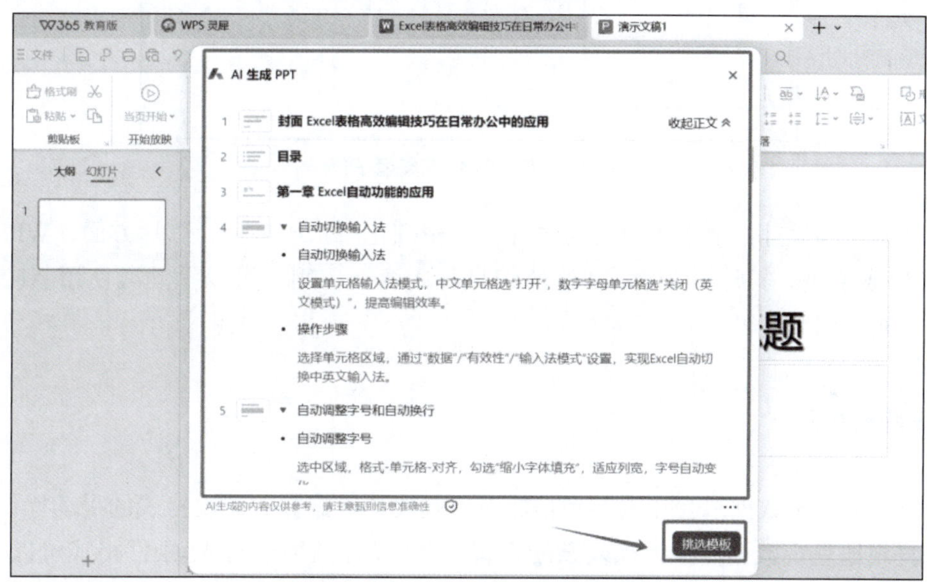

图 11–26　点击“挑选模板”按钮

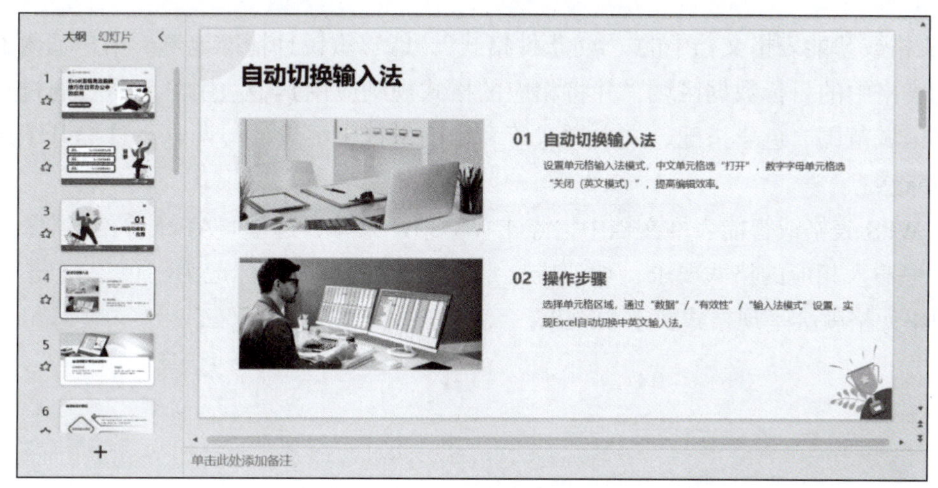

图 11–27　文档生成幻灯片

同样，在 WPS 空白演示文稿中，有多种生成幻灯片的办法。在“AI 生成 PPT”选项中，可以选择“主题生成 PPT”，用户仅需输入主题内容，点击“开始生成”按钮即可自动生成幻灯片大纲；点击“挑选模板”，完成合适模板选择后；点击“创建幻灯片”即可快速获得排版精美、内容完整、切合主题的演示文档。用户可通过多轮互动或手动对生成的幻灯片进一步调整和修改。

当然，如果已经有相关的文档或大纲，AI 模型能深度解析复杂文档，提取标题、正文要点并转化为分层级 PPT 大纲，自动生成包含逻辑框架的整套 PPT(图 11–28)，并推荐匹配的模板与配色方案。同时，AI 也支持上传企业 / 事业单位专用模板，快速套用指定风格，比如年终总结统一模板等。

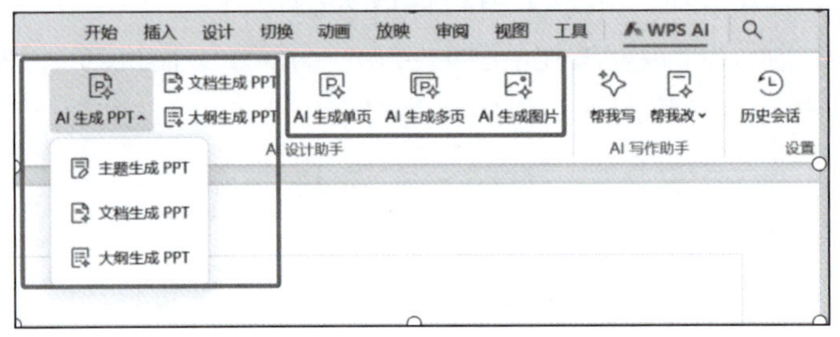

图 11–28　AI 生成整套 PPT

除了在整体制作和设计中节省用户时间之外，在精细化一张或多张幻灯片方面，WPS AI 设计助手还提供了“AI 生成单页 / 多页”功能。在修改幻灯片内容上，用户可以手动或使用 AI 工具进一步优化文案表达或补充数据案例等。

11.4.3　AI 条件格式

日常我们所见的表格数据总会让人感到枯燥，可是要让数据拥有美观格式的手动操作又过于烦琐。我们要如何更直观地呈现数据而又无须复杂的设置？ AI 设计助手中的 AI 条件格式可以帮助我们。我们只需描述自己想要的条件格式效果，WPS AI 就会帮我们调用表格指令，自动完成表格格式操作，使重要数据一目了然。

在 WPS 表格或智能表格文档中的“AI 条件格式”，能够敏锐且精准地解析用户输入的自然语言指令，迅速匹配表格中的目标数据区域，并将相应的格式规则应用其中。用户只需要通过自然语言指令就可以在表格区域范围、色彩搭配、文本样式等多维度进行灵活设计与调整，这提升了用户处理数据的丰富感和趣味感。

在打开的 WPS 表格或智能表格文档中，点击 WPS AI 菜单，选择“AI 条件格式”(图 11–29)，在打开的对话框中输入相应的格式要求，如“成交量大于 30 的单元格标记为红色”，点击运行，对应区域符合条件的单元格就会呈现格式要求的效果。

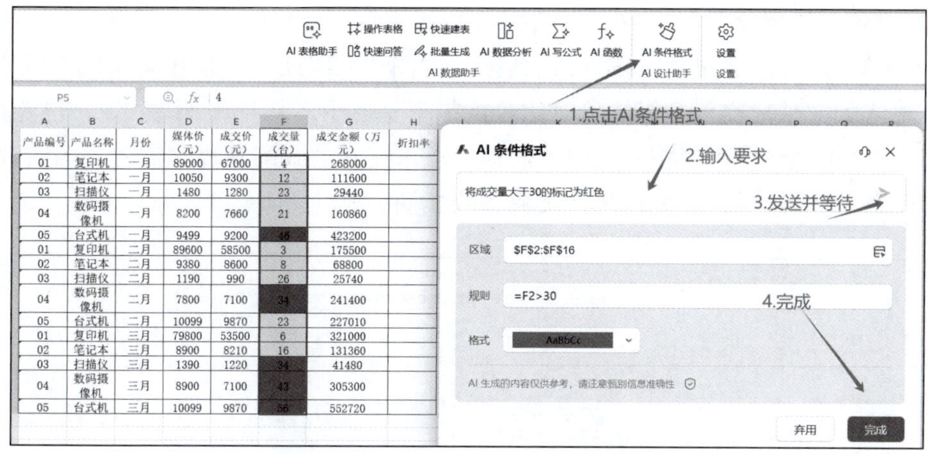

图 11-29　“AI 条件格式”设置单元格数据格式

11.5　AI 数据助手

AI 数据助手是智能化表格处理工具，它依托 LLM，将自然语言交互与深度数据分析结合，可以显著提升用户处理复杂数据的效率。AI 数据助手深度集成于 WPS 表格、智能表格及多维表格中，通过自然语言交互降低数据分析门槛，提升办公效率。

AI 数据助手提供了从表格数据生成，到简单的数据操作，再到复杂的多表关联数据分析，以及数据可视化图表的智能辅助与执行功能。无论是商务办公、学术研究还是个人事务管理，AI 数据助手都能有效地减轻处理数据的负担，帮助用户轻松应对，提升工作效率与决策自信。

本节以 WPS 表格的 AI 数据助手使用为例，主要介绍 AI 写公式、AI 表格助手和 AI 数据分析功能的使用。通过 AI 数据助手，用户无须记函数公式、各种表格操作技巧，只需简单地描述自己的需求，让 WPS AI 来处理繁杂的数据。图 11-30 为 WPS 表格中的 AI 数据助手面板。

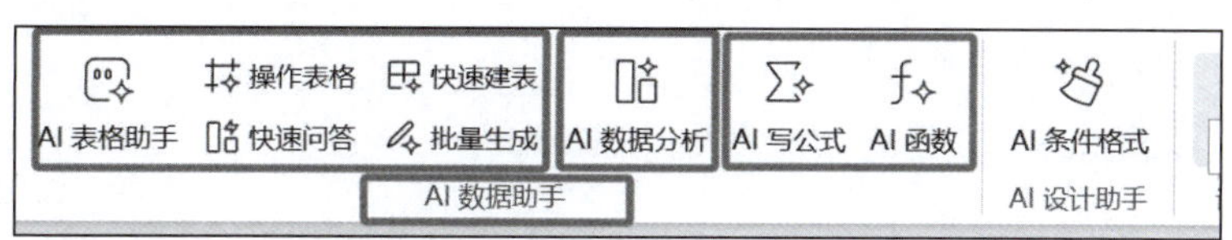

图 11-30　WPS 表格中的 AI 数据助手面板

11.5.1　AI 写公式

只需要通过自然语言精准地表述需求，AI 写公式就能迅速解析语义，自动匹配并生成精准的函数公式，并且提供公式的视频学习链接。选取所要填写数据的单元格 G2，点击“AI 写公式”，在打开的面板上输入“成交价乘以成交量”或者“将 E 列与 F 列相乘”等自然语言表达，运行后生成公式并得到数据，双击 G2 单元格右下角即可填充 G 列数据，如图 11–31 所示。使用类似的方法，在 H 列通过“AI 写公式”，输入如“从成交价和媒体价对比，折扣率是多少，并且用 % 表示”，也能得到整列的数据。对于匹配的公式不理解，可以在“完成”面板上点击“对公式的解释”或者“函数教学视频”，获取函数及参数解释，边看边学，免去苦苦搜索解法的烦恼。

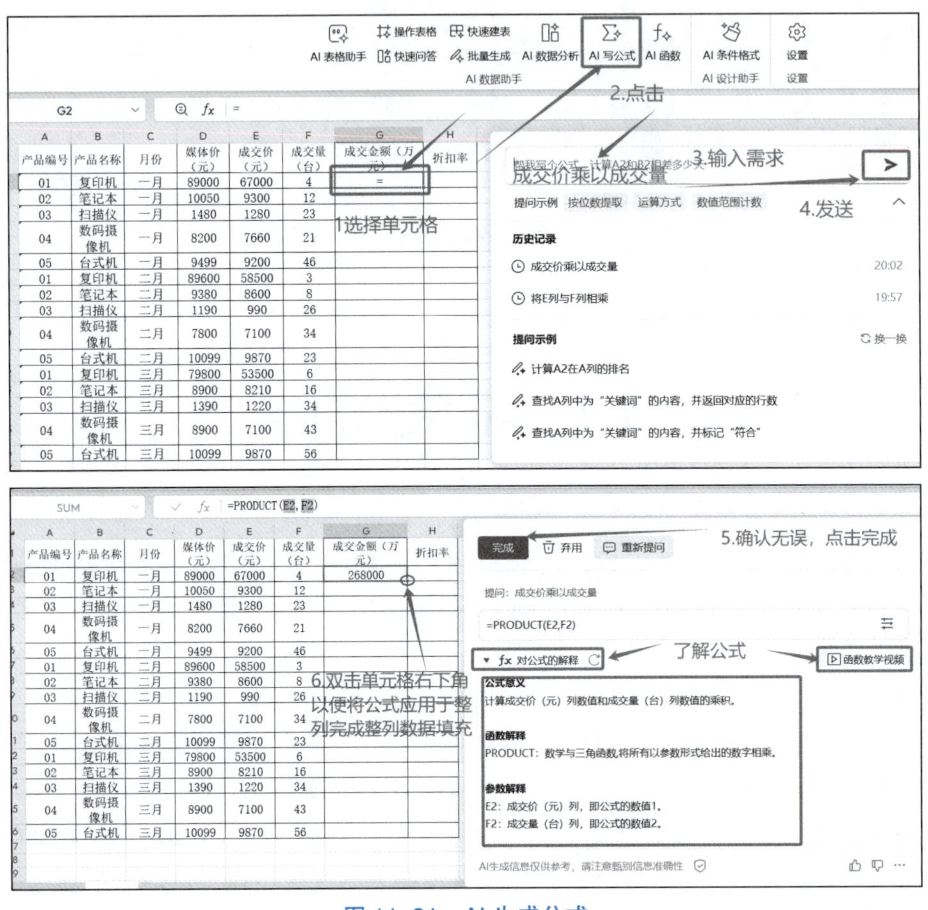

图 11–31　AI 生成公式

11.5.2　AI 表格助手

WPS AI 提供的“AI 表格助手”功能可用于快速建表、批量生成、快速问答、操作表格等，用户可以通过简单对话，利用该功能快速进行数据检查、数据洞察、预测分析，使数据分析不再触不可及。

1. 快速问答

支持多轮对话，AI 表格助手能够理解自然语言并生成对应的回复。无论是销售报告、市场研究还是用户行为数据，都可以交给 WPS AI 数据问答。例如，点击“AI 快速问答”，输入“如何手动操作将

表格的标题行设置为背景是蓝色、居中、加粗？”。AI 回复了在表格中手动操作和编写 Python 代码的方式进行，如图 11–32 所示。用户可按提示完成操作。当然，也可以使用 AI 操作表格的方式进行。

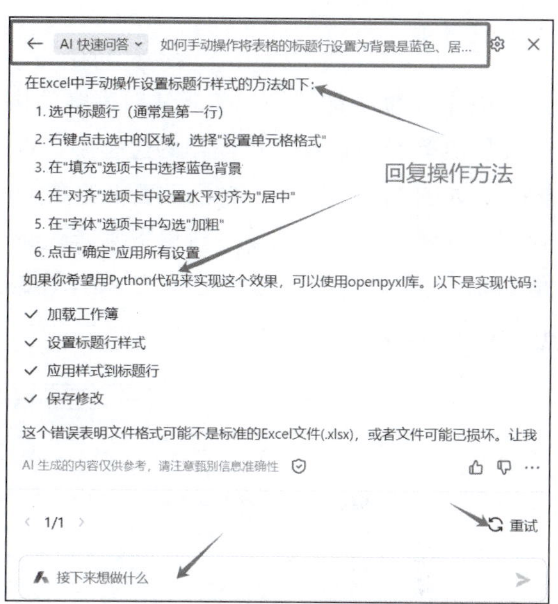

图 11–32　AI 快速问答功能演示

2. 快速建表

根据用户要求快速新建一个表，并生成模拟数据。例如，新建一个职工表。用户从简单的要求“生成一个职工表”(图 11–33)，到通过多轮对话，最后明确提出所要求的字段及字段规范，如输入“生成一个职工表，要求包括序号、员工编号 (要求由 5 个字符构成，首字符为大写字母并且同一个部门首字母相同，其他字符为数字)、姓名、部门、职位、入职日期、工资、联系方式 (手机号码)、身份证号等字段，记录数不少于 20 条”，同时可以进一步完善表格，如调整表格宽度，美化表格等，如图 11–34 所示。

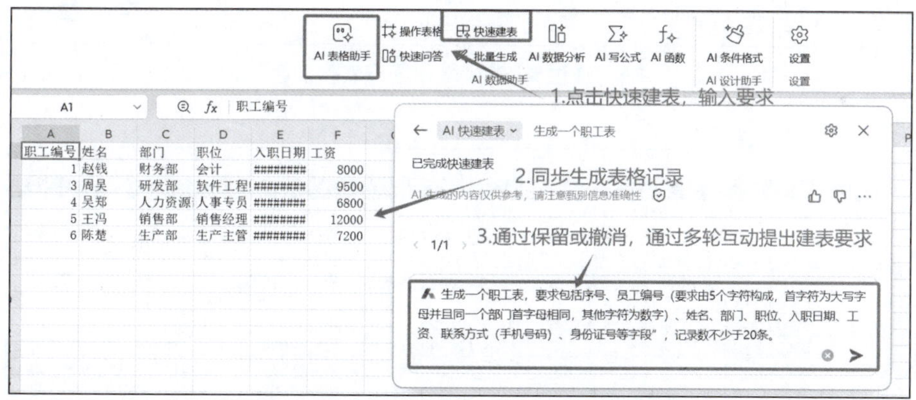

图 11–33　快速建表，并生成虚拟数据

调整列宽

序号	员工编号	姓名	部门	职位	入职日期	工资	联系方式	身份证号
1	A0001	张伟	市场部	市场专员	########	8000	1.38E+10	[illegible]
2	A0002	李娜	市场部	市场主管	########	12000	1.39E+10	2.2E+17
3	B0003	王刚	研发部	软件工程!	########	15000	1.37E+10	3.3E+17
4	B0004	赵敏	研发部	项目经理	########	20000	1.36E+10	4.4E+17
5	C0005	孙强	人事部	人事专员	########	7000	1.35E+10	5.51E+17
6	C0006	周杰	人事部	人事经理	########	11000	1.34E+10	6.61E+17
7	D0007	吴明	财务部	会计	########	9000	1.33E+10	7.71E+17
8	D0008	郑丽	财务部	财务主管	########	13000	1.32E+10	8.81E+17
9	E0009	钱峰	后勤部	后勤人员	########	6500	1.31E+10	9.91E+17
10	E0010	周星	后勤部	后勤主管	########	10500	1.3E+10	1.01E+17
11	A0011	赵六	市场部	市场专员	########	8000	1.38E+10	1.1E+17
12	B0012	钱七	研发部	软件工程!	########	15000	1.37E+10	3.3E+17
13	C0013	孙八	人事部	人事专员	########	7000	1.35E+10	5.51E+17
14	D0014	李四	财务部	会计	########	9000	1.33E+10	7.71E+17
15	E0015	周九	后勤部	后勤人员	########	6500	1.31E+10	9.91E+17
16	A0016	吴明	市场部	市场主管	########	12000	1.39E+10	2.2E+17
17	B0017	郑丽	研发部	项目经理	########	20000	1.36E+10	4.4E+17
18	C0018	钱峰	人事部	人事经理	########	11000	1.34E+10	6.61E+17
19	D0019	周星	财务部	财务主管	########	13000	1.32E+10	8.81E+17
20	E0020	赵六	后勤部	后勤主管	########	10500	1.3E+10	1.01E+17

AI 快速建表　生成一个职工表，要求包括序号、员工编号（要求由5…
已完成快速建表
点击保留
AI 生成的内容仅供参考，请注意甄别信息准确性
撤消　保留
调整、美化数据记录
接下来想做什么

图 11–34　多轮对话完善数据生成

3. 操作表格

AI 表格助手能够快速实现从对表格的格式设置、查询、排序、筛选、清洗、统计，到数据分析、图表生成等操作。在进行操作的过程中，WPS AI 以写代码、运行代码的形式自动化完成用户要求的操作。如图 11–35 所示，对职工表中的数据进行美化与调整，在操作表格的输入框中逐步输入“调整列宽，并将 A 列到 I 列第一行设置为蓝色背景，居中，加粗”；因为生成的手机号和身份证号尾号都是 000，可以删除该数据；使用 AI 操作表格，输入要求“生成手机号码”和“生成身份证号”，如图 11–36 所示。最后保存表格文件，并命名为“职工表”。

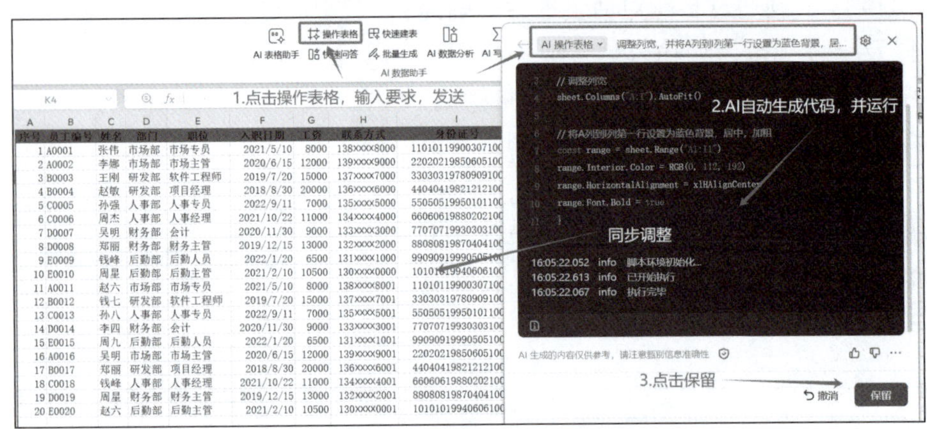

图 11–35　通过 AI 表格操作调理表格显示格式

	A	B	C	D	E	F	G	H	I
1	序号	员工编号	姓名	部门	职位	入职日期	工资	联系方式	身份证号
2	1	A0001	张伟	市场部	市场专员	2021/5/10	8000	138xxxx0845	110101xxxxxxxxxxxxx476X
3	2	A0002	李娜	市场部	市场主管	2020/6/15	12000	138xxxx4893	110101xxxxxxxxxxxxx636X
4	3	B0003	王刚	研发部	软件工程师	2019/7/20	15000	138xxxx5856	110101xxxxxxxxxxxxx259X
5	4	B0004	赵敏	研发部	项目经理	2018/8/30	20000	138xxxx2469	110101xxxxxxxxxxxxx254X
6	5	C0005	孙强	人事部	人事专员	2022/9/11	7000	138xxxx1899	110101xxxxxxxxxxxxx187X
7	6	C0006	周杰	人事部	人事经理	2021/10/22	11000	138xxxx3314	110101xxxxxxxxxxxxx317X
8	7	D0007	吴明	财务部	会计	2020/11/30	9000	138xxxx9953	110101xxxxxxxxxxxxx660X
9	8	D0008	郑丽	财务部	财务主管	2019/12/15	13000	138xxxx9275	110101xxxxxxxxxxxxx433X
10	9	E0009	钱峰	后勤部	后勤人员	2022/1/20	6500	138xxxx9688	110101xxxxxxxxxxxxx708X
11	10	E0010	周星	后勤部	后勤主管	2021/2/10	10500	138xxxx0592	110101xxxxxxxxxxxxx953X
12	11	A0011	赵六	市场部	市场专员	2021/5/10	8000	138xxxx1280	110101xxxxxxxxxxxxx234X
13	12	B0012	钱七	研发部	软件工程师	2019/7/20	15000	138xxxx5467	110101xxxxxxxxxxxxx041X
14	13	C0013	孙八	人事部	人事专员	2022/9/11	7000	138xxxx7750	110101xxxxxxxxxxxxx380X
15	14	D0014	李四	财务部	会计	2020/11/30	9000	138xxxx2072	110101xxxxxxxxxxxxx871X
16	15	E0015	周九	后勤部	后勤人员	2022/1/20	6500	138xxxx3471	110101xxxxxxxxxxxxx984X
17	16	A0016	吴明	市场部	市场主管	2020/6/15	12000	138xxxx6616	110101xxxxxxxxxxxxx950X
18	17	B0017	郑丽	研发部	项目经理	2018/8/30	20000	138xxxx3790	110101xxxxxxxxxxxxx016X
19	18	C0018	钱峰	人事部	人事经理	2021/10/22	11000	138xxxx6127	110101xxxxxxxxxxxxx500X
20	19	D0019	周星	财务部	财务主管	2019/12/15	13000	138xxxx6014	110101xxxxxxxxxxxxx496X
21	20	E0020	赵六	后勤部	后勤主管	2021/2/10	10500	138xxxx8286	110101xxxxxxxxxxxxx698X

图 11–36　调整后的虚拟表格

此外，若要对表格进行分类汇总，也可以使用 AI 表格助手操作。例如，对于图 11–31 所示的销售表格，在 AI 操作表格面板的输入框中输入“按产品名称分类，分别计算每件产品的成交金额”，WPS AI 自动生成代码，并执行代码完成操作，如图 11–37 所示。

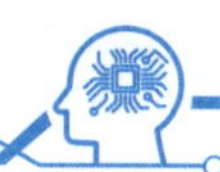

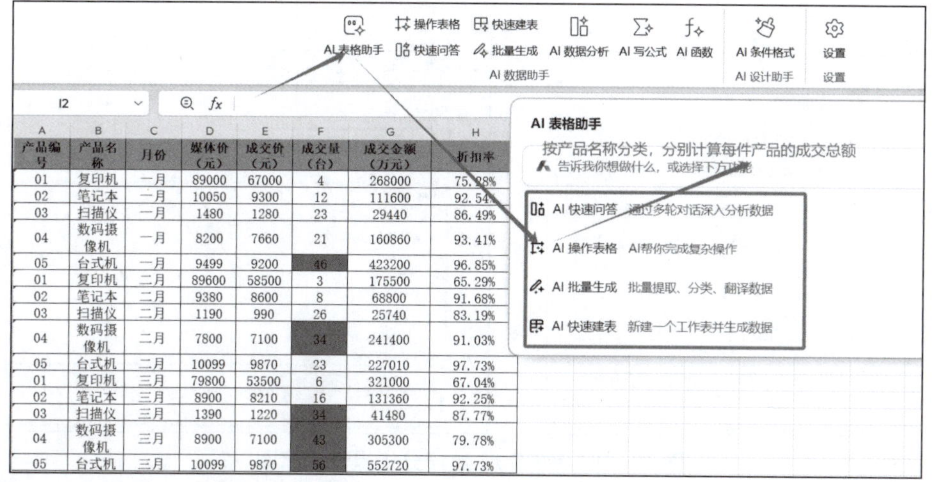

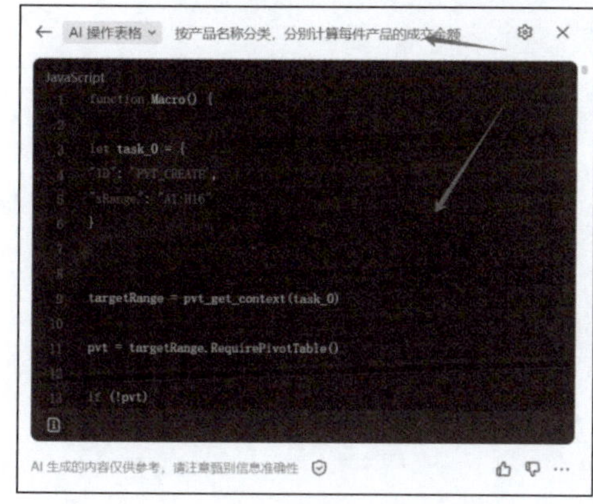

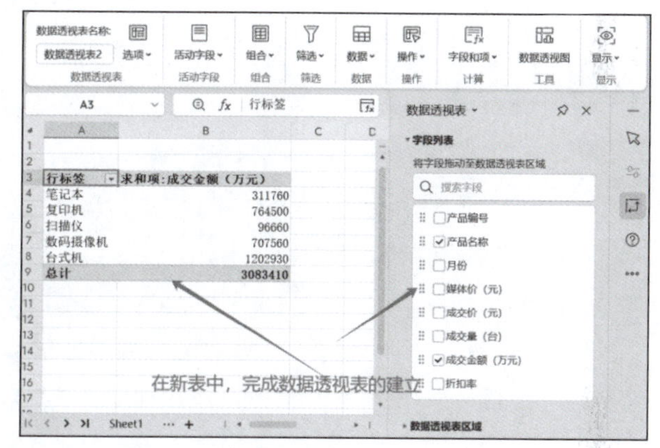

图 11-37　AI 表格操作完成数据分类汇总操作

4. 批量生成

利用 AI 表格助手，能够对表格中的数据进行批量提取、分类和翻译。例如，根据身份证号，提供出生日期或者性别等。

以上操作会因 AI 的不确定性，导致操作结果不稳定，需要进行核查与确认。

11.5.3　AI 数据分析

AI 数据分析能够通过对话的方式辅助用户进行数据检查、数据洞察、预测分析、关联性分析等，并根据数据特点生成柱状图、折线图等多种可视化图表。

例如，对于前小节生成的“职工表”进行 AI 数据分析。打开“职工表”文件，在 WPS AI 数据分析面板上点击提示示例或者输入数据分析要求或者问题，分析面板上会呈现分析步骤和结果，如图 11-38、图 11-39 所示。AI 数据分析能够根据用户要求提供答案或图表或数据分析参考结果。

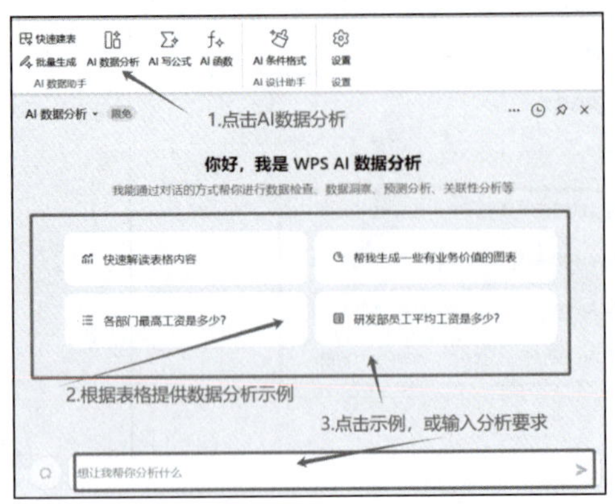

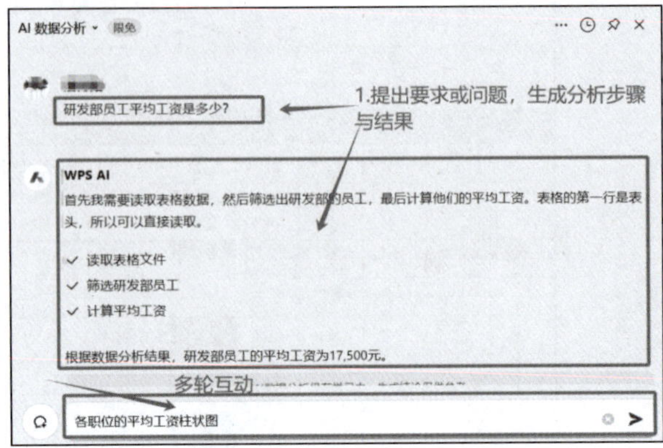

图 11-38　WPS AI 数据分析操作示意图

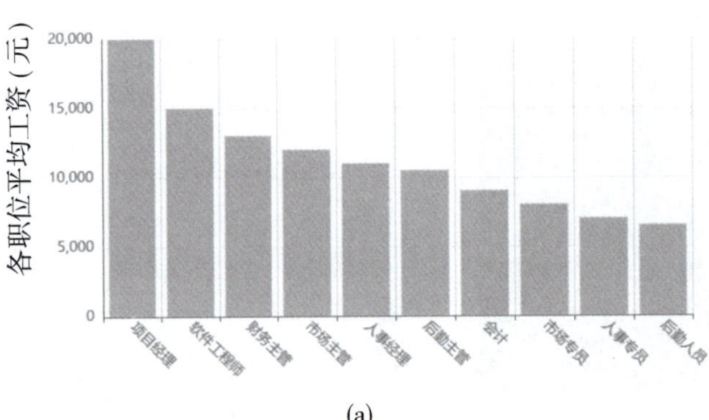

(a)

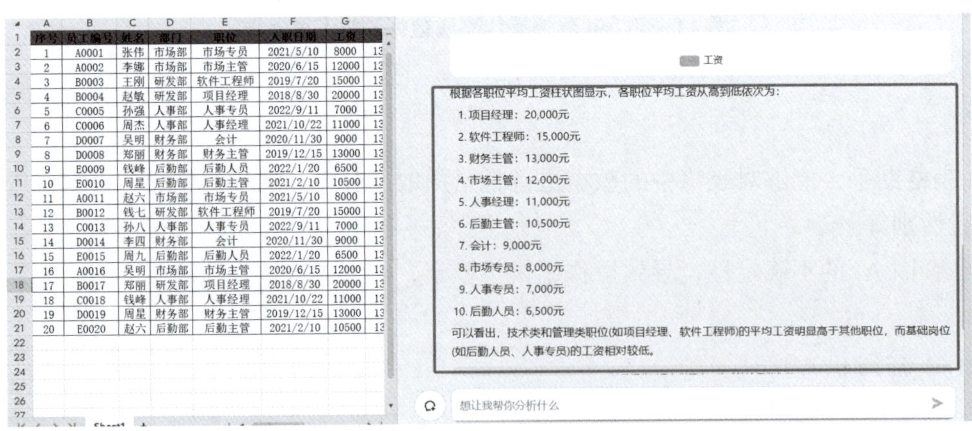

序号	员工编号	姓名	部门	职位	入职日期	工资
1	A0001	张伟	市场部	市场专员	2021/5/10	8000
2	A0002	李娜	市场部	市场主管	2020/6/15	12000
3	B0003	王刚	研发部	软件工程师	2019/7/20	15000
4	B0004	赵敏	研发部	项目经理	2018/8/30	20000
5	C0005	孙强	人事部	人事专员	2022/9/11	7000
6	C0006	周杰	人事部	人事经理	2021/10/22	11000
7	D0007	吴明	财务部	会计	2020/11/30	9000
8	D0008	郑丽	财务部	财务主管	2019/12/15	13000
9	E0009	钱峰	后勤部	后勤人员	2022/1/20	6500
10	E0010	周星	后勤部	后勤主管	2021/2/10	10500
11	A0011	赵六	市场部	市场专员	2021/5/10	8000
12	B0012	钱七	研发部	软件工程师	2019/7/20	15000
13	C0013	孙八	人事部	人事专员	2022/9/11	7000
14	D0014	李四	财务部	会计	2020/11/30	9000
15	E0015	周九	后勤部	后勤人员	2022/1/20	6500
16	A0016	吴明	市场部	市场主管	2020/6/15	12000
17	B0017	郑丽	研发部	项目经理	2018/8/30	20000
18	C0018	钱峰	人事部	人事经理	2021/10/22	11000
19	D0019	周星	财务部	财务主管	2019/12/15	13000
20	E0020	赵六	后勤部	后勤主管	2021/2/10	10500

(b)　　　　(c)

图 11-39　AI 生成图表与数据分析结果

11.6　智能办公实训室

智能化的工具带来便利的同时，也往往引发焦虑，令人感到迷茫，如何有效地学习和评估智能办公技能成为当代职场人不得不面对的问题。

本节介绍金山公司提供的智能化教学与实战训练平台，它深度集成于 WPS 教学平台中，旨在通过 AI 技术赋能办公技能学习，帮助用户掌握智能办公工具的使用方法。

用户通过登录校园账号访问 WPS 365 教育版，选择进入 WPS 教学平台，如图 11–40 所示。该平台提供了 WPS 计算机一、二级考试题库，KOS 认证，WPS 实训室以及 WPS AI 实训室。用户可以根据需求选择相关的组件进行自主学习与练习。这些组件包括丰富翔实的学习资源与练习题库。本节介绍其中的 WPS 实训室与 WPS AI 实训室。

11.6.1　WPS 实训室

尽管 AI 工具为办公带来便利，但这并不表示传统的手动办公被废除。AI 操作工具不可避免地有其局限性，必要的手动操作是提高办公质量的关键，因此用户仍然需要掌握基本的传统办公操作能力。WPS 实训室提供传统操作 WPS Office 文字、演示和表格的操作方法，用于相关知识与技术的教学和考试。

图 11–40　访问 WPS 教学平台

在进入“WPS 实训室”后，可见一站式集“课程学习”“套题练习”“错题巩固”“在线机考”，如图 11–41 所示。教师通过教师端为学生指定学习内容、练习和考试；学生可自主完成相关任务，不受时间限制，并且获得详细的题目指导。

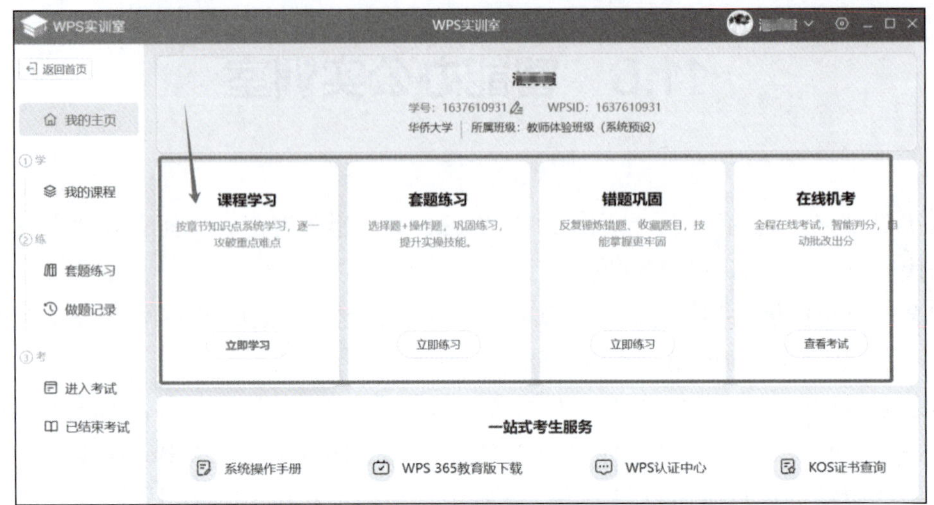

(a) 主界面

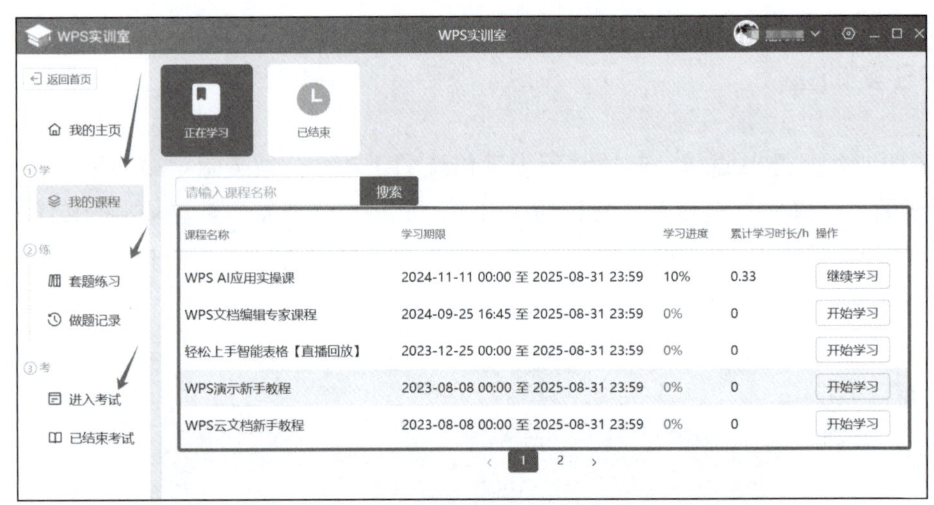

(b) 课程界面

图 11–41　WPS 实训室界面

11.6.2　WPS AI 实训室

智能办公的工具丰富多样，用户如果需要系统地了解和掌握智能办公工具，除了可以用 LLM 获取答案之外，还可以使用集成的相关平台进行操练。WPS 教育版提供的 WPS AI 实训室是基于 WPS 365 与 AI 技术构建的智能化教学实践平台，用于提升学生及教师的办公效率与数字化能力。该实训室包含理论学习、技能实操和综合应用模块。

通过访问 WPS AI 实训平台，进入“AI 课程学习”，用户可边学习边操作，灵活掌握学习时间与进度，如图 11–42 所示。

(a) WPS AI 实训室入口

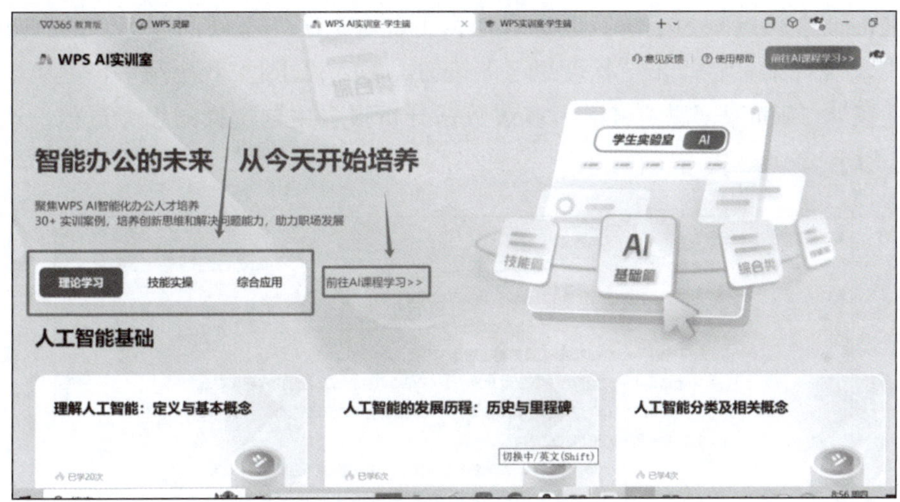

(b) WPS AI 教学界面

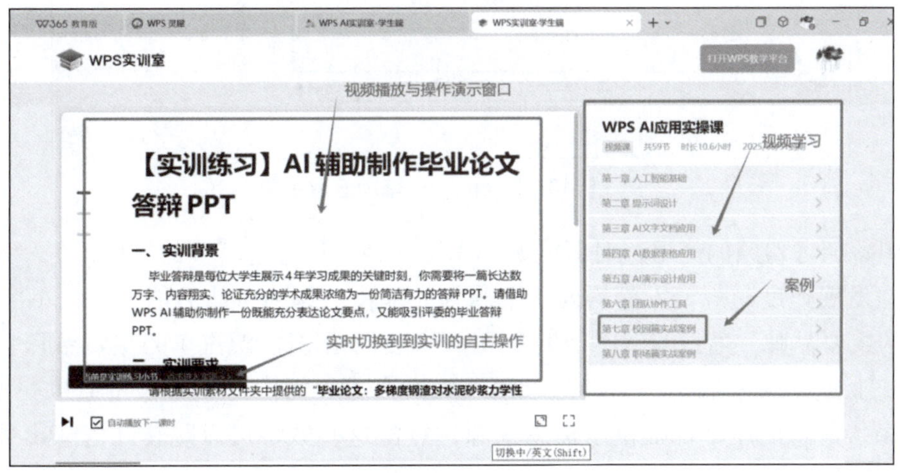

(c) 视频学习与实训

图 11–42　WPS AI 教学平台

11.7 智能办公综合案例

大一学生小白想做一份基于客观数据的分析报告，本节将以这一案例为引，从报告的选题，到数据收集、数据处理、数据分析，再到报告的完成全流程梳理，介绍如何使用 WPS AI 辅助他完成任务。

11.7.1 选题

小白对当前的社会热点颇为了解，但选取什么主题合适呢？不妨问问 WPS 灵犀或 DeepSeek 等 AI 工具。首先打开灵犀对话栏点击“深度思考”按钮，输入需求：“我想写一份基于客观数据的分析报告，请给些建议”。阅读深度思考链学习客观数据分析报告主题选择的思考过程，选择感兴趣的主题，如图 11–43 所示。

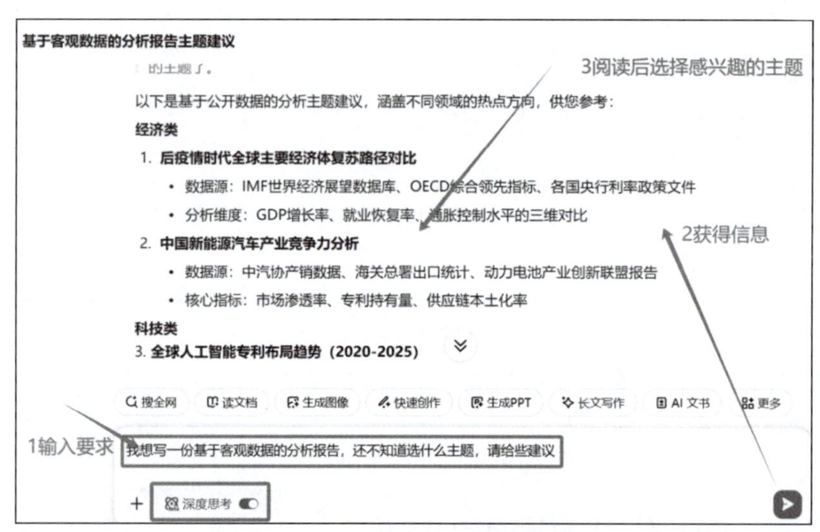

图 11–43　DeepSeek 辅助选取主题

小白回想到暑期考驾照的经历，对新能源汽车感兴趣。通过进一步的 AI 互动，小白了解到我国的新能源汽车在发展速度与规模方面均处于全球领先地位。作为可能的消费者，小白想了解我国新能源汽车行业的主要品牌。通过与 AI 互动，小白了解到我国新能源汽车的主要品牌中本土品牌占主导地位，包括比亚迪、蔚来汽车、小鹏汽车和理想汽车等，而国外品牌仅特斯拉一家。在 AI 提供的回复中，在每条信息的尾部都提供了信息来源，点击这些数字可以跳转到信息出处，如图 11–44 所示。

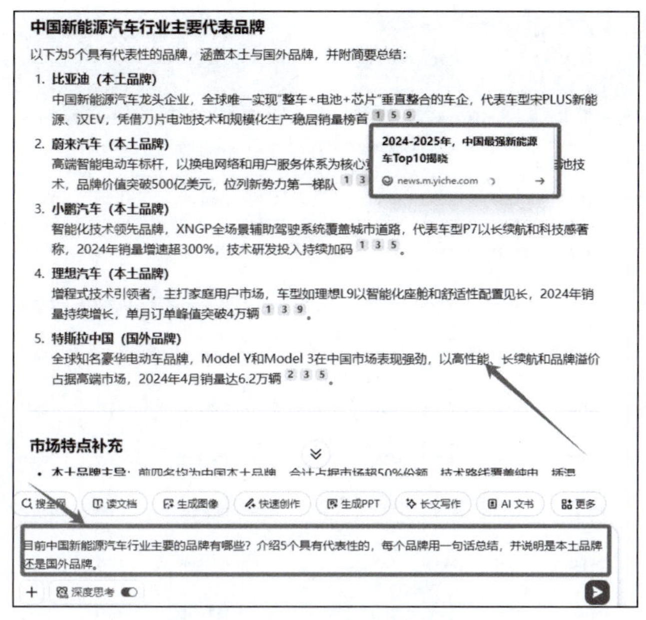

图 11–44　AI 回复及信息出处

11.7.2　数据收集

选定主题后，需要收集可靠的数据。小白通过与 AI 互动，了解了权威的新能源汽车销售数据的来源，如图 11–45 所示。选择其中之一，获得 2025 年 1 至 4 月的我国新能源汽车厂商零售销量榜单，如图 11–46 所示。

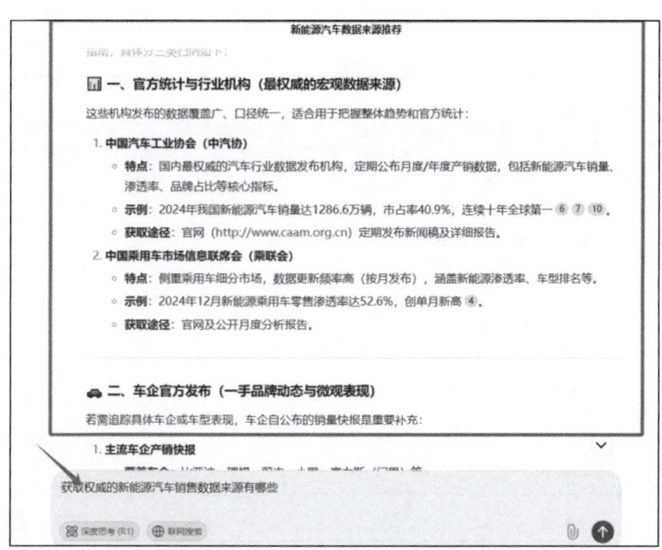

图 11–45　获得权威数据来源

2025年1月新能源厂商[illegible]销量排行榜

单位：辆

NO.	NEV厂商	2025.1	2024.1	同比	份额
1	比亚迪汽车	200,242	206,904	-3.2%	26.9%
2	吉利汽车	117,576	64,286	82.9%	15.8%
3	长安汽车	51,075	55,998	-8.8%	6.9%
4	上汽通用五菱	46,873	41,066	14.1%	6.3%
5	鸿蒙智行	34,989	33,683	3.9%	4.7%
6	特斯拉中国	33,703	39,881	-15.5%	4.5%
7	理想汽车	29,927	31,165	-4.0%	4.0%
8	小鹏汽车	28,340	7,852	260.9%	3.8%
9	奇瑞汽车	28,143	9,569	194.1%	3.8%
10	零跑汽车	23,004	12,277	87.4%	3.1%

2025年2月新能源厂商[illegible]销量排行榜

单位：辆

NO.	NEV厂商	2025.2	2024.2	同比	份额
1	比亚迪汽车	205,711	118,802	73.2%	29.2%
2	吉利汽车	93,309	31,364	197.5%	13.2%
3	长安汽车	44,405	23,859	86.1%	6.3%
4	上汽通用五菱	40,579	27,945	45.2%	5.8%
5	奇瑞汽车	30,832	7,280	323.5%	4.4%
6	小鹏汽车	27,951	3,935	610.3%	4.0%
7	特斯拉中国	26,777	30,141	-11.2%	3.8%
8	理想汽车	26,263	20,251	29.7%	3.7%
9	小米汽车	23,728	-	-	3.4%
10	零跑汽车	23,671	6,566	260.5%	3.4%

图 11–46　获取月度销量榜单

当获得的数据以图片格式 (png 格式或 jpg 格式) 显示时，为后期数据分析做准备，需要将这些图转换成 WPS 表格数据。例如，可以将这些图复制，粘贴到灵犀对话框内（图 11–47)，并要求转换成表格数据（图 11–48)，再将这些数据复制并粘贴到 WPS 表格中，最后保存并命名为“新能源汽车厂商零售”的 xlsx 文件。

由于行业变化迅速，单一数据容易有局限，因此，客观数据收集应尽可能采用多方数据源进行交叉验证核实。通过 AI 互动获取多方种获取数据的渠道，通过实际操作，进一步核实数据。

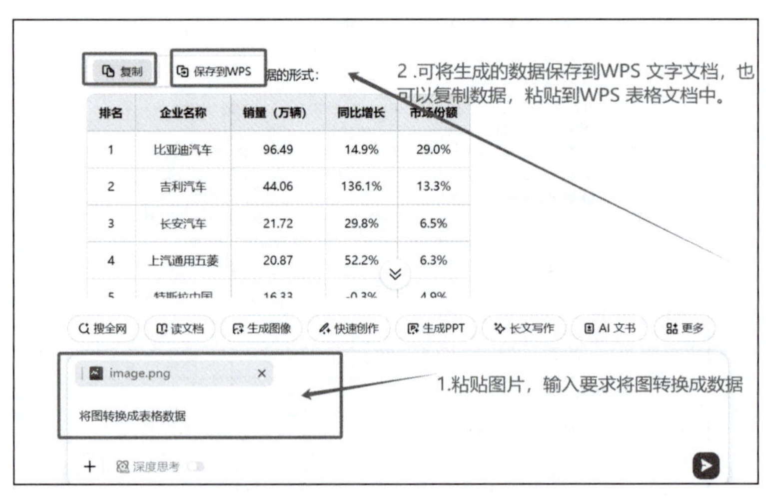

图 11–47　复制图片到灵犀对话框

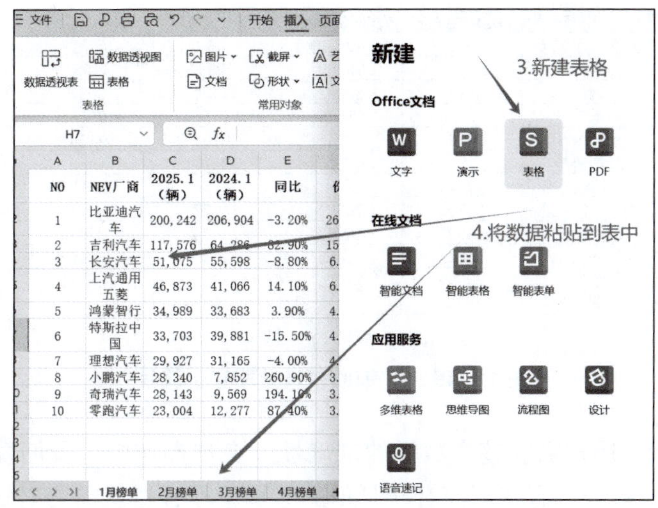

图 11–48　通过灵犀将图片转换成表格数据

11.7.3　数据处理

完成数据收集后，还需要对数据进行整合与预处理等操作，以便后续的数据分析。分析上小节的数据，发现它由多张表构成，为方便数据分析，可以将多表数据整合到一张表格中。

1. 数据整合

如果数据不在一张表中，而是由多张表构成，但数据分析往往要求数据都在同一张表中，可以通过自然语言要求多张表汇总，如图 11–49 所示；将表格“新能源汽车厂商零售”拖入灵犀对话框，输入对话“根据这个表格文件中的 4 个 sheet，总结成一个表格，包括字段有：NEV 厂商、2025.1 销量、2025.2 销量、2025.3 销量、2025.4 销量”。AI 处理后，获得数据表，将其复制，粘贴到表格中。

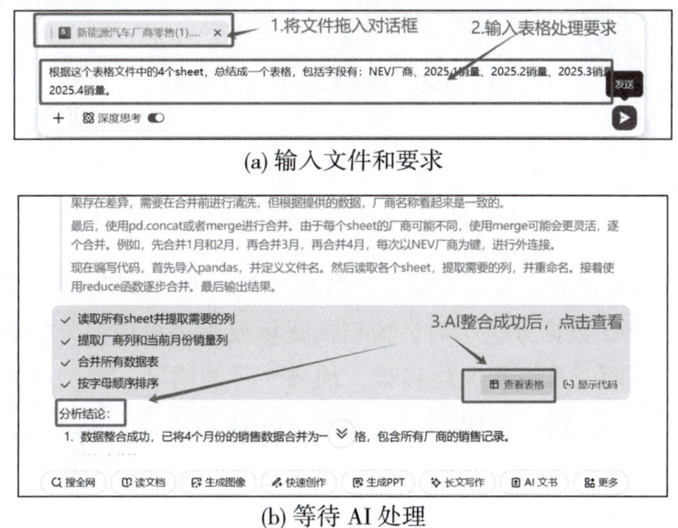

(a) 输入文件和要求

(b) 等待 AI 处理

NEV厂商	2025. 1销量	2025. 2销量	2025. 3销量	2025. 4销量
上汽通用五菱	46873	40579	69391	51828
吉利汽车	117576	93309	110894	118813
奇瑞汽车	28143	30832	44450	36977
小米汽车		23728		28585
小鹏汽车	28340	27951	30102	31343
广汽埃安			32477	
比亚迪汽车	200242	205711	290209	268778
特斯拉中国	33703	26777	74127	28731
理想汽车	29927	26263	36674	33939
长安汽车	51075	44405	61096	60606
零跑汽车	23004	23671	33331	28317
鸿蒙智行	34989			

(c) 查看整合后成果

图 11–49　AI 辅助多表数据整合流程

对于整合后的数据表，用户需要核实数据的准确性。在本操作中，我们发现因为原数据表仅提供每个月前 10 的汽车厂商，整合后有些厂商有些月份的数据不全，这就需要对缺失的数据进行处理。

2. 缺失数据处理

当需要做分析的原始数据出现缺失，有多种处理办法。首先可以查看其他权威数据源，如厂商公开数据；如果没有数据源，可采用估计方法；通过预测算法来补全数据。本案例采用查看厂商官网数据的方式补充空缺数据，对于未公布数据采用“NaN”标记，如图 11–50 所示。

NEV厂商	2025. 1销量	2025. 2销量	2025. 3销量	2025. 4销量
上汽通用五菱	46873	40579	69391	51828
吉利汽车	117576	93309	110894	118813
奇瑞汽车	28143	30832	44450	36977
小米汽车	NaN	23728	25000	28585
小鹏汽车	28340	27951	30102	31343
广汽埃安	7965	20863	32477	28301
比亚迪汽车	200242	205711	290209	268778
特斯拉中国	33703	26777	74127	28731
理想汽车	29927	26263	36674	33939
长安汽车	51075	44405	61096	60606
零跑汽车	23004	23671	33331	28317
鸿蒙智行	34989	21517	20000	NaN

图 11–50　缺失数据补充与标记

11.7.4　数据分析与结论

当表格数据无误且符合规范后，可以开始进行数据分析。通过 WPS AI 辅助数据分析是众多 AI 辅助的方法之一，通过点击“AI 数据分析”对话窗口的提示要求进行内容分析、业务图表呈现或者输入分析要求，如“分析每个厂商的月销量变化趋势，预测 5 月的销量。提供可视化图表”等。将数据分析的内容复制到 WPS 文字，为书写报告做准备，如图 11–51 所示。

2025 年 1-4 月新能源汽车厂商销量对比分析

市场格局：

比亚迪汽车以绝对优势领跑市场，月销量保持在 20-29 万辆区间

第二梯队：吉利汽车（9-12 万辆）、上汽通用五菱（4-7 万辆）、长安汽车（4-6 万辆）

新势力代表：小鹏、理想、零跑等厂商月销量在 2-3.5 万辆区间

关键趋势：

头部厂商：比亚迪 3 月销量达峰值 29 万辆，吉利呈现逐月增长态势

波动明显：特斯拉中国 3 月销量激增至 7.4 万辆（疑似季度末集中交付），其他月份在 2-3 万辆

新入局者：小米汽车 2 月上市后销量快速爬坡，4 月达 2.85 万辆

异常数据点：

鸿蒙智行 1 月销量 3.5 万辆后持续下滑，4 月数据缺失

广汽埃安 2 月销量异常增长至 2.1 万辆（1 月仅 7965 辆）

数据分析结论

数据概述该数据集包含 2025 年 1-4 月新能源汽车厂商零售数据，共 4 个月份 40 条记录，涉及 12 家厂商。

重要指标

销量指标：包含当月销量和去年同期销量，反映厂商的市场表现和增长潜力

同比指标：直接体现厂商的年度增长率，负值表示衰退

份额指标：显示厂商在整体市场中的占有率，反映行业竞争格局

关键洞察

比亚迪汽车持续领跑市场（4 个月均排名第 1）

小鹏汽车、奇瑞汽车等厂商同比增速显著（部分月份增速超 200%）

(a) 参考结论

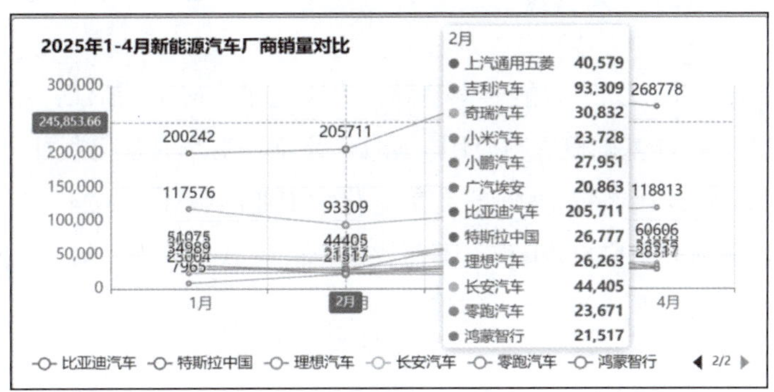

(b) 分析图表

图 11–51　AI 数据分析参考结论与图表

最后，整合收集的数据，通过数据分析结论，进行图表展示，进一步在 AI 辅助下学习相关专业知识、行业背景、政策环境和市场动态，提出针对性见解和建议，整理成具有个人观点的条理清晰、内容充实的完整分析报告，并成生演示文稿。在这一过程中，灵活使用 WPS“AI 写作助手”和“AI 设计助手”对报告的写作和呈现有良好的促进作用。

本案例从主题的确认到数据收集、数据处理、数据分析和分析报告的生成，都采用 WPS AI 提供的工具辅助完成。由于目前 AI 工具的局限性和不确定性，用户要意识到 AI 的可能错误和不可重复性对任务完成的影响。因此，用户需要注重发挥人的主动性，学习与 AI 有效合作的方式，充分发挥人的理性和感性，规避 AI 工具可能产生的偏差，更加深入地剖析数据背后的可能维度，避免丢失人在任务中所起到的作用和价值。

参考文献 REFERENCES

[1] 莫宏伟 . 人工智能导论 [M]. 2 版 . 北京：人民邮电出版社，2024.

[2] 田晖，应晖 . Python 语言程序设计 [M]. 北京：清华大学出版社，2022.

[3] 林子雨 . 数字素养通识教程：大数据与人工智能时代的计算机通识教育 [M]. 北京：人民邮电出版社，2025.

[4] 许端清，陈静远，唐谈，等 . 人工智能通识基础：人文艺术 [M]. 浙江：浙江大学出版社，2025.

[5] 吴北虎 . 通识 AI：人工智能基础概念与应用 [M]. 北京：清华大学出版社，2024.

[6] 龙飞 . Stable Diffusion AI 绘画教程 [M]. 北京：化学工业出版社，2024.

[7] 程序员御风 . 用 Cursor 玩转 AI 辅助编程：不写代码也能做软件开发 [M]. 北京：电子工业出版社，2025.